動力學(第四版)

陳育堂、陳維亞、曾彥魁　編著

全華圖書股份有限公司

動力學是工程領域中極為重要的一門學科，包含航太、汽車、機械、建築、土木等領域，凡是會移動或震動的個體或系統，都必須藉由動力學的分析探討，作為設計、製造或品質與安全保障的必要依據。筆者曾在業界服務超過十五年，深知動力學在各行各業中，皆有著極其廣泛的應用範圍，尤其在高附加價值的電子製造業以及高密精度的機械加工業，對於機構運轉的準確度和系統震動的控制度，都有極高的要求。

在近幾年的教學經驗中，筆者發現許多學生對動力學的學習成效不甚理想，究其原因，主要在於學生的物理與數學基礎不夠扎實，且對於原理與公式的導出不太重視，如此一來，便無法對一個動力學問體做正確而完整的分析。有鑑於此，本教材針對課程中所須用到的數學基礎以及公式原理，皆加以有條理的敘述與整理，使學習者較能理解吸收。

為配合大專院校每學期十八週之行事曆，本書共分為十六個單元，每週以一個單元為學習進度，學習者只要按部就班，把每個單元中的各個獨立主題詳細研讀，累積起來就會有很理想的學習心得。由於本書是以多年教學的講義與教材為藍本，依學生學習之方便性加以重新編排整理，相信必有助於學生學習成效的提高。

本書乃為響應翻轉教學而重新編印之翻轉教材，難易適中且附以大量圖解，使學習者產生興趣與信心，達到有效學習之目的。又本書雖經多次校稿，但疏漏難免，還祈各界先進與用書學子倘有發現，不吝予以包涵指正，感謝大家!

曾彥魁 • 陳育堂 • 陳維亞　謹識於
國立勤益科技大學
宏國德霖科技大學

「系統編輯」是我們的編輯方針，我們所提供給您的，絕不只是一本書，而是關於這門學問的所有知識，它們由淺入深，循序漸進。

本書內容簡單易學且配合學校上課週數，內容適恰，可與生活做結合，不僅讓學生輕鬆理解加深其學習興趣，老師也能輕易備課掌握教學進度。題目多且經過設計，答案數字精簡易算，解答詳細，更附有圖示解釋說明。

同時，為了使您能有系統且循序漸進研習相關方面的叢書，我們以流程圖方式，列出各有關圖書的閱讀順序，以減少您研習此門學問的摸索時間，並能對這門學問有完整的知識。若您在這方面有任何問題，歡迎來函聯繫，我們將竭誠為您服務。

相關叢書介紹

書號：0287604
書名：材料力學(第五版)
編著：許佩佩.鄒國益
20K/456 頁/380 元

書號：0615301
書名：材料力學(第二版)
編著：劉上聰
16K/664 頁/650 元

書號：0554903
書名：材料力學(第四版)
編著：李鴻昌
16K/752 頁/600 元

書號：05861
書名：產品結構設計實務
編著：林榮德
16K/248 頁/280 元

書號：01025
書名：實用機構設計圖集
日譯：陳清玉
20K/184 頁/160 元

書號：0153403
書名：工具設計(第四版)
編著：黃榮文
20K/368 頁/360 元

◎上列書價若有變動，請以最新定價為準。

流程圖

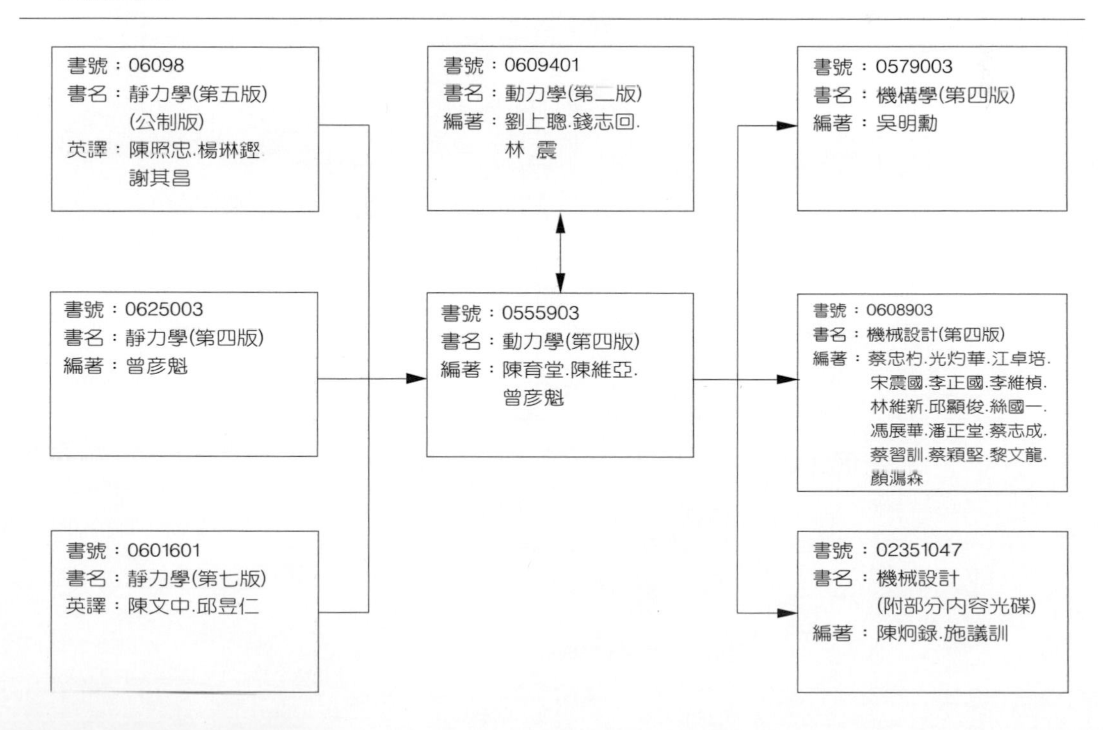

01 動力學的基礎

一、動力學概說..1-3
二、牛頓運動定律(Newton's law)..1-4
三、單位與因次..1-6
四、動力學的數學基礎..1-10

02 質點的直線運動

一、位移、速度與加速度..2-3
二、圖解法求位移、速度與加速度..2-8
三、兩質點的絕對相依運動..2-14

03 質點的曲線運動(一)

一、曲線運動的向量表示..3-3
二、曲線運動的直角座標..3-6
三、拋射體運動..3-9
四、曲線運動的極座標與圓柱座標..3-11

04 質點的曲線運動(二)

一、曲線運動的切線法線座標..4-3
二、兩質點的相對運動..4-10

05 質點動力學(一)

一、動力學概說..5-3
二、質點之運動方程式..5-4
三、質點系質心之運動方程式..5-15

06 質點動力學(二)

一、質點的相依運動方程式..6-3
二、質點的切線法線座標運動方程式..6-7
三、質點的圓柱座標運動方程式..6-11

07 質點運動的功與能

一、功與能概說......7-3
二、力或力系所作之功......7-3
三、重力位能與彈性位能......7-10
四、質點運動的動能......7-16

08 質點運動的功能原理

一、功與動能原理......8-3
二、能量守恆原理......8-10
三、功率與效率......8-17

09 衝量與動量

一、線衝量與線動量......9-3
二、線衝量與線動量原理......9-4
三、線動量不滅定律......9-11
四、角動量與角動量守恆......9-16
五、中心力運動......9-19

10 彈性碰撞

一、彈性碰撞概說 10-3
二、正碰撞分析 10-3
三、斜碰撞分析 10-14

11 剛體的平面運動

一、剛體的平移運動 11-3
二、剛體繞固定軸旋轉運動 11-4
三、剛體的平面運動 11-13

12 剛體的絕對運動與相對運動分析

一、剛體的絕對運動分析 12-3
二、剛體的相對運動分析 12-7

13 瞬時中心與迴轉座標求解相對運動

一、平面運動之瞬時中心 13-3
二、對迴轉座標之相對運動 13-17

14 剛體動力學

一、剛體動力學概說 14-3
二、剛體之質量慣性矩 14-3
三、剛體受力的平面運動 14-5
四、剛件的滾動運動 14-9

15 剛體運動的功能原理與衝量動量

一、剛體所作的功 15-3
二、剛體之動能 15-5
三、剛體之線動量與角動量 15-9
四、剛體之角衝量與角動量原理 15-14

16 機械振動與系統模態分析

一、機械振動概說 16-3
二、無阻尼單自由度自由振動 16-6
三、無阻尼多自由度自由振動 16-11
四、振動系統模態分析 16-17

動力學的基礎

本章大綱

一、動力學概說
二、牛頓運動定律(Newton's law)
三、單位與因次
四、動力學的數學基礎

學習重點

本章主要在了解何為動力學，它的理論來源和依據，同時把運算時常用到的物理量單位做清楚的整理，使學習者在研究動力學過程中，可以參考使用並避免混淆。另外，物體在受力或運動過程中常具有方向性，因此，本章也針對數學中的向量運算作一精簡而完整的介紹，使學習者在研讀過程中，免除諸多數學運算的困擾。

本章提要

在日常生活中，動物的活動、汽車、飛機、人造衛星乃至天體的運行，都是動力學研討的範圍，因此，動力學的內容包羅萬象，領域無限廣闊，是一門與生活息息相關的課程，內容生動而有趣，值得學習者用心且耐心的去研習。

移動中的汽車，是動力學研究的標準議題，包含直線和曲線運動中，位移、速度和加速度等之間的相互關係，以及車輛與地面之間的摩擦力等，都是動力學研討的範圍。

圖 1-1

高速鐵路車廂前後約有五十公尺長，在動力學中，可以將它視爲一個移動的點，也可以將它視爲數個體的聯結，前者把車廂當成質點，後者則把它視做剛體，兩者分析的難易度有很大差別。

圖 1-2

一、動力學概說

「動力學」是探討物體運動或物體因受力而產生運動的科學，亦即空間中一個物體的運動軌跡、速度、加速度與時間四者之間的關係，或物體受到力的作用後，該物體所產生的狀態變化與運動現象。

當作用在一個物體上的所有作用力若無法達成力的平衡，亦即合力不等於零時，物體會產生運動，這就是動力學。動力學又可細分爲**「運動學」(kinematics)**和**「動力學」(dynamics)**兩個部分。

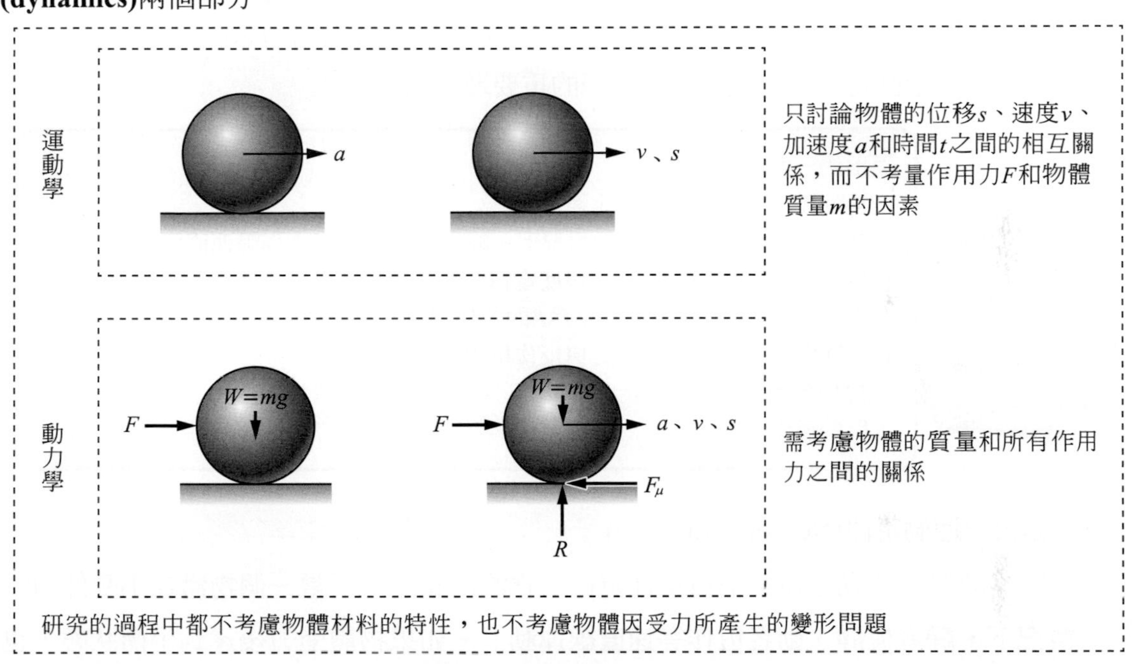

圖 1-3　運動學與動力學

對於一個運動的物體，我們可以將它區分爲質點(particle)和剛體(rigid body)，因此，動力學又可進一步分解爲四個部分，即

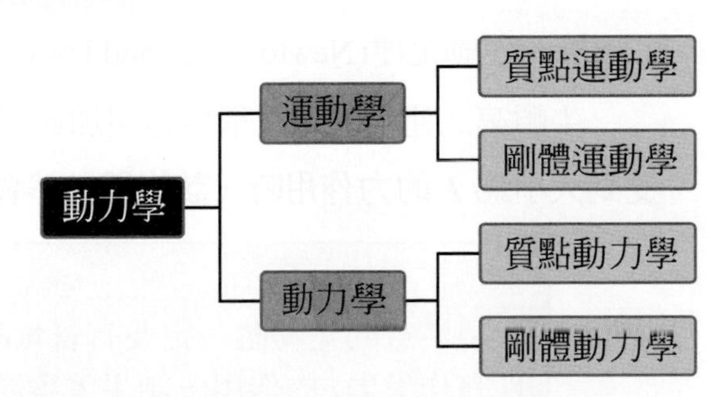

質點並非局限於一個小的微粒，當分析問題時，物體的尺寸遠小於它的運動路徑時，可忽略該物體的自轉運動(或者根本無自轉)，此時可將該物體視爲質量集中於質心的質點來處理。例如研究星球運動時，地球可視爲一個質點，在研究砲彈的彈道時，砲彈也被視

爲一個質點。至於剛體，其上的任何兩個點之間的距離永遠不變，或者說物體永不變形，但是任何兩個點之間有可能會產生相對的旋轉運動。

描述物體的運動，必須以參考座標來做爲量度的基準，一般常將固定於地球表面的座標當成描述物體運動的參考座標，稱爲物體的絕對運動。至於以運動中的座標來作爲量度基準的，就稱爲物體的相對運動。

二、牛頓運動定律(Newton's law)

英國偉大的物理學家牛頓是力學研究的鼻祖，除發現了地心引力與萬有引力以外，所歸納的物體三大運動定律更是後人研究力學的重要理論依據。

提出的三大運動定律：

1.牛頓第一運動定律(慣性定律)
當一個物體在不受外力的情況下，靜者恆靜，動者恆作等速直線運動。

2.牛頓第二運動定律(力與加速度定律)
當質量爲m的物體受到大小爲F的力作用時，該物體必然會產生加速度a。

3.牛頓第三運動定律(作用力與反作用力定律)
當物體受到一個力作用時，物體必在該作用點上產生一個大小相等但方向相反的反作用力。

1. 牛頓第一運動定律(Newton’s first law)

   牛頓第一運動定律又稱爲慣性定律，它的內涵是：「**當一個物體在不受外力的情況下，靜者恆靜，動者恆作等速直線運動**」。如果物體受力後達到平衡狀態，也視同不受外力，都可以把它歸類爲靜力學問題。

2. 牛頓第二運動定律(Newton’s second law)

   牛頓第二運動定律又稱爲力與加速度定律，它的內涵是：「**當質量爲 m 的物體受到大小爲 F 的力作用時，該物體必然會產生加速度 a**」。

必須注意的是物體一定要有質量m，且有作用力F的作用，結果才會產生加速度a，如此才能構成牛頓第二運動定律的應用條件。

前述 m、F、a 三項要件中，任何兩者存在就一定可以得到第三者。如果考慮作用力 F 與加速度 a 都在一條直線上發生，可以直接用純量方式表示三者的關係式，亦即，$F = ma$。如果不是在一直線上發生，需要考慮方向，就用向量 $\vec{F} = m\vec{a}$ 來表示(如圖 1-4)。當一個物體受到多個力同時作用時，關係式必須修正爲 $\sum \vec{F}_i = m\vec{a}$ (如圖 1-4)，又如果是多個物體分別受到多個力作用的系統，則以 $\sum \vec{F}_i = \sum m_i \vec{a}_i$ 表示(如圖 1-4)。

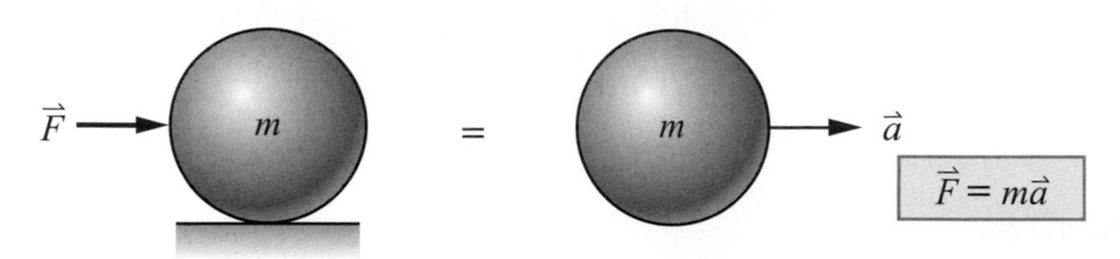

當一個物體受到多個力同時作用時，關係式必須修正爲 $\Sigma \vec{F}_i = m\vec{a}$ ：

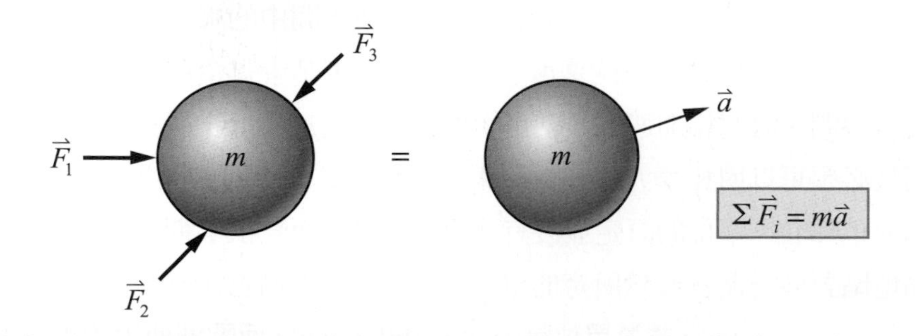

如果是多個物體分別受到多個力作用的系統，則以 $\Sigma \vec{F}_i = \Sigma m_i \vec{a}_i$ 表示：

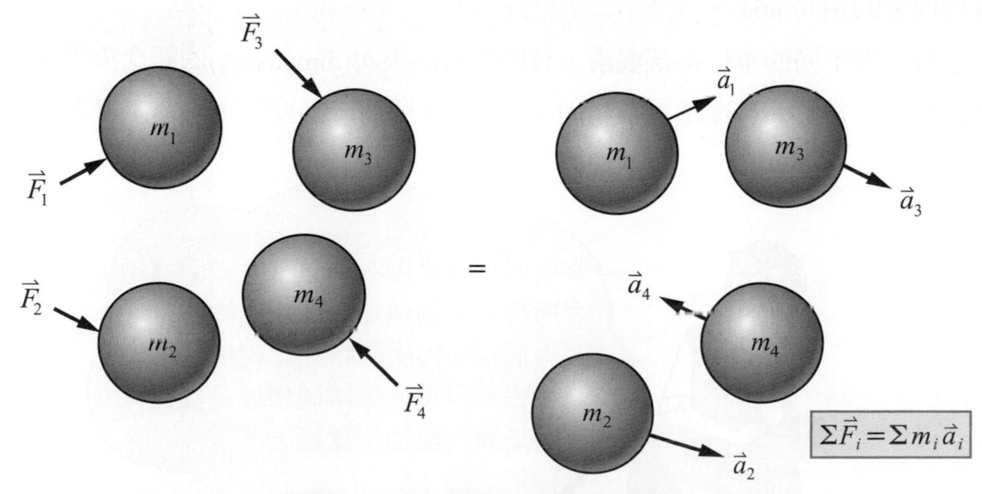

圖 1-4　力、質量和加速度之關係

3. 牛頓第三運動定律(Newton's third law)

牛頓第三運動定律又稱爲作用力與反作用力定律，它的內涵是：「**當物體受到一個力作用時，物體必在該作用點上產生一個大小相等但方向相反的反作用力**」。此時該作用點的合力達成平衡，但是因爲作用力和反作用力分別作用在不同物體上，假若物體的運動受到限制，比如說將物體置放於桌面上，垂直方向受到限制，因此就不會產生運動，但假若此時拿一撞球桿在水平方向撞擊該物體，在撞擊點上物體受到向前方向的作用力 F，球桿則會受到大小相等的向後反作用力 $-F$，其施力處達到力的平衡，但因物體和桿的運動在水平方向上並沒有受到限制，因此都會依牛頓第二運動定律分別產生運動，亦即物體受力向前方運動，球桿則受反作用力作用而往相反方向移動。

三、單位與因次

對物體存在狀態的描述稱爲物理量，比如說一個物體在空間中的那一個位置？溫度是多少？受到多大的力？在某一個時間點的速度、加速度是多少？上述這些描述物體狀態的量包含位置、溫度、時間、速度和加速度等就是物理量。顧名思義，物理量一定是具有特定的物理意義，而且必須可以用科學方法和儀器來做量測。爲了能對物理量作定量描述，每個物理量必須有它的單位。單位的訂定並沒有一定的道理，而是依早期的使用者約定成俗而來，因此不同地區對同一個物理量所定的單位可能不同，有時必須加以換算，譬如說公制(SI)的長度單位是米 m(meter)，質量單位是公斤 kg(kilogram)，而歐洲使用的英制(FPS)長度單位是英尺 ft(foot)，質量單位是司拉格 slug(slug)，兩者使用的單位不同，但都是對同一種物理量的相同描述。

爲了避免被不同的單位系統混淆，有時也應用因次(dimension)的觀念來描述物理量。在力學領域中，常用的物理量單位和因次如表 1-1 所列，必要時可以用來參考查詢。

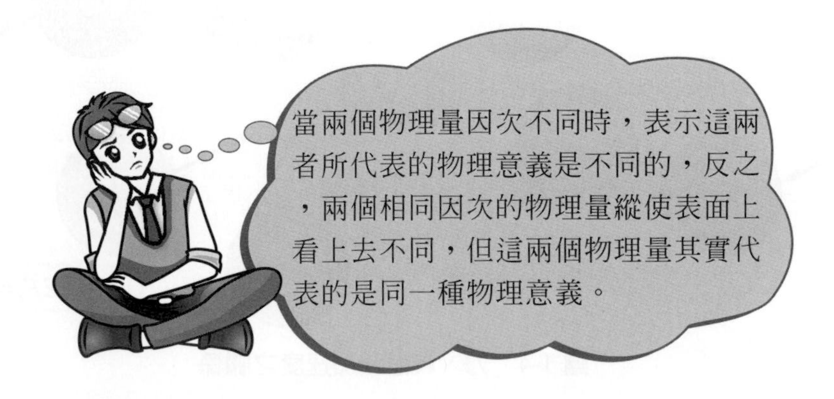

表 1-1 物理量的因次與單位

物理量	因次	公制單位	英制單位	公英制換算
質量	M	公斤(kg)	司拉格(slug)	14.5938：1
長度	L	米(m)	英呎(ft)	0.3048：1
時間	T	秒(s)	秒(s)	1：1
速度	$V=LT^{-1}$	m/s	ft/s	0.3048：1
加速度	$A=LT^{-2}$	m/s^2	ft/s^2	0.3048：1
力	$F=MLT^{-2}$	牛頓(N)	英磅(1 bf)	4.4482：1

物理量的因次可分爲基本因次(fundamental dimension)與誘導因次(derived dimension)兩種，基本因次指的是長度 L、質量 M 和時間 T 三者，利用這三個基本因次所導出的就是誘導因次，譬如作用力 F、速度 V、加速度 A 和密度 ρ 等等。

誘導因次的求法是依據各相關公式或定義而得，常用的誘導因次如下：

速度：$V=$ 距離／時間 $=L/T=LT^{-1}$

加速度：$A=$ 速度／時間 $=V/T=LT^{-1}/T=LT^{-2}$

力：$F=$ 質量×加速度 $=M\times A=M\times LT^{-2}=MLT^{-2}$

英制的質量單位司拉格(slug)一般人較不熟悉，它的定義是能夠讓 1 英磅(1 lbf)的作用力產生 1 ft/s^2 加速度的質量，依牛頓第二運動定律 $M=F/A$ 的定義，可以得到

1 slug = 1 lbf/1 ft s^{-2} = 4.4482 N/0.3048 m s^{-2} = 14.5938 kg。

公制(SI)和英制(FPS)兩個系統之間除了大小不同以外，進位方式也不同。公制的所有度量都是以十進位，非常容易了解，又每一個千倍爲大進位，並以特定符號來代表如表 1-2 所示。至於英制，進位沒有一定的規則，如表 1-3 所示，長時間的使用後約定成俗，久而久之就習慣了。

表 1-2 公制(SI)的大進位表示符號

約數	指數型式	字首	符號
0.000,000,001	10^{-9}	nano	n
0.000,001	10^{-6}	micro	μ
0.001	10^{-3}	milli	m
倍數	指數型式	字首	符號
1,000	10^{3}	kilo	k
1,000,000	10^{6}	mega	M
1,000,000,000	10^{9}	giga	G
1,000,000,000,000	10^{12}	tera	T
1,000,000,000,000,000	10^{15}	peta	P
1,000,000,000,000,000,000	10^{18}	exa	E

表 1-3　英制(FPS)的進位

1 ft(英呎)	12 in(英吋)
1 mi(英哩)	5,280 ft(英呎)
1 kip(千磅)	1,000 lb(英磅)
1 ton(英噸)	2,000 lb(英磅)

例題 1-1

試以因次分析驗證重力位能、彈簧位能、動能和功具有相同的物理意義。

解

① 重力位能的定義爲

$U_g = mgh$

g 爲重力加速度，因次爲 LT^{-2}，則

$U_g = mgh = M \times LT^{-2} \times L = ML^2T^{-2}$

② 彈簧位能的定義爲

$U_k = \frac{1}{2}kx^2$

依虎克定律 $F = kx$，則 $k = \frac{F}{x} = (MLT^{-2}) \times L^{-1} = MT^{-2}$，故

$U_k = \frac{1}{2}kx^2 = MT^{-2} \times L^2 = ML^2T^{-2}$

③ 動能的定義爲

$E_k = \frac{1}{2}mv^2 = M(LT^{-1})^2 = ML^2T^{-2}$

④ 功的定義爲

$W = FS = MLT^{-2} \times L = ML^2T^{-2}$

由此可知，四者能具有相同的因次，亦即具有相同的物理意義。

例題 1-2

流體的動力黏度μ定義爲，介於兩平板間的流體受到剪力 F 時，剪應力與速度梯度 du/dy 間的比值，試求μ之因次。

解

剪應力 $\tau = \dfrac{F}{A} = MLT^{-2} \times L^{-2} = ML^{-1}T^{-2}$

速度梯度 $\dfrac{du}{dy} = LT^{-1} \times L^{-1} = T^{-1}$

則 $\mu = \dfrac{\tau}{\dfrac{du}{dy}} = ML^{-1}T^{-2} \times T = ML^{-1}T^{-1}$

例題 1-3

試由因次判斷面積慣性矩與質量慣性矩是否爲同一種物理量。

解

面積慣性矩定義爲

$J_0 = \int \gamma^2 dA$，故因次爲 L^4

質量慣性矩定義爲

$I = \int \gamma^2 dm$，故因次爲 ML^2

兩者因次不同，故並非同一種物理量。

四、動力學的數學基礎

1. 向量運算

力的三要素中包含力的大小、方向和施力點，這說明了力是一種具有方向和大小的量。只有大小沒有方向的量稱爲**純量(scalar)**，例如質量、溫度、時間等，有大小又有方向的量就稱爲**向量(vector)**，例如作用力、加速度、速度、位移等。向量常用的運算項目包含加、減、乘、除、**點積(dot product)**和**乘積(cross product)**等六種。

(1) 向量的加法與減法

向量的加法可分爲運算法和圖解法，運算法是直接把各軸向旳分量分別加總即可。**利用圖解法來表示兩個向量相加時，是把第二個向量加以平移，使它的起點和第一個向量的終點重疊，然後以第一個向量的起點爲起點，以第二個向量的終點爲終點，將起點和終點連接所形成的新向量就是原來那兩個向量相加所得到的和**。向量的減法則是先把要減去的向量反向處理得到負向量，然後再依上述方法把第一個向量和這個負向量相加起來即可，如圖 1-5 所示。

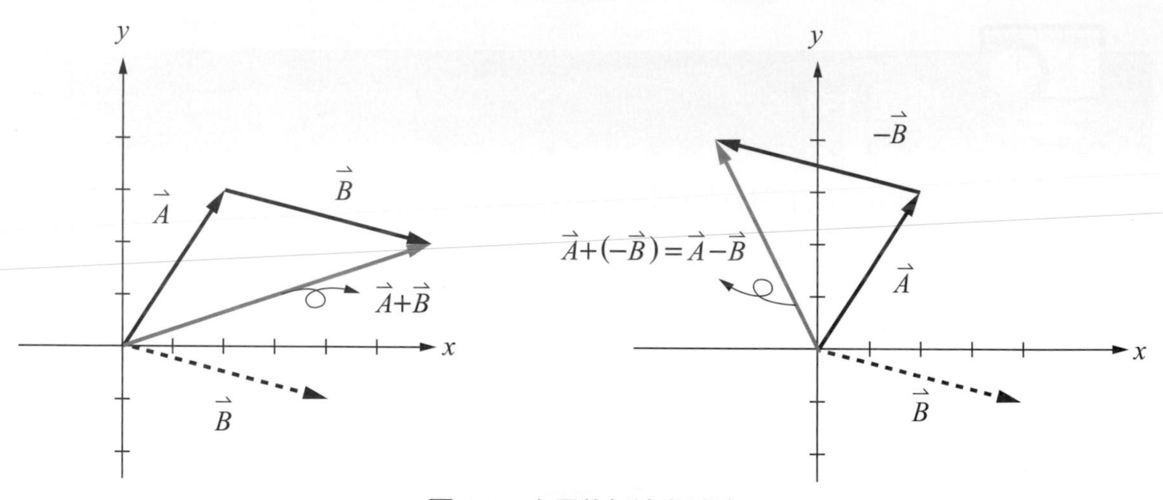

圖 1-5　向量的加法和減法

當向量以圖解法相加減後，得到一個封閉的三角形，如果三角形的三個邊或三個夾角有部分爲已知數，則可以運用數學方法求得其他未知數。如圖 1-6 中，假設 $\vec{F}_1$ 和 $\vec{F}_2$ 爲空間中的兩個向量，大小分別爲 a 和 b，兩者的合向量 $\vec{F}$ 大小爲 c，若利用圖示法來表示這三個向量，彼此之間會形成一個三角形，邊長分別爲 a、b 和 c，且邊和邊之間的相關夾角分別爲 α、β 和 γ，則這三個邊和三個角之間存在下列關係，稱爲正弦定理。

$$\frac{a}{\sin\alpha}=\frac{b}{\sin\beta}=\frac{c}{\sin\gamma}$$ （正弦定理）

此外，三個長和三個夾角之間亦存在如下的關係，稱爲餘弦定理。

$$a^2=b^2+c^2-2bc\cos\alpha$$
$$b^2=a^2+c^2-2ac\cos\beta$$ （餘弦定理）
$$c^2=a^2+b^2-2ab\cos\gamma$$

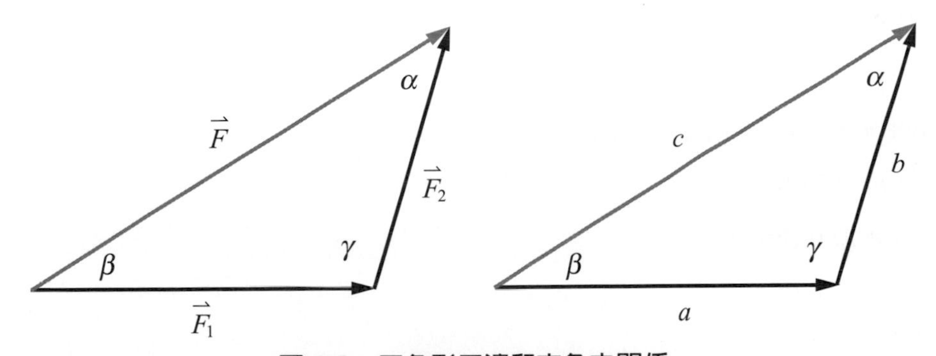

圖 1-6　三角形三邊和夾角之關係

例題 1-4

一個物體受到作用力 $\vec{F}_1$ 與 $\vec{F}_2$ 作用，若 $F_1 = 2F_2$ 已知兩作用力之間的夾角爲 60°，如果合成後的合力爲 100 N，試求該二個作用力的大小及其他相關夾角。

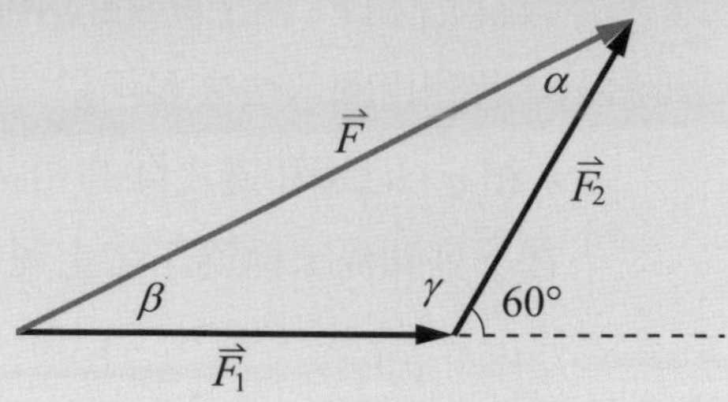

解

兩個作用力之間的夾角爲 60°，所以 $\gamma = 180° - 60° = 120°$

又因爲 $F_1 = 2F_2 = F_0$，則 $F_1 = F_0$，$F_2 = 0.5F_0$

由餘弦定理得

$$F^2 = F_0^{\ 2} + (0.5F_0)^2 - 2(F_0)(0.5F_0)\cos\gamma$$

將 $F = 100$，$\gamma = 120°$代入得

$$100^2 = 1.25F_0^{\ 2} - F_0^{\ 2}\cos 120°$$

$$10000 = 1.25F_0^{\ 2} + 0.5F_0^{\ 2} = 1.75F_0^{\ 2}$$

解得 $F_0 = 75.6$

故 $F_1 = 75.6$ (N)

$F_2 = 37.8$ (N)

再將所得由正弦定理得

$$\frac{100}{\sin 120°} = \frac{75.6}{\sin\alpha} = \frac{37.8}{\sin\beta}$$

解得 $\alpha = 40.9°$

$\beta = 19.1°$

例題 1-5

例題 1-4 中，若 $\vec{F}_1$ 和 $\vec{F}_2$ 的大小分別爲 30 N 和 40 N，試求合力大小及其他相關夾角。

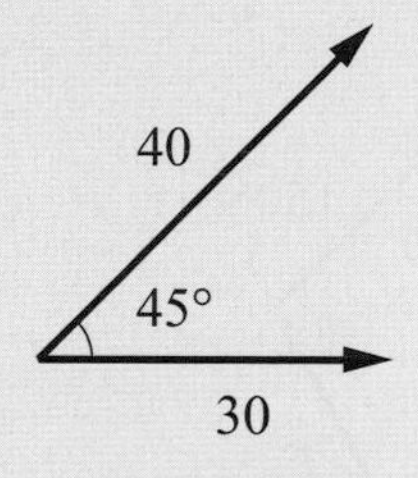

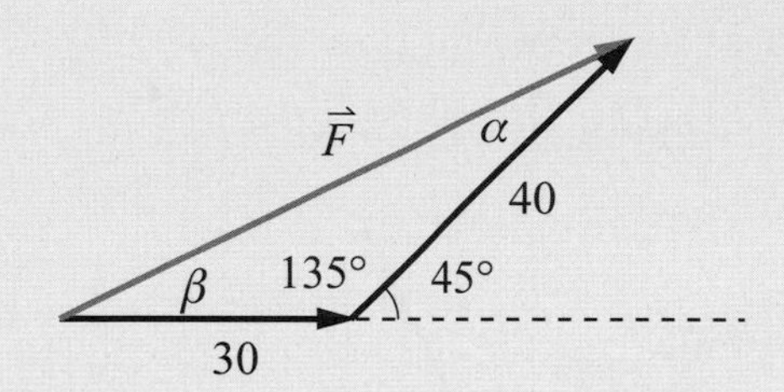

解

已知兩對應邊大小及夾角大小，可利用餘弦定理來求第三個邊長和其他夾角。亦即

$$F^2 = F_1{}^2 + F_2{}^2 - 2F_1F_2 \cos\gamma$$

已知兩個力的夾角應該是

$$\gamma = 180° - 45° = 135°$$

因此得到　$F^2 = (30)^2 + (40)^2 - 2(30)(40)\cos 135°$

計算得到　$F = \sqrt{4197} = 64.78\ (\text{N})$

此時已知對應邊 F 和對應角 γ，可以用正弦定理求得其他對應角 α 和 β，亦即

$$\frac{30}{\sin\alpha} = \frac{40}{\sin\beta} = \frac{64.78}{\sin 135°} = 91.61$$

則　$\sin\alpha = \dfrac{30}{91.61} = 0.327$

得　$\alpha = \sin^{-1}(0.327) = 19.1°$

另一個夾角 β 也以可求得，即

$$\sin\beta = \frac{40}{91.61} = 0.437$$

得 $\beta = \sin^{-1}(0.437) = 25.9°$

例題 1-6

同平面的兩個作用力合力爲 240 N，方向垂直向上，試求作用力 F 以及角度 θ 的大小。

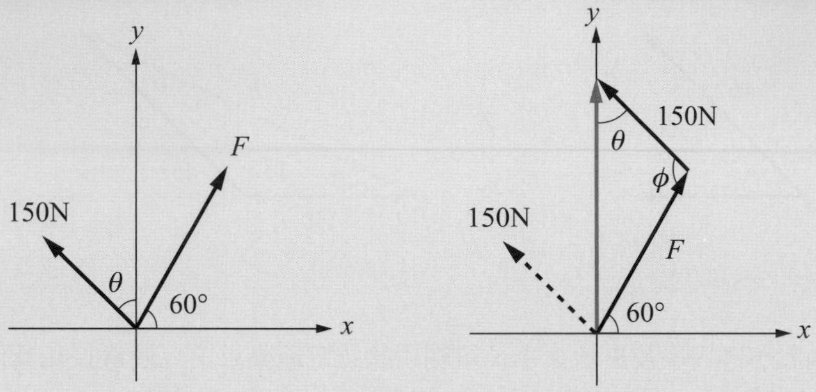

解

將向量以圖示法相加，由正弦定理可以得到

$$\frac{F}{\sin\theta}=\frac{240}{\sin\phi}=\frac{150}{\sin 30^\circ}=300$$

則 $\sin\phi=\dfrac{240}{300}=0.8$ ，$\phi=\sin^{-1}(0.8)=53^\circ$，故 $\theta=97^\circ$

又 $\dfrac{F}{\sin\theta}=\dfrac{F}{\sin 97^\circ}=300$ ，則 $F=300\sin 97^\circ=298\ (\text{N})$

(2) 向量的乘法和除法

向量的乘法和除法運算，是將原向量乘以或除以一個純量即得，如圖 1-7 所示。

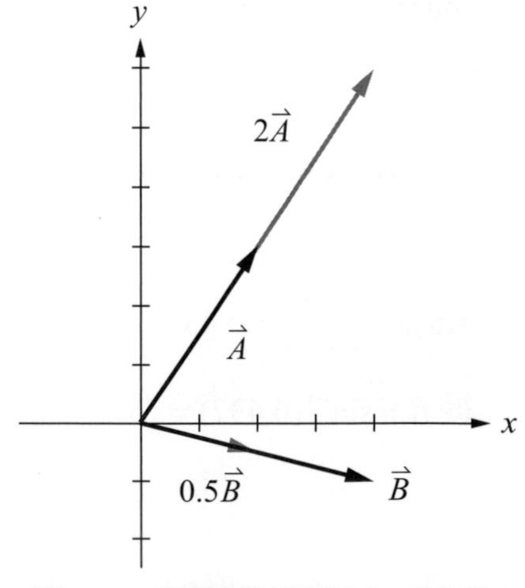

圖 1-7　向量乘以和除以一個純量

(3) 向量的點積

向量與向量的點積(**dot product**)或稱爲內積(**inner product**)的定義是：若 θ 爲向量$\vec{A}$與向量$\vec{B}$之間的夾角，則$\vec{A}$和$\vec{B}$的內積爲$\vec{A}\cdot\vec{B}=AB\cos\theta$。

故 $\vec{A}\cdot\vec{B}=AB\cos\theta=BA\cos\theta=\vec{B}\cdot\vec{A}$，如圖 1-8 所示。

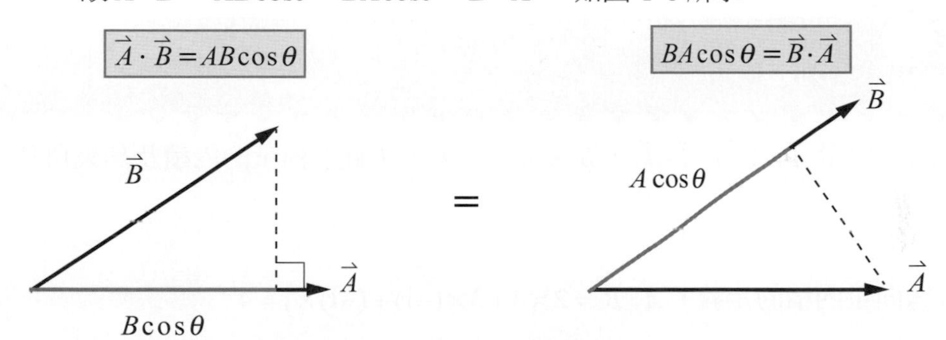

圖 1-8 向量之內積圖示法

向量點積有不變的運算法則。已知$\vec{A}$、$\vec{B}$二者皆爲向量，$\vec{i}$、$\vec{j}$、$\vec{k}$爲直角座標軸 x、y 和 z 軸上的單位向量，若

$$\vec{A}=a_x\vec{i}+a_y\vec{j}+a_z\vec{k}$$
$$\vec{B}=b_x\vec{i}+b_y\vec{j}+b_z\vec{k}$$

則

$$\begin{aligned}\vec{A}\cdot\vec{B}&=(a_x\vec{i}+a_y\vec{j}+a_z\vec{k})\cdot(b_x\vec{i}+b_y\vec{j}+b_z\vec{k})\\&=a_xb_x\vec{i}\cdot\vec{i}+a_xb_y\vec{i}\cdot\vec{j}+a_xb_z\vec{i}\cdot\vec{k}+a_yb_x\vec{j}\cdot\vec{i}+a_yb_y\vec{j}\cdot\vec{j}\\&\quad+a_yb_z\vec{j}\cdot\vec{k}+a_zb_x\vec{k}\cdot\vec{i}+a_zb_y\vec{k}\cdot\vec{j}+a_zb_z\vec{k}\cdot\vec{k}\end{aligned}$$

上式中$\vec{i}$、$\vec{j}$、$\vec{k}$爲三個座標軸的單位向量，三者相互垂直，所以它們自我之間方向相同，夾角$\theta = 0°$，$\cos\theta = 1$，因此內積爲 1，亦即$\vec{i}\cdot\vec{i} = \vec{j}\cdot\vec{j} = \vec{k}\cdot\vec{k} = 1$。

至於各不同方向的單位向量因互相垂直，夾角$\theta = 90°$，$\cos\theta = 0$，所以相互間的內積爲零。即

$\vec{i}\cdot\vec{j} = \vec{j}\cdot\vec{k} = \vec{k}\cdot\vec{i} = \vec{j}\cdot\vec{i} = \vec{k}\cdot\vec{j} = \vec{i}\cdot\vec{k} = 0$，因此向量$\vec{A}$和向量$\vec{B}$的內積可以化簡爲

$\vec{A}\cdot\vec{B} = a_x b_x + a_y b_y + a_z b_z$

向量內積也可以用來求得兩個向量$\vec{A}$和$\vec{B}$的大小以及兩者之間的夾角。依向量內積定義，$\vec{A}\cdot\vec{B} = AB\cos\theta$，則

$$\cos\theta = \frac{\vec{A}\cdot\vec{B}}{AB}，\theta = \cos^{-1}\frac{\vec{A}\cdot\vec{B}}{AB}$$

其中A和B分別爲向量$\vec{A}$以及向量$\vec{B}$的長度或大小，亦即

$$A = \sqrt{a_x^2 + a_y^2 + a_z^2}，B = \sqrt{b_x^2 + b_y^2 + b_z^2}$$

例題 1-7

若有兩個向量$\vec{A} = 2\vec{i} + 3\vec{j} - \vec{k}$，$\vec{B} = 4\vec{i} - \vec{j} + \vec{k}$，求此二向量的內積及其夾角？

解

依據向量內積的定義，$\vec{A}\cdot\vec{B} = 2\times 4 + 3\times(-1) + (-1)\times 1 = 4$

向量的大小A和B分別爲

$A^2 = 2^2 + 3^2 + (-1)^2$　　則$A = \sqrt{14} = 3.74$

$B^2 = 4^2 + (-1)^2 + 1^2$　　則$B = \sqrt{18} = 4.24$

$$\theta = \cos^{-1}\frac{\vec{A}\cdot\vec{B}}{AB} = \cos^{-1}\frac{4}{3.74\times 4.24} = 75.4°$$

則兩向量的夾角$\theta = 75.4°$

(4) 向量的乘積

向量與向量的乘積**(cross product)**或稱爲外積**(vector product)**的定義是：若 θ 爲向量 $\vec{A}$ 與向量 $\vec{B}$ 之間的夾角，則 $\vec{A}$ 和 $\vec{B}$ 的外積爲：

$$\vec{A} \times \vec{B} = AB\sin\theta\vec{e}$$

兩個向量 $\vec{A}$ 與 $\vec{B}$ 的相乘積是一個新向量，這個新向量會同時垂直於向量 $\vec{A}$ 和向量 $\vec{B}$ 。上式中 A 和 B 分別爲向量 $\vec{A}$ 以及向量 $\vec{B}$ 的長度或大小，$\vec{e}$ 則是所得到這個新向量的**單位向量(unit vector)**，又因爲 $\vec{e}$ 和 $\vec{A}$ 與 $\vec{B}$ 所構成的平面垂直，因此也稱爲 $\vec{A}$ 和 $\vec{B}$ 所構成平面的**單位法向量(unit normal vector)**。

如圖 1-9 所示。由圖中可以得知，向量 $\vec{A}$ 的大小 A 是平行四邊形的底，$B\sin\theta$ 則是平行四邊形的高，兩者相乘就是以向量 $\vec{A}$ 和 $\vec{B}$ 爲邊所圍成的平行四邊形面積，單位向量 $\vec{e}$ 則是這個平行四邊形的單位向量，大小爲 1，在垂直於平面的方向上。

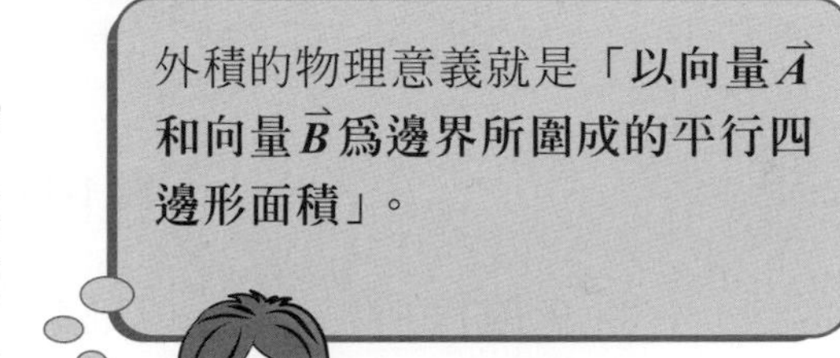

定義三度空間中 x 軸、y 軸和 z 軸三者的方向關係最常運用**右手定則(right-handed screw rule)**，分別以拇指、食指和中指來代表 x 軸、y 軸和 z 軸的正方向，如圖 1-10 所示。

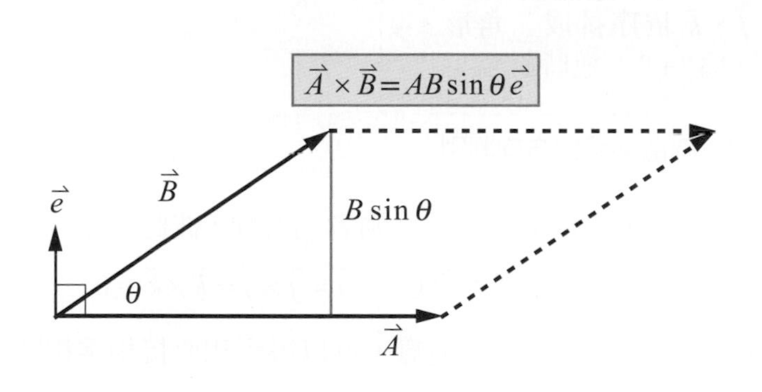

圖 1-9 向量的外積圖示法

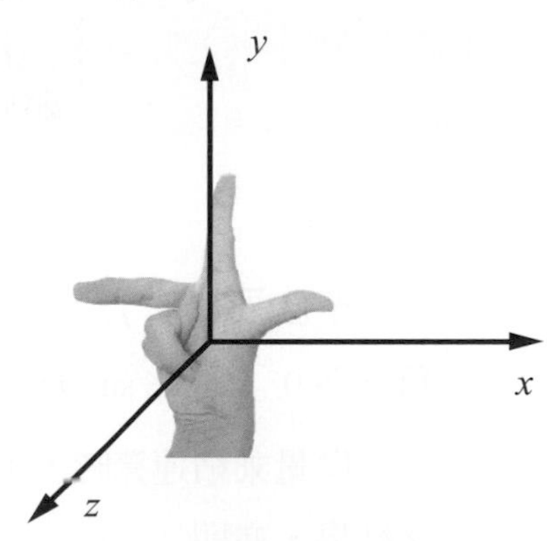

圖 1-10 向量方向的右手定則

在向量乘積的運算中，向量$\vec{A}$和向量$\vec{B}$與單位向量$\vec{e}$的相對關係可以用右手螺旋定則**(right -handed screw rule)**來表示，比如說，$\vec{A}$是在$\vec{j}$方向而$\vec{B}$在$\vec{k}$方向，則兩者乘積$\vec{A}\times\vec{B}$的方向就是在$\vec{i}$方向，如圖 1-11 所示。

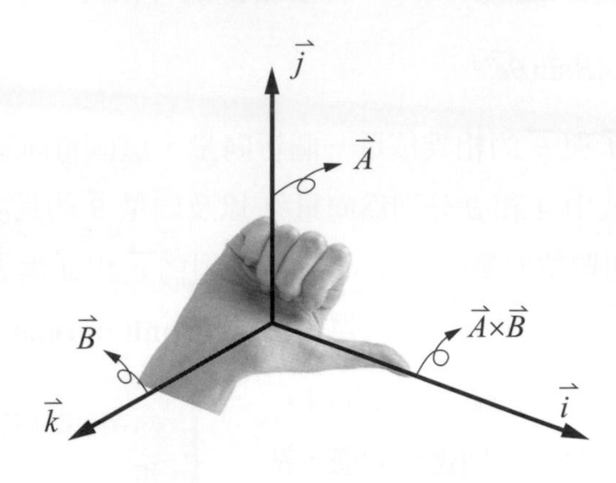

圖 1-11　右手螺旋定則

依據右手螺旋定則，如圖 1-12 所示。

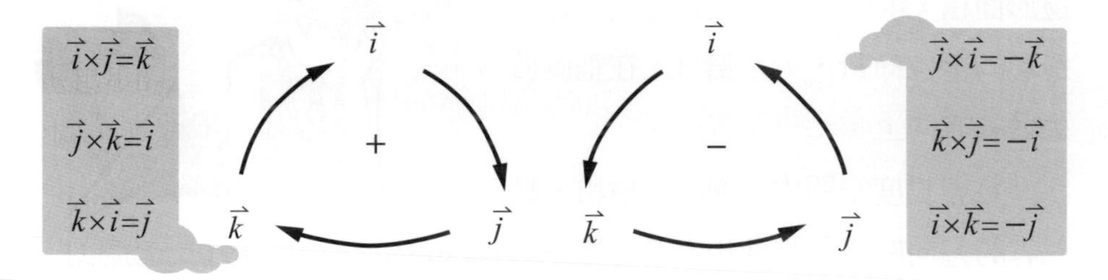

<簡單速記法>
$\vec{i}$、$\vec{j}$、$\vec{k}$ 依序排成三角形，
順時針爲"+"；逆時針爲"−"

圖 1-12　向量乘積的方向判別

至於$\vec{i}\times\vec{i}$、$\vec{j}\times\vec{j}$和$\vec{k}\times\vec{k}$的結果是什麼呢？因爲兩者同方向，彼此之間的夾角θ爲 0°，因此$\sin\theta=0$，向量的乘積也是零，所以$\vec{i}\times\vec{i}=\vec{j}\times\vec{j}=\vec{k}\times\vec{k}=0$。

向量乘積運算時，也可以利用下列之行列式運算，可以得到和直接相乘相同之結果，亦即

$$\vec{A}\times\vec{B}=\begin{vmatrix}\vec{i} & \vec{j} & \vec{k}\\ A_x & A_y & A_z\\ B_x & B_y & B_z\end{vmatrix}$$

(5) 向量的大小與方向

如果空間中的一個向量 $\vec{F}$ 與三個座標軸間的夾角分別爲 α、β 和 γ，則 $\vec{F}$ 在各個座標軸方向的分量爲：

$$\vec{F}_x = \vec{F}\cos\alpha = F\cos\alpha\vec{i} = F_x\vec{i}$$

$$\vec{F}_y = \vec{F}\cos\beta = F\cos\beta\vec{j} = F_y\vec{j}$$

$$\vec{F}_z = \vec{F}\cos\gamma = F\cos\gamma\vec{k} = F_z\vec{k}$$

上面關係式中 $\cos\alpha$、$\cos\beta$、$\cos\gamma$ 稱爲向量的**方向餘弦(direction of consines)**。如果再把各個座標軸方向的分量加起來，又會變回原來的向量 $\vec{F}$ 。

$$\vec{F} = \vec{F}_x + \vec{F}_y + \vec{F}_z = F(\cos\alpha\vec{i} + \cos\beta\vec{j} + \cos\gamma\vec{k}) = F\vec{e}_F$$

由上式中，可知向量 $\vec{F}$ 的大小爲 F，方向的單位向量爲 $\vec{e}_F$ ，其中

$$F = \sqrt{F_x^2 + F_y^2 + F_z^2}$$

$$\vec{e}_F = \cos\alpha\vec{i} + \cos\beta\vec{j} + \cos\gamma\vec{k}$$

依照定義，單位向量的長度應該等於 1，亦即

$$|\vec{e}_F| = e_F = \sqrt{\cos^2\alpha + \cos^2\beta + \cos^2\gamma} = 1$$

必須注意的是，方向角 α、β 和 γ 並非完全獨立，而是彼此相關，需滿足上面的關係式才有意義，任意給予一組方向角有可能無法滿足上面的關係式而產生矛盾的現象。由此得知，三個方向角之間的關係必須滿足 $\cos^2\alpha+\cos^2\beta+\cos^2\gamma=1$ 的條件。

例題 1-8

作用力大小爲 100 N，與 X 軸、Y 軸和 Z 軸間的夾角分別爲 45°、60°、γ，試求該作用力在各座標軸上的分量以及其單位向量。

解

依方向角相互間之關係式 $\cos^2\alpha+\cos^2\beta+\cos^2\gamma=1$ 可以得到

$\cos^2 45°+\cos^2 60°+\cos^2\gamma=1$，

$0.5+0.25+\cos^2\gamma=1$，則 $\cos^2\gamma=0.25$，$\cos\gamma=0.5$，$\gamma=60°$

或 $\vec{e_F}=0.707\vec{i}+0.5\vec{j}+0.5\vec{k}$

所以 $\vec{F}$ 的方向 $\vec{e_F}$ 可以表示爲

$\vec{e_F}=\cos 45°\vec{i}+\cos 60°\vec{j}+\cos 60°\vec{k}$，

則向量 $\vec{F}$ 可從 $\vec{F}=F\vec{e_F}$ 求得，亦即

$\vec{F}=100(0.707\vec{i}+0.5\vec{j}+0.5\vec{k})$

展開得

$\vec{F}=70.7\vec{i}+50\vec{j}+50\vec{k}$

亦即各軸上的分力分別爲

$F_x=70.7(\text{N})$，$F_y=50(\text{N})$，$F_z=50(\text{N})$

單位向量爲

$\vec{e_F}=0.707\vec{i}+0.5\vec{j}+0.5\vec{k}$

例題 1-9

若一個物受到作用力$\vec{F}=3\vec{i}+2\vec{j}+\vec{k}$作用，試求該力之大小及方向(單位向量)，以及該作用力與三個座標軸間的夾角α、β和γ。

解

依前述定義可知

$\vec{F}=F\vec{e}_F$，作用力大小爲

$|\vec{F}|=F=\sqrt{3^2+2^2+1^2}=\sqrt{14}$，作用力方向爲

$$\vec{e}_F=\frac{\vec{F}}{F}=\frac{3}{\sqrt{14}}\vec{i}+\frac{2}{\sqrt{14}}\vec{j}+\frac{1}{\sqrt{14}}\vec{k}=0.802\vec{i}+0.535\vec{j}+0.267\vec{k}$$

單位向量$\vec{e}_F$的大小爲

$$|\vec{e}_F|=e_F=\sqrt{\left(\frac{3}{\sqrt{14}}\right)^2+\left(\frac{2}{\sqrt{14}}\right)^2+\left(\frac{1}{\sqrt{14}}\right)^2}=1$$

該力與三個座標軸間的夾角，依定義可得

$\cos\alpha=\frac{3}{\sqrt{14}}$，$\cos\beta=\frac{2}{\sqrt{14}}$，$\cos\gamma=\frac{1}{\sqrt{14}}$，

則$\alpha=\cos^{-1}\frac{3}{\sqrt{14}}=36.7°$

$\beta=\cos^{-1}\frac{2}{\sqrt{14}}=57.7°$

$\gamma=\cos^{-1}\frac{1}{\sqrt{14}}=74.5°$

例題 1-10

作用力的大小爲 150 N，指向 $2\vec{i}+\vec{j}+2\vec{k}$ 的方向，試求 X 軸、Y 軸和 Z 軸方向的分量，以及該作用力與三個座標軸間的夾角 α、β 和 γ。

解

該作用力指向 $2\vec{i}+\vec{j}+2\vec{k}$ 的方向，因此它的方向和向量 $2\vec{i}+\vec{j}+2\vec{k}$ 的方向是相同的，或者說兩者具有相同的單位向量，設向量

$$\vec{A}=2\vec{i}+\vec{j}+2\vec{k}=A\vec{e}_A$$

$$\vec{e}_A=\frac{\vec{A}}{A}=\vec{e}_F$$

$$|\vec{A}|=A=\sqrt{2^2+1^2+2^2}=\sqrt{9}=3$$

$$\therefore \vec{e}_A=\frac{\vec{A}}{A}=\frac{2}{3}\vec{i}+\frac{1}{3}\vec{j}+\frac{2}{3}\vec{k}=\vec{e}_F \text{ (單位向量)}$$

從定義可得到

$$\vec{F}=F\vec{e}_F=150\times\left(\frac{2}{3}\vec{i}+\frac{1}{3}\vec{j}+\frac{2}{3}\vec{k}\right)=100\vec{i}+50\vec{j}+100\vec{k}\ (\text{N})$$

因此得到 $\vec{F}$ 在 X 軸分量爲 $F_x=100$ (N)，Y 軸分量爲 $F_y=50$ (N)，Z 軸分量爲 $F_z=100$ (N)，與三個座標軸間的夾角，依定義可得

$$\cos\alpha=\frac{2}{3}，\cos\beta=\frac{1}{3}，\cos\gamma=\frac{2}{3}$$

則 $\alpha=\cos^{-1}\frac{2}{3}=48.2°$

$$\beta=\cos^{-1}\left(\frac{1}{3}\right)=70.5°$$

$$\gamma=\cos^{-1}\left(\frac{2}{3}\right)=48.2°$$

1. 東西向的河流中有一小船，以 2 m/s 速度由東往西航行，若突有速度 5 m/s 陣風由西北方吹來，試求小船瞬間速度？
2. 湖泊中如有一靜止的帆船，若帆與東西向夾角爲逆時針 20°，當有風速 5 m/s 的風由西北方向吹來，試求帆船的瞬間速度？
3. 兩個人共同以繩拉動一個物體，若 A 在四點鐘方向上，B 在十二點鐘方向上，兩者出力相同，試求物體運動方向？
4. 上題中，若欲使物體往兩點半鐘方向運動，可否由介於 A 和 B 之間的第三者 C 來幫忙拉動？試問其所在位置？
5. 上題中，若欲移動 A 或 B 中任何一人之位置以達到目的，試求移動者最後之位置？
6. 向量 $\vec{A}=3\vec{i}+\vec{j}+4\vec{k}$，$\vec{B}=2\vec{i}-\vec{j}+2\vec{k}$，求此二向量的點積和夾角？
7. 兩向量 $\vec{A}=2\vec{i}-\vec{k}$，$\vec{B}=x\vec{i}-y\vec{j}$ 大小相等，若兩者的夾角爲 60°，試求 $\vec{B}$ 向量？
8. 向量 $\vec{A}-\vec{i}-2\vec{j}+\vec{k}$，$\vec{B}=2\vec{i}+3\vec{j}+\vec{k}$，試求兩者的乘積？
9. 求題中兩向量乘積的大小及方向？
10. 某人站在(2, 3, 2)座標上，以繩拉動置於座標原點上的物體，若力之大小爲 100N，試求各軸向上之分力？

質點的直線運動

本章大綱

一、位移、速度與加速度
二、圖解法求位移、速度與加速度
三、兩質點的絕對相依運動

學習重點

質點的直線運動是動力學中最為簡單易懂的主題，主要在學習如何從基本定義中導出常用的運動方程式，並學習將基本定義轉化為彼此間的關係圖，再從關係圖中求出所要得到的答案。質點直線運動所常用的方程式，可以運用來解決看似複雜的滑輪組問題，使絕對相依的兩個質點間的相互運動關係，得以輕易解決。

本章提要

運動物體與它所在的空間相比，若尺寸極爲微小，此時就可以把這個物體當爲一個質點，譬如星球之相對於宇宙，汽車之相對於廣闊大地。若物體被視爲質點，因爲它只是一個點，因此只探討它的移動狀態，而不必涉及它如何轉動，如此，許多問題就得以簡化。質點運動問題中，最簡易的莫過於直線運動，雖說自然界中很難有眞正的直線運動存在，但在某些差異不大的案例中，基於簡化問題的需要，往往被當成直線運動來處理。

對於地面上的人來說，天上飛的飛機可以視爲一個質點，但對於機上乘客來說，因爲有感受到機體的旋轉與翻滾，所以必須將其視爲剛體。

圖 2-1

若只關注球的動向，可以把它視爲質點，但實際上，對於擊球者而言，球的尺寸無法忽略，因而除了移動外，還有滾動，是不折不扣的剛體運動。

圖 2-2

一、位移、速度與加速度

一個質點沿著一直線路徑運動者，稱爲質點的直線運動，如圖 2-3 所示，其中固定點 O 爲任意選定的座標原點，各相關物理量定義如下：

- **位置**：質點在任一瞬間 t 的位置(position)以其座標 s 表示，如圖 2-3(a)，位置的大小爲 O 點至 p 點的距離。

- **位移**：質點的位置變化量稱爲位移(displacement)，如圖 2-3(b)，在Δt 時段內，質點由 p 點移至 p' 點，其位移$\Delta s = s' - s$，Δs 的方向仍以正負號表示，向右時爲正，向左時爲負。

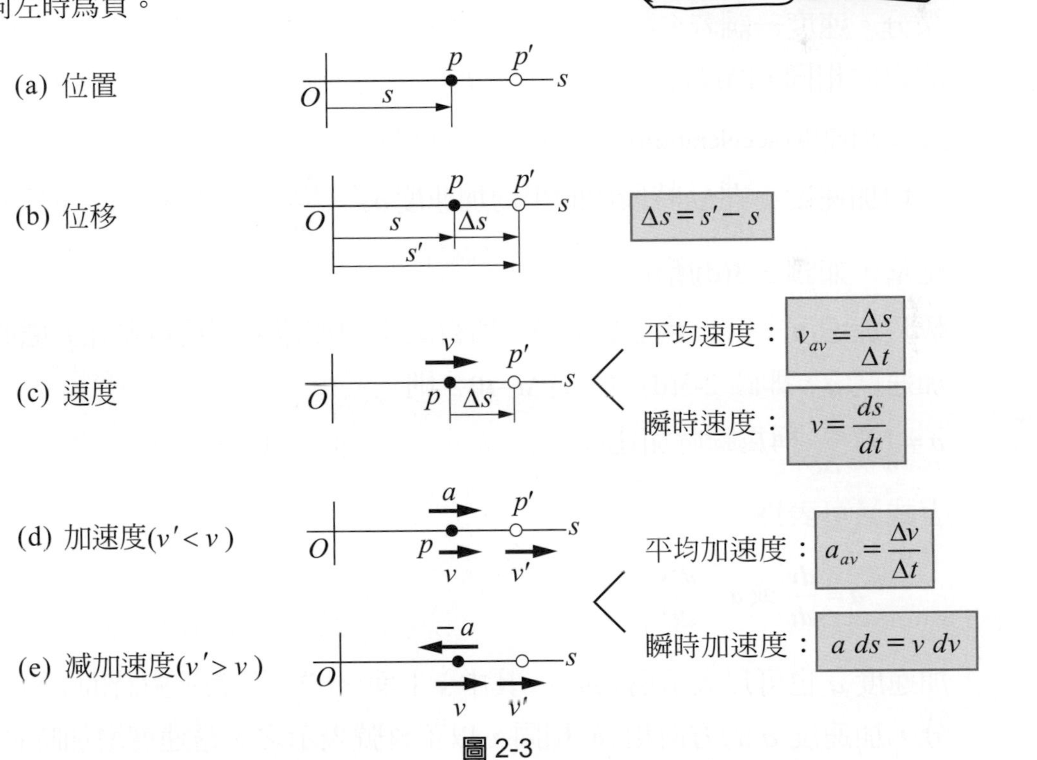

圖 2-3

● **速度**：速度(velocity)分平均速度和瞬時速度兩種。

(1) 平均速度：在Δt 時段內的平均速度$v_{av}=\dfrac{\Delta s}{\Delta t}$。其中$\Delta s$ 爲位移，如圖 2-3(c)所示。

(2) 瞬時速度：當Δt 趨近於零時，所得之平均速度即爲質點在 p 處的瞬時速度 v，如圖 2-3(c)中，若$\Delta t\to 0$，則

$v=\lim\limits_{\Delta t\to 0}\dfrac{\Delta s}{\Delta t}$ 稱爲瞬時速度

上式又可表爲

$$\boldsymbol{v=\frac{ds}{dt}} \tag{2-1}$$

爲方便起見，有時將$\dfrac{ds}{dt}$表爲$\dot{s}$，其中 s 上面的“ · ”表示對時間 t 的一次微分。速度一詞若未特別指明，均指瞬時速度而言。速度的方向與位移 ds 的方向相同，仍以正負號表示之，質點向右運動時爲正，向左運動時爲負。

● **加速度**：加速度(acceleration)也有平均加速度和瞬時加速度之分。

(1) 平均加速度：在Δt 時段內的平均加速度$a_{av}=\dfrac{\Delta v}{\Delta t}$。其中$\Delta v=v'-v$ 爲速度變化量，如圖 2-3(d)所示。

(2) 瞬時加速度：當Δt 趨近於零時，所得之平均加速度即爲質點在 p 處的瞬時加速度 a，即圖 2-3(d)中，若$\Delta t\to 0$，則

$a=\lim\limits_{\Delta t\to 0}\dfrac{\Delta v}{\Delta t}$ 稱爲瞬時加速度

上式又可表爲

$$\boldsymbol{a=\frac{dv}{dt}} \text{ 或 } \boldsymbol{a=\frac{d^2s}{dt^2}} \tag{2-2}$$

加速度 a 也可以表示爲$\dot{v}$或$\ddot{s}$，其中 s 上面之“··”表示對時間 t 的二次微分，加速度 a 的方向和 dv 相同，以正負號表示之，當速度增加時$v'>v$，如圖 2-1(d)所示，加速度 a 爲正值向右；當速度減慢時$v'<v$，如圖 2-3(e)所示，加速度 a 爲負值向左。

將式(2-1)和式(2-2)的 dt 消去，可得一銜接位移、速度和加速度的微分方程式，即由式(2-1)，得 $dt=\frac{ds}{v}$，另由式(2-2)，得 $dt=\frac{dv}{a}$，則 $\frac{ds}{v}=\frac{dv}{a}$，整理後得

$$\boldsymbol{a\,ds = v\,dv} \tag{2-3}$$

例題 2-1

一質點在直線上運動，位置座標 $s=t^3+4t-6$，式中 s 的單位爲米(m)，t 的單位爲秒(s)，求：(a)質點從 $t=0$ 時之初始情況到速度增爲 112 m/s 所需的時間；(b)質點在 $v=52$ m/s 時的加速度；(c)由 $t=1$ 至 $t=5$ 秒期間，質點的位移。

解

由式(2-1) $v=\dot{s}$ 得 $v=3t^2+4$ (m/s)

由式(2-2) $a=\dot{v}$ 得 $a=6t$ (m/s^2)

(a) 將 $v=112$ (m/s)代入 v 的表示式，得 $112=3t^2+4$，$t=\pm 6$ (s)
負時間無物理上的意義，故答案爲 $t=6$ (s)

(b) 將 $v=52$ (m/s)代入 v 的表示式，得 $52=3t^2+4$，$t=4$ (s)
代入加速度表示式，得 $a=6(4)=24$ (m/s^2)

(c) 位移等於位置的變化量，故
$\Delta s=s_5-s_1=[(5)^3+4(5)-6]-[(1)^3+4(1)-6]=140\,(\text{m})$

當加速度 a 爲定値，亦即加速度 a 的大小及方向都不變時，質點的運動路徑恆爲一直線，爲求簡便起見，令 $t=0$ 時，$s=s_0$，$v=v_0$。由式(2-2)可得

$$dv=adt$$

兩邊積分，得

$$\int_{v_0}^{v}dv=\int_0^t adt$$

$$v-v_0=at \text{ 或}$$

$$\boldsymbol{v = v_0 + at} \tag{2-4}$$

將式(2-4)代入式(2-1)，得

$$ds = (v_0 + at)dt$$

兩邊積分，得

$$\int_{s_0}^{s} ds = \int_{0}^{t} (v_0 + at)dt$$

$$s - s_0 = v_0 t + \frac{1}{2}at^2 \text{，或}$$

$$\boldsymbol{s = s_0 + v_0 t + \frac{1}{2}at^2} \tag{2-5}$$

將式(2-3)$vdv = ads$ 兩邊積分，得

$$\int_{v_0}^{v} vdv = \int_{s_0}^{s} ads$$

$$\frac{1}{2}(v^2 - v_0^2) = a(s - s_0) \text{，整理得}$$

$$\boldsymbol{v^2 = {v_0}^2 + 2a(s - s_0) \text{ 或 } v^2 = {v_0}^2 + 2a\Delta s} \tag{2-6}$$

等加速度直線運動的一個重要應用為自由落體運動，因自由落體的加速度在地表上有限的高度間，可視為定值，稱為重力加速度，方向往下，亦即 $g = -9.81\ \text{m/s}^2$。

例題 2-2

一人在距地面 24 m 高的樓上以 8 m/s 的速度垂直向上擲出一物體，求：(a)該物體所能達到的最大高度及所需的時間；(b)該物體觸地時的速度及所需的時間；(c)2 秒後，該物體的位置。

解

本題為一個自由落體的問題，物體運動的路徑為一直線，加速度為重力加速度 $g = -9.81\ (\text{m/s}^2)$，座標原點 O 定在地面上，且以向上為正號，初速度 $v_0 = 8$ m/s，初位置 $s_0 = 24$ (m)，加速度 $a = -9.81\ (\text{m/s}^2)$。

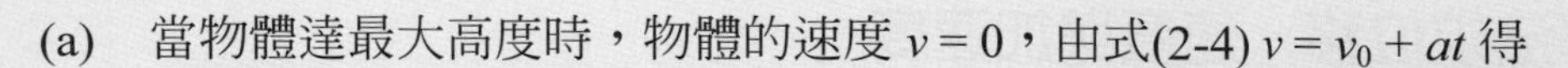

(a) 當物體達最大高度時，物體的速度 $v = 0$，由式(2-4) $v = v_0 + at$ 得

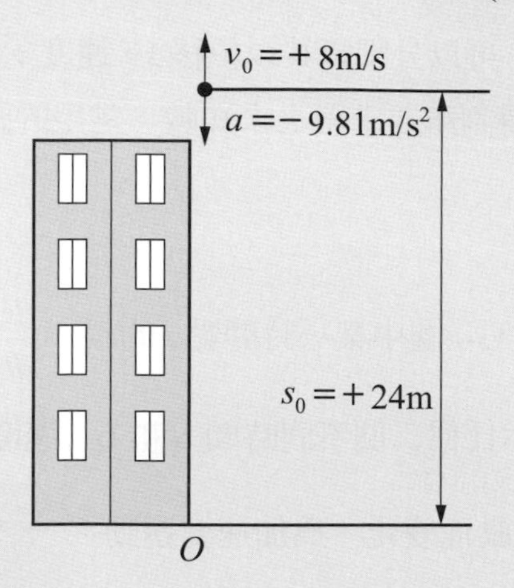

$0 = 8 - 9.81t$，得時間

$t = 0.815$ (s)

將 $t = 0.815$ (s)代入式(2-5)

$$s - s_0 = v_0 t + \frac{1}{2}at^2$$

$s - 24 = 8(0.815) + \frac{1}{2}(-9.81)(0.815)^2$，得最大高度

$s = 27.26$ (m)

(b) 當球觸地時，$s = 0$，由式(2-5)得

$$0 - 24 = 8t + \frac{1}{2}(-9.81)t^2$$

$4.91t^2 - 8t - 24 = 0$，得所需時間 $t = 3.17$ (s)

將 $t = 3.17$ (s)代入式(2-4)中

$v = 8 + (-9.81)(3.17)$，得觸地速度

$v = -23.1$ (m/s)

(c) 將 $t = 2$ (s)代入式(2-5)

$s - 24 = 8(2) + \frac{1}{2}(-9.81)(2)^2$，得 2 秒時物體的位置為

$s = 20.38$ (m)

二、圖解法求位移、速度與加速度

前述直線運動方程式中，可以分別將其以位移 s、速度 v、加速度 a 和時間 t 之間的關係以圖形來表示，並從圖中得到所要求得之未知數。常用的圖形包含 s-t 圖、v-t 圖、a-t 圖、v-s 圖和 a-s 圖等。

1. s-t 圖

由方程式 $v=\dfrac{ds}{dt}$ 可知，s-t 圖中某一時間點 t 的斜率 $\dfrac{ds}{dt}$ 即爲其速度。如圖 2-4 所示，若 $\dfrac{ds}{dt}=c$ (c 表常數)，表示任何二個不同時間 t_1 和 t_2，速度都相等，則為等速運動，若 $\dfrac{ds}{dt}\neq c$ ，速度隨時間的變動而變化，爲加速度運動。

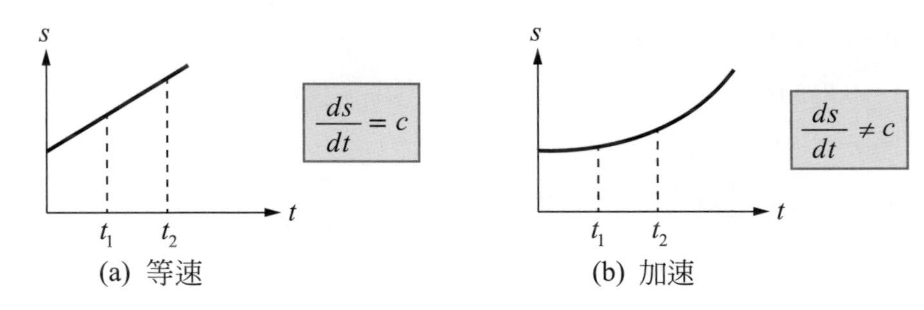

圖 2-4　物體運動之 *s*-*t* 圖

2. v-t 圖

由方程式 $a=\dfrac{dv}{dt}$ 可知，v-t 圖中某一時間點 t 的斜率 $\dfrac{dv}{dt}$ 即爲其加速度。如圖 2-5 所示，若 $\dfrac{dv}{dt}=0$ ，$a=0$，爲等速運動，若 $\dfrac{dv}{dt}=c$ ，爲等加速度運動，$\dfrac{dv}{dt}\neq c$ ，爲變加速度運動。

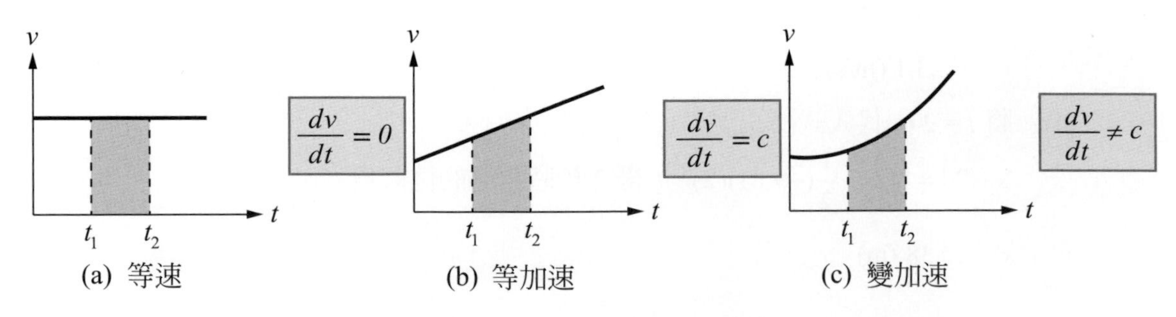

圖 2-5　物體運動之 *v*-*t* 圖

從定義 $v=\dfrac{ds}{dt}$ 或 $ds=vdt$，兩邊積分得 $s_2-s_1=\int_{t_1}^{t_2}vdt$，因此 v-t 圖中線下介於 t_1 和 t_2 之間的面積，就是 t_1 和 t_2 時段內物體的位移量。

3. a-t 圖

從 a-t 圖中，直接可以得到物體運動的加速情形，如圖 2-6 所示。

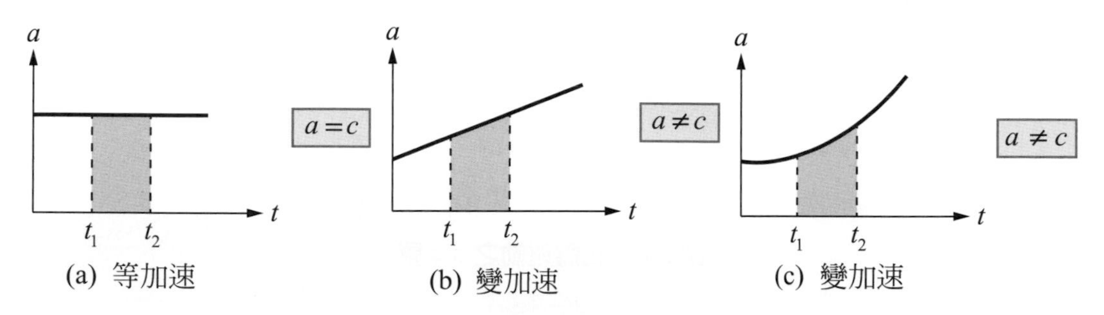

圖 2-6　物體運動之 a-t 圖

從定義 $a=\dfrac{dv}{dt}$ 或 $dv=adt$，兩邊積分得 $v_2-v_1=\int_{t_1}^{t_2}adt$，因此 a-t 圖中線下介於 t_1 和 t_2 之間的面積，就是 t_1 和 t_2 時段內物體的速度變化量。

4. v-s 圖

由方程式 $ads=vdv$ 可以得到 $a=v\dfrac{dv}{ds}$，則 v-s 圖中任何一點 s 上之斜率 $\dfrac{dv}{ds}$ 乘以該點上的速度 v，就可以得到其加速度 a，如圖 2-7 所示。

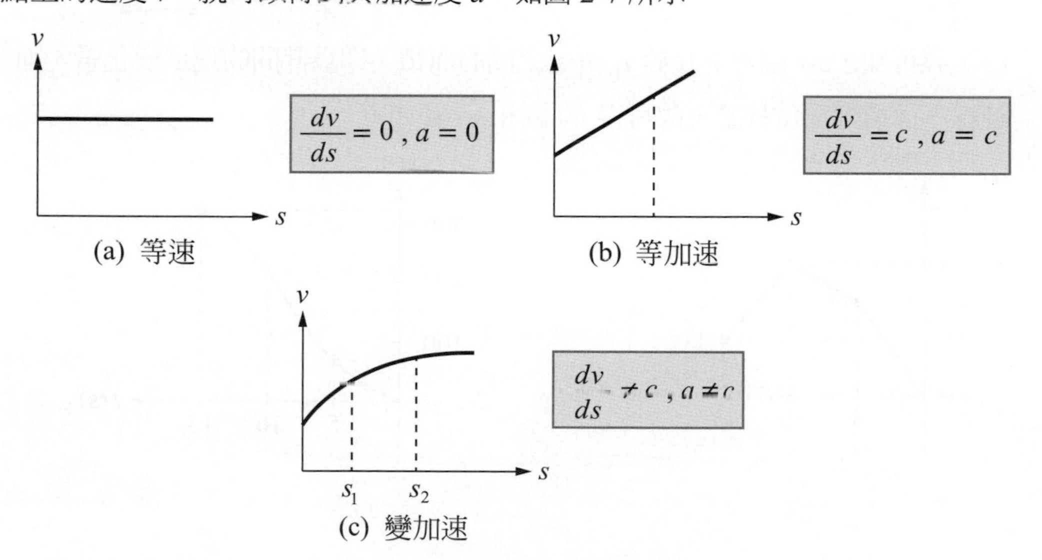

圖 2-7　物體運動之 v-s 圖

5. a-s 圖

由方程式 $ads = vdv$，兩邊積分得 $\frac{1}{2}({v_2}^2 - {v_1}^2) = \int_{s_1}^{s_2} ads$，因此 a-s 圖中線下介於 s_1 和 s_2 之間的面積，爲 v_2^2 和 v_1^2 改變量之半，如圖 2-8 所示。

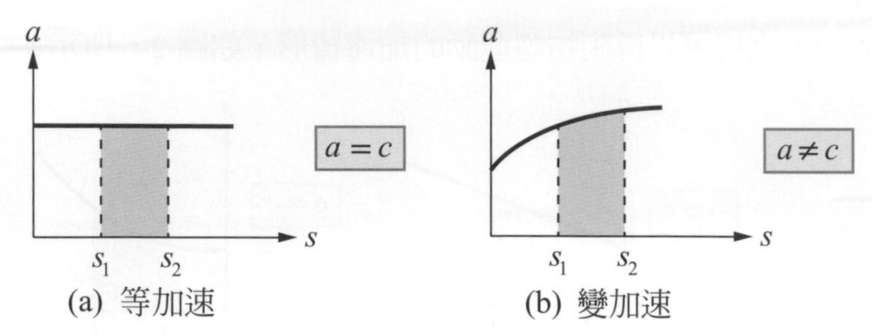

圖 2-8　物體運動之 a-s 圖

例題 2-3

由靜止起步的汽車 a-t 圖如下，試繪出其 v-t 圖與 s-t 圖，並求出 $t = 15$ 秒時之速度與位移？

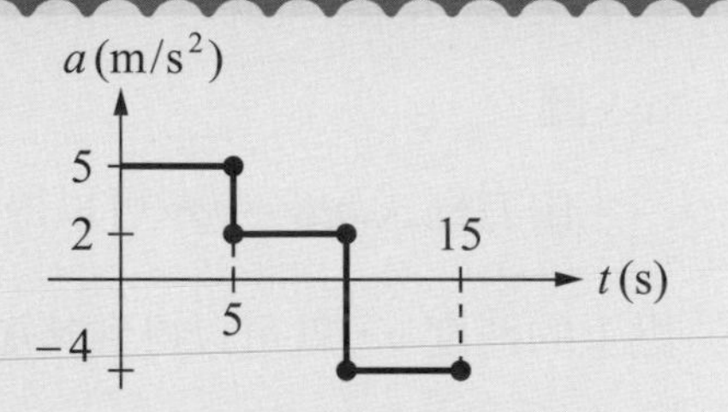

解

由定義可知，a-t 圖線下介於 t_1 和 t_2 之間的面積，即爲其間的速度變化量，而 v-t 圖線下面積則爲位移量，故可得 v-t 圖和 s-t 圖如下：

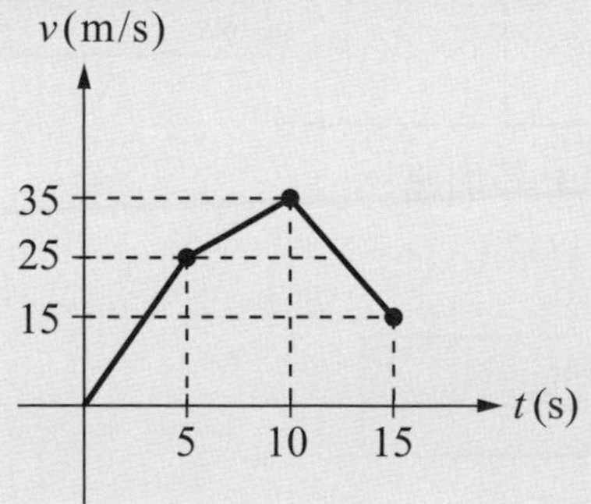

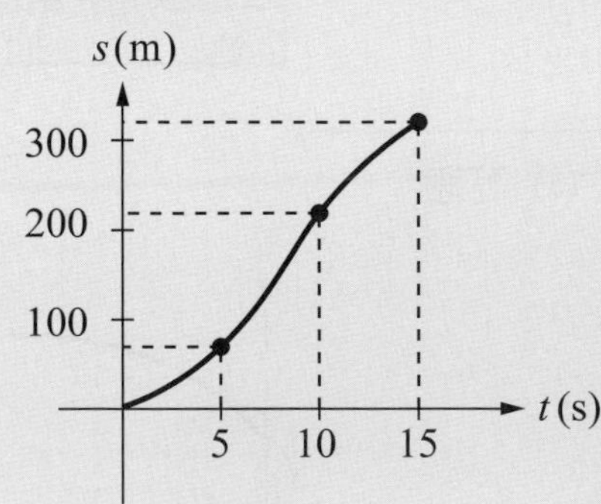

$t=0\sim5$ s，$a=5$

$v(5)=5\times5=25$ (m/s)　　$s(5)=\frac{1}{2}\times25\times5=62.5$ (m)

$t=5\sim10$ s，$a=2$

$v(10)=25+2\times5=35$ (m/s)　　$s(10)=62.5+25\times5+\frac{1}{2}\times10\times5=212.5$ (m)

$t=10\sim15$ s，$a=-4$

$v(15)=35+(-4)\times5=15$ (m/s)　　$s(15)=212.5+35\times5-\frac{1}{2}\times15\times5=325$ (m)

例題 2-4

汽車行駛之 v-s 圖如下，試繪出 a-s 圖，並求位置在 $s=150$ m 時之加速度？

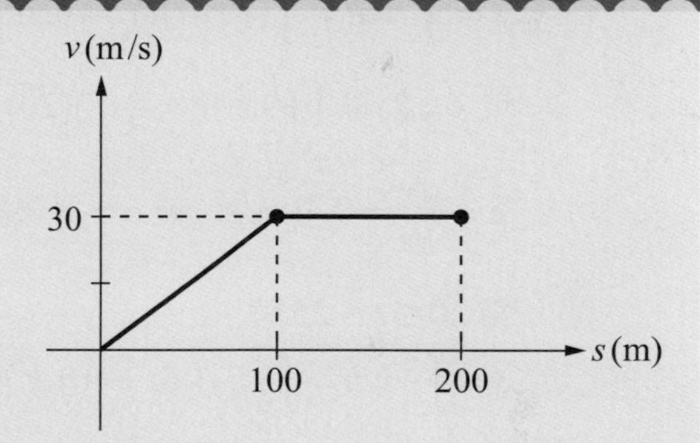

解

(1) 當 $0\le s\le100$ 時，斜率 $\frac{dv}{ds}=\frac{30}{100}=0.3$，則 $v=0.3\,s$

由 $ads=vdv$，得 $a=v\frac{dv}{ds}=(0.3\,s)(0.3)=0.09\,s$

當 $s=100$ 時，$a=9$

(2) 當 $100\le s\le200$ 時，

斜率 $\frac{dv}{ds}=0$，則 $v=30$

$a=v\frac{dv}{ds}=(30)(0)=0$

故當 $s=150$ 時，$a=0$

得 a-s 圖爲

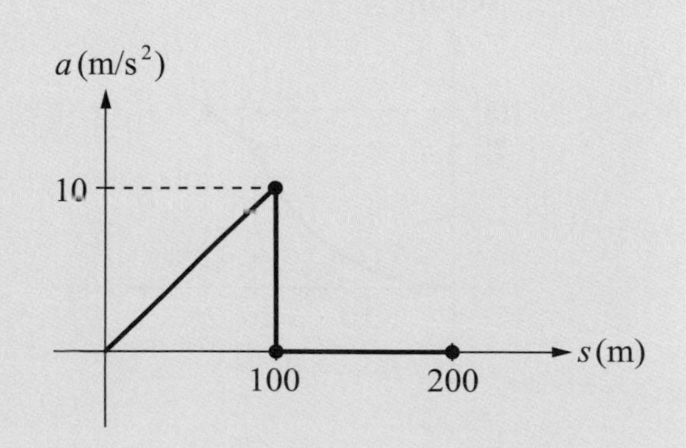

例題 2-5

汽車沿著直線行走，v-t 圖如下，
試繪出其 s-t 與 a-t 圖。

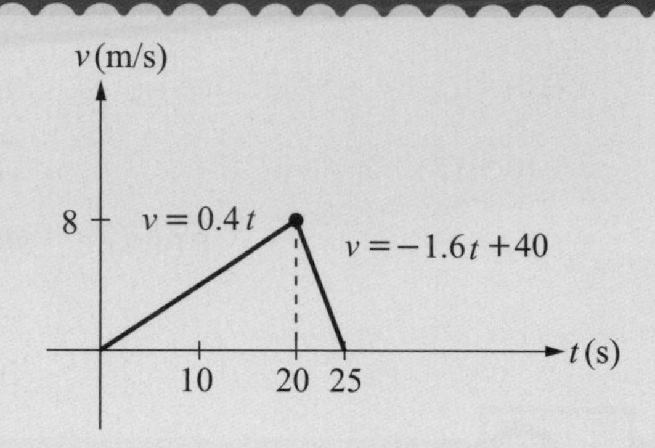

解

① 當 $0 \le t < 20$ 時，$v = 0.4t$ 則

$$s = \int_0^{20} v dt = \int_0^{20} (0.4t) dt = [0.2t^2]_0^{20} = 80(\text{m})$$

或 s = 斜線下的面積 $= \frac{1}{2}(8)(20) = 80(\text{m})$

$$a = \frac{dv}{dt} = 0.4(\text{m/s}^2) \text{ 或 } a = \text{斜線斜率} = \frac{8}{20} = 0.4(\text{m/s}^2)$$

② 當 $20 \le t \le 25$ 時

$$s = \int_{20}^{25} v dt = \int_{20}^{25} (-1.6t + 40) dt = [-0.8t^2 + 40t]_{20}^{25} = 20(\text{m})$$

或 s = 斜線下的面積 $= \frac{1}{2}(8)(5) = 20(\text{m})$

$$a = \frac{dv}{dt} = -1.6(\text{m/s}^2) \text{ 或 } a = \text{斜線斜率} = \frac{0-8}{25-20} = -1.6(\text{m/s}^2)$$

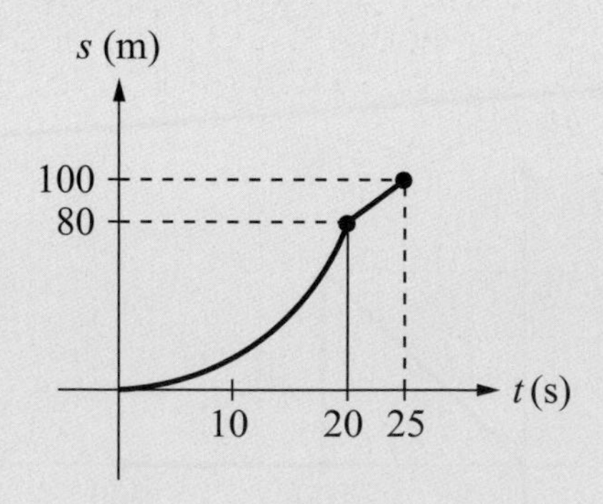

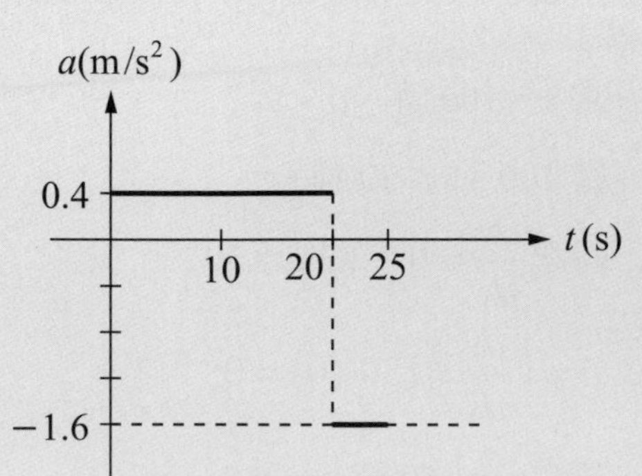

例 2-6

汽車沿著直線行走，a-t 圖如下，汽車由靜止起動，先加速後再減速直到停下為止，試繪出其 v-t 圖及 s-t 圖？

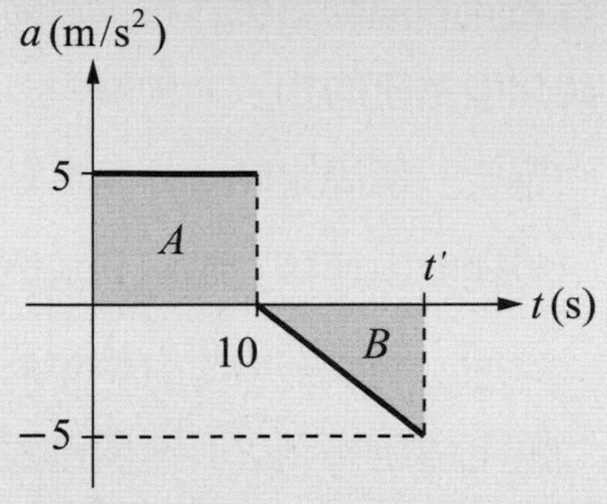

解

① 當 $0 \le t < 10$ 時

$a = 5$，$v = \int a dt = 5t$，$s_1 = \int_0^{10} v dt = [2.5t^2]_0^{10} = 250(\text{m})$

$t = 10\text{s}$，$v = 50(\text{m/s})$，即線段下的面積 A。

② 當 $t = t'$ 時汽車因減速而停止，因此斜線內的面積 B

$v = \frac{1}{2}(-5)(t'-10) = -50$，則 $t' = 30\,(\text{s})$

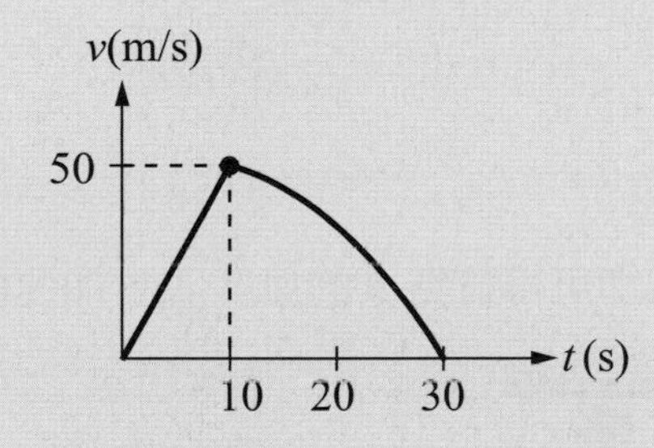

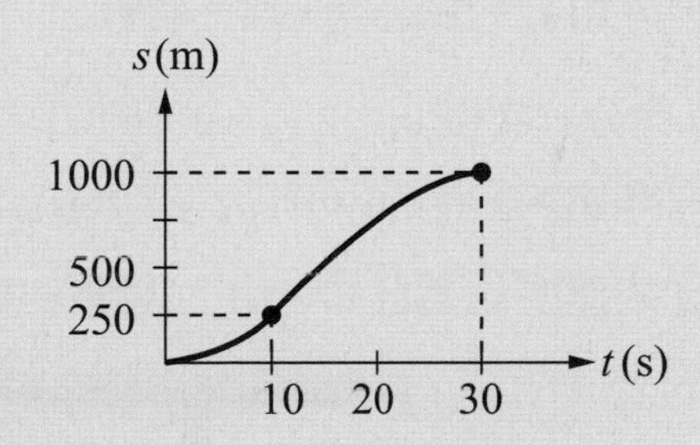

③ 當 $10 \le t \le 30$ 時，$a = \frac{-5}{30-10}(t-10) = -0.25t + 2.5$

$v = \int a dt = -0.125t^2 + 2.5t + c$，

當 $t = 10$，$v = 50$，得 $c = 37.5$

$s_2 = \int v dt = [-\frac{0.125}{3}t^3 + \frac{2.5}{2}t^2 + 37.5t]_{10}^{30} = 667(\text{m})$

$s = s_1 + s_2 = 250 + 667 = 917(\text{m})$

三、兩質點的絕對相依運動

兩質點間若某一質點產生運動，必定牽動另外一個質點也產生相對應的運動，則稱此二質點間的運動為絕對相依運動。我們常見的繩索與滑輪組，就是絕對相依運動系統，分析此類型系統的相依運動關係，標準步驟如下：

1. 選定一個固定點當作基準點，定出基準線。
2. 將繩索由連接質點處到基準線間的長度標示出。
3. 將同一條繩索的所有標示長度相加，即為繩索的總長度，為一常數。
4. 將上述所得到之長度關係式對時間 t 微分一次得質點間的速度關係式，微分二次得加速度關係式。
5. 代入已知數求得未知數。

如圖 2-9 所示，繩索與滑輪系統中，質塊 A、B 為二個質點，則

1. 選取固定點 O 為基準點，通過 O 點的水平線為基準線。
2. 質點 A 與 B 到基準線的長度分別為 s_A 和 s_B。
3. 由圖中，可知 $s_A + 2\,s_B = \ell$，為一常數。
4. 對時間 t 微分一次得 $v_A + 2\,v_B = 0$，則 $v_A = -2\,v_B$

   微二次分得 $a_A + 2\,a_B = 0$，則 $a_A = -2\,a_B$
5. 若質點 A 的速度 v_A 為已知，由上述關係式即可得質點 B 的速度 v_B，加速度亦同。

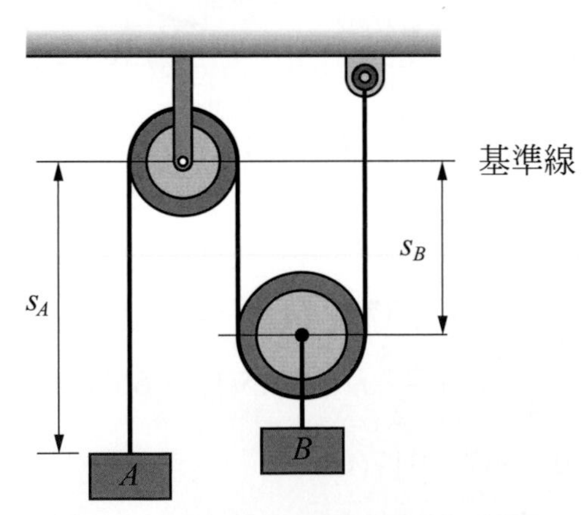

圖 2-9　滑輪組之質點絕對相依運動

例題 2-7

圖 2-9 中，若質塊 A 的速度爲 4 m/s 向下，加速度爲 2 m/s^2 向上運動，求質塊 B 的運動速度和加速度？

解

由前述之相依運動關係式，得

$$v_B = -\frac{1}{2}v_A = -\frac{1}{2}(-4) = 2\ (\text{m/s})$$

$$a_B = -\frac{1}{2}a_A = -\frac{1}{2}(2) = -1\ (\text{m/s}^2)$$

例題 2-8

質塊 A 以 8 m/s 速度向下，4 m/s^2 加速度向上運動，試求質塊 B 的速度與加速度？

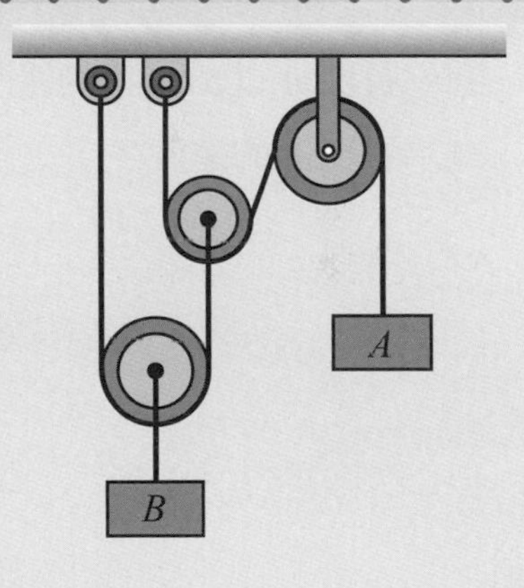

解

列出關係式爲

$s_A + 2\ s_C - \ell_1$……①

$s_B + (s_B - s_C) = \ell_2$……②

將①②式對時間一次微分得關係式

$v_A + 2\ v_C = 0$，$v_C = -\ 0.5\ v_A$……③

$2v_B - v_C = 0$，$v_C = 2\ v_B$……④

由③④式得

$2v_B = -\ 0.5\ v_A$，$v_B = -\ 0.25\ v_A$

將 $v_A = -\ 8$ (m/s)代入，得 $v_B = 2$ (m/s)

將①②式二次微分得

$a_A + 2\ a_C = 0$，$a_C = -\ 0.5\ a_A$……⑤

$2a_B - a_C = 0$，$a_C = 2\ a_B$……⑥

由⑤⑥式得

$a_B = -\ 0.25a_A$，將 $a_A = 4$ (m/s^2)代入得

$a_B = -\ 1$ (m/s^2)

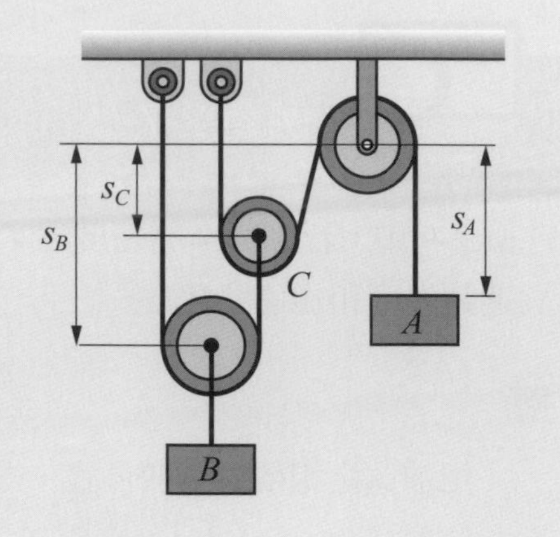

例題 2-9

圖中質塊 A 以 $5\,\text{m/s}^2$ 的速度向上運動，試求質塊 B 的速度？

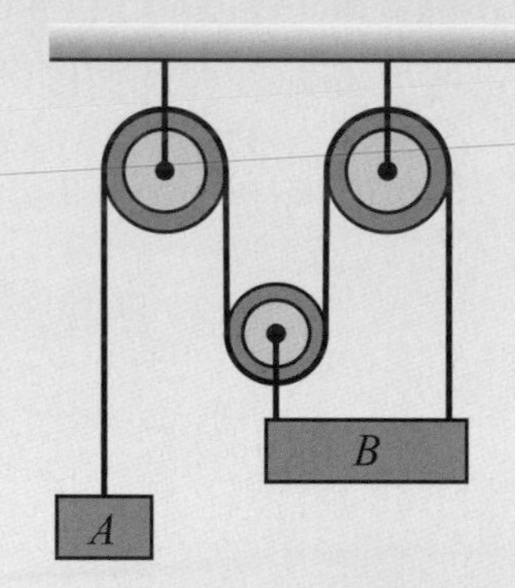

解

$$s_A + 3s_B = \ell$$

$$v_A + 3v_B = 0$$

$$v_A = -3v_B \text{，} v_A = 5(\text{m/s})$$

$$v_B = -\frac{1}{3}v_A = -\frac{5}{3}(\text{m/s})$$

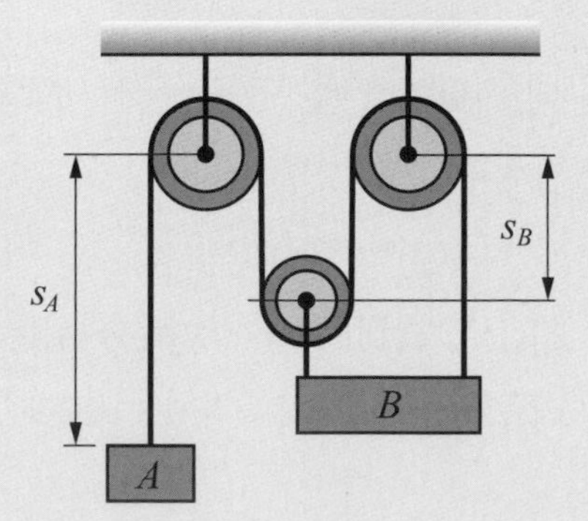

例題 2-10

圖中質塊 A 以 $2\,\text{m/s}$ 速度向下運動，

試求質塊 A 的速度？

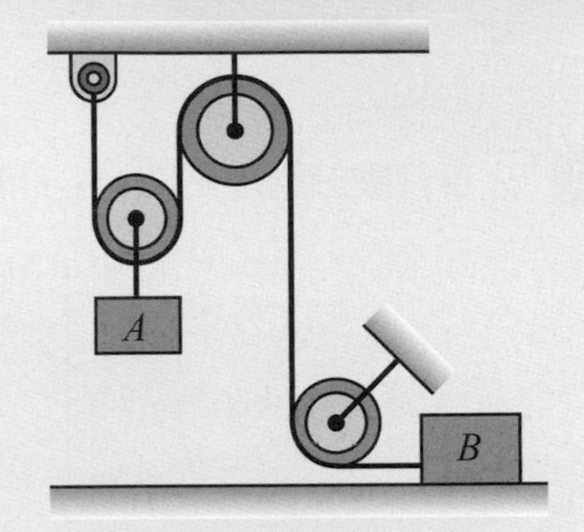

解

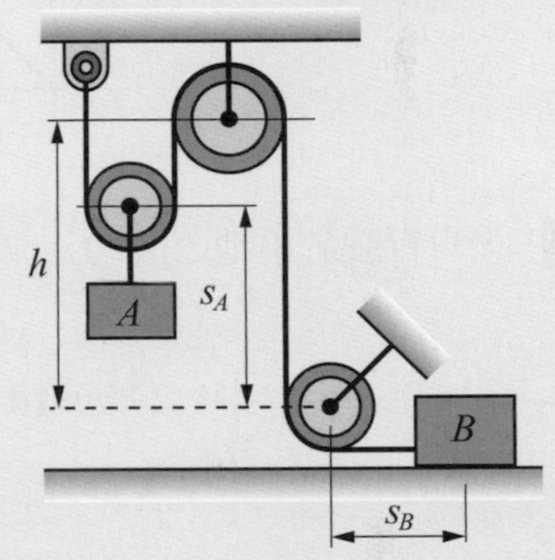

$h+2(h-s_A)+s_B=\ell$，對時間 t 微分一次得

$-2v_A+v_B=0$，$v_A=-2\ (\text{m/s})$，代入得

$v_B=2v_A=2(-2)=-4\ (\text{m/s})$ (向左)

注意：
絕對相依運動的兩個運動質點若都在垂直方向上，得到的數值如果為正，就是向上，如果得負值，就是向下。但在一方為垂直運動，另一方為水平運動的情況下，設定垂直方向上為正值，向下為負值，但所得到的水平方向數值，不一定得正就是向右，得負就是向左，需稍加判斷，此是符號與方向定義的唯一例外。

練習題

1 火車行駛於兩地之間的 v-t 圖如下，試繪其 s-t 圖與 a-t 圖。

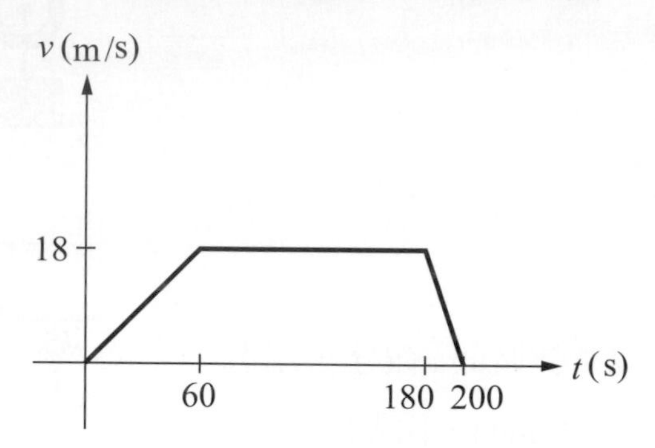

2 火車行駛於兩地之間的 s-t 圖如下，試繪其 v-t 圖與 a-t 圖。

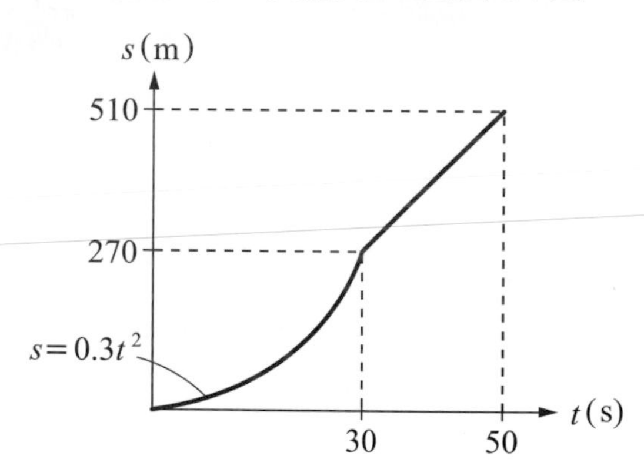

3 汽車沿直線行駛之 v-s 圖，試求 a-s 圖？

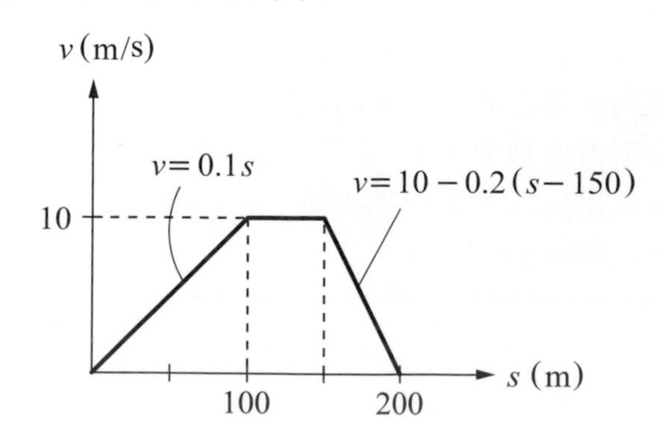

4 飛機由靜止起動，a-s 圖如下，試求 $s = 200$ m 時之速率及所耗時間？

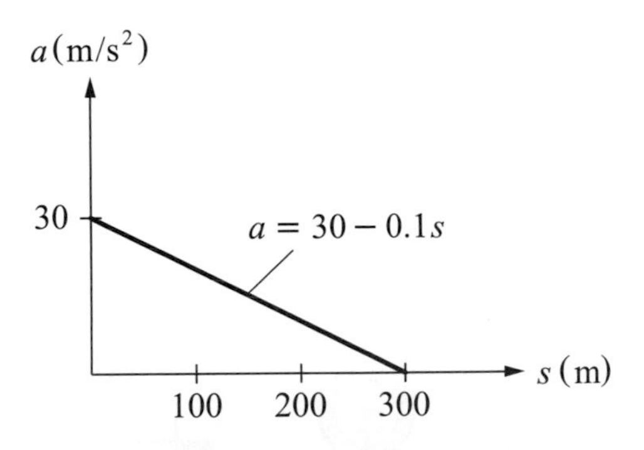

5 圖中質塊 A 的速率為 1 m/s 向上運動，試求質塊 B 的速率？

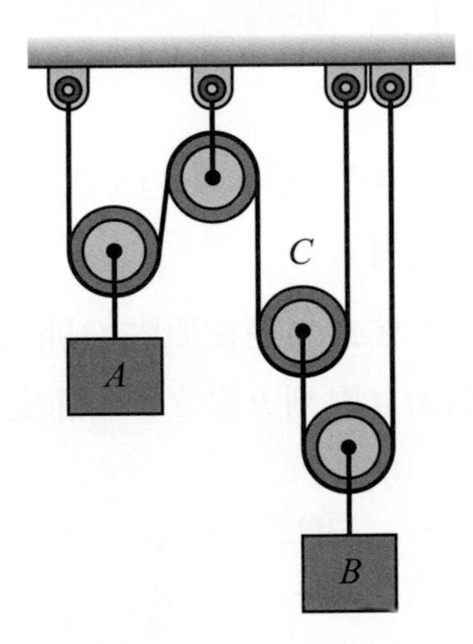

6 圖中質塊 A 的速率為 2 m/s 向上運動，質塊 C 的速率為 1 m/s 向下運動，試求質塊 B 的速率？

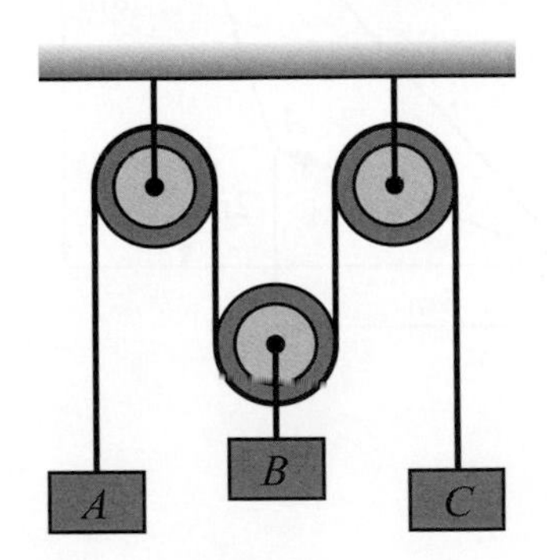

7 圖中質塊 A 以 2 m/s 速率向上運動，質塊 C 以 1 m/s 速率向下運動，試求質塊 B 的速率？

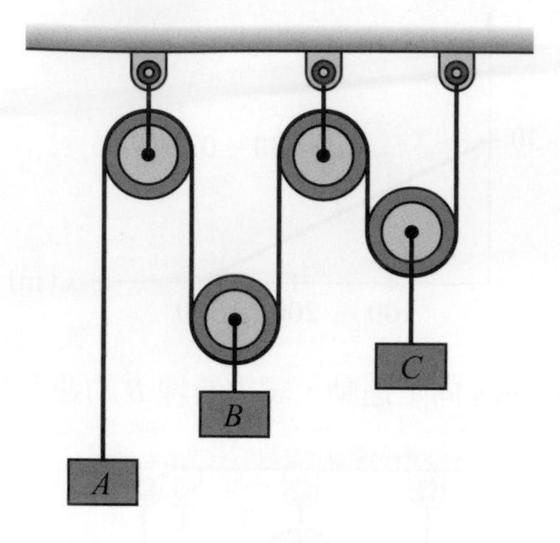

8 某質點做直線運動之位置爲 $s = 3t^3 - 3t^2 - 8t - 3$，單位爲 m，t 的單位爲 sec。試求當 $v = 0$ 時，時間 t 與加速度 a 之值。

9 某質點之運動路徑如圖所示，當 $t = 0$ 時由原點 O 開始運動，$t = 2$ 秒時達 A 點，$t = 4$ 秒時到達 B 點時，試求質點由 A 點到 B 點之平均速度。

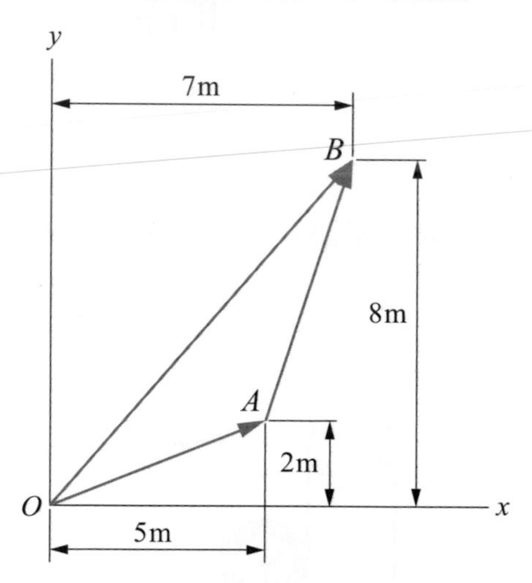

10 質塊 B 以 2m/s 速度向下，加速度 1m/s^2 向上，試求質塊 A 之速度與加速度？

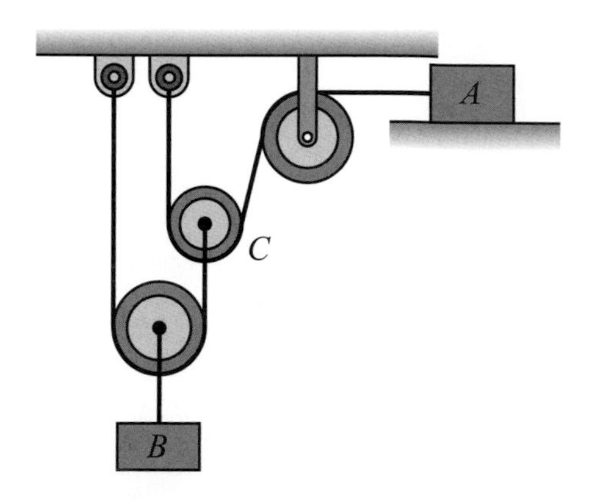

03

質點的曲線運動(一)

本章大綱

一、曲線運動的向量表示
二、曲線運動的直角座標
三、拋射體運動
四、曲線運動的極座標與圓柱座標

學習重點

實際狀況中的質點運動大都是沿著曲線軌跡在進行，本章因而針對研究曲線運動的向量表示與各類座標系統加以探討，使學習者在面對曲線運動問題時，可以依需要選用適當的座標系統，除了可以簡化運算過程，並得以明確描述物體的實際運動狀態，達成有效學習的目標。

本章提要

質點運動中，絕大多數情況是以曲線軌跡來進行，譬如月球之繞地球運轉，棒球員之投擲棒球，兵士之發射大砲等等。描述物體的曲線運動相較於直線運動要複雜一些，尤其是以直角座標來描述曲線運動，往往具有極大的困難度。為了解決這個問題，包含極座標、圓柱座標等不同的座標系統，被適當的運用於曲線運動的研究中，使問題因而得以簡化。

當開車繞行彎路或轉彎時，汽車是在進行平面曲線運動，可以選擇極座標系統以簡化問題的複雜度。

圖 3-1

溜滑梯中除了平面曲線運動以外，還有垂直方向的直線運動，選用圓柱座標系統最為有利。

圖 3-2

一、曲線運動的向量表示

一質點沿一曲線路徑運動者，稱爲質點的曲線運動，各相關物理量定義如下：

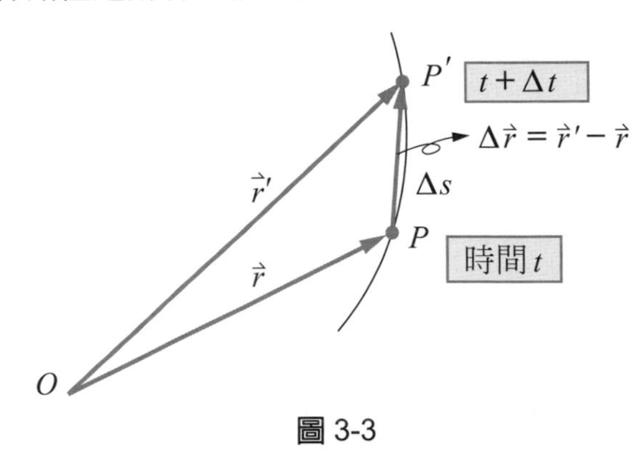

圖 3-3

- **位置**：O 點爲一個任意選定的固定座標系統的原點，一質點在空間曲線路徑上的位置，由位置向量決定，參考圖 3-3，在時間 t 時，質點位於 P 點，P 點由位置向量 $\vec{r}$ 決定，亦即 $\vec{r}$ 的大小和方向若爲已知，則 P 點的位置就被完全決定。在時間 $t+\Delta t$ 時，質點位於 P' 點，由位置向量 $\vec{r}'$ 來定位。
- **位移**：位移等於位置的變化量，在Δt 的時段內，質點的位移 $\Delta\vec{r}=\vec{r}'-\vec{r}$ 。很明顯的，位移 $\Delta\vec{r}$ 與所選取的固定座標系統無關。亦即當選取另一固定座標系統時，原點 O 的位置改變，則位置向量 $\vec{r}$ 及 $\vec{r}'$ 也會隨之改變，但 $\Delta\vec{r}$ 仍不變。質點沿路徑由 P 至 P'，實際所走的距離爲曲線的純量長度Δs，在此須注意區分向量位移 $\Delta\vec{r}$ 與純量距離Δs 的差異。
- **速度**：在 Δt 時段內的平均速度定義爲

$$\vec{v}_{av}=\frac{\Delta\vec{r}}{\Delta t}$$

當Δt 趨近於零時，質點 P 的瞬時速度定義爲

$$\vec{v}=\lim_{\Delta t\to 0}\frac{\Delta\vec{r}}{\Delta t}$$

上式又可表爲

$$\vec{v}=\frac{d\vec{r}}{dt} \tag{3-1}$$

必要時，$\vec{v}$ 亦可表爲 $\dot{\vec{r}}$。參考圖 3-4，因爲 $\vec{v}$ 的方向和 $d\vec{r}$ 相同，故瞬時速度 $\vec{v}$ 必與路徑相切於 P 點，並且指向運動方向。$\vec{v}$ 的大小稱爲速率，以 v 表示，當 Δt 趨近於零時，位移的大小 Δr 與路徑長 Δs 甚爲接近，故

速率爲 $v=\lim\limits_{\Delta t\to 0}\dfrac{\Delta r}{\Delta t}=\lim\limits_{\Delta t\to 0}\dfrac{\Delta s}{\Delta t}$

上式又可表爲

$$v=\frac{ds}{dt}=\dot{s} \tag{3-2}$$

- **加速度**：在 Δt 時段內的平均加速度定義爲

  $\vec{a}_{av}=\dfrac{\Delta\vec{v}}{\Delta t}$，其中 $\Delta\vec{v}=\vec{v}'-\vec{v}$，如圖 3-4 所示。

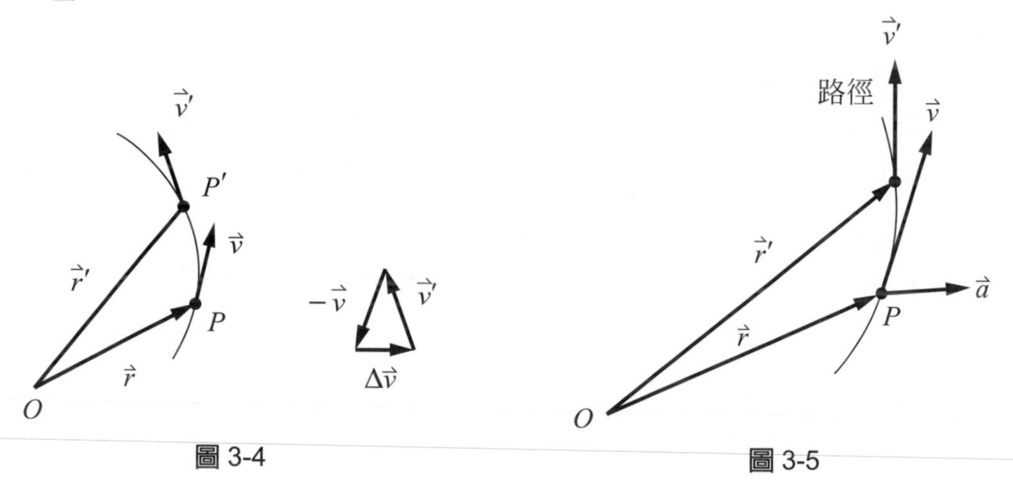

圖 3-4　　圖 3-5

當 Δt 趨近於零時，質點 P 的瞬時加速度定義爲

$\vec{a}=\lim\limits_{\Delta t\to 0}\dfrac{\Delta\vec{v}}{\Delta t}$，又可表為

$$\vec{a}=\frac{d\vec{v}}{dt} \tag{3-3}$$

，其中 $\vec{a}$ 的方向和 $d\vec{v}$ 相同。

必要時，$\vec{a}$ 亦可用 $\dot{v}$ 或 $\ddot{r}$ 來表示。加速度 $\vec{a}$ 的方向和 $d\vec{v}$ 相同，一般而言，$\vec{a}$ 的方向並不與路徑相切，參考圖 3-5，在曲線運動中，質點的位置、速度及加速度皆隨時間而變化，故都是時間的函數。

例題 3-1

物體運動的軌跡垂直方向為 $y(t)=t^2$，水平方向為 $x(t)=3t^2-5t+3$，試求離地 36 m 時物體之位置、速度與加速度？

解

$x(t)=3t^2-5t+3$　　$y(t)=t^2$

$v_x(t)=6t-5$　　$v_y(t)=2t$

$a_x(t)=6$　　$a_y(t)=2$

當離地 $y(t)=t^2=36$ 時，$t=6\ (\text{s})$

代入上式得

$x(6)=81(\text{m})$　　$y(6)=36(\text{m})$

$v_x(6)=31(\text{m/s})$　　$v_y(6)=12(\text{m/s})$

$a_x(6)=6(\text{m/s}^2)$　　$a_y(6)=2(\text{m/s}^2)$

或寫為向量型式

$\vec{s}=81\vec{i}+36\vec{j}\ (\text{m})$

$\vec{v}=31\vec{i}+12\vec{j}\ (\text{m/s})$

$\vec{a}=6\vec{i}+2\vec{j}\ (\text{m/s}^2)$

例題 3-2

上題中，物體離地 36 m 時，離原點距離爲多少？平均速率爲多少？

解

離原點距離爲

$s=\sqrt{x^2+y^2}=\sqrt{81^2+36^2}=88.64(\text{m})$

平均速度爲 $v=\dfrac{\Delta s}{\Delta t}=\dfrac{88.64}{6}=14.77(\text{m/s})$

二、曲線運動的直角座標

當質點曲線運動的 x、y、z 分量可獨立決定時，以固定直角座標來描述此運動將較爲方便，固定直角座標是一種固定於地球的座標系統。將上節中所導出的質點曲線運動位置向量 $\vec{r}$、速度 $\vec{v}$ 和加速度 $\vec{a}$，藉單位向量 $\vec{i}$、$\vec{j}$、$\vec{k}$ 的幫助，我們可用直角分量改寫爲

$$\begin{aligned}\vec{r}&=x\vec{i}+y\vec{j}+z\vec{k}\\ \vec{v}&=\dot{\vec{r}}=\dot{x}\vec{i}+\dot{y}\vec{j}+\dot{z}\vec{k}=v_x\vec{i}+v_y\vec{j}+v_z\vec{k}\\ a&=\dot{\vec{v}}=\ddot{\vec{r}}=\ddot{x}\vec{i}+\ddot{y}\vec{j}+\ddot{z}\vec{k}=a_x\vec{i}+a_y\vec{j}+a_z\vec{k}\end{aligned} \tag{3-4}$$

式中的座標 x、y、z 均爲時間 t 的函數，且 $\dot{x}$、$\dot{y}$、$\dot{z}$ 及 $\ddot{x}$、$\ddot{y}$、$\ddot{z}$ 各分別代表 x、y、z 對 t 的一次微分和二次微分。當 $\vec{r}$ 或 $\vec{v}$ 對時間微分時，可以發現固定座標軸的單位向量 $\vec{i}$、$\vec{j}$、$\vec{k}$ 並不隨時間的變化而變動，亦即沒有時間導數，其大小及方向恆保持不變。速度的大小可以表示爲 $v=\sqrt{v_x^2+v_y^2+v_z^2}$，速度的方向恆與路徑相切；加速度的大小 $a=\sqrt{a_x^2+a_y^2+a_z^2}$，加速度的方向通常不與路徑相切。

從上面的討論可發現曲線運動的直角座標表示法，只是將三個在 x、y、z 方向的聯立直線運動的分量疊加而已，因此，在前面章節中所論及直線運動的一切，都可分別應用於 x 方向，y 方向和 z 方向的運動。拋射體運動便是直角座標的最佳應用實例。

例題 3-3

某質點在 $t = 0$ 秒時，位於原點 O，$t = 2$ 秒時位於 A 點，$t = 4$ 秒時位於 B 點，試求：(a)$t = 2$ 秒及 $t = 4$ 秒的位置；(b)$t = 2$ 到 4 秒時段內，質點的位移；(c)$t = 2$ 到 4 秒時段內之平均速度；(d)$t = 0$ 到 4 秒時段內之平均速度。

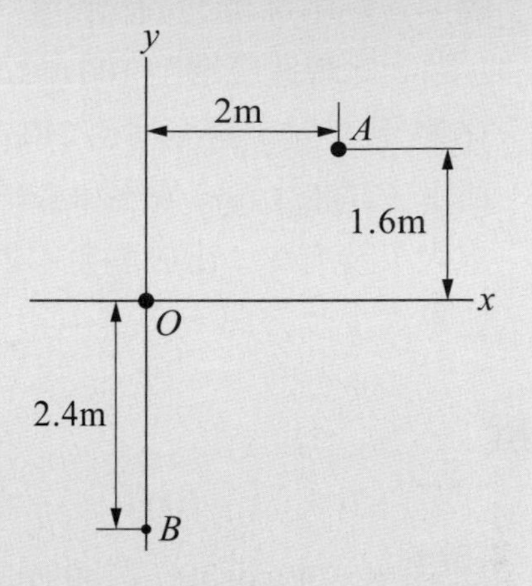

解

(a) 見右圖，當

$t = 2$ 秒時，

$\vec{r}_A = 2\vec{i} + 1.6\vec{j}$ (m)

$t = 4$ 秒時，

$\vec{r}_B = -2.4\vec{j}$ (m)

(b) 見右圖，

$\Delta\vec{r} = \vec{r}_B - \vec{r}_A = -2\vec{i} - 4\vec{j}$ (m)

(c) 平均速度

$$\vec{v}_{av} = \frac{\Delta\vec{r}}{\Delta t} = \frac{-2\vec{i} - 4\vec{j}}{4-2} = -\vec{i} - 2\vec{j} \text{ (m/s)}$$

(d) 平均速度

$$\vec{v}_{av} = \frac{\Delta\vec{r}}{\Delta t} = \frac{-2.4\vec{j}}{4-0} = -0.6\vec{j} \text{ (m/s)}$$

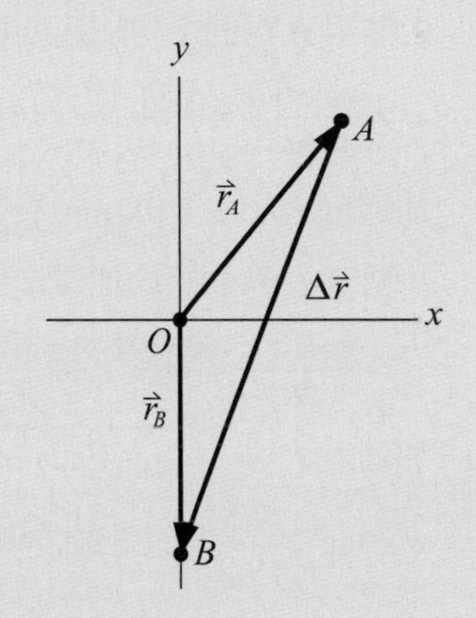

例題 3-4

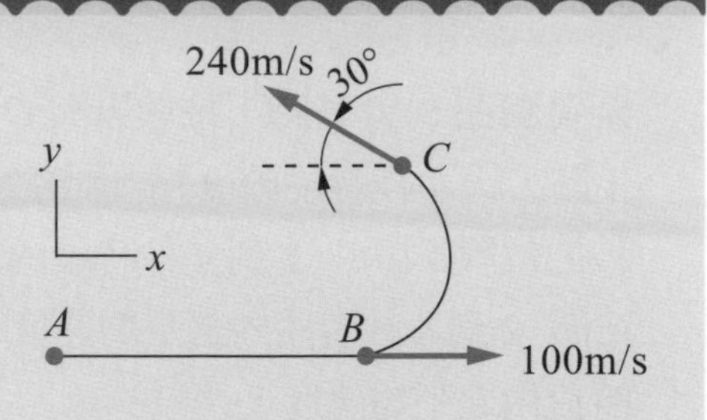

圖中質點由 A 點從靜止出發，費時 10 秒至 B 點，此時速度增至 100 m/s，向右。再費時 16 秒至 C 點，速度增至 240 m/s，方向如圖中所示，試求：(a)A 點至 B 點的平均加速度，並求大小及方向；(b)B 點至 C 點的平均加速度，並求大小及方向。

解

$\vec{v}_A = 0$，$\vec{v}_B = 100\vec{i}$

$\vec{v}_C = -240\cos 30°\vec{i} + 240\sin 30°\vec{j} = -207.8\vec{i} + 120\vec{j}$ (m/s)

(a) A 點至 B 點的平均加速度爲

$$\vec{a} = \frac{\vec{v}_B - \vec{v}_A}{\Delta t} = \frac{100\vec{i} - 0}{10} = 10\vec{i} \ (\text{m/s}^2)$$

加速度大小 $a = 10$ (m/s²)，方向向右

(b) B 點至 C 點的平均加速度爲

$$\vec{a} = \frac{\vec{v}_C - \vec{v}_B}{16} = \frac{(-207.8\vec{i} + 120\vec{j}) - 100\vec{i}}{16} = -19.2\vec{i} + 7.5\vec{j} \ (\text{m/s}^2)$$

加速度大小 $a = \sqrt{(-19.2)^2 + 7.5^2} = 20.6 \ (\text{m/s}^2)$

$$\theta = \tan^{-1}\frac{7.5}{19.2} = 21.3°$$

下圖所示爲平均加速度之大小及方向

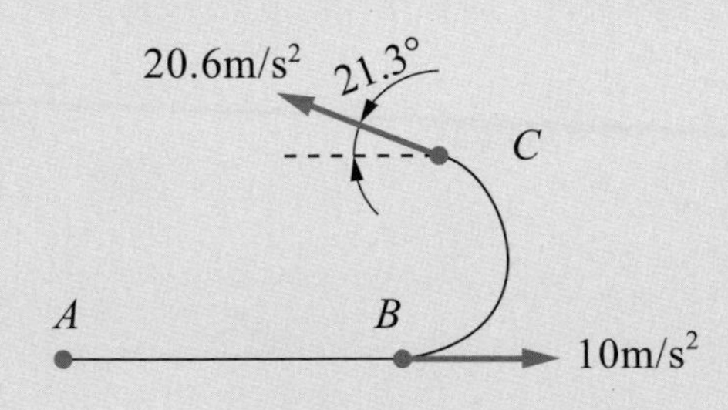

三、拋射體運動

拋射體在空間中運動時，受到了唯一的加速度作用在垂直方向，而其它方向，則進行等速運動，因此物件的運動方程式可以適度加以簡化。垂直軸向的加速度即爲向下的重力加速度 $g=-9.8\,\text{m/s}^2$ ，故拋射體運動的相關方程式爲

$$v_x=v_{0x}\ ;\ v_y=v_{0y}+gt\ ;\ v_z=v_{0z}$$

$$s_x=s_{0x}+v_{0x}t\ ;\ s_y=s_{0y}+v_{0y}t+\frac{1}{2}gt^2\ ,\ s_z=s_{0z}+v_{0z}t$$

另外，垂直方向還有一個關係式，亦即

$$v_y{}^2=v_{0y}^2+2g(y-y_0)$$

例題 3-5

特技表演者駕駛汽車 A 欲跨越 10 m 的障礙，試問其離開斜面時之最小速度以及跨越過程之時間？

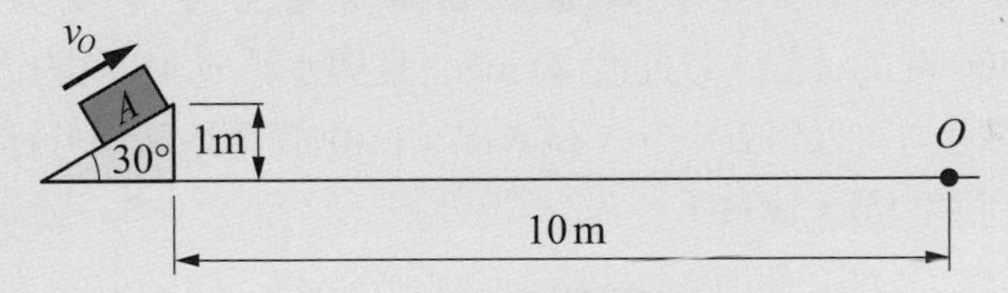

解

水平方向速度爲 $v_x=v_{0x}=v_0\cos 30°$

垂直方向速度爲 $v_y=v_{0y}+gt=v_0\sin 30°-9.8t$

欲跨越 10 m 障礙，故

$s_x=10=(v_0\cos 30°)t$ ，則得

$\frac{\sqrt{3}}{2}v_0t=10$ ，

或 $v_0t=11.55\cdots\cdots$①

車子觸及地面時間

$$s_y = s_{y0} + v_{0y}t + \frac{1}{2}gt^2$$，則得

$$0 = 1 + (v_0 \sin 30°)t + \frac{1}{2}(-9.8)t^2$$

$$0 = 1 + \frac{1}{2}v_0 t - 4.9t^2 \cdots\cdots\cdots\cdots\cdots ②$$

將①代入②得

$$0 = 1 + \frac{1}{2}(11.55) - 4.9t^2$$，則

$4.9t^2 - 6.77 = 0$，得 $t = 1.18\ (\text{s})$

代入①中得

$$v_0 = \frac{11.55}{t} = 9.79\ (\text{m/s})$$

例題 3-6

一飛機在離地 500 m 的 A 點，以速度 80 m/s，且與水平成 45°角的情況下發射了一顆炮彈。空氣的阻力可以略去不計，試求出：(a)炮彈落地時所行經之水平距離；(b)該炮彈所能到達的最大高度。

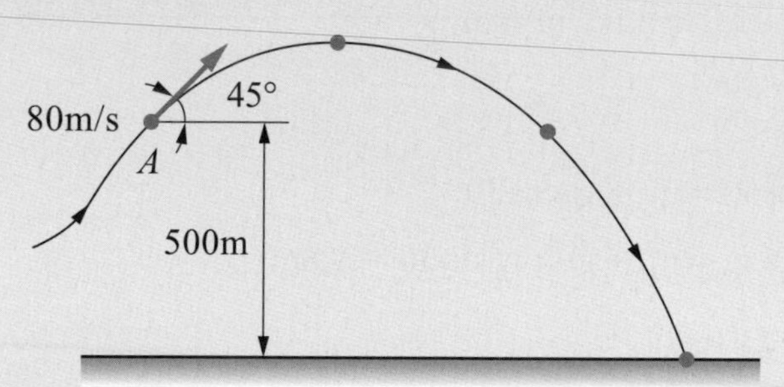

解

此題爲一拋射體問題，取投彈點 A 爲座標原點，分別考慮直角座標之水平及垂直運動。

水平運動—等速運動取向右爲正，

將 $a = 0$，$(v_x)_0 = 80 \cos 45° = 56.57\ (\text{m/s})$代入

$x=(v_x)_0t+\frac{1}{2}at^2=56.57t+0=56.57t$ ……………①

y 代表垂直運動—等加速運動取向上爲正，

將 $a=-9.81\ (m/s^2)$，$(v_y)_0=80\sin 45°=56.57\ (m/s)$代入

$y=(v_y)_0t+\frac{1}{2}at^2=56.57t-4.90t^2$ ……………②

$v_y^2=(v_y)_0^2+2ay=3200-19.62y$ ……………③

y 代表以 A 爲原點的垂直距離，v_y 代表垂直方向的速度

(a) 當炮彈落地時，$y=-500\ (m)$，將其代入②式，得

$-500=56.57t-4.90t^2$，$t=17.4\ (s)$

將 $t=17.4\ (s)$代入①式，得

$x=56.57(17.4)=984\ (m)$

(b) 當炮彈到達最大高度時，$v_y=0$，將其代入③式，得

$0=3200-19.62y$，$y=163\ (m)$

離開地面的最大高度 $y_{max}=500+163=663\ (m)$

四、曲線運動的極座標與圓柱座標

某些質點之曲線運動路徑以圓柱座標表示遠較直角座標方便，若質點之曲線運動路徑在一平面上而與第三軸向無關，則以極座標表示之。因此，極座標爲圓柱座標的平面運動特例。

1. 極座標：如圖 3-6(a)所示，在質點平面運動中，質點 P 的位置是由任意選定之固定極點 O 到該質點之徑向距離 r，和 r 與一固定參考軸之夾角 θ 表示之。r 稱爲徑向座標，其正方向定義爲由固定原點 O 至 P 點之方向，亦即當 θ 保持不變，r 增加時，P 點移動之方向爲 r 的正方向；而 θ 稱爲橫向座標，當固定參考軸至 r 軸之夾角爲逆時針方向時，θ 定義爲正，

亦即當 r 不變，θ 增加時，P 點將移動之方向為 θ 的正方向。參考圖 3-6(b)，單位向量 $\vec{e}_r$ 及 $\vec{e}_\theta$ 分別表示徑向座標 r 及橫向座標 θ 的單位向量，且指向 r 與 θ 的正方向。

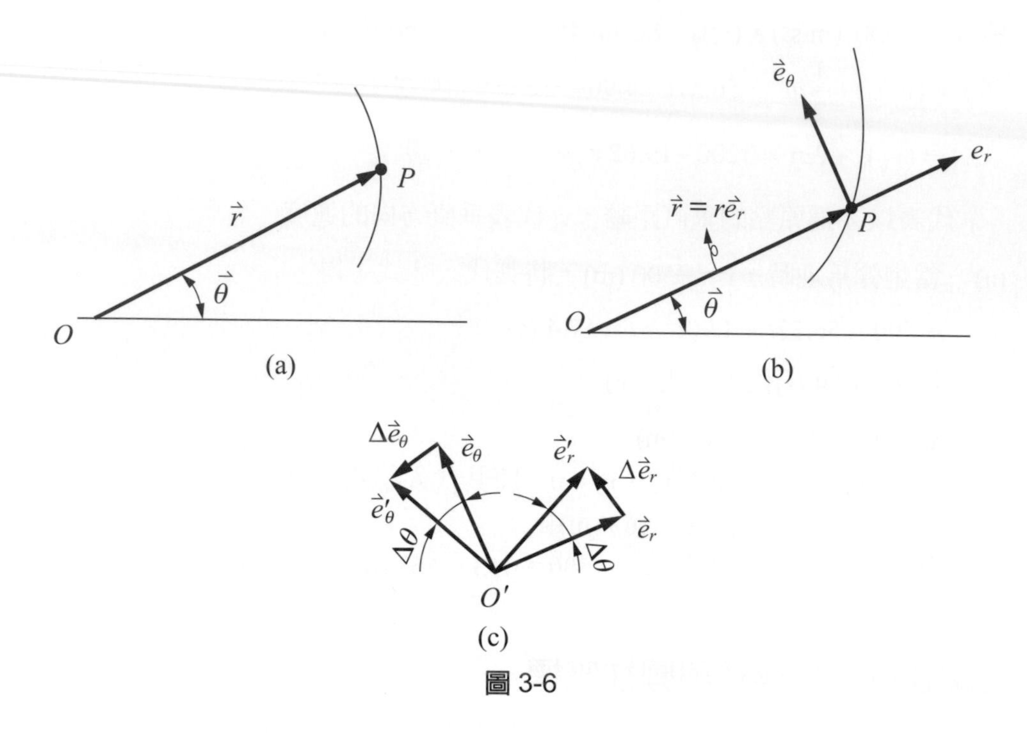

圖 3-6

- **位置**：質點的位置以位置向量 $\vec{r}$ 表示，即

$$\vec{r} = r\vec{e}_r \tag{3-5}$$

- **速度**：設質點經Δt 時間後移動至 P' 點，其角度 θ 之增加量為$\Delta\theta$，而徑向單位向量變為$\vec{e'}_r$，由相同的原點 O' 畫出 $\vec{e}_r$ 及 $\vec{e'}_r$ 二個向量，並定出向量 $\Delta\vec{e}_r = \vec{e'}_r - \vec{e}_r$，如圖 3-6(c) 所示，由於 $\vec{e}_r$ 和$\vec{e'}_r$的長度均為 1，故此二向量的矢端落於半徑為 1 的圓上，且 $\vec{e}_r$ 和$\vec{e'}_r$ 間的角度等於$\Delta\theta$。當Δt 甚小時，$\Delta\vec{e}_r$ 之大小$\left|\Delta\vec{e}_r\right| = 1\cdot\Delta\theta = \Delta\theta$，而其方向與 $\vec{e}_\theta$相同，

故可得

$$\lim_{\Delta t\to 0}\Delta\vec{e}_r = \lim_{\Delta t\to 0}\Delta\theta\vec{e}_\theta$$

上式可表為

$$d\vec{e}_r = d\theta\vec{e}_\theta \text{ 或 } \vec{e}_\theta = \frac{d\vec{e}_r}{d\theta} \tag{3-6}$$

在原點 O' 畫出 $\vec{e}_\theta$ 及 $\vec{e'}_\theta$ 二個向量，向量 $\Delta\vec{e}_\theta = \vec{e'}_\theta - \vec{e}_\theta$，如圖 3-6(c)所示，由於 $\vec{e'}_\theta$ 與 $\vec{e}_\theta$ 的長度爲 1，故此二向量的矢端落於半徑爲 1 的圓上，且 $\vec{e}_\theta$ 和 $\vec{e'}_\theta$ 間的角度等於 $\Delta\theta$。當 Δt 甚小時，$\Delta\vec{e}_\theta$ 的大小 $\left|\Delta\vec{e}_\theta\right| = 1\cdot\Delta\theta = \Delta\theta$，而其方向與 $\vec{e}_r$ 相反，故可得

$$\lim_{\Delta t\to 0}\Delta\vec{e}_\theta = -\lim_{\Delta t\to 0}\Delta\theta\vec{e}_r$$

即 $d\vec{e}_\theta = -d\theta\vec{e}_r$

$$-\vec{e}_r = \frac{d\vec{e}_\theta}{d\theta} \tag{3-7}$$

由圖 3-6(c)，可知上式的負號表示 $d\vec{e}_\theta$ 的指向與 $\vec{e}_r$ 相反。

將質點 P 的位置向量 $\vec{r}$ 定爲非向量 r 和單位向量 $\vec{e}_r$ 的乘積，即

$$\vec{r} = r\vec{e}_r$$

對 t 微分後可得速度，即

$$\vec{v} = \frac{d\vec{r}}{dt} = \frac{dr}{dt}\vec{e}_r + r\frac{d\vec{e}_r}{dt} = \frac{dr}{dt}\vec{e}_r + r\frac{d\theta}{dt}\frac{d\vec{e}_r}{d\theta}$$

代入式(3-6)的關係 $\vec{e}_\theta = \dfrac{d\vec{e}_r}{d\theta}$，上式可寫成，即

$$\vec{v} = \dot{r}\vec{e}_r + r\dot{\theta}\vec{e}_\theta \tag{3-8}$$

若將速度表爲

$$\vec{v} = v_r\vec{e}_r + v_\theta\vec{e}_\theta$$

則速度徑向和橫向的分量大小爲

$$v_r = \dot{r} \qquad v_\theta = r\dot{\theta} \tag{3-9}$$

橫向分量中的 $\dot{\theta}$ 被稱爲角速度，以 ω 表之

● **加速度**：將式(3-8)對時間 t 微分，可得加速度，即

$$\vec{a} = \frac{d\vec{v}}{dt} = \ddot{r}\vec{e}_r + \dot{r}\frac{d\vec{e}_r}{dt} + \dot{r}\dot{\theta}\vec{e}_\theta + r\ddot{\theta}\vec{e}_\theta + r\dot{\theta}\frac{d\vec{e}_\theta}{dt}$$

因 $\dfrac{d\vec{e}_r}{dt} = \dfrac{d\vec{e}_r}{d\theta}\dfrac{d\theta}{dt} = \vec{e}_\theta\dot{\theta}$；$\dfrac{d\vec{e}_\theta}{dt} = \dfrac{d\vec{e}_\theta}{d\theta}\dfrac{d\theta}{dt} = -\vec{e}_r\dot{\theta}$，故

$$\vec{a} = (\ddot{r} - r\dot{\theta}^2)\vec{e}_r + (r\ddot{\theta} + 2\dot{r}\dot{\theta})\vec{e}_\theta \tag{3-10}$$

若將加速度表示爲

$$\vec{a} = a_r\vec{e_r} + a_\theta\vec{e_\theta}$$

則加速度在徑向和橫向的分量大小爲

$$\boldsymbol{a_r = \ddot{r} - r\dot{\theta}^2 \text{ ， } a_\theta = r\ddot{\theta} + 2\dot{r}\dot{\theta}} \tag{3-11}$$

必須注意 a_r 並不等於 $\dfrac{dv_r}{dt}$，而 a_θ 亦不等於 $\dfrac{dv_\theta}{dt}$ 。

速度的大小 $v = \sqrt{v_r^2 + v_\theta^2} = \sqrt{\dot{r}^2 + (r\dot{\theta})^2}$

加速度的大小 $a = \sqrt{a_r^2 + a_\theta^2} = \sqrt{(\ddot{r} - r\dot{\theta}^2)^2 + (r\ddot{\theta} + 2\dot{r}\dot{\theta})^2}$

因爲速度 $\vec{v}$ 和加速度 $\vec{a}$ 分別是以位置向量 $\vec{r}$ 對時間 t 作一次和二次微分而得，故其單位分別爲 m/s 和 m/s²。

如果質點的運動沿一圓周運動，取圓心爲極點，則可令 $r = c$(常數)及 $\dot{r} = \ddot{r} = 0$ ，即可將式(3-8)及式(3-10)簡化爲

$$\vec{v} = r\dot{\theta}\vec{e_\theta}$$

$$\boldsymbol{\vec{a} = -r\dot{\theta}^2\vec{e_r} + r\ddot{\theta}\vec{e_\theta}} \tag{3-12}$$

其中 $\ddot{\theta}$ 被稱爲角加速度，以 α 表之。

2. **圓柱座標：**作空間運動之質點 P，在任一瞬間的位置以圓柱座標表示爲 $P(r, \theta, z)$，其中 z 座標與直角座標相同，如圖 3-7 所示。

因 z 軸的單位向量 $\vec{u_z}$ 即爲直角座標中的 $\vec{k}$ ，因此不論質點如何移動，其大小及方向恆維持不變。因此以圓柱座標描述之運動質點，其位置、速度及加速度方程式爲

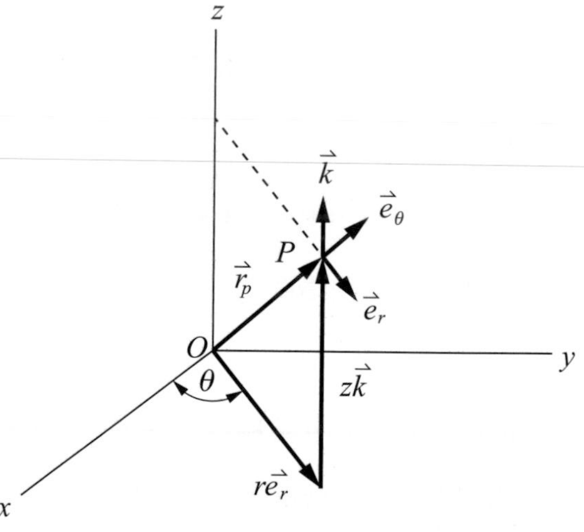

圖 3-7

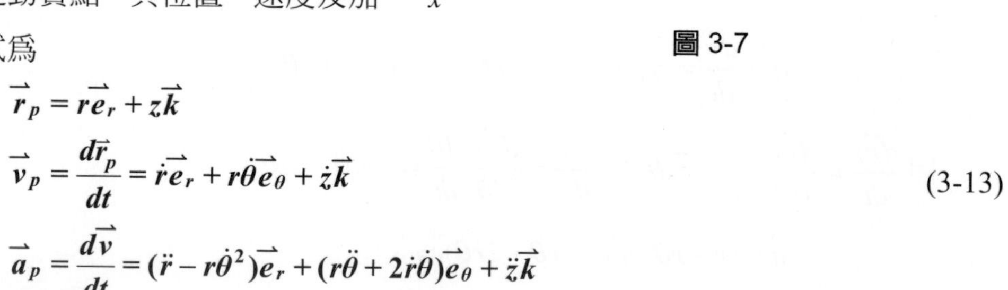

$$\boldsymbol{\vec{r}_p = r\vec{e}_r + z\vec{k}}$$

$$\boldsymbol{\vec{v}_p = \frac{d\vec{r}_p}{dt} = \dot{r}\vec{e}_r + r\dot{\theta}\vec{e}_\theta + \dot{z}\vec{k}} \tag{3-13}$$

$$\boldsymbol{\vec{a}_p = \frac{d\vec{v}}{dt} = (\ddot{r} - r\dot{\theta}^2)\vec{e}_r + (r\ddot{\theta} + 2\dot{r}\dot{\theta})\vec{e}_\theta + \ddot{z}\vec{k}}$$

例題 3-7

圖示之 OA 桿對 O 點的旋轉係由 $\theta = 0.2t^2$ 所限定，式中的 θ 單位爲弳度，t 的單位爲秒。滑塊 B 沿著 OA 桿運動，且距 O 點的距離 $r = 0.1 + 0.04t^2$，其中 r 的單位爲米，t 的單位爲秒。試求 $t = 3$ 秒瞬間，滑塊 B 之速度及加速度。

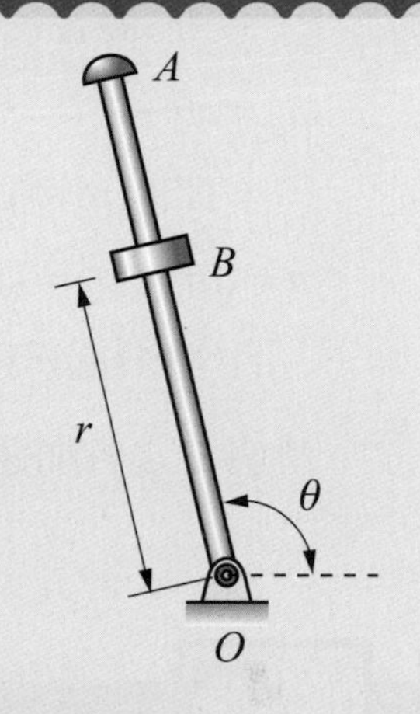

解

此題的已知條件爲 $\theta = 0.2t^2$ 及 $r = 0.1 + 0.04t^2$，故用極座標解之。

$r = 0.1 + 0.04t^2$　　$r_3 = 0.1 + 0.04(3^2) = 0.46\ \text{(m)}$

$\dot{r} = 0.08t$　　$\dot{r}_3 = 0.08(3) = 0.24\ \text{(m/s)}$

$\ddot{r} = 0.08$　　$\ddot{r}_3 = 0.08\ \text{(m/s}^2\text{)}$

$\theta = 0.2t^2$　　$\theta_3 = 0.2(3^2) = 1.8\ \text{(rad)}$ 或 $\theta_3 = 103.2°$

$\dot{\theta} = 0.4t$　　$\dot{\theta}_3 = 0.4(3) = 1.2\ \text{(rad/s)}$

$\ddot{\theta} = 0.4$　　$\ddot{\theta}_3 = 0.4\ \text{(rad/s}^2\text{)}$

由式(3-9)可得 $t = 3$ (s)時的速度分量

$v_r = \dot{r}$　　$v_r = 0.24\ \text{(m/s)}$

$v_\theta = r\dot{\theta} = 0.46(1.2) = 0.552\ \text{(m/s)}$

$v = \sqrt{v_r^2 + v_\theta^2} = \sqrt{(0.24)^2 + (0.552)^2}$

$= 0.602\ \text{(m/s)}$

滑塊 B 的位置及各速度分量圖(a)所示。

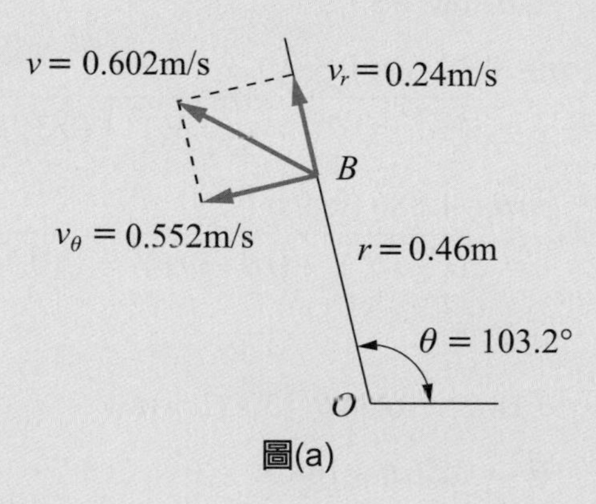

圖(a)

由式(3-11)可得 $t = 3$ (s)時的加速度分量

$$a_r = \ddot{r} - r\dot{\theta}^2 = 0.08 - 0.46(1.2)^2$$

$$= -0.582\ (\text{m/s}^2)\ ;$$

$$a_\theta = r\ddot{\theta} + 2\dot{r}\dot{\theta} = 0.46(0.4) + 2(0.24)(1.2)$$

$$= 0.76\ (\text{m/s}^2)$$

$$a = \sqrt{a_r^2 + a_\theta^2} = \sqrt{(-0.582)^2 + (0.76)^2}$$

$$= 0.957\ (\text{m/s}^2)$$

滑塊 B 之各加速度分量如圖(b)所示。

$a_\theta = 0.76\text{m/s}^2$

$a_r = -0.582\text{m/s}^2$

$a = 0.957\text{m/s}^2$

$\theta = 103.2°$

O

圖(b)

例題 3-8

例題 3-7 中，若定義 $r = 0.3\ (1 - \cos\theta)$ m，且當 $\theta = 90°$時，$v = 0.8$ m/s，$a = 6$ m/s^2，求角速度 $\dot{\theta}$ 及角加速度 $\ddot{\theta}$。

解

$r = 0.3\ (1 - \cos\theta)$，$\dot{r} = 0.3\ (\sin\theta)\ \dot{\theta}$

$\ddot{r} = 0.3\ (\cos\theta)\ \dot{\theta}^2 + 0.3\ (\sin\theta)\ \ddot{\theta}$

當 $\theta = 90°$時，

$r = 0.3$，$\dot{r} = 0.3\ \dot{\theta}$，$\ddot{r} = 0.3\ \ddot{\theta}$

$$v = \sqrt{(\dot{r})^2 + (r\dot{\theta})^2} = \sqrt{(0.3\dot{\theta})^2 + (0.3\dot{\theta})^2} = 0.424\dot{\theta} = 0.8$$

則 $\dot{\theta} = 1.886$ (rad/s)

$$a = \sqrt{(\ddot{r} - r\dot{\theta}^2)^2 + (r\ddot{\theta} + 2\dot{r}\dot{\theta})^2} = \sqrt{(0.3\ddot{\theta} - 1.067)^2 + (0.3\ddot{\theta} + 2.134)^2} = 6$$

化簡得

$$0.18\ddot{\theta}^2 + 0.64\ddot{\theta} - 30.31 = 0$$

$$\ddot{\theta}^2 + 3.56\ddot{\theta} - 168.39 = 0$$

解得

$$\ddot{\theta} = 11.32\ (\text{rad/s}^2)$$

例題 3-9

物體以 $r=2\text{m}$ 之連桿連結繞著 O 點進行水平圓形路徑轉動，$\theta(t)=t^2-2t$ ，試求 $t=3\text{s}$ 時物體之速度及加速度？

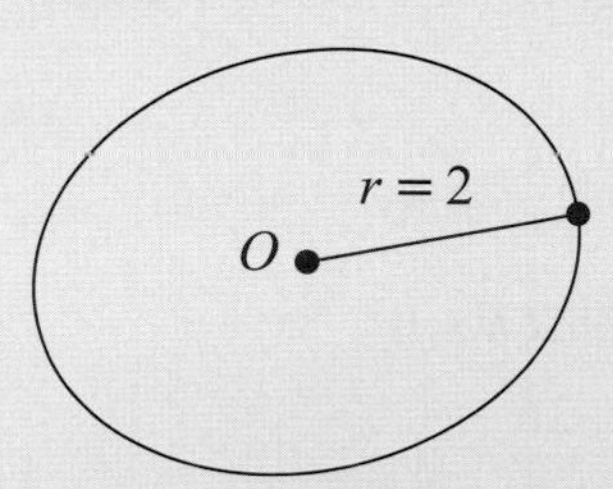

解

$r=2(\text{m})$　　$\theta=t^2-2t(\text{rad})$

$\dot{r}=0$　　$\dot{\theta}=2t-2(\text{rad/s})$

$\ddot{r}=0$　　$\ddot{\theta}=2(\text{rad/s}^2)$

當 $t=3$ (s)

$r=2(\text{m})$　　$\theta=9-6=3(\text{rad})$

$\dot{r}=0$　　$\dot{\theta}=6-2=4(\text{rad/s})$

$\ddot{r}=0$　　$\ddot{\theta}=2(\text{rad/s}^2)$

則速度與加速度分別為

$$\vec{v}=\dot{r}\vec{u}_r+r\dot{\theta}\vec{u}_\theta$$

$$=0\cdot\vec{u}_r+(2)(4)\vec{u}_\theta$$

$$=8\vec{u}_\theta$$

$$\vec{a}=(\ddot{r}-r\dot{\theta}^2)\vec{u}_r+(r\ddot{\theta}+2\dot{r}\dot{\theta})\vec{u}_\theta$$

$$=[0-(2)(4)^2]\vec{u}_r+[(2)(2)+2(0)(4)]\vec{u}_\theta$$

$$=-32\,\vec{u}_r+4\,\vec{u}_\theta$$

速度與加速度的大小則分別為

$v=\sqrt{v_r^2+v_\theta^2}=\sqrt{0^2+8^2}=8\,(\text{m/s})$，$a=\sqrt{a_r^2+a_\theta^2}=\sqrt{(-32)^2+4^2}=32.25\,(\text{m/s}^2)$

例題 3-10

小孩以 3 m/s 等速率自螺旋滑梯之上方滑下，若滑梯圓周之半徑 $r = 2\text{m}$ 且 $z = -\dfrac{2\theta}{\pi}$，試求小孩繞 z 軸之角速度 $\dot{\theta}$ 及加速度大小？

解

$r = 2$，$\dot{r} = 0$，$\ddot{r} = 0$，等速故 $\ddot{\theta} = 0$

$z = -\dfrac{2\theta}{\pi}$，$\dot{z} = -\dfrac{2\dot{\theta}}{\pi}$，$\ddot{z} = -\dfrac{2\ddot{\theta}}{\pi}$

$\vec{r}_p = r\vec{e}_r + z\vec{k}$

$\vec{v}_p = \dot{r}\vec{e}_r + r\dot{\theta}\vec{e}_\theta + \dot{z}\vec{k}_z$ ⋯⋯⋯⋯①

$\vec{a}_p = (\ddot{r} - r\dot{\theta}^2)\vec{e}_r + (r\ddot{\theta} + 2\dot{r}\dot{\theta})\vec{e}_\theta + \ddot{z}\vec{k}_z$ ⋯⋯⋯⋯②

將數值代入①得速度為

$$\vec{v}_p = 0\vec{e}_r + 2\dot{\theta}\vec{e}_\theta + \left(-\frac{2\dot{\theta}}{\pi}\right)\vec{k}_z$$

已知 $v_P = 3$，則

$$v_p = \sqrt{(2\dot{\theta})^2 + \left(-\frac{2\dot{\theta}}{\pi}\right)^2} = 3\text{，展開得}$$

$$4\dot{\theta}^2 + \frac{4}{\pi^2}\dot{\theta}^2 = 9\text{，解得 }\dot{\theta}^2 = \frac{9}{4.41} = 2.04\text{，}\dot{\theta} = 1.43 \quad (\text{rad/s})$$

將數值代入②得加速度為

$$\vec{a}_p = (\ddot{r} - r\dot{\theta}^2)\vec{e}_r + (r\ddot{\theta} + 2\dot{r}\dot{\theta})\vec{e}_\theta + \ddot{z}\vec{k}_z$$

$$= [0 - (2)(1.43)^2]\vec{e}_r + [0 + 0]\vec{e}_\theta + \left[-\frac{2}{\pi}(0)\right]\vec{k}_z$$

$$= -4.08\vec{e}_r$$

則加速度之大小為

$$a = \sqrt{(-4.08)^2} = 4.08\ (\text{m/s}^2)$$

1 有一物體沿著螺旋軌道下滑，若位置向量為 $\vec{r}=\sin t^2\vec{i}+2\cos t\vec{j}-0.5t\vec{k}$ (m)，設時間 t 之單位為 s，角度之單位為 rad，試求 $t=2$sec 時之位置，速度與加速度？

2 物體沿滑梯滑落到地面，若離開滑梯時速度為 8 m/s 水平方向，試求落地之位置？

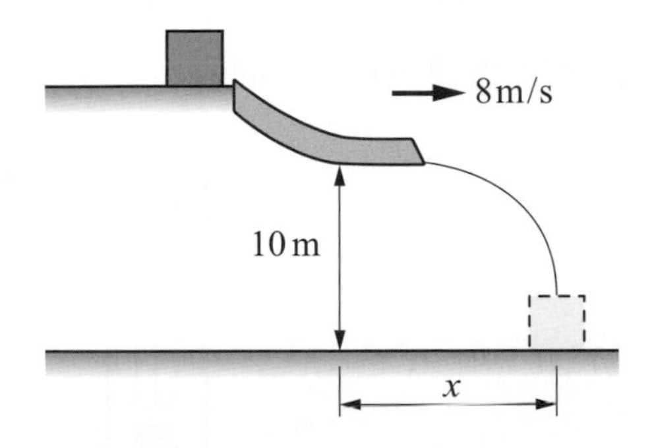

3 遊樂場旋轉椅的半徑 $r=4$m，角速度 $\omega=0.8$ rad/s，角加速度 $\alpha=0.2$ rad/s^2，試求乘客之速度及加速度？

4 某子彈以 300 m/s 之初速度向上發射，試求：(a)子彈向上之最大高度；(b)子彈落地之時間。

5 某炮彈以 100 m/s 之初速，且與水平線成 40°發射出去，準確擊中目標，試求目標位於何處？

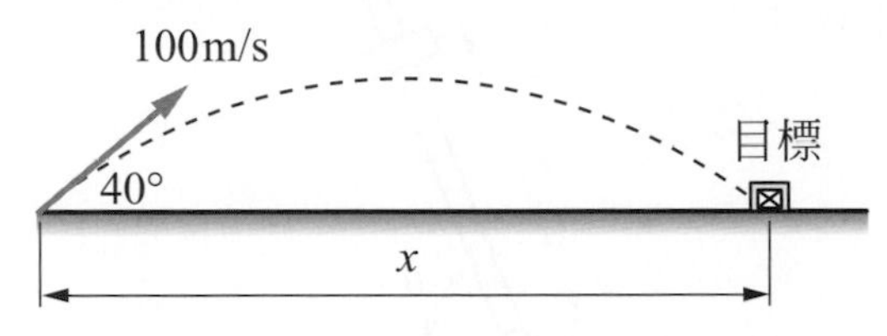

6 一拋射體以初速 120 m/s 與水平夾角 45°發射，落地點位於拋射點垂直下方 60 m 處，試求：(a)落地時間；(b)飛行之水平距離；(c)最大高度；(d)落地瞬間之速度大小。忽略空氣阻力。

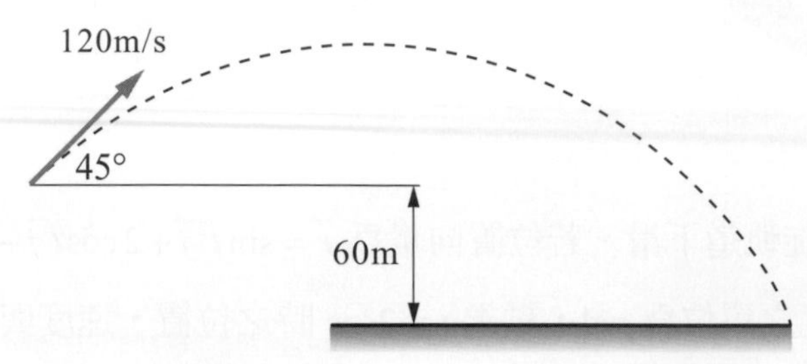

7 一球之初速 40 m/s，且與水平夾角 45°拋射，前方有一高 20 m 之建築物，若欲使球能通過建築物上方，試問拋射處與建築物之間的最小距離。

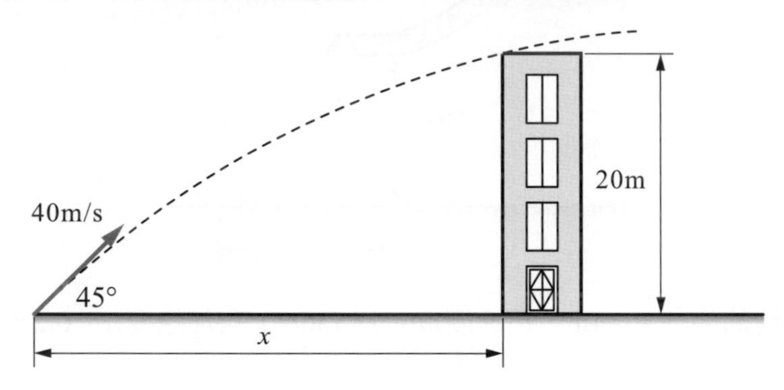

8 桿繞 O 點以逆時針方向旋轉，桿上有一滑塊同時向外滑動，若 $r=t^2+6t$ ，$\theta=t^2$ ，r 單位為 m，θ 單位為 rad，t 單位為 sec。試求當 $t=4$ sec 時，質點的速度 v 與加速度 a。

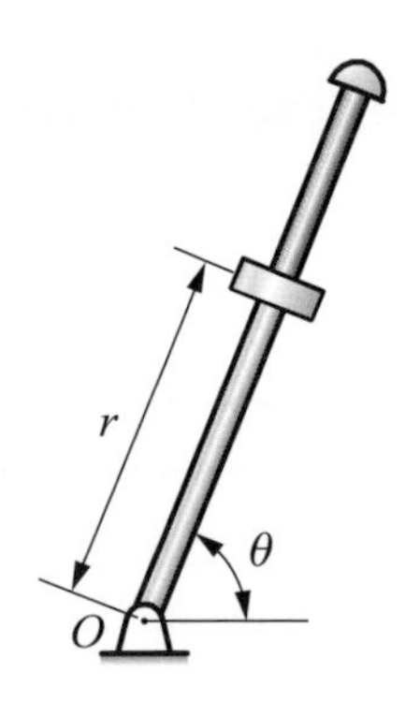

9 參考習題 5.之圖形，若桿子旋轉角度 $\theta = 0.2t^2$，滑塊位置 $r = 4 - 0.5t^2$，其中 θ 單位爲 rad，r 單位爲 m，t 單位爲 sec，啓動後，當 45°時，試求滑塊之速度及加速度。

10 某質點之運動路徑如圖所示。質點在原點 O 由靜止出發，2 秒後到達①點，速率爲 20 m/s，再經 6 秒達②點，速率爲 30 m/s，方向如圖，試求質點：(a)由原點到①點之平均加速度；(b)由①點到②點之平均加速度。

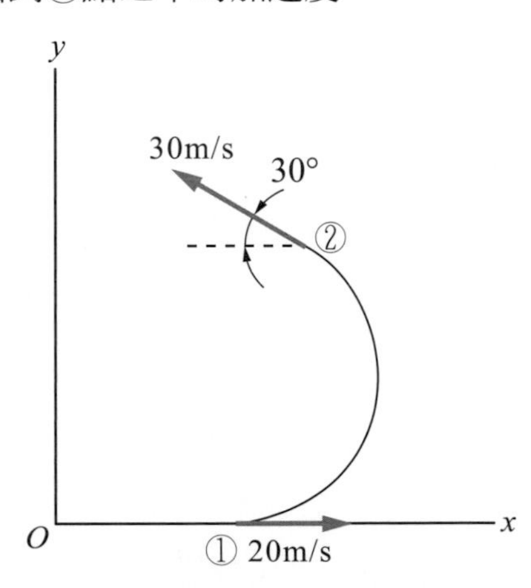

質點的曲線運動(二)

本章大綱

一、曲線運動的切線法線座標
二、兩質點的相對運動

學習重點

質點的曲線運動除了可以利用直角座標系統或極座標系統來描述外，也可以利用切線法線座標系統。本章除了將學習如何有效應用切線法線座標系統來求解質點曲線運動問題以外，也將對兩質點間的相對運動問題加以探討，使學習者對質點運動的相關議題能更加清楚瞭解。

本章提要

切線法線座標系統應用來求解質點的曲線運動問題相當清楚而易懂，使得動力學上很多曲線運動問題得以克服。而實際應用上會時常碰到的相對運動問題，也都將在本章中加以闡明。

繞行圓環的車輛，以切線法線座標系統來描述其運動最為清楚易懂。

圖 4-1

摩天輪上的乘客所看到遊輪的運動狀態，與河岸上遊客所看到的不相同，因為他們所看到的是自身與遊輪之間的相對運動。

圖 4-2

一、曲線運動的切線法線座標

當一個質點的曲線運動軌跡為已知時，可以利用與路徑相切的方向 t，以及和 t 垂直的方向 n 來定義一個座標系統，用以描述該質點的曲線運動。

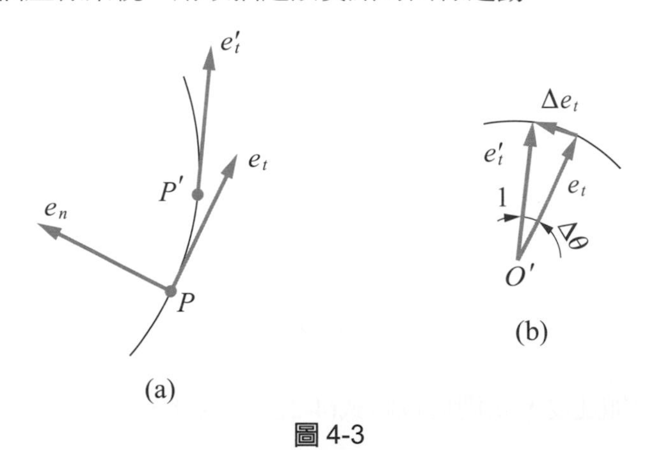

圖 4-3

參考圖 4-3(a)，一個質點沿著一條平面曲線移動，令 P 為該質點在已知瞬間的位置。在 P 點加上兩個單位向量，一個是與質點路徑相切的切線單位向量 $\vec{e_t}$，並且令其指向運動的方向，另一個是指向質點路徑曲率中心的法線單位向量 $\vec{e_n}$，另一個 $\vec{e'}_t$ 為質點在稍後瞬間位置 P' 之切線單位向量。

參考圖 4-3(b)，將 $\vec{e_t}$ 與 $\vec{e'}_t$ 置於 O' 點，利用類似前節的導證，$\Delta\vec{e_t}$ 的大小 $\left|\Delta\vec{e_t}\right| = 1\times\Delta\theta = \Delta\theta$；當時間趨近於零時，$d\vec{e_t}$ 的大小 $|d\vec{e_t}|$ 等於 $d\theta$，且方向與 $\vec{e_n}$ 相同，即

$$d\vec{e_t} = d\theta\vec{e_n}$$

$$\vec{e_n} = \frac{d\vec{e_t}}{d\theta} \tag{4-1}$$

因為質點的速度 v 與路徑相切，我們可將其表為速度大小 v 和單位向量 $\vec{e_t}$ 的乘積，得

$$\vec{v} = v\vec{e_t} \tag{4-2}$$

參考圖 4-4，質點沿曲線從 P 移至 P'，移動了 ds 距離，在此路徑位置的曲率中心定為 C，曲率半徑定為 ρ，我們可令 $ds = \rho d\theta$，故速率

$$v = \frac{ds}{dt} = \frac{\rho d\theta}{dt} = \rho\dot{\theta}$$

故式(4-2)可寫成

$$\vec{v} = v\vec{e}_t = \rho\dot{\theta}\vec{e}_t \tag{4-3}$$

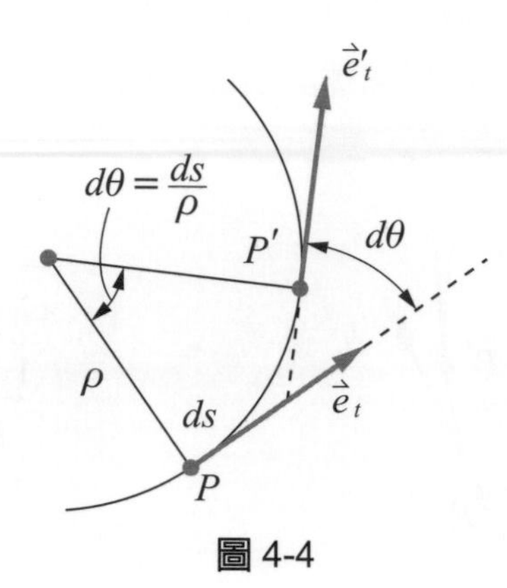

圖 4-4

為了求得質點的加速度，我們可以將式(4-2)對 t 微分，得

$$\vec{a} = \frac{d\vec{v}}{dt} = \frac{d}{dt}(v\vec{e}_t) = \frac{dv}{dt}\vec{e}_t + v\frac{d\vec{e}_t}{dt} \tag{4-4}$$

因為 $\vec{e}_t$ 和 $\vec{e}_n$ 的方向隨時間而變，故 $\vec{e}_t$ 和 $\vec{e}_n$ 並非常數，亦即 $\vec{e}_t$ 和 $\vec{e}_n$ 有時間導數。由於

$$\frac{d\vec{e}_t}{dt} = \frac{d\vec{e}_t}{d\theta}\frac{d\theta}{ds}\frac{ds}{dt}$$

其中由式(4-1)知 $\frac{d\vec{e}_t}{d\theta} = \vec{e}_n$，且 $\frac{d\theta}{ds} = \frac{1}{\rho}$，$\frac{ds}{dt} = v$，因而可得

$$\frac{de_t}{dt} = \frac{v}{\rho}\vec{e}_n$$

將上式代入式(4-4)，得

$$\vec{a} = \dot{v}\vec{e}_t + \frac{v^2}{\rho}\vec{e}_n = a_t\vec{e}_t + a_n\vec{e}_n \tag{4-5}$$

其中 $a_t = \dot{v} = \ddot{s}$

$$a_n = \frac{v^2}{\rho} = \rho\dot{\theta}^2 = v\dot{\theta}$$

$$a = \sqrt{a_t^2 + a_n^2}$$

由上式所得的關係可看出：(1)加速度的切線分量 a_t 反應出質點速率的變化；(2)加速度的法線分量 a_n 則反應出質點運動方向的變化，且 a_n 恆指向曲率中心 C。只有在該兩分量都爲零的情況下，質點的加速度方爲零。因此，一質點沿著一條曲線以等速率運動時，雖然切線加速度 $a_t = dv/dt = 0$，但除非該質點通過一個曲線的拐點(該處的曲率半徑 ρ 爲無限大)，或是該曲線爲一條直線，否則其法線加速度 a_n 並不爲零，亦即質點的加速度並不爲零。

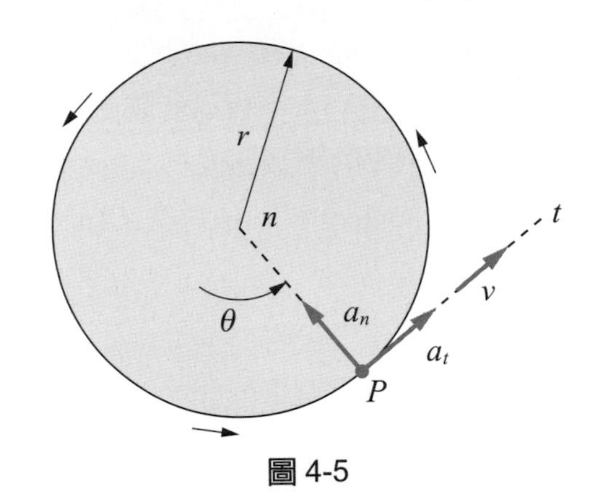

圖 4-5

圓周運動爲平面曲線運動的重要特例，其曲率半徑 ρ 爲一常數，且等於圓之半徑 r，如圖 4-5 所示，圓周運動的速度及加速度分量變爲

$$\begin{aligned} \boldsymbol{v} &= \boldsymbol{r}\dot{\boldsymbol{\theta}} \\ \boldsymbol{a}_t &= \dot{\boldsymbol{v}} = \boldsymbol{r}\ddot{\boldsymbol{\theta}} \\ \boldsymbol{a}_n &= \frac{\boldsymbol{v}^2}{\boldsymbol{r}} = \boldsymbol{r}\dot{\boldsymbol{\theta}}^2 = \boldsymbol{v}\dot{\boldsymbol{\theta}} \end{aligned} \tag{4-6}$$

曲線運動解題時須特別注意下面幾點：

1. 速度的大小 $v = \dot{s}$，但加速度的大小 $a \neq \dot{v}$，此可由切線加速度的大小 $a_t = \dot{v}$ 得到證明，加速度的大小 a 為

$$a = \sqrt{a_t^2 + a_n^2} = \sqrt{(\dot{v})^2 + (v^2/\rho)^2}$$

2. 切線加速度大小 $a_t = r\ddot{\theta}$，此關係僅在圓周運動中方能成立，因爲

$$a_t = \frac{dv}{dt} = \frac{d(r\dot{\theta})}{dt}$$

在圓周運動中，r =常數，上式可表爲

$$u_t - \frac{d\dot{\theta}}{dt} = r\ddot{\theta}$$

若是一般曲線運動，曲率半徑 r 並非常數，則

$$a_t = \frac{d(r\dot{\theta})}{dt} = r\ddot{\theta} + \dot{\theta}\dot{r}$$

例題 4-1

汽車沿一水平彎道行駛，若此車由靜止以 1.2 m/s^2 的速率增加率運動，已知達 A 點時汽車的總加速度爲 2.0 m/s^2，彎道在 A 點之曲率半徑爲 200 m，試求：(a)汽車在 A 點的速率；(b)到達 A 點所需的時間。

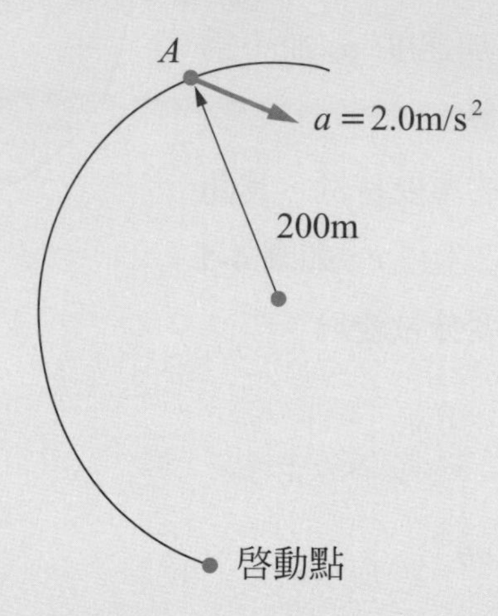

解

(a) 質點作曲線運動時，速率的變化由切線加速度 a_t 決定，由題意知，汽車的切線加速度 $a_t = 1.2$ (m/s^2)，達 A 點時，汽車的 $a = 2.0$ (m/s^2)，則

$a = \sqrt{a_t^2 + a_n^2}$　　$2.0 = \sqrt{(1.2)^2 + a_n^2}$　　$a_n = 1.6$ (m/s^2)

又 $a_n = \dfrac{v^2}{\rho}$　　$1.60 = \dfrac{v^2}{200}$　　故 $v = 17.9$ (m/s)

(b) 因汽車以等加速率行駛，故可利用式(3-4)得

$v = v_0 + at$　　$17.9 = 0 + (1.2)t$　　$t = 14.9$ (s)

例題 4-2

圖示之磁帶由 A 盤傳送至 B 盤，其中並經過 C、D 兩個導引盤，在圖示之瞬間，磁帶上 P 點之向心加速度為 3 m/s²，Q 點之切線加速度為 5 m/s²，試求該瞬間磁帶速度及 P、Q 兩點之總加速度。

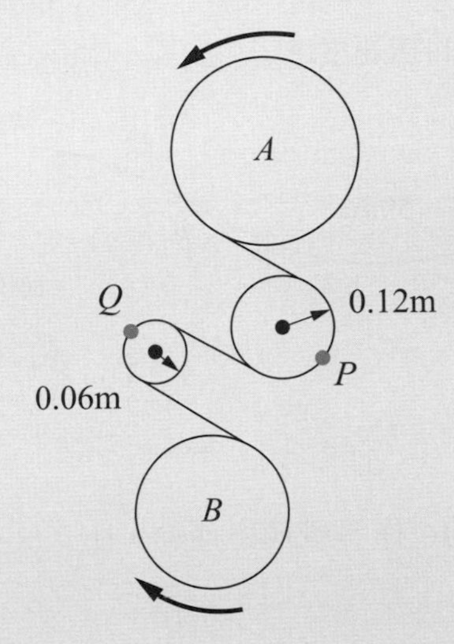

解

由 P 點之向心加速度 3 (m/s²)，可得該瞬間磁帶速度

$$a_n = \frac{v^2}{r}，3 = \frac{v^2}{0.12} \quad \therefore v = 0.6 \text{ (m/s)}$$

因磁帶轉動時，磁帶上任一點之瞬間速度都必須相同，切線加速度反應出磁帶速率的變化，因此 P、Q 兩點之切線加速度一定相等，故 P 點的總加速度為

$$a_p = \sqrt{{a_t}^2 + {a_n}^2} = \sqrt{5^2 + 3^2} = 5.83 \text{ (m/s}^2\text{)}$$

Q 點之向心加速度

$$a_n = \frac{v^2}{r} = \frac{0.6^2}{0.06} = 6 \text{ (m/s}^2\text{)}$$

Q 點之總加速度為

$$a_n = \sqrt{{a_t}^2 + {a_n}^2} = \sqrt{5^2 + 6^2} = 7.81 \text{ (m/s}^2\text{)}$$

例題 4-3

一汽車行駛於圖示之起伏路面，在 A 點的速率爲 80 km/hr，然後以等減速率剎車至 C 點之速率爲 50 km/hr，A 至 C 的路徑總長爲 100 m，若汽車在 A 點的加速度爲 3 m/s^2 ，C 點的曲率半徑爲 160 m，試求：(a)A 點的曲率半徑；(b)汽車在 B 點的加速度；(c)汽車在 C 點的加速度。

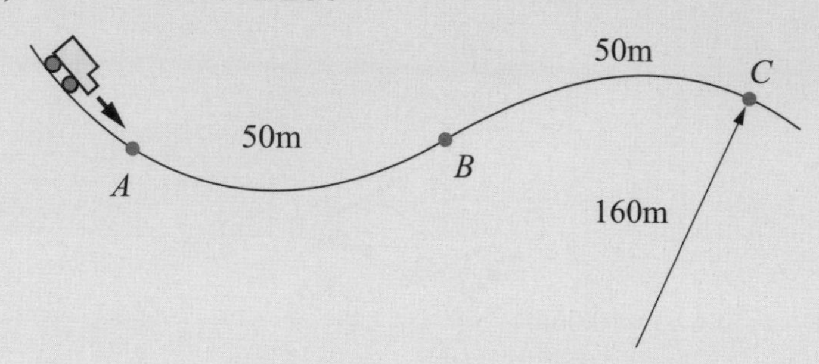

解

由題意知，汽車在路徑 AC 作等減速率運動，由式(2-6)得

$$v_C^2 = v_A^2 + 2a_t s$$

其中 $v_C = 50\,(\text{km/hr}) = 13.89\,(\text{m/s})$

$v_A = 80\,(\text{km/hr}) = 22.22\,(\text{m/s})$

$s = 100\,(\text{m})$

故 $13.89^2 = 22.22^2 + 2a_t(100)$

$a_t = -1.5\,(\text{m/s}^2)$　負號表示等減速率

(a)　在 A 點，$a = 3\,(\text{m/s}^2)$ ，$a_t = -1.5\,(\text{m/s}^2)$，故

$$a = \sqrt{a_t^2 + a_n^2}$$

$$3 = \sqrt{(-1.5)^2 + a_n^2}$$

$$a_n = 2.6\,(\text{m/s}^2)$$

又 $a_n = \dfrac{v_A^2}{\rho}$

$$\rho = \frac{v_A^2}{a_n} = \frac{22.22^2}{2.6} = 190\ \ (\text{m})$$

(b) 因 B 點為一拐點，曲率半徑 ρ 無限大，故 $a_n = 0$，即

$$a = a_t = -1.5\,(\text{m/s}^2)$$

(c) 在 C 點，$a_t = -1.5\,(\text{m/s}^2)$，法線加速度為

$$a_n = \frac{v_C^2}{\rho} = \frac{13.89^2}{160} = 1.21\,(\text{m/s}^2)$$

$$a = \sqrt{a_t^2 + a_n^2} = \sqrt{(-1.5)^2 + 1.21^2} = 1.93\,(\text{m/s}^2)$$

至於各點的加速度方向皆分別繪圖所示。

當質點 P 運動軌跡為三度空間的曲線時，在任一瞬間，可以有三個互相垂直的單位向量，包含一個確定的切線方向 $\vec{u}_t$，以及一個由 P 點指向曲率中心 O 的主法線(principal normal)方向 $\vec{u}_n$，和垂直於 u_t 與 u_n 的副法線(binormal)方向 $\vec{u}_b$，如圖 4-6 所示。因為三個單位向量之間彼此正交，互相垂直，因此，只要知道了其中的兩個，就可以依據向量的乘積定義得到第三個，亦即

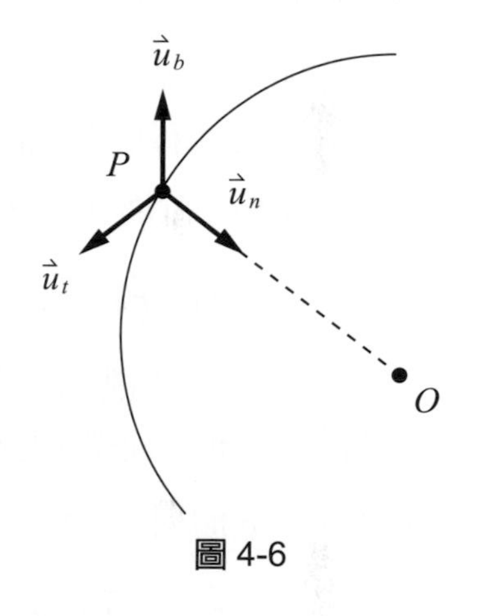

圖 4-6

$$\vec{u}_b = \vec{u}_t \times \vec{u}_n$$

$$\vec{u}_t = \vec{u}_n \times \vec{u}_b$$

$$\vec{u}_n = \vec{u}_b \times \vec{u}_t$$

必須注意的是，$\vec{u}_n$ 永遠位於曲線的凹側，加以 $\vec{u}_t$ 固定位於切線方向，因此唯一要確定的其實僅有 $\vec{u}_b$ 而已。

二、兩質點的相對運動

以固定於空間之座標系所描述的運動，稱為絕對運動，若以空間中的某一運動座標系來描述運動，則謂之相對運動。質點的相對運動可以想像成在一個運動中的質點上，去觀察另一個固定或移動中的質點所得到的結果。譬如坐在一部正在行駛中的汽車上觀察另一部行駛中的汽車，或觀察一架天上飛的飛機、一位路邊站立的行人等，都是相對運動常見的例子。

1. 兩質點之相對位置

參考圖 4-7，二質點 A 與 B 分別在同一平面或平行平面上作平面曲線運動，兩者相對於固定參考座標系 OXY 之絕對位置向量為 $\vec{r}_A$ 與 $\vec{r}_B$。今有另一參考座標系 xy，其 x 軸、y 軸分別與 X 軸、Y 軸平行，原點定於 B 點且隨 B 運動，此固定方位之運動座標系 xy 稱為平移座標(translating axis)。若一觀察者位於平移座標的 B 點，則其所觀測得到的 A 點位置為 A 對 B 的相對位置，以符號 $\vec{r}_{A/B}$ 表示，由圖 4-7 可得

$$\vec{r}_A = \vec{r}_B + \vec{r}_{A/B} \tag{4-7}$$

上式表示：質點 A 的絕對位置 $\vec{r}_A$，可由質點 B 的絕對位置 $\vec{r}_B$ 與 A 相對於 B 的相對位置 $\vec{r}_{A/B}$ 相加而得，此處，質點 B 稱為參考點，$\vec{r}_{A/B}$ 為在 B 點看 A 點的位移量，或稱為 A 對 B 的相對位移，又可將式(4-7)改寫為

$$\vec{r}_{A/B} = \vec{r}_A - \vec{r}_B \tag{4-8}$$

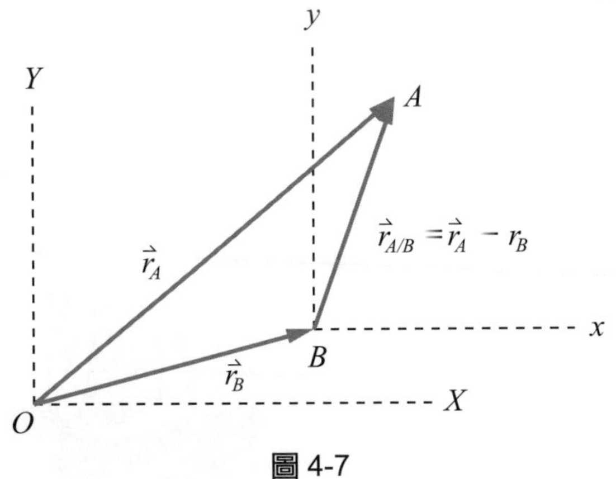

圖 4-7

2. 兩質點之相對速度

將式(4-7)對時間微分，得 $\dfrac{d\vec{r}_A}{dt}=\dfrac{d\vec{r}_B}{dt}+\dfrac{d\vec{r}_{A/B}}{dt}$，亦即

$$\vec{v}_A=\vec{v}_B+\vec{v}_{A/B} \tag{4-9}$$

其中 $\vec{v}_A=\dfrac{d\vec{r}_A}{dt}$，$\vec{v}_B=\dfrac{d\vec{r}_B}{dt}$，$\vec{v}_{A/B}=\dfrac{d\vec{r}_{A/B}}{dt}$，分別表示質點 A 之絕對速度 $\vec{v}_A$ 和質點 B 的絕對速度 $\vec{v}_B$，以及 A 相對於 B 的相對速度 $\vec{v}_{A/B}$。相同的，$\vec{v}_{A/B}$ 為在 B 點看 A 點的運動速度。

例題 4-4

有 A、B 兩車由同一點出發，A 車以 30 m/s 的速度向南直行，B 車以 50 m/s 向東直行，則由 A 車觀察 B 車之速度為何？

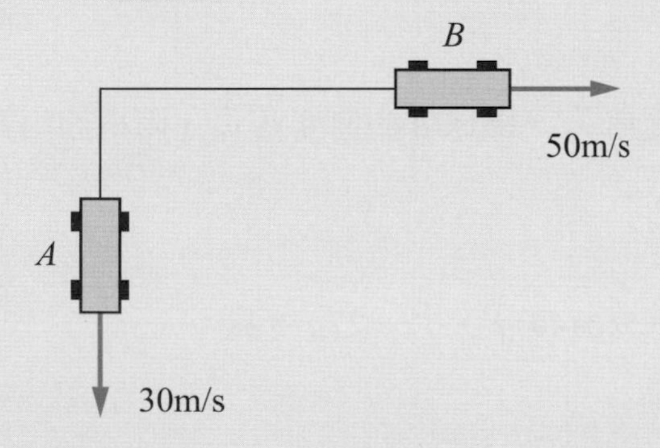

解

由 A 車觀察 B 車，亦即選擇 A 車為參考點，求 B 車對 A 車的相對速度 $\vec{v}_{B/A}$。

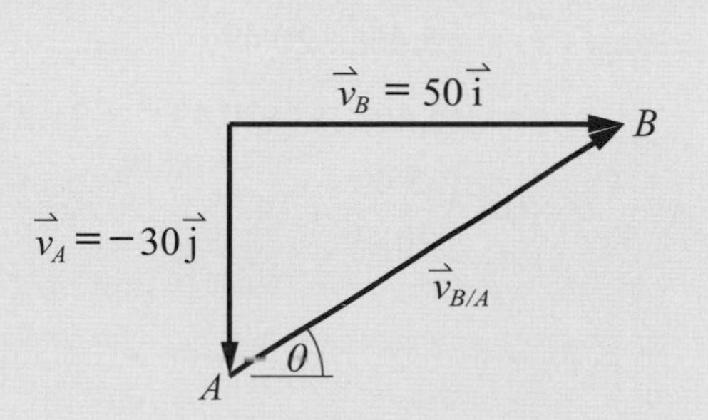

$\vec{v}_B=\vec{v}_A+\vec{v}_{B/A}$，或 $\vec{v}_{B/A}=\vec{v}_B-\vec{v}_A$，其中 $\vec{v}_B=50\vec{i}$，$\vec{v}_A=-30\vec{j}$，則得

$\vec{v}_{B/A}=50\vec{i}-(-30\vec{j})$

$\therefore \vec{v}_{B/A}=50\vec{i}+30\vec{j}$

$v_{B/A}=\sqrt{50^2+30^2}=58.3\ (\text{m/s})$

$\theta=\tan^{-1}\dfrac{30}{50}=30.96°$

例題 4-5

美國公開賽阿格西往北偏右 40°以 8.5 m/s 速度奔跑回擊山普拉斯之擊球，此球以 27 m/s 速度往北穿越，試求阿格西相對於網球之速度？

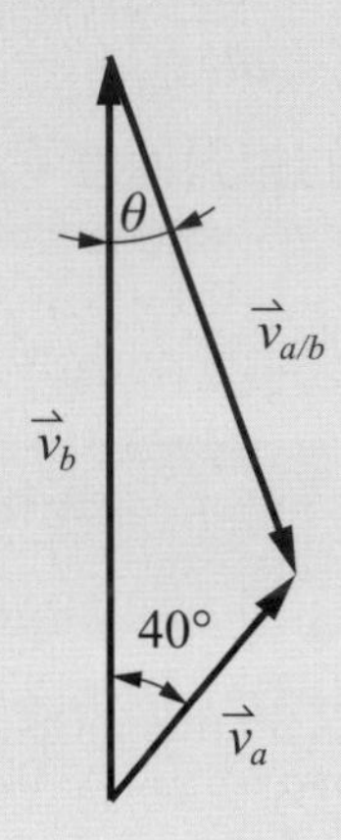

解

令阿格西 A 的速度爲 $\vec{v}_a$，網球 B 的速度為 $\vec{v}_b$，阿格西相對於網球的速度爲 A 相對於 B 的速度 $\vec{v}_{a/b}$。

由題意

$\vec{v}_a = 8.5\sin 40°\vec{i} + 8.5\cos 40°\vec{j}$，$\vec{v}_b = 27\vec{j}$，則

由 $\vec{v}_a = \vec{v}_b + \vec{v}_{a/b}$

得 $8.5\sin 40°\vec{i} + 8.5\cos 40°\vec{j} = 27\vec{j} + \vec{v}_{a/b}$

$\therefore \vec{v}_{a/b} = 5.46\vec{i} - 20.49\vec{j}$

$v_{a/b} = \sqrt{(5.46)^2 + (-20.49)^2} = 21.2 \text{ (m/s)}$

$\theta = \tan^{-1}\dfrac{5.46}{20.49} = 14.9°$

例題 4-6

籃球比賽一後衛運球由西向東以 6 m/s 的速度進攻，一對方球員斜向運動欲阻擋其攻擊路線，如圖所示，若此阻擋球員速度爲 7 m/s，試求阻擋球員相對於進攻後衛的速度？

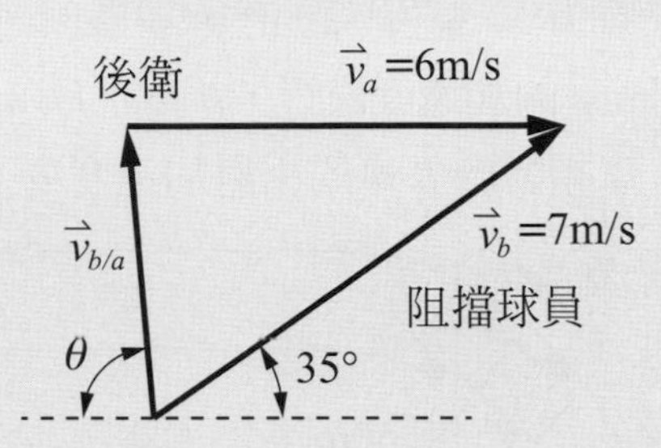

解

令進攻球員 A 的速度爲 $\vec{v}_a$，阻擋球員 B 的速度爲 $\vec{v}_b$，阻擋球員相對於進攻球員的速度爲 B 相對於 A 的速度 $\vec{v}_{b/a}$。

由題意

$\vec{v}_a = 6\vec{i}$，$\vec{v}_b = 7\cos 35°\vec{i} + 7\sin 35°\vec{j}$，則

由 $\vec{v}_b = \vec{v}_a + \vec{v}_{b/a}$

得 $7\cos 35°\vec{i} + 7\sin 35°\vec{j} = 6\vec{i} + \vec{v}_{b/a}$

$\therefore \vec{v}_{b/a} = -0.27\vec{i} + 4.02\vec{j}$

$v_{b/a} = \sqrt{(-0.27)^2 + (4.02)^2} = 4.03\ (\text{m/s})$

$\theta = \tan^{-1}\dfrac{4.02}{0.27} = 86.16°$

3. 兩質點之相對加速度

將式(4-9)對時間微分，得

$\dfrac{d\vec{v}_A}{dt} = \dfrac{d\vec{v}_B}{dt} + \dfrac{d\vec{v}_{A/B}}{dt}$，亦即

$$\vec{a}_A = \vec{a}_B + \vec{a}_{A/B} \tag{4-10}$$

其中$\vec{a}_A = \dfrac{d\vec{v}_A}{dt}$，$\vec{a}_B = \dfrac{d\vec{v}_B}{dt}$，$\vec{a}_{A/B} = \dfrac{d\vec{v}_{A/B}}{dt}$，上式表示質點 A 之絕對加速度 $\vec{a}_A$ 等於質點 B 的絕對加速度 $\vec{a}_B$ 加上 A 相對於 B 的相對加速度 $\vec{a}_{A/B}$。

例題 4-7

如圖所示，A 車往北以 3 m/s^2 的加速度直行，B 車正以 8 m/s 的速率繞曲線行駛，並以 5 m/s^2 加速，試求 A 車相對於 B 車的相對加速度？

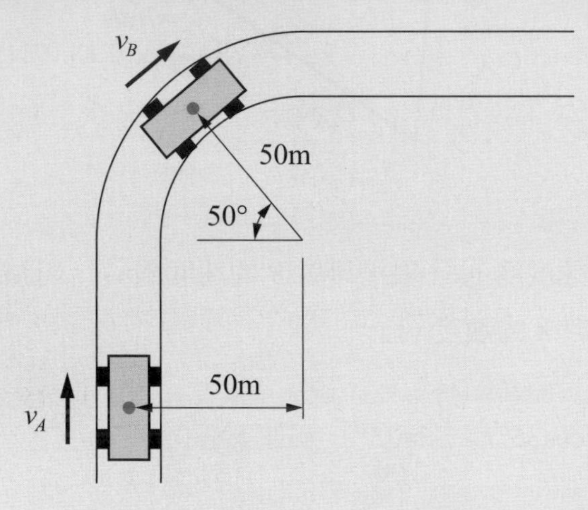

解

由式(4-10)

$\vec{a}_A = \vec{a}_B + \vec{a}_{A/B}$

其中 $\vec{a}_A = 3\vec{j}$

$\vec{a}_B = \vec{a}_{Bt} + \vec{a}_{Bn}$

又 $a_{Bt} = 5$

$$a_{Bn} = \frac{v_B^2}{\rho} = \frac{8^2}{50} = 1.28$$

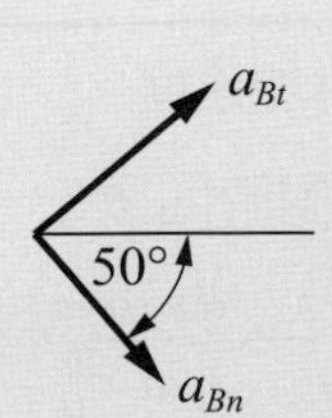

由圖上知：

$\vec{a}_{Bt} = 5\cos 40°\vec{i} + 5\sin 40°\vec{j}$

$\vec{a}_{Bn} = 1.28\cos 50°\vec{i} - 1.28\sin 50°\vec{j}$

$\therefore \vec{a}_B = 5\cos 40°\vec{i} + 5\sin 40°\vec{j} + 1.28\cos 50°\vec{i} - 1.28\sin 50°\vec{j} = 4.65\vec{i} + 2.23\vec{j}$

代入 $\vec{a}_A = \vec{a}_B + \vec{a}_{A/B}$

得 $3\vec{j} = 4.65\vec{i} + 2.23\vec{j} + \vec{a}_{A/B}$

$\vec{a}_{A/B} = -4.65\vec{i} + 0.77\vec{j}$

$a_{A/B} = \sqrt{(-4.65)^2 + (0.77)^2} = 4.71 \text{ m/s}^2$

$\theta = \tan^{-1}\dfrac{0.77}{4.65} = 9.4°$

例題 4-8

試求例題 2-9 中，A 質塊相對於 B 質塊的相對速度？

解

$\vec{v}_A = 5\vec{j}$，$\vec{v}_B = -\dfrac{5}{3}\vec{j}$

$\vec{v}_{A/B} = \vec{v}_A - \vec{v}_B = 5\vec{j} - \left(-\dfrac{5}{3}\right)\vec{j} = 6\dfrac{2}{3}\vec{j}$

例題 4-9

試求例題 2-10 中，B 質塊相對於 A 質塊的相對速度？

解

$\vec{v}_A = -2\vec{j}$，$\vec{v}_B = -4\vec{i}$

$\vec{v}_{B/A} = \vec{v}_B - \vec{v}_A = -4\vec{i} - (-2)\vec{j} = -4\vec{i} + 2\vec{j}$

$v_{B/A} = \sqrt{(-4)^2 + 2^2} = 4.47(\text{m/s})$

$\theta = \tan^{-1}\dfrac{2}{4} = 26.57°$

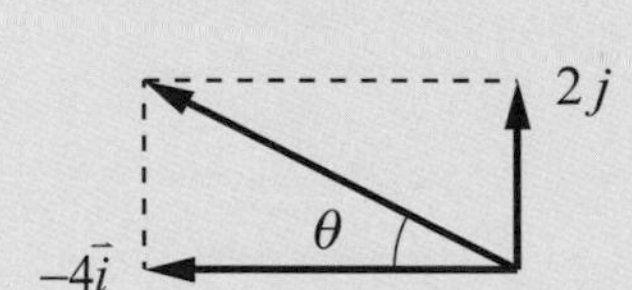

例題 4-10

兩部車在平行的平面上行駛，於某一瞬間 A 車的速度爲 60 km/h，加速度爲 30 km/h^2，B 車的速度爲 40 km/h，切線加速度爲 20 km/h^2，試求 B 車上的乘客所測得 A 車的速度和加速度？

解

由圖可知

$\vec{v}_A = 60\vec{j}$，$\vec{a}_A = -30\vec{j}$

$\vec{v}_B = 40\vec{j}$，$\vec{a}_B = \vec{a}_{Bt} + \vec{a}_{Bn}$

其中 $\vec{a}_{Bt} = -20\vec{j}$

$$\vec{a}_{Bn} = a_{Bn}\vec{i} = \frac{{v_B}^2}{\rho}\vec{i} = \frac{40^2}{100}\vec{i} = 16\vec{i}$$

則 $\vec{a}_B = 16\vec{i} - 20\vec{j}$

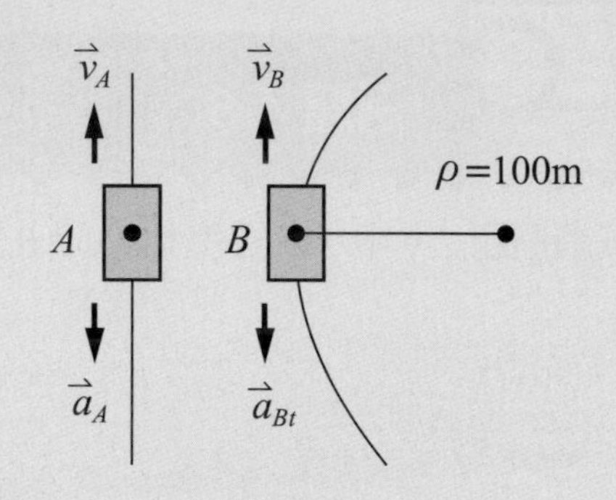

由 B 車觀測 A 車，爲 A 車對 B 車的相對速度 $\vec{v}_{A/B}$ 及相對加速度 $\vec{a}_{A/B}$，則

$\vec{v}_{A/B} = \vec{v}_A - \vec{v}_B = 60\vec{j} - 40\vec{j} = 20\vec{j}$ (km/h)

$\vec{a}_{A/B} = \vec{a}_A - \vec{a}_B = -30\vec{j} - (16\vec{i} - 20\vec{j}) = -16\vec{i} - 10\vec{j}$

$a_{A/B} = \sqrt{(-16)^2 + (-10)^2} = 18.87$ (km/h^2)

$\theta = \tan^{-1}\frac{10}{16} = 32°$

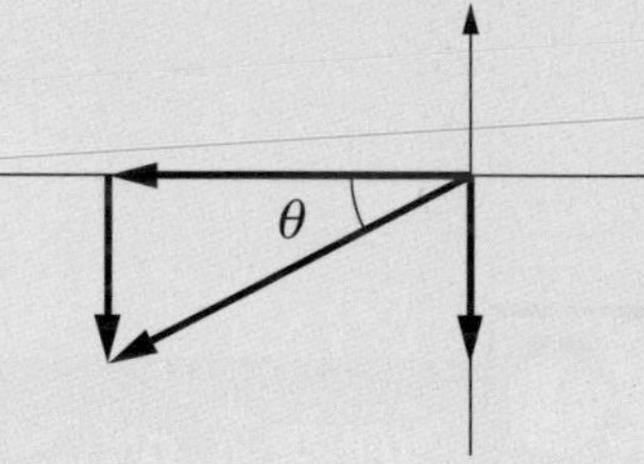

1 滑雪者沿拋物線路徑，抵達 O 點處時之瞬間速度為 8 m/s，並以 2 m/s^2 加速，試求其瞬間加速度？

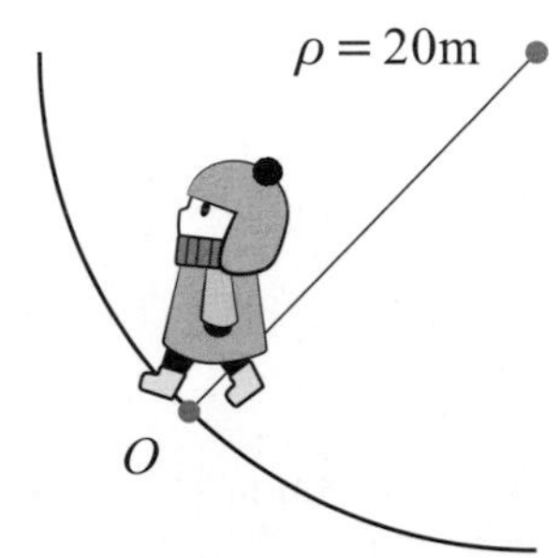

2 某物體以等加速率 2 m/s^2 加速行進於圖示之曲線軌道上，若 A 點之曲率半徑為 240 m，且物體於 A 處之速率為 30 m/s，試求在 A 處之總加速度之大小。

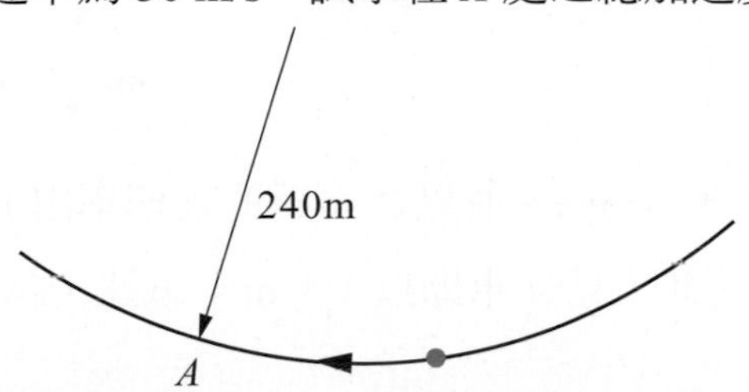

3 某物體做圓周運動，半徑為 200 m，且物體以 1.2 m/s^2 之等加速率加速，當物體總加速率達 2 m/s^2 時，試求此時物體的速率為何？

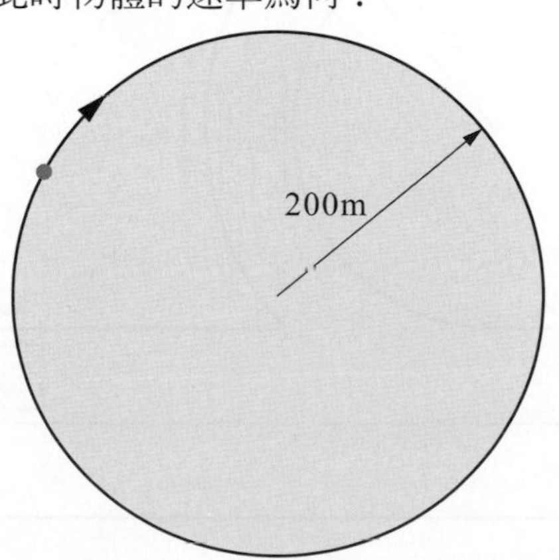

4 一質點沿曲線路徑運動，在 A 點之速率為 10 m/s，經 3 秒後達 B 點，B 點之速率為 4 m/s，若質點以等減速率運動，且 B 點之總加速度為 6 m/s^2，試求：(a)B 點之曲率半徑；(b)A 與 B 間之路徑長度 s。

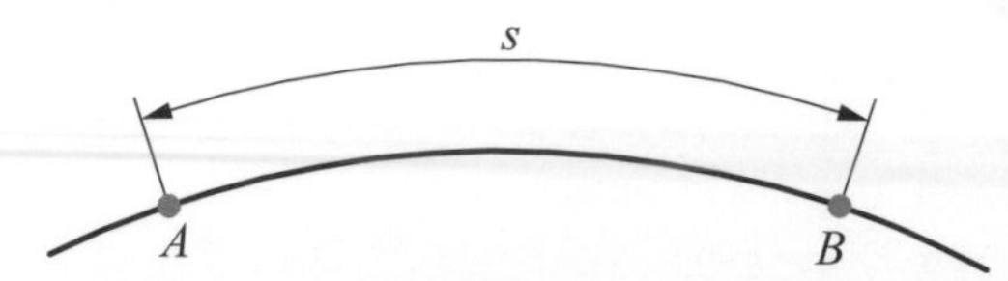

5 A、B 兩車於直線之鄉道相向行駛，其中 A 車向北以 40 km/hr 之速度行駛，B 車以 55 km/hr 之速度向南行駛，則試求 A 車對 B 車之相對速度為多少 m/s？

6 NBA 總冠軍決戰第四場麥可喬丹運球以 8 m/s 的速度通過中場，熱火隊莫寧以 9 m/s 的速度斜向阻止其運動，如圖所示，試求公牛喬丹相對於莫寧的速度？

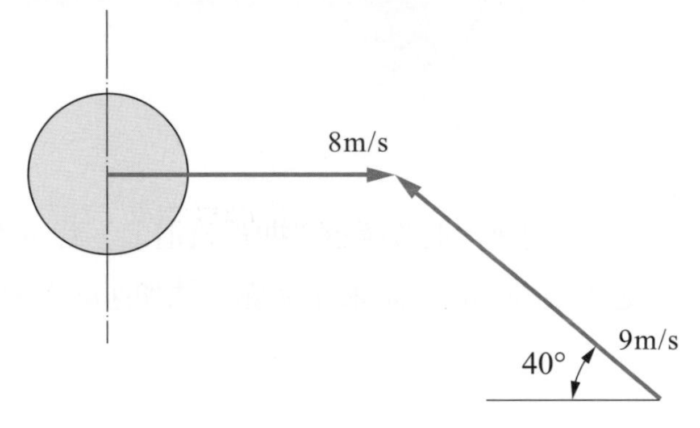

7 如圖所示瞬間，A 車速率 6 m/s，並以 2 m/s^2 的加速率由引道進入高速公路，此時 B 車正以 25 m/s 的速度前進，見 A 車即以 1.5 m/s^2 減速，試求 A 車相對於 B 車的速度與加速度？

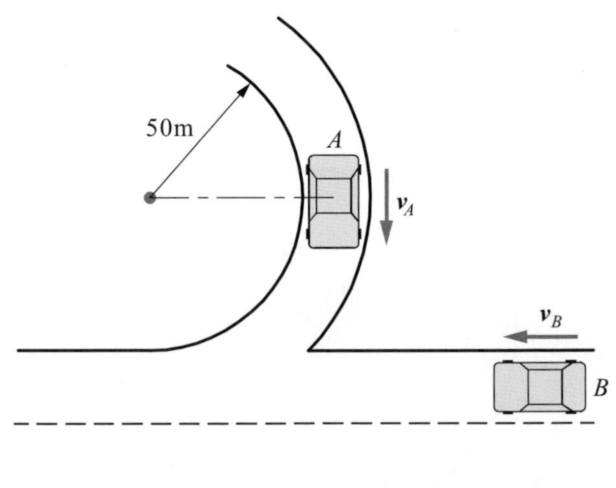

8 一河流河寬 90 m，水流速率為 3 m/s，某人於靜水中划船之船速為 6.5 m/s 則此人於此河流划船渡河，則如圖所示，欲達對岸 A 點位置，則船於河中之速率若干？渡河時間？以及船首與垂直線之夾角使能達到 A 點？

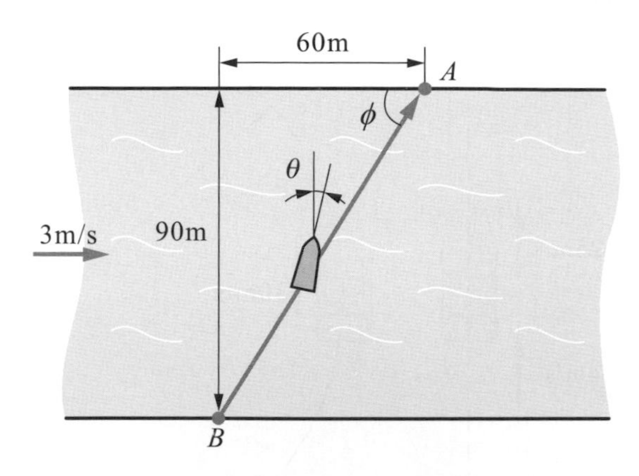

9 如圖所示 B 物塊以 6 m/s 的速度向上運動時，試求 A 物塊之速度？

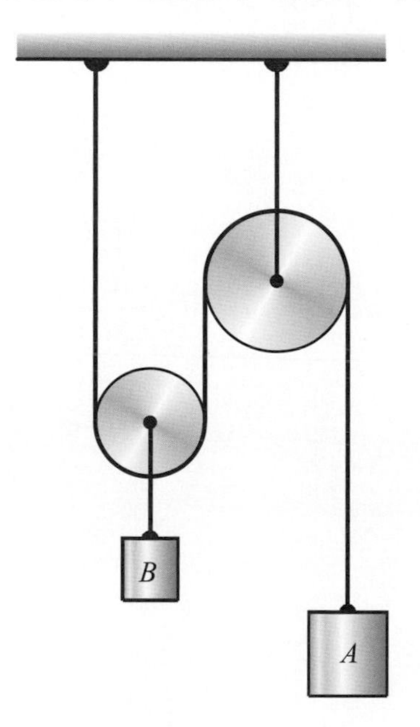

10 A、B 兩車分別沿著路徑 a、b 運動，A 車以 25 m/s 的速度，4 m/s^2 加速度沿 a 路徑直線前進，B 車則沿著半徑 500 m 之路徑 b 以 30 m/s 的速率做等速率圓周運動，則 A 車相對於 B 車之速度與加速度若干？

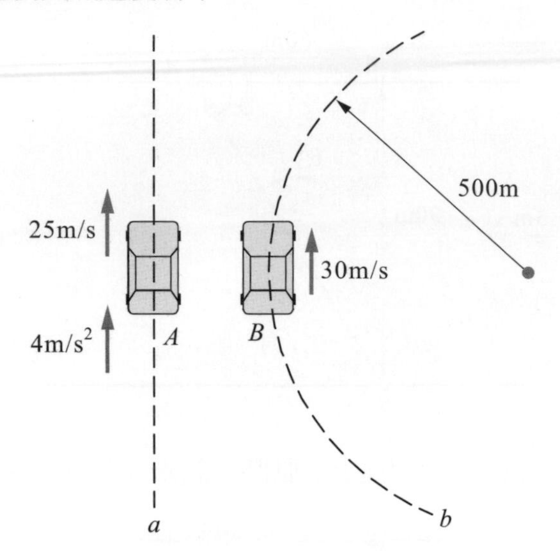

05

質點動力學(一)

本章大綱

一、動力學概說
二、質點之運動方程式
三、質點系質心之運動方程式

學習重點

在質點運動學中，探討了質點的運動軌跡以及其速度、加速度與時間之間的關係，它們為何會運動？質點質量有多大？都不加以探究。本章中，對於造成質點運動的原因以及質點質量的大小都需加以考量，學習者將依據牛頓第二運動定律，列出質點的運動方程式，然後利用該運動方程式來求解質點的運動問題。

本章提要

依據牛頓第二運動定律，具有質量的質點在受到作用力的作用後，會產生一定大小的加速度，加速度的存在導致了速度以及位置的變化，亦即質點產生了運動。在這個過程中，應用牛頓第二運動定律所推導出的關係式，亦即運動方程式，就是求解該質點運動問題的根本依據。

高爾夫球被打擊受力以後會往受力方向運動，當它離地時因與空氣間的摩擦力小，可視為質點的平移運動，但在草地上運動時，因摩擦力的作用造成滾動，分析起來就較為複雜了。

圖 5-1

棒球受到球棒打擊以後，球受力在空間中運動，若忽略球與空氣間的摩擦力，則球的行進軌跡以及其速度，都可以藉由牛頓運動定律來求得。

圖 5-2

一、動力學概說

動力學係研究當物體受不平衡力系作用時，此不平衡力系與物體運動之間的關係。

解動力學的問題，一般有三種方法：
(1) 應用力、質量及加速度之間的關係來求解。
(2) 利用功與能的定義來求解。
(3) 利用衝量與動量的定義與關係來求解。
在接下來的章節中，我們將分別加以討論。

牛頓之運動定律

牛頓於西元 1687 年發表了牛頓運動定律，其中第一運動定律及第三運動定律建立了靜力學的基礎，第二運動定律則建立了力與加速度的關係，因此，動力學的研究以第二運動定律爲其基礎。

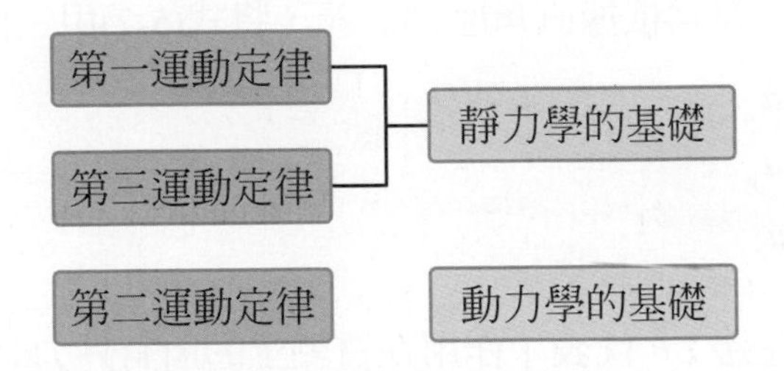

現在以一個理想的實驗來闡述第二運動定律中力與加速度的關係。在一質點上施加一外力 $\vec{F}_1$，將使質點沿 $\vec{F}_1$ 方向產生一加速度 $\vec{a}_1$，力的大小 F_1 和加速度大小 a_1 的比值爲某一常數 C。重做此實驗，相同的質點施加另一外力 $\vec{F}_2$ 時，則將產生另一加速度 $\vec{a}_2$，F_2 與 a_2 的比值與前次實驗相同，亦爲常數 C，重做此實驗多次，可以獲得一個結論，即作用力的大小與加速度的大小成正比，其比值恆爲一常數，即

$$\frac{F_1}{a_1}=\frac{F_2}{a_2}=\cdots\cdots=C$$

此常數表示質點的慣性，稱之爲質量，以 m 表示之。質點的慣性愈大，表示在已知力的作用下，質點的加速度將愈小，相反的，質點的慣性若愈小，則加速度將愈大。

因此，牛頓第二運動定律可以用下列數學式表示之

$$\vec{F} = m\vec{a} \tag{5-1}$$

此式爲動力學的基本方程式，稱之爲運動方程式。

運動方程式中的加速度必須從牛頓座標或稱慣性座標來量度。牛頓座標爲一固定不動(或以等速度移動)的座標，一般工程上的力學問題都將該座標的原點固定在地球上，雖然地球本身有加速度，而非固定不動，但此種因素所產生的誤差，在工程問題中，可以忽略不計。在一輛加速行駛的車子上，觀察地面上一質點的力及加速度時，式(5-1)不能成立，因爲所觀測的加速度，乃質點相對於車子的加速度，而非質點的絕對加速度。

二、質點之運動方程式

當一個質點同時承受多個力量作用時，式(5-1)可改寫爲

$$\Sigma\vec{F} = m\vec{a} \tag{5-2}$$

式中的 $\Sigma\vec{F}$ 表示質點上所有作用力的合力。對於各種不同的座標系統如前述運動學中所提及，本章先就直角座標系統加以討論。

運動方程式之直角分量爲依據直角座標定義，將式(5-2)用三個純量方程式表示爲

$$\begin{aligned} \Sigma F_x &= ma_x \\ \Sigma F_y &= ma_y \\ \Sigma F_z &= ma_z \end{aligned} \tag{5-3}$$

在式(5-2)中，等號左邊 $\Sigma\vec{F}$ 代表了作用在質點上的所有外力之和，其對質點所產生的運動效應與等號右邊之 $m\vec{a}$ 所產生者相同，此 $m\vec{a}$ 稱爲有效力，如圖 5-3。在靜力學中，有效力等於零，在質點動力學中，有效力等於質量與加速度的乘積。於式(5-3)中，表示了特定方向上的外力及有效力系統。

解動力學問題時，將施加於物體的所有作用力標示於物體上，稱爲自由體圖(free body diagram)，然後再將有效力系統圖仔細繪出，配合適當的運動方式座標，將可減少解題時所遭遇的困難。

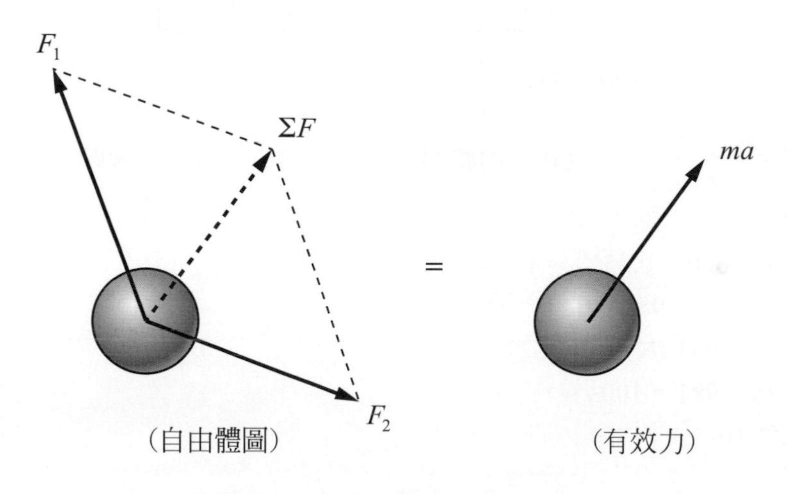

圖 5-3　物體的作用力與有效力

例題 5-1

試求圖中 100 kg 物體的加速度，假設接觸面動摩擦係數 $\mu_k = 0.25$。

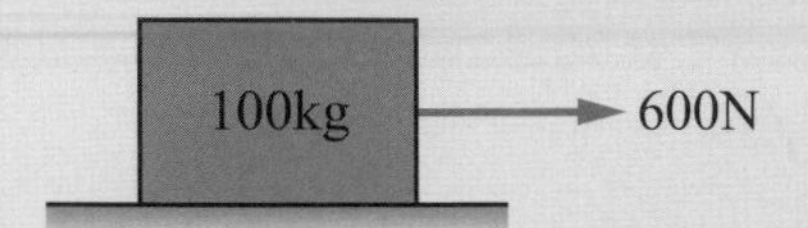

解

由題意可知物體受力後，會產生向右之加速度 a，首先繪出物體的自由體圖和有效力系統圖。

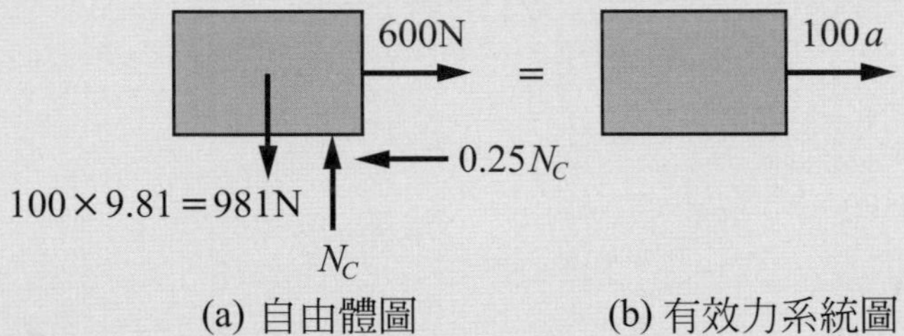

(a) 自由體圖　　(b) 有效力系統圖

由式(5-3)可得

$\Sigma F_x = ma_x$，$600 - 0.25N_C = 100a$……①

$\Sigma F_y = ma_y$，$N_C - 981 = 0$……②

由②得 $N_C = 981$ (N)，代入①

$600 - 0.25 \times 981 = 100a$

$\therefore a = 3.55$ (m/s^2)

例題 5-2

圖中的 50 kg 板條箱靜置於水平面上，假設接觸面間的動摩擦係數 $\mu_k = 0.3$。若板條箱承受 300 N 之拖力，方向如圖所示，試求由靜止起動 3 秒後之速度。

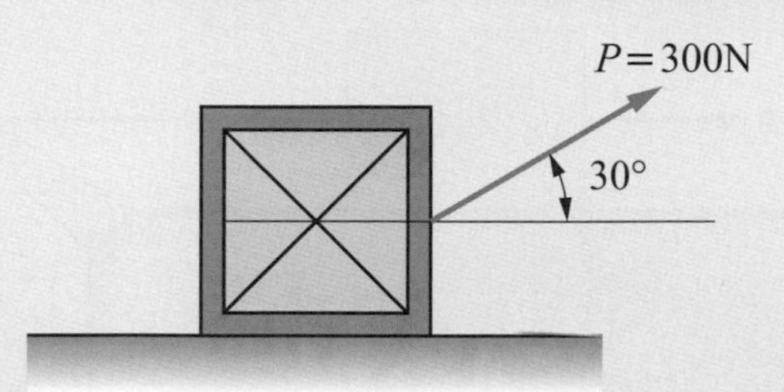

解

將板條箱的自由體圖及相對等的有效力系統圖繪出。

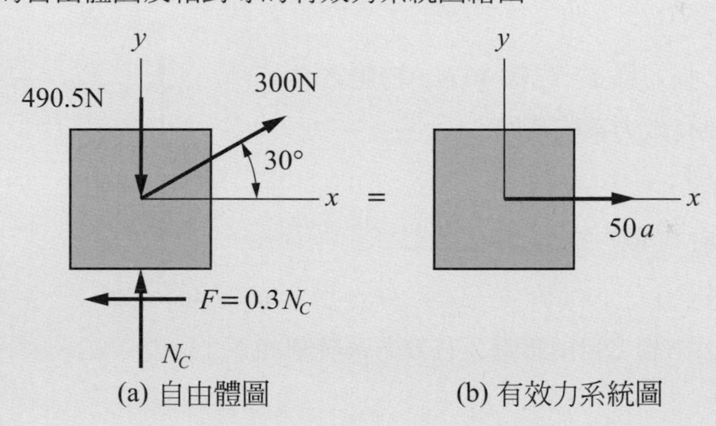

(a) 自由體圖　　(b) 有效力系統圖

板條箱重量 $= 50 \times 9.81 = 490.5$ (N)

$\Sigma F_x = ma_x$，$300\cos 30° - 0.3N_C = 50a$……①

$\Sigma F_y = ma_y$，$N_C - 490.5 + 300\sin 30° = 0$……②

由②式解 N_C，再代入①式可解 a，即

$N_C = 340.5$ (N)

$a = 3.15$ (m/s^2)

因加速度 a 爲常數，且初速度 $v_0 = 0$，故 3 秒後之速度

$v = v_0 + at = 0 + 3.15 \times 3 = 9.45$ (m/s)

例題 5-3

試求使 10 kg 物體向左產生 2 m/s^2 加速度之作用力 P 爲多少？假設接觸面之動摩擦係數 $\mu_k = 0.3$。

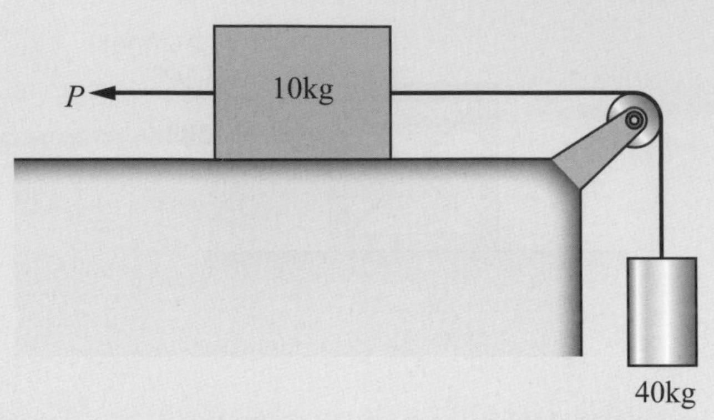

解

假設繩索之張力爲 T，先繪 40 (kg)物體之自由體圖及有效力系統圖如下：

T

$40a$

$=$

40×9.81

$\Sigma F = ma$

$T - 40 \times 9.81 = 40 \times 2$

$\therefore T = 472.4$ (N)

再繪 10 (kg)物體之自由體圖及有效力系統圖如下：

10×9.81

P　T　$=$　$10a$

$0.3N_C$

N_C

$\Sigma F_y = ma_y \qquad N_C - 10 \times 9.81 = 0 \quad \therefore N_C = 98.1$ (N)

$\Sigma F_x = ma_x \qquad -P + 0.3N_C + T = -10a$

$-P + 0.3 \times 98.1 + 472.4 = -10 \times 2$

$\therefore P = 521.8$ (N)

例題 5-4

圖示 A 物體 120 kg，B 物體 300 kg，由靜止開始運動。假設水平面和滑輪均無摩擦，而滑輪質量亦可不計。試求出每一物體的加速度及每一繩索內的張力。

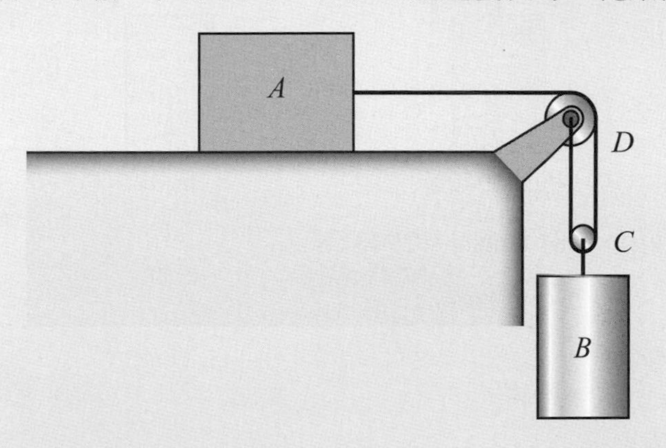

解

T_1：繩 ADC 內的張力

T_2：繩 BC 內的張力

因 A 物體移動 s_A 距離時，B 物體移動的距離為 $s_B=\dfrac{1}{2}s_A$，由 $s=\dfrac{1}{2}at^2$，得知 s 和 a 成正比，故

$a_B=\dfrac{1}{2}a_A$ ……①

物體 A：

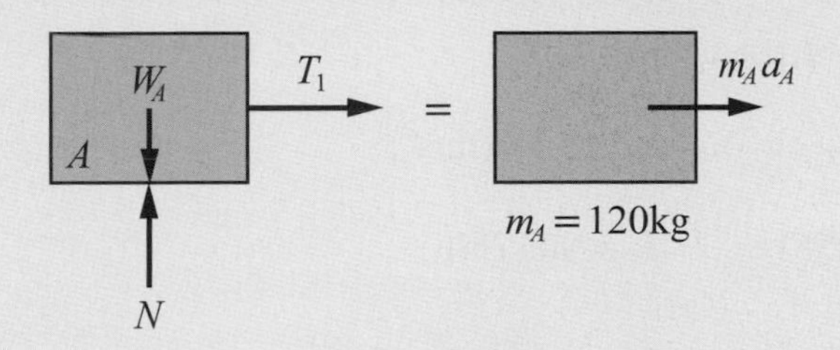

由 $\Sigma F_x = ma_x$，$T_1 = m_A a_A = 120a_A$……②

物體 B：

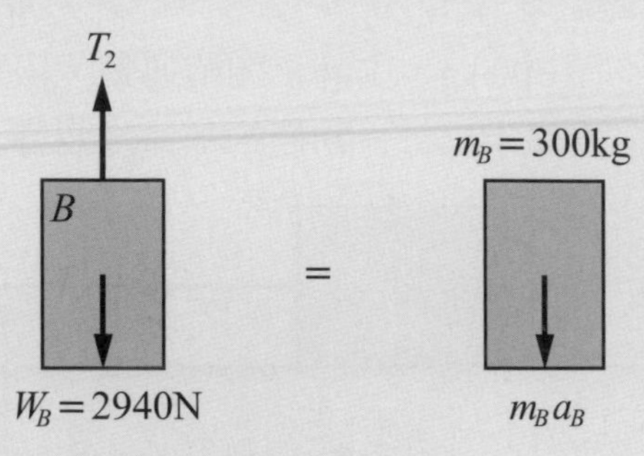

$W_B = m_B g = 300\ (\text{kg}) \times 9.81\ (\text{m/s}^2) = 2943\ (\text{N})$

由 $\Sigma F_y = ma_y$ $\quad W_B - T_2 = m_B a_B$

$2943 - T_2 = 300a_B$

將①式的 a_B 代入上式，則得

$$2943 - T_2 = 300\left(\frac{1}{2}a_A\right)$$

$T_2 = 2943 - 150a_A$……③

滑輪 C：

因滑輪之 m_C 假設為零，故

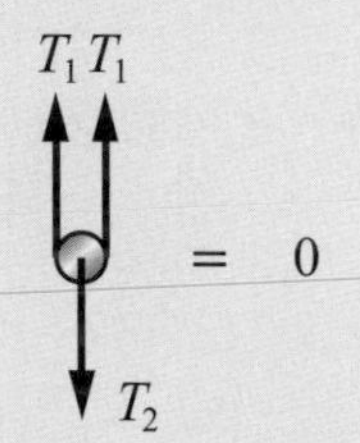

$\Sigma F_y = m_C a_C = 0$

$T_2 - 2T_1 = 0$……④

將②③式的 T_1 和 T_2 分別代入④，則得

$2943 - 150a_A - 2(120a_A) = 0$

$2943 - 390a_A = 0$ $\quad a_A = 7.55\ (\text{m/s}^2)$

將所得的 a_A 代入①和②，則得

$$a_B = \frac{1}{2}a_A = \frac{1}{2}(7.55) \quad a_B = 3.78\ (\text{m/s}^2)$$

$T_1 = 120a_A = 120(7.55)$ $\quad T_1 = 906\ (\text{N})$

由④式，得

$T_2 = 2T_1 = 2(906)$ $\quad T_2 = 1812\ (\text{N})$

因物體 B 有加速度之故，因此所求得的 T_2 值並不等於物體 B 的重量。

例題 5-5

將 150 kg 的貨物置於一 15 kg 的運輸車上，如圖所示，已知貨物與運輸車間之靜摩擦係數為 0.3，動摩擦係數為 0.25，若(a)欲使貨物於運輸車上無滑動時之最大拉力 P 為何？(b)當拉力 $P = 540$ N 時，試求貨物對運輸車之加速度？

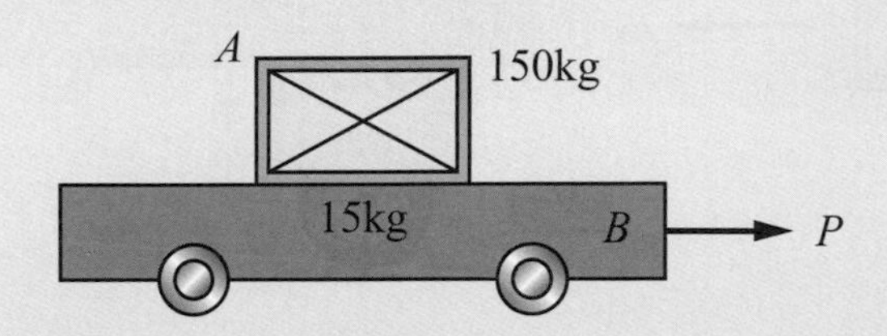

解

(a) 分別取貨物與運輸車之自由體圖

由貨物之運動方程式

$\Sigma F_y = m_A a_y$ 得 $N_1 - W_A = 0$

$\therefore N_1 = 150 \times 9.81 = 1471.5$ (N)

$\Sigma F_x = m_A a_x$ 則 $\mu_s N_1 = m_A a_{max}$

$\therefore 0.3(1471.5) = 150 a_{max}$

$a_{max} = 2.94$ (m/s^2)

運輸車：$\Sigma F_x = m_B a_x$

$\therefore P - \mu_s N_1 = m_B a_{max}$

$P = 15(2.94) + 0.3(1471.5) = 486$ (N)

(b) 因 $P = 540$ (N) > 486 (N)，所以貨物於車上產生滑動，兩者接觸面爲動摩擦力，並假設此時貨物加速度爲 a_A，運輸車加速度爲 a_B，則分離體圖如下

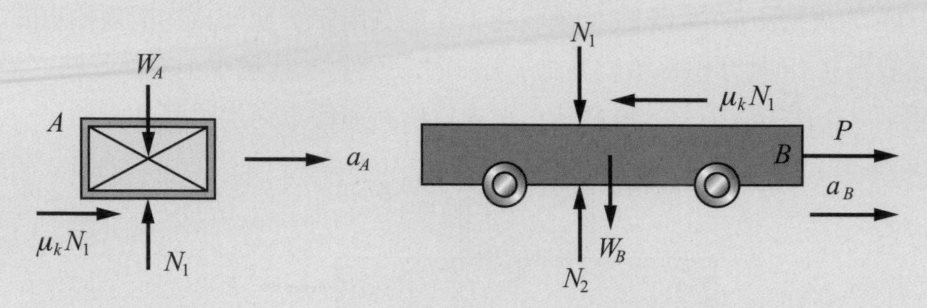

貨物：

$\Sigma F_y = m_A a_y$，$N_1 - W_A = 0$

$\therefore N_1 = 1471.5$ (N)

$\Sigma F_x = m_A a_A$，$\mu_k N_1 = m_A a_A$

$0.25(1471.5) = 150 a_A$

$a_A = 2.45$ (m/s^2)

運輸車：$\Sigma F_x = m_B a_B$

$P - \mu_k N_1 = m_B a_B$

$540 - 0.25(1471.5) = 15 a_B$

$\therefore a_B = 11.5$ (m/s^2)

$a_{A/B} = a_A - a_B = 2.45 - 11.5 = -9.05$ (m/s^2)

例題 5-6

有一 80 kg 的人站在上升的電梯中之彈簧秤上，若電梯由靜止開始的 3 秒內，電梯鋼索之張力為 8500 N，試求此時彈簧秤上的讀數為多少公斤重？且電梯在第三秒時的速度為何？假設電梯、人及彈簧秤總質量為 800 kg。

解

取電梯之自由體圖

由運動方程式 $\Sigma F_y = ma_y$ 得

$T - 800(9.81) = 800a_y$，又 $T = 8500$ (N)

$\therefore a_y = 0.815$ (m/s^2)

再取人之自由體圖

由運動方程式 $\Sigma F_y = ma_y$，則

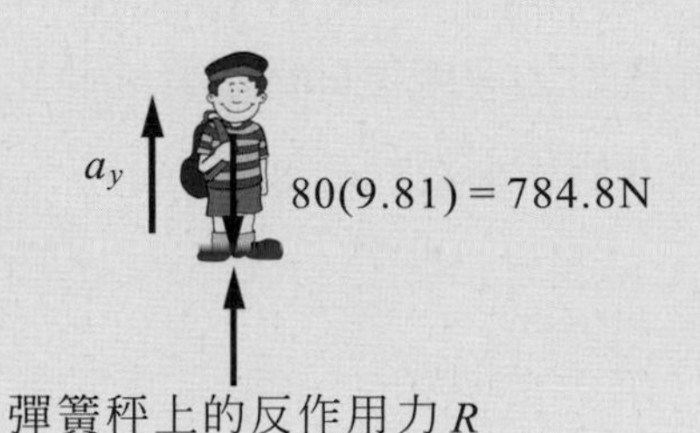

$R - 80(9.81) = 80\times 0.815$

$\therefore R = 850$ (N)

3 秒時的速度為

$v = v_0 + at = 0 + 0.815\times 3 = 2.445$ (m/s)

例題 5-7

質量 3 kg 的滑套以彈簧常數 $k = 100$ N/m 的彈簧連結，若彈簧自由長度$\ell_0 = 0.5$ m，當滑套被由水平處釋放落下 0.3 m 時，求其速度與加速度？

解

當滑套落下 0.3 (m)時，彈簧長度爲

$$\ell = \sqrt{(0.5)^2 + (0.3)^2} = 0.583\,(\text{m})$$

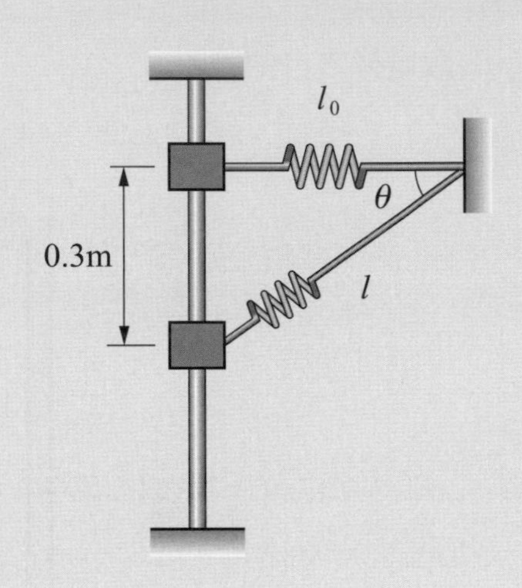

產生彈力爲

$$F = k\Delta\ell = 100 \times (0.583 - 0.5) = 8.3\ (\text{N})$$

$$\theta = \tan^{-1}\frac{0.3}{0.5} = 31°$$

則物體受到彈簧拉力分別爲

$$F_x = F\cos\theta = 8.3\cos 31° = 7.11\ (\text{N})$$

$$F_y = F\sin\theta = 8.3\sin 31° = 4.27\ (\text{N})$$

由能量守恆原理可以求得滑套的速度，即

$$T_1 + v_1 = T_2 + v_2$$

$$0 + mgh + 0 = \frac{1}{2}mv_2{}^2 + 0 + \frac{1}{2}k(\ell - \ell_0)^2$$

$$3 \times 9.81 \times 0.3 = \frac{1}{2} \times 3 \times v_2{}^2 + \frac{1}{2} \times 100 \times (0.083)^2$$

得 $v_2 = 2.38$ (m/s)

彈簧拉力所產生的加速度爲

$F_y = ma_y$，$a_y = 1.423$ (m/s^2)

加上重力加速度後即爲滑套之眞正加速度，亦即

$$a = -9.81 + 1.423 = -8.38\ (\text{m/s}^2)$$

例題 5-8

上題中若把滑套置於水平之下 2 m，將其鬆手後滑套之加速度及桿施加於滑套之正向力爲多少？

解

彈簧長度 $\ell = \sqrt{(2)^2 + (0.5)^2} = 2.06\ (\text{m})$

彈簧力 $F_s = k\Delta\ell = 100 \times (2.06 - 0.5) = 156.16\ (\text{N})$

$\theta = \tan^{-1}\dfrac{2}{0.5} = 75.96°$

$F_{sx} = F_s \cos\theta = 156.16 \cos 75.96° = 37.87\ (\text{N})$

$F_{sy} = F_s \sin\theta = 151.49\ (\text{N})$

由 $\Sigma F_y = ma_y$，得

$F_{sy} - mg = ma_y$

$151.49 - 3 \times 9.81 = 3\,a_y$，解得 $a_y = 40.69\ (\text{m/s}^2)$

故鬆手後滑套將以 40.69 (m/s²)加速度向上滑動，此時桿施加於滑套之正向力爲 N，

由 $\Sigma F_x = 0$，$F_{sx} + N = 0$，得 $N = -F_{sx} = -37.87\ (\text{N})$

三、質點系質心之運動方程式

空間中之一獨立系統含有 n 個質點，如圖 5-4 所示，在某一瞬間，其中任一質點 i，其質量爲 m_i，同時承受內力及外力之作用；內力 $\Sigma\vec{f}_i$ 爲系統內其他各質點對 i 質點之作用力，而外力 $\Sigma\vec{F}_i$ 包括系統外之物體對此質點的作用力及質點所受之重力、電場力與磁力。因此質點 i 的運動方程式爲

$$\Sigma\vec{F}_i + \Sigma\vec{f}_i = m_i\vec{a}_i$$

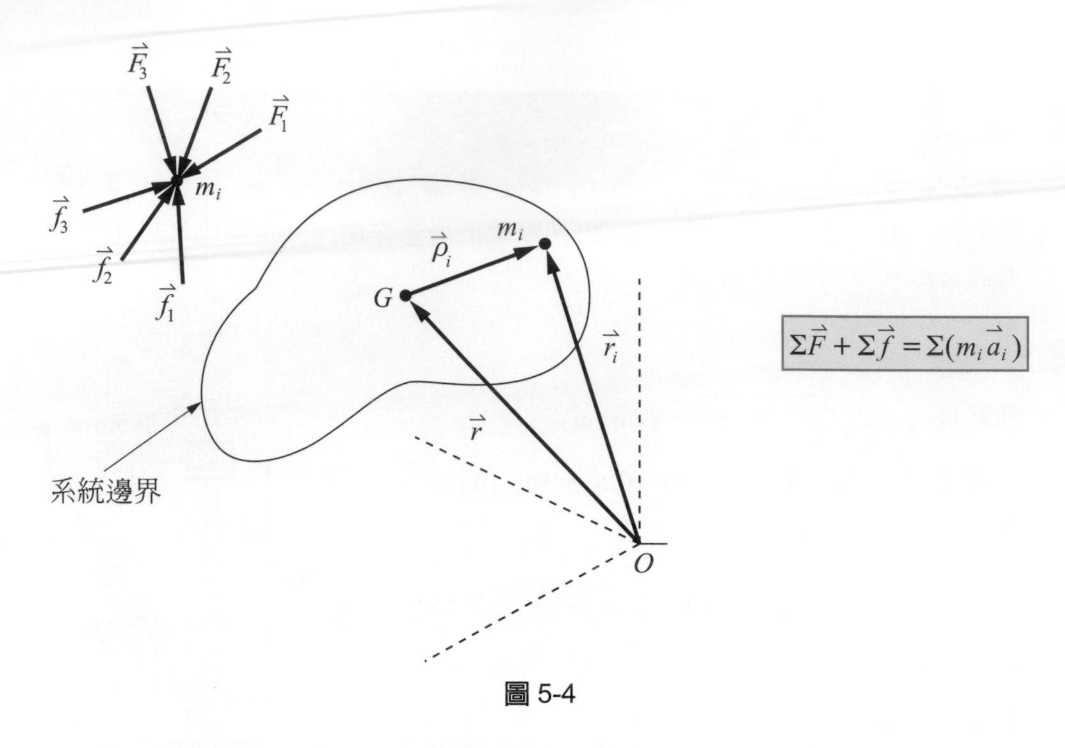

圖 5-4

其中 $\vec{a}_i$ 爲質點 i 的加速度，對系統內之每一質點均可列出類似之運動方程式。若將系統內所有質點之運動方程式相加，其結果爲

$$\Sigma\vec{F}+\Sigma\vec{f}=\Sigma(m_i\vec{a}_i)$$

$\Sigma\vec{F}$ 即變成作用在系統上的所有外力之和，而 $\Sigma\vec{f}$ 爲系統內所有作用在質點上之質點間作用與反作用力之和，此項和必爲零，因作用力與反作用力大小相等、方向相反且成對出現。因此質點系統之運動方程式爲

$$\boldsymbol{\Sigma\vec{F}=\Sigma(m_i\vec{a}_i)} \tag{5-4}$$

設 $\vec{r}_G$ 爲此質點系質心 G 之位置向量，由質心之定義

$$m\vec{r}_G=\Sigma m_i\vec{r}_i$$

其中 $m=\Sigma m_i$，爲此質點系之總質量。若將上式對時間微分二次，並設系統中之質量不增減，則

$$m\vec{a}_G=\Sigma m_i\vec{a}_i$$

代入式(5-4)，可得

$$\boldsymbol{\Sigma\vec{F}=m\vec{a}_G} \tag{5-5}$$

此式說明作用在任一質點系統的外力和$\Sigma\vec{F}$等於系統的總質量 m 乘以質心加速度 $\vec{a}_G$，雖然由式(5-5)的向量方程式得知加速度向量$\vec{a}_G$與外力和$\Sigma\vec{F}$方向必定一致，但$\Sigma\vec{F}$並不一定要通過質心 G 點，事實上，在一般情形下，$\Sigma\vec{F}$不會通過 G 點。

例題 5-9

有一質量 16 kg 自由落下之物體在落下途中破裂成 A、B 兩塊，$m_A = 10$ kg，$m_B = 6$ kg，其中質塊 A 的加速度 $a_A = 15$ m/s^2，求質塊 B 的加速度，並求兩質塊所受到的內力？

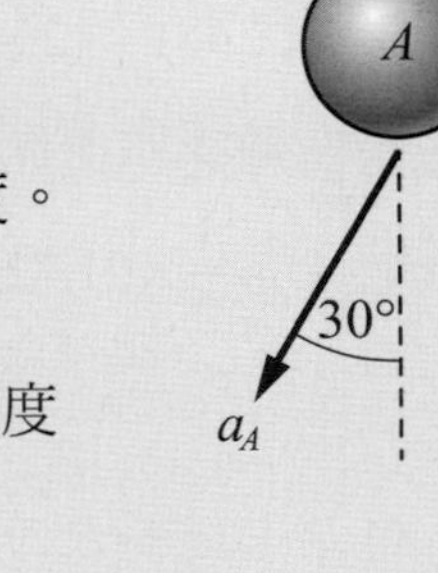

解

質塊 A 和 B 在垂直方向的加速度均包含重力加速度。

質塊 A：y 軸分量 $a_{Ay}' = -15\cos 30° = -12.99$ (N)

扣除重力加速度，則來自於內力 f_A 作用的 y 軸加速度分量爲

$a_{Ay} = a_{Ay}' - (-9.8) = -3.18$ (m/s^2)

$a_{Ax} = -15\sin 30° = -7.5$ (m/s^2)

故 $\vec{a}_A = -7.5\vec{i} - 3.18\vec{j}$ (m/s^2)

質塊 A 內力 $\vec{f}_A = m\vec{a}_A = -75\vec{i} - 31.8\vec{j}$ (N)

因 $\vec{f}_A + \vec{f}_B = 0$，故質塊 B 內力爲 $\vec{f}_B = -\vec{f}_A = 75\vec{i} + 31.8\vec{j}$

$\Sigma f_{Bx} = m_B a_{Bx}$，$75 = 6a_{Bx}$，得 $a_{Bx} = 12.5$ (m/s^2)

$\Sigma f_{By} = m_B a_{By}$，$31.8 = 6a_{By}$，得 $a_{By} = 5.3$ (m/s^2)

$\vec{a}_B = 12.5\vec{i} + 5.3\vec{j}$ (m/s^2)

則質塊 B 在 y 軸的加速度分量爲

$a'_{By} = a_{By} + (-9.81) = -4.51$ (m/s^2)

故得 $a_B = \sqrt{(a_{Bx})^2 + (a'_{By})^2} = \sqrt{(12.5)^2 + (-4.51)^2} = 13.29$ (m/s^2)

$$\theta = \tan^{-1}\frac{4.51}{12.5} = 19.84°$$

例題 5-10

上題中，經過 3 秒鐘後質塊 A 和 B 間的距離為多少？

解

因重力加速度而導致的位移兩者相等，故可不加考慮。

$$\vec{a}_A = -7.5\vec{i} - 3.18\vec{j}$$

$$\vec{a}_B = 12.5\vec{i} + 5.3\vec{j}$$

質塊 B 對質塊 A 的相對加速度為

$$\vec{a}_{B/A} = \vec{a}_B - \vec{a}_A = [12.5 - (-7.5)]\vec{i} + [5.3 - (-3.18)]\vec{j} = 20\vec{i} + 8.48\vec{j}$$

$$a_{B/A} = \sqrt{20^2 + (8.48)^2} = 21.72\ (\text{m/s}^2)$$

則 3 秒後兩質塊之距離為

$$s_{B/A} = \frac{1}{2}a_{B/A}t^2 = \frac{1}{2} \times 21.72 \times 3^2 = 97.74\ (\text{m})$$

練習題

1 質量 50 kg 的物體由靜止狀態被往上拉移，若速度爲 $v = 0.2\,t^2$ (m/s)，試求 $t = 3$ s 時繩索承受的張力？

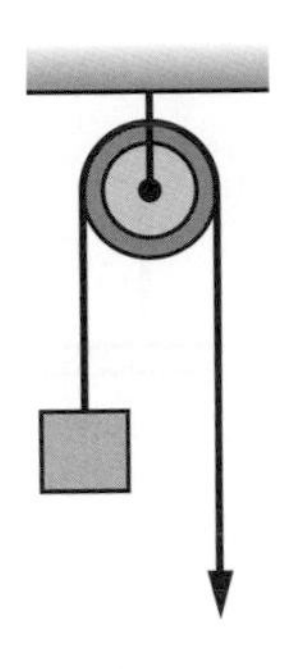

2 上題中若能承受最大的張力爲 600 N，試求斷裂時間，此時物被拉上升高度爲多少？

3 圖示之物體質量 100 kg，試求物體的加速度，接觸面動摩擦係數爲 0.3。

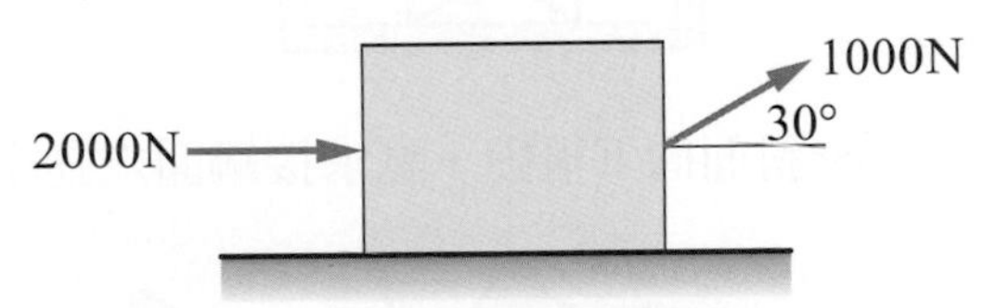

4 試求圖中物體的加速度，接觸面動摩擦係數爲 0.25。

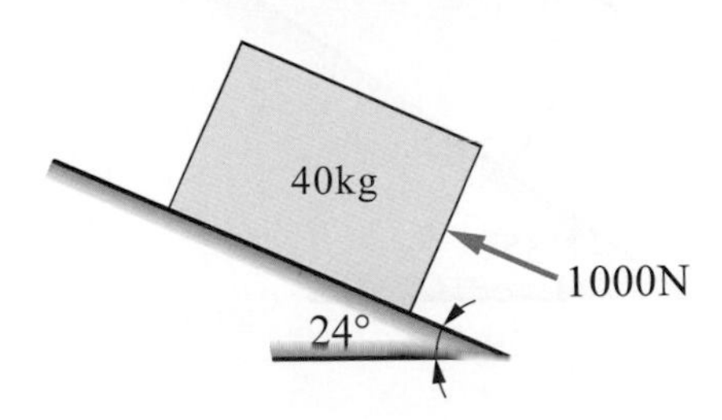

5 沿用習題 4 圖，但作用力改為 500N，物體質量改為 100 kg，試重算一次。

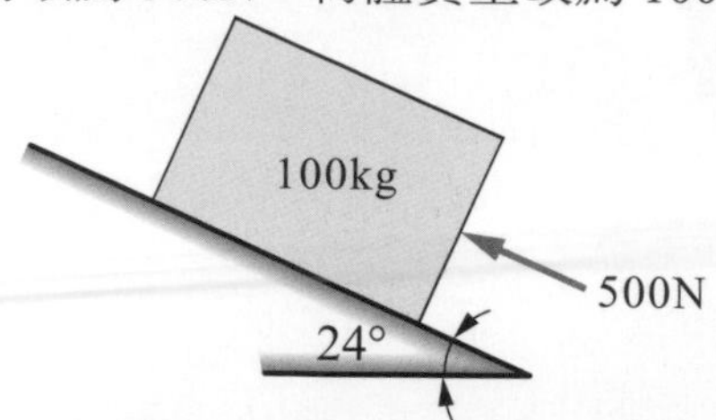

6 物體重 200N 置於 2400N 之電梯中，試求：(a)當電梯以 3.6 m/s^2 的加速度上升時，物體的視重及電梯上鋼索的拉力 T；(b)當電梯以 3.6 m/s^2 的加速度下降時，物體的視重及電梯上鋼索的拉力 T。

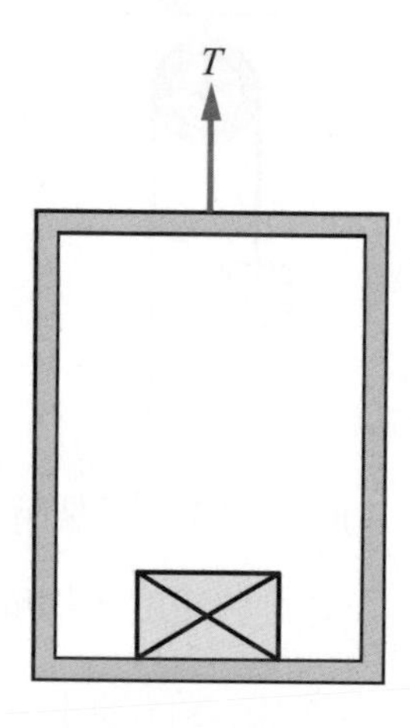

7 物體以 2 m/s^2 加速度沿 35°斜面向下滑動，試求接觸面之動摩擦係數。

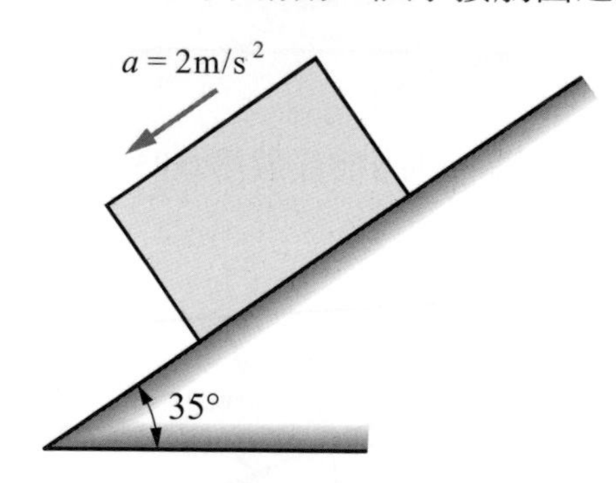

8 圖中 A 重 30N，B 重 60N，A 物體與 B 物體間之動摩擦係數 0.6，B 物體與地面間之動摩擦係數為 0.15，水平外力 100N，試求物體 A 與 B 的加速度。

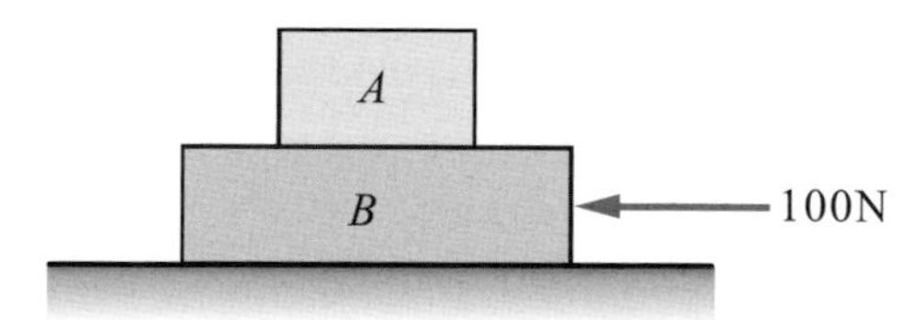

9 圖示兩物體，A 為 50 kg，B 為 70 kg，所有接觸面之靜摩擦係數為 0.30，試求使 B 水平移動但卻不移動 A 之最大拉力 P。

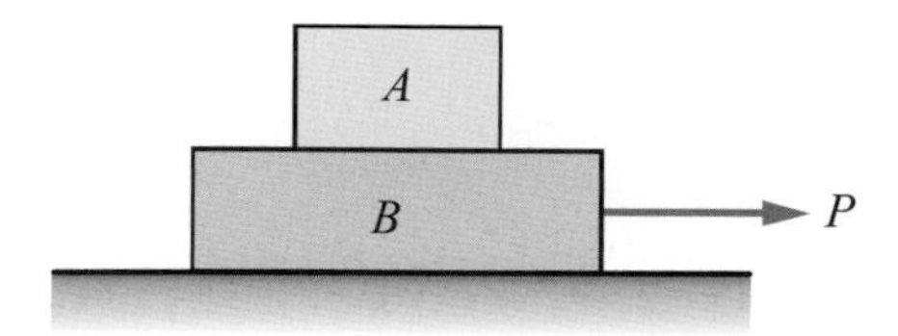

10 圖中 A 物體重 150N，B 物體重 100N，與斜面之動擦係數分別為 $\mu_A = 0.5$，$\mu_B = 0.15$，當兩者由靜止一齊釋放，試求：(a)物體的加速度；(b)兩物體間之作用力。

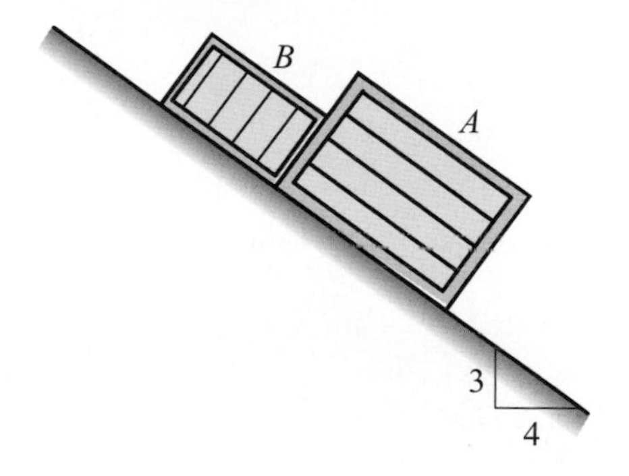

質點動力學(二)

本章大綱

一、質點的相依運動方程式
二、質點的切線法線座標運動方程式
三、質點的圓柱座標運動方程式

學習重點

質點動力學與質點運動學相同，除了有直角座標系統外，也可以運用切線法線座標系統以及圓柱座標系統來描述，採用何種座標系統端視解題的方便性而定，而運動方程式的推導，同樣也都是依據牛頓第二運動定律。

本章提要

當質點受到作用力的作用後，若基於某種條件上的限制，物體會沿著曲線，圓周或螺旋的軌跡運動，則以切線法線座標或圓柱座標來描述，會更為清楚易懂。本章將應用牛頓第二運動定律來推導這些曲線或圓周運動等的運動方程式，以輕易解決看似複雜的相關問題。

水車繞固定軸做圓周運動，其運動軌跡、速度與加速度，以切線法線座標系統來描述，最為清楚易懂。

圖 6-1

螺旋梯上的運動物體，其運動軌跡可以視為平面圓周運動與垂直方向直線運動的結合，這就是圓柱座標系統，可以使複雜的問題簡單化。

圖 6-2

一、質點的相依運動方程式

兩質點或多個質點間做絕對相依運動時，它們之間的速度、加速度以及位移有一定的比值關係，而這些數值又與受力 F 的情況密不可分，計算時，需以前述運動學中的方法求得加速度 a，然後依牛頓第二運動定律求得其受力 F，當然在受力 F 爲已知的情況下，則可以先依據牛頓第二運動定律求得加速度 a，然後再代入相依運動所得到的方程式，進一步求得速度與位移。

例題 6-1

圖中之滑輪與滑塊系統中，質塊 A 和 B 的質量分別爲 20 kg 與 10 kg，若質塊 A 由靜止狀態被釋放，試求置於光滑平面上滑塊 B 的加速度？

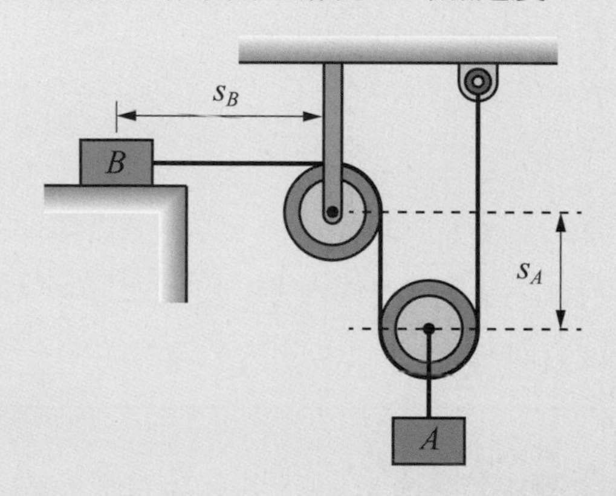

解

先畫出自由體圖

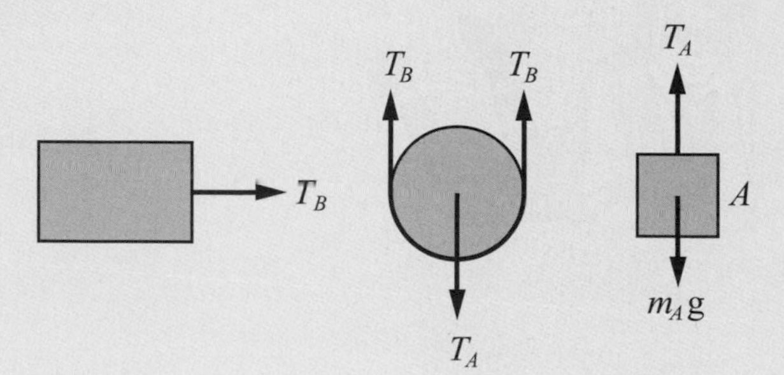

(1) 由滑輪系統的相依運動得

$2s_A + s_B = \ell$　　對 t 微分得

$2v_A + v_B = 0$　　再對 t 微分得

$2a_A + a_B = 0$　　則 $a_B = -2a_A$……①

(2) 由自由體圖中得

$-T_A + 2T_B = 0$，則 $T_A = 2T_B$……②

(3) 由牛頓第二定律

$\Sigma F = m_A a_A$，得 $T_A - m_A g = m_A a_A$

$T_A - 196 = 20a_A$……③

$\Sigma F = m_B a_B$，得 $T_B = m_B a_B$

$T_B = 10a_B$……④

將④代入②得 $T_A = 20a_B$……⑤

將①代入⑤得 $T_A = -40a_A$……⑥

將⑥代入③得

$-40a_A - 196 = 20a_A$

$60a_A = -196$，得 $a_A = -3.27$，代入①

得 $a_B = 6.54$ (m/s^2) (向右)

註：
題中若質塊B係位於滑輪組右側，其運動方向須依題意判斷，不能以得到的正負號判斷。

例題 6-2

質量爲 20 kg 與 15 kg 的質塊 A 與 B 被由靜止釋放，試其加速度？

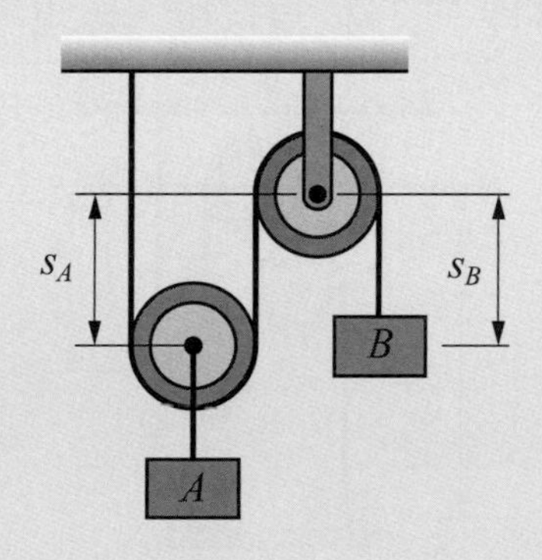

解

自由體圖如右

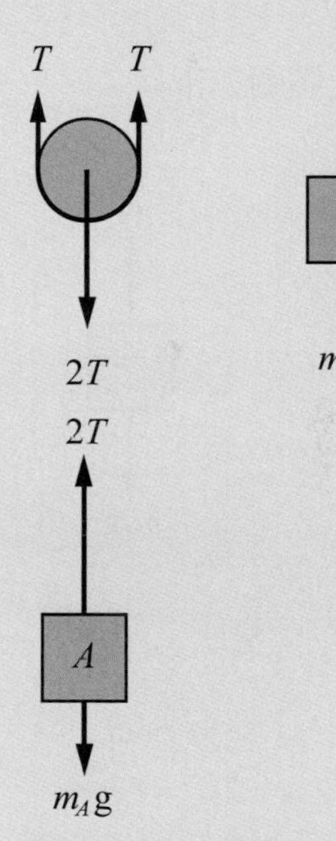

$2s_A + s_B = \ell$

對時間 t 做微分得

$2v_A + v_B = 0$，$2a_A + a_B = 0$

$2a_A = -a_B$

質塊 A 的運動方程式

$2T - m_A g = m_A a_A$

$2T - 20 \times 9.81 = 20 a_A$

$2T - 20 a_A = 196.2$……①

質塊 B 的運動方程式

$T - m_B g = m_B a_B$

$T - 15 \times 9.81 = 15 a_B$

$T - 15 a_B = 147.2$……②

$a_B = -2a_A$ 代入②得

$T + 30a_A = 147.2$……③

求解①③得 $a_A = 6.13\ (\text{m/s}^2)$，$a_B = -12.26\ (\text{m/s}^2)$

例題 6-3

質塊 A 和 B 的質量分別為 2 kg 與 3 kg，若將其由靜止釋放，試求兩者之加速度？

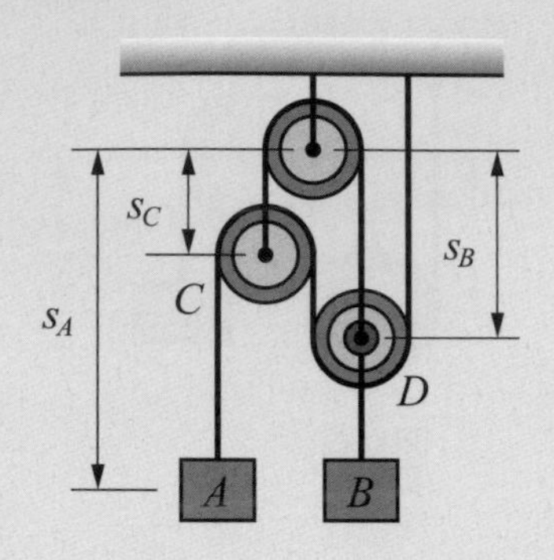

解

自由體圖如下：

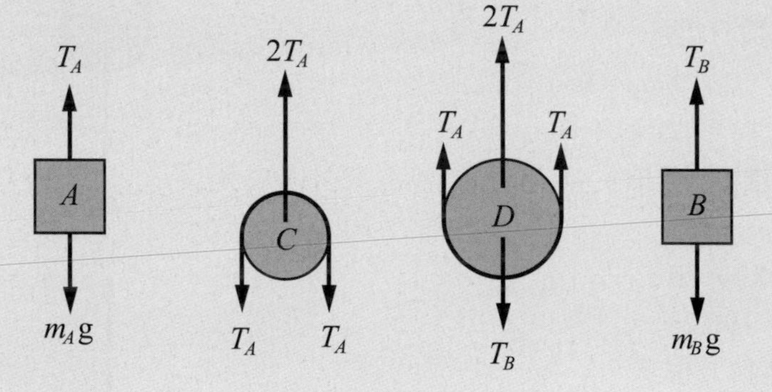

$s_B + s_C = \ell_1$……①

$(s_A - s_C) + (s_B - s_C) + s_B = \ell_2$

$s_A + 2s_B - 2s_C = \ell_2$……②

將①②對時間 t 微分得

$v_B + v_C = 0$，$v_B = -v_C$

$v_A + 2v_B - 2v_C = 0$

$v_A + 4v_B = 0$，$v_A = -4v_B$，$a_A = -4a_B$

從滑輪 D 力的平衡可得 $T_B = 4T_A$

質塊 A 的運動方程式

$T_A - m_A g = m_A a_A$，$T_A - 2 \times 9.81 = 2a_A$

$T_A - 2a_A = 19.62 \cdots\cdots ③$

質塊 B 的運動方程式

$T_B - m_B g = m_B a_B$，$T_B - 3 \times 9.81 = 3a_B \cdots\cdots ④$

將 $T_B = 4T_A$，$a_A = -4a_B$ 代入④得

$4T_A - 29.43 = -0.75a_A$，$4T_A + 0.75a_A = 29.43 \cdots\cdots ⑤$

求解③⑤

$$\begin{cases} T_A - 2a_A = 19.62 \cdots\cdots ③ \\ 4T_A + 0.75a_A = 29.43 \cdots\cdots ⑤ \end{cases}$$

得 $a_A = -5.55\ (\text{m/s}^2)$，$a_B = 1.39\ (\text{m/s}^2)$

二、質點的切線法線座標運動方程式

當質點 A 沿著曲線做運動時，如圖 6-3 所示，利用切線法線座標 $\vec{u}_t$ 和 $\vec{u}_n$ 來表示更為簡單明瞭。

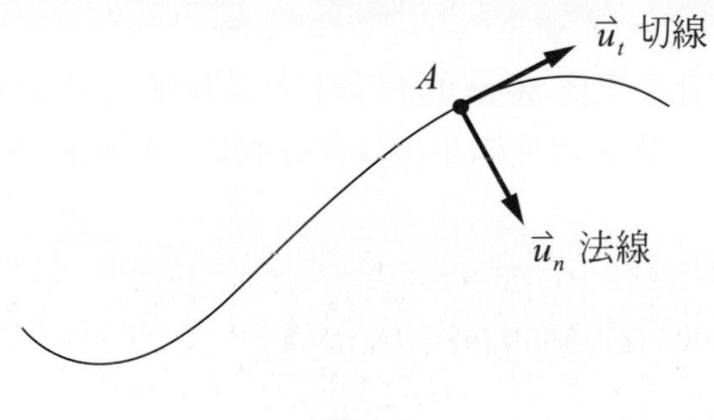

圖 6-3

設質點的質量為 m，則其運動方程式為

$$\Sigma \vec{F}_t = m\vec{a}_t \tag{6-1a}$$

$$\Sigma \vec{F}_n = m\vec{a}_n \tag{6-1b}$$

純量關係式可以表示為

$$\Sigma F_t = ma_t \tag{6-2a}$$

$$\Sigma F_n = ma_n \tag{6-2b}$$

其中 a_t 為切線加速度，使得物體沿著切線方向作運動。a_n 則是法線加速度，方向永遠指向曲率中心，可以用來改變質點運動方向，使其能沿著既定的曲線運動。切線加速度 $\vec{a}_t$ 以及法線加速度 $\vec{a}_n$ 的定義以及求法，已於第四章中導出，亦即

$$a_t = \dot{v} = r\ddot{\theta}$$

$$a_n = \frac{v}{r} = r\dot{\theta}^2$$

此處法線加速度 a_n 是向著曲率中心，則 F_n 的方向當然也是朝向曲率中心，有時稱之為向心力。

例題 6-4

質量 1000 kg 的汽車在半徑為 50 m 的圓周上，以等速率 36 km/h 行駛，試求輪胎和地面間的最小摩擦係數，可使汽車能保持在圓周上行駛而不外滑。

解

$v = 36\ (\text{km/h}) = 36000\ (\text{m})/3600\ (\text{s}) = 10(\text{m/s})$

$a_n = \frac{v^2}{r} = \frac{100}{50} = 2\,(\text{m/s}^2)$

向心力大小需為 $F_n = ma_n = 1000 \times 2 = 2000(\text{N})$

若摩擦力大小能等於向心力，則汽車就不會外滑，即 $F_\mu = F_n$

$F_\mu = \mu N$，正向力 $N = 1000 \times 9.81 = 9810\ (\text{N})$

$9810\mu = 2000$，得 $\mu = 0.204$

例題 6-5

質量 1000 kg 之汽車行經彎道，若輪胎與地面間的摩擦係數為 0.1，彎道之曲率半徑為 60 m，試求安全駛過彎道之最大速率。

解

輪胎和地面之摩擦力為

$F_\mu = \mu N = 0.1 \times 1000 \times 9.81 = 981\ (\text{N})$

$F_n \le F_\mu$ 則可以安全駛過彎道

$m\dfrac{v^2}{r} \le 981$，$v_{\max}{}^2 = 981 \times \dfrac{r}{m} = 981 \times \dfrac{60}{1000} = 58.86$

則 $v_{\max} = 7.67\ (\text{m/s})$

例題 6-6

彈性係數 300 N/m 長度 1 m 的繩索，一端繫上質量 2 kg 的物體，另一端固定在急轉的平台中心，若物體與平台間之摩擦係數為 $\mu_k = 0.1$，試求經過 5 秒後繩索的長度。

解

物體與平台間的摩擦力為使物體作切線方向運動的動力來源，故

$F_t = ma_t = \mu N = \mu\ (mg)$，則

$a_t = \mu g = 0.1 \times 9.81 = 0.981\ (\text{m/s}^2)$

經過 5 秒後物體之速度為

$v = v_0 + a_t t = 0.981 \times 5 = 4.905\ (\text{m/s})$

此時 $a_n = \dfrac{v^2}{r} = \dfrac{(4.905)^2}{1} = 24.06\ (\text{m/s}^2)$

$F_n = ma_n = 48.12\ (\text{N})$

由虎克定律 $F_n = k\Delta x$，則

$48.12 = 300\Delta x$，得 $\Delta x = 0.16\ (\text{m})$

故繩索此時之長度為 $x = 1 + \Delta x = 1.16\ (\text{m})$

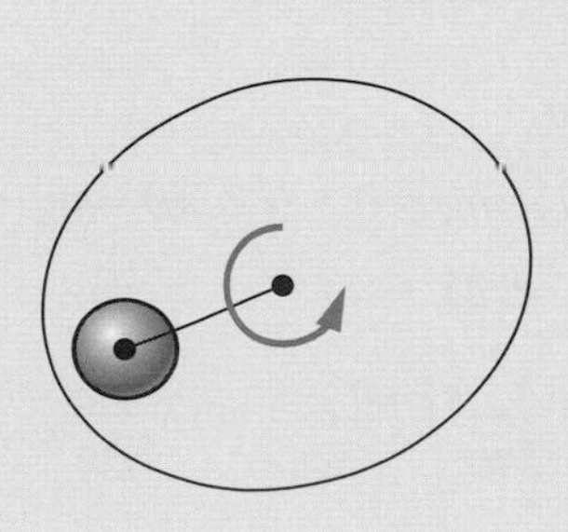

例題 6-7

上題中，若繩索可承受之最大張力爲 100N，試求繩索斷裂時之速度及時間？

解

$T_{\max} = F_n = ma_n$，則

$$100 = m\frac{v^2}{r} = 2\times\frac{v^2}{1}$$

解得 $v = 7.07$ (m/s)

$v = v_0 + a_t t$，則

$7.07 = 0 + 0.981\ t$

解得 $t = 7.21$ (s)

例題 6-8

當汽車在曲率半徑爲 ρ 的彎道以速度 v 行駛時，試求不需依靠車輪與地面摩擦力即可使汽車不產生側滑的馬路斜面角度 θ？

解

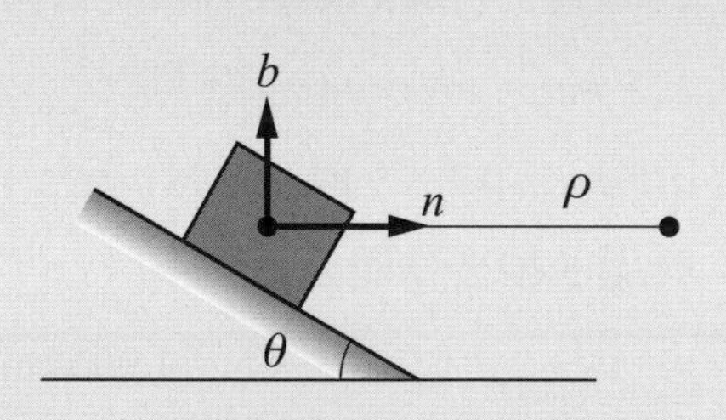

輪子對地面垂直方向合力爲 N

$\Sigma F_n = ma_n$

$$N\sin\theta = ma_n = m\frac{v^2}{\rho} \cdots\cdots①$$

$\Sigma F_b = 0$

$N\cos\theta - mg = 0$，$N\cos\theta = mg \cdots\cdots②$

由①②式得

$\tan\theta = \dfrac{v^2}{\rho g}$，則 $\theta = \tan^{-1}\dfrac{v^2}{\rho g}$

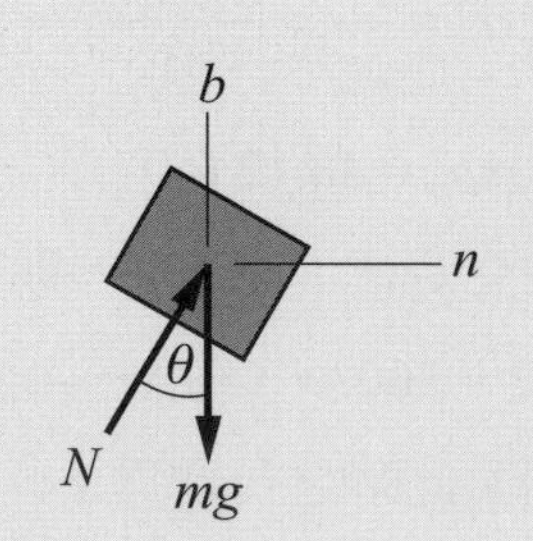

三、質點的圓柱座標運動方程式

若質點受力後沿著曲線相對於某一固定點作運動，其方向包含徑向和橫向，則以圓柱座標 $\vec{u}_r$ 、 $\vec{u}_\theta$ 和 $\vec{u}_z$ 的分量來表示質點在相關方向上的運動最爲方便。在推導運動方程式時，作用於質點上的力亦同時將其分解爲 $\vec{u}_r$ 、 $\vec{u}_\theta$ 和 $\vec{u}_z$ 方向的分量，其運動方程式 $\Sigma F = ma$ 可以表示爲

$$\Sigma\vec{F}_r = m\vec{a}_r \text{ 或 } \Sigma F_r\vec{u}_r = ma_r\vec{u}_r \tag{6-3a}$$

$$\Sigma\vec{F}_\theta = m\vec{a}_\theta \text{ 或 } \Sigma F_\theta\vec{u}_\theta = ma_\theta\vec{u}_\theta \tag{6-3b}$$

$$\Sigma\vec{F}_z = m\vec{a}_z \text{ 或 } \Sigma F_z\vec{u}_z = ma_z\vec{u}_z \tag{6-3c}$$

簡化後可以得到其純量式爲

$$\Sigma F_r = ma_r \tag{6-4a}$$

$$\Sigma F_\theta = ma_\theta \tag{6-4b}$$

$$\Sigma F_z = ma_z \tag{6-4c}$$

在前面章節中，我們曾經推導出

$$a_r = \ddot{r} - r\dot{\theta}^2$$

$$a_\theta = r\ddot{\theta} + 2\dot{r}\dot{\theta}$$

$$a_z = \ddot{z}$$

代入式(6-4)中，得

$$\Sigma F_r = m(\ddot{r} - r\dot{\theta}^2) \tag{6-5a}$$

$$\Sigma F_\theta = m(r\ddot{\theta} + 2\dot{r}\dot{\theta}) \tag{6-5b}$$

$$\Sigma F_z = m\ddot{z} \tag{6-5c}$$

例題 6-9

由天花板支點 P 處以一細繩懸吊一小綿球，且此小球繞垂直軸等速旋轉，當 ϕ 維持 15°時，小球對垂直軸繞一圈需時 0.5 秒，試求繩的長度 L 為何？

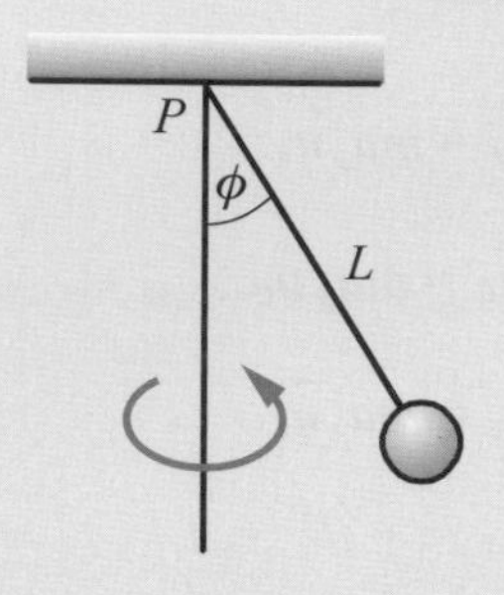

解

$\phi = 15°$保持不變

$\therefore r = L\sin\phi = L\sin 15° = 0.2588\,L$，且 $\dot{r} = \ddot{r} = 0$

$z = L\cos\phi = L\cos 15° = 0.9659\,L$，且 $\dot{z} = \ddot{z} = 0$

已知小球繞一圈須 0.5 (sec)

$\therefore \dot{\theta} = \dfrac{1\,(\text{rev})}{0.5\,(\text{s})} = 12.5664\,(\text{rad/s})$ 為一常數

$\therefore \ddot{\theta} = 0$

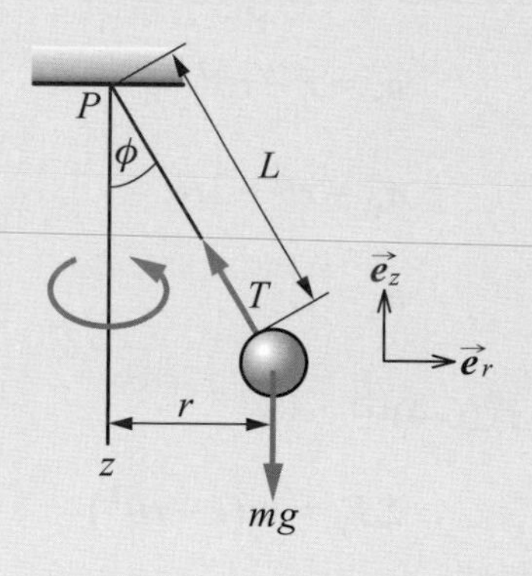

由運動方程式 $\Sigma F_r = m(\ddot{r} - r\dot{\theta}^2)$

$\therefore T\sin 15° = m[0 - 0.2588\,L \times 12.5664^2]$

得 $T\sin 15° = 40.87\,(mL)$……①

$\Sigma F_\theta = m(r\ddot{\theta} + 2\dot{r}\dot{\theta})$

$\therefore \Sigma F_\theta = 0$

$\Sigma F_z = m\ddot{z} - mg + T\cos 15° = 0$

$T\cos 15° = mg$……②

①÷②

$\tan 15° = \dfrac{40.87L}{g}$

$\therefore L = 0.064\,(\text{m})$

例題 6-10

質量 3 kg 的物體於光滑水平面沿著 $r = (2t^2)$ m 和 $\theta = (0.2t)$ rad，試求 $t = 2$s 時物體所受到之力？

解

$r = 2t^2$，$\dot{r} = 4t$ ，$\ddot{r} = 4$

$\theta = 0.2t$，$\dot{\theta} = 0.2$ ，$\ddot{\theta} = 0$

當 $t = 2$ 時

$r = 8$，$\dot{r} = 8$ ，$\ddot{r} = 4$

$\theta = 0.4$，$\dot{\theta} = 0.2$ ，$\ddot{\theta} = 0$ ，代入得

$$a_r = \ddot{r} - r\dot{\theta}^2 = 4 - 8 \times (0.2)^2 = 3.68\,(\text{m/s}^2)$$

$$a_\theta = r\ddot{\theta} + 2\dot{r}\dot{\theta} = 8 \times 0 + 2 \times 8 \times 0.2 = 3.2\,(\text{m/s}^2)$$

故得物體受力大小分別為

$$F_r = ma_r = 3 \times 3.68 = 11.04\ (\text{N})$$

$$F_\theta = ma_\theta = 3 \times 3.2 = 9.6\ (\text{N})$$

$$F_z = ma_z = 3 \times 9.81 = 29.43\ (\text{N})$$

1 質塊 $m_A = 20$ kg，$m_B = 30$ kg，將其由靜止狀態釋放，試求 $t = 2$s 後質塊的速率？

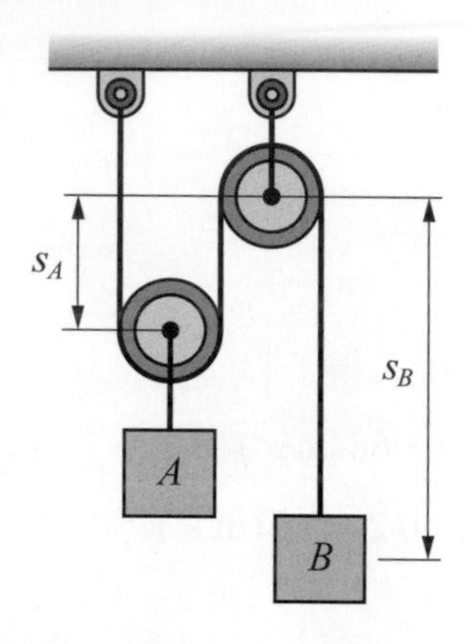

2 質塊 $m_A = 20$ kg，$m_B = 30$ kg，將其由靜止狀態釋放，試求 $t = 2$s 後質塊之速率？

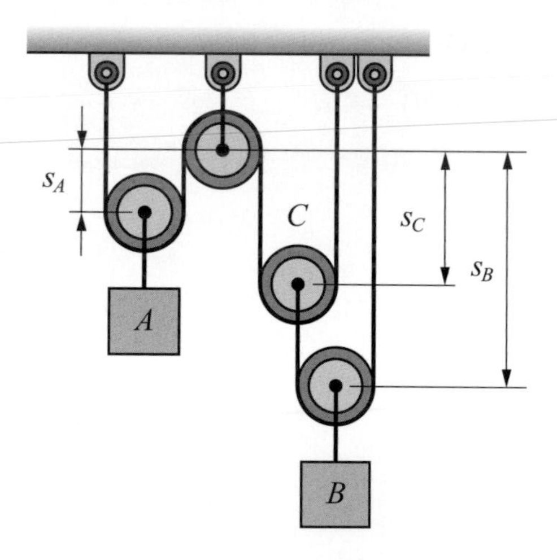

3 體重 50 kg 的滑雪者，抵達 O 點處時之瞬間速度爲 8 m/s，試求作用在他身上之正向力大小？

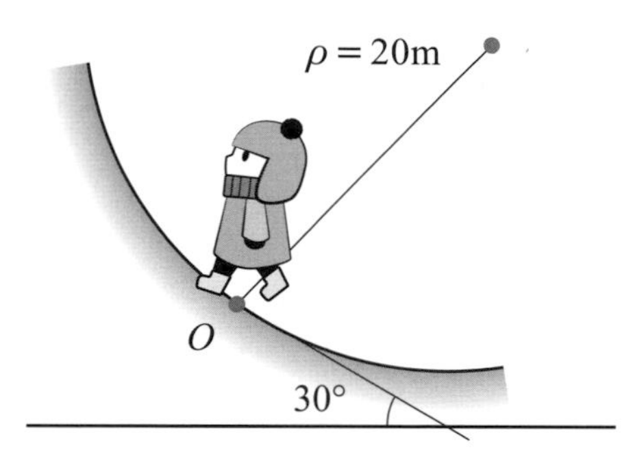

4 求上題中，滑雪者在 O 點時的加速度大小和方向？

5 質量 30 kg 的孩童以等速率從螺旋溜滑梯上方往下滑，若 $r = 2$ (m)，$\theta = 0.5\ t^2$ (rad)，試求 $t = 3$s 時孩童所受到之力？

6 圖中滑輪的質量及摩擦力皆可忽略不計，試求：(a)物體 A 的加速度 a_A；(b)物體 B 的加速度 a_B。

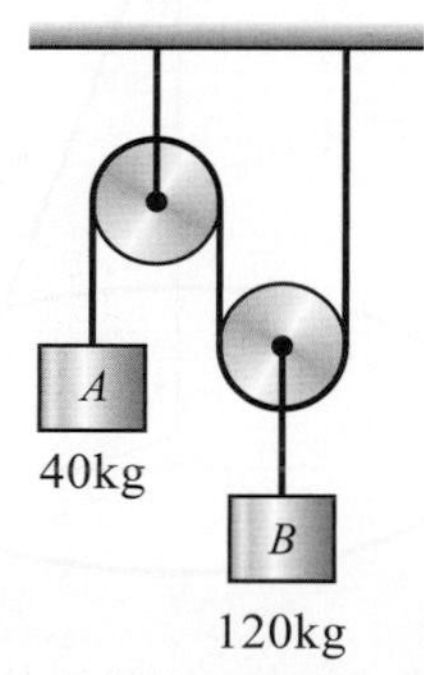

7 圖中物體 A 重 40N，物體 B 重 100N，物體 A 與斜面間之動摩擦係數 0.3，忽略滑輪之質量與摩擦力，若物體 B 由靜止釋放，試求物體 A 及 B 的加速度。

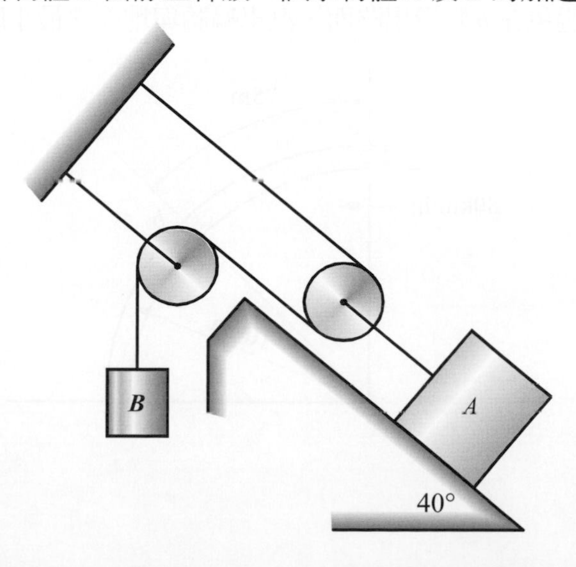

8 物體質量 4 kg，以 1.5 m 之繩索繫住，在垂直平面內做單擺運動，若已知在圖示位置上繩索拉力 $T = 60$ N，試求物體的速度及加速度。

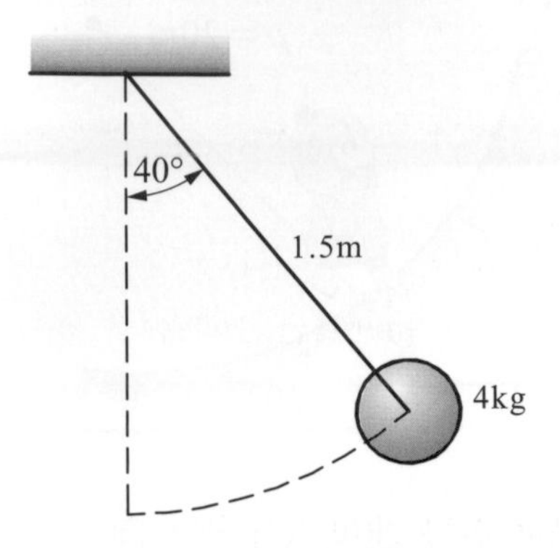

9 擺錘質量 4 kg，繩索長 2.4 m，若轉速 2 m/s，試求：(a)繩索拉力 T；(b)半徑 r；(c)角度θ。

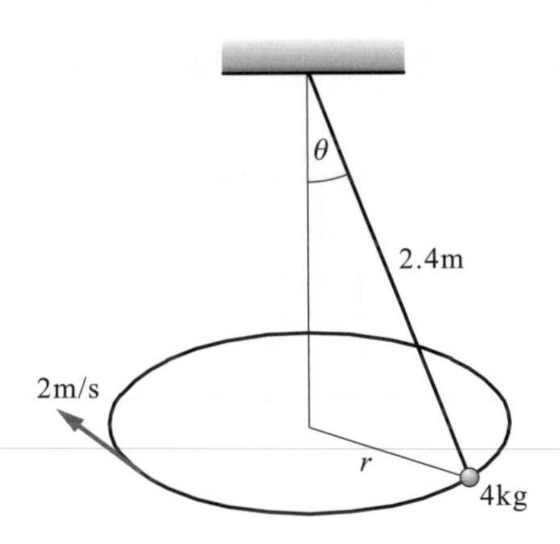

10 汽車重 12 kN，由直線道進入半徑 100 m 之圓弧道路，汽車經 a 點的速率為 80 km/hr，等減速率為 2.4 m/s^2，若以相同的等減速率行駛 75 m 至 b 點，試求：(a)汽車在 b 的加速度；(b)為了避免在 b 點滑出路面，汽車輪胎與地面之最小摩擦係數應為多少？

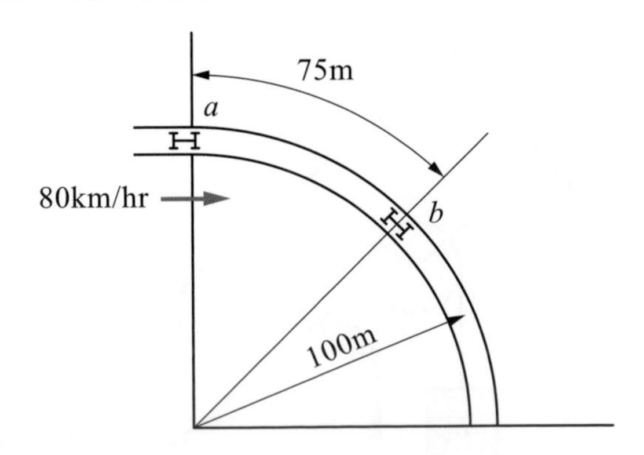

質點運動的功與能

本章大綱

一、功與能概說
二、力或力系所作的功
三、重力位能與彈性位能
四、質點運動的動能

學習重點

具有質量的物體受到作用力的作用而產生位移，這個作用力即對物體作了功。物體受到外力作功，會產生位置與速度變化，也就是功轉化為能。本章將探討何謂作功，何謂能，以及功與能之間的相互關係，以便應用其定義與原理來解答動力學問題。

本章提要

功與能應用於動力學有其簡單性與便利性，因爲二者皆爲純量，相較於向量的處理與運算模式，少去了方向考量的問題。此外，對於較不易了解的彈簧應用問題，利用功與能的方法，更可以適度加以簡化。

汽車從高處經由斜坡滑行到低處，位能的減少會轉變爲動能的增加，以及車輪和地面之間摩擦所作的負功。

圖 7-1

要使電梯由低處升到高處，必須對它作正功，所作的功變成位能的增加。反之，若電梯由高處降到低處，外界對電梯作了負功，降低了電梯的位能。

圖 7-2

一、功與能概說

在前一章中，已利用運動方程式 $\vec{F}=m\vec{a}$ 解出有關質點運動的大多數問題。如果將方程式 $\vec{F}=m\vec{a}$ 和運動學組合起來的話，則可得到「功與能」以及「衝量與動量」等另外二種不同的分析方法。

其中功與能的方法關連到力、質量、速度以及位移，而衝量與動量則關聯到力、質量、速度以及時間，都與加速度無關，可以使問題稍微簡化。

二、力或力系所作之功

1. 力所作的功

一力 $\vec{F}$ 作用在一質點上使其移動一微小位移 $d\vec{r}$ 時，則此力便對質點作一微小的功 dU，此作功量爲一純量，由 $\vec{F}$ 及 $d\vec{r}$ 之點積所定義，即

$$dU=\vec{F}\cdot d\vec{r} \tag{7-1}$$

由向量點積之定義，上式又等於 $dU=(F\cos\alpha)ds=F_t\,ds$，其中 α 爲 $\vec{F}$ 與 $d\vec{r}$ 之夾角，ds 爲位移 $d\vec{r}$ 的大小，F_t 爲切線分力。參考圖 7-3(a)。

當 α 角爲小於 90°的銳角時，功 dU 爲正值，如果 α 爲大於 90°的鈍角，則 dU 爲負值。

如果 $\vec{F}$ 與 $d\vec{r}$ 垂直，則功 dU 爲零。

因爲法線分力 $\vec{F}_n$ 與 dr 垂直，故不作功。

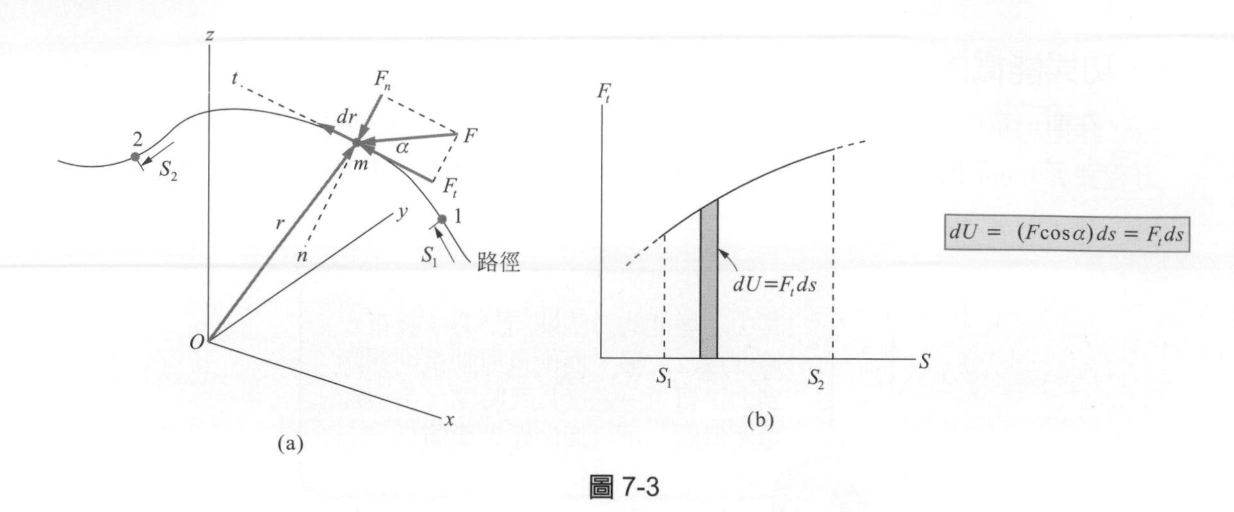

圖 7-3

功爲作用力 F 與同方向位移 r 的相乘積，F 的單位爲牛頓(N)，位移的單位爲米(m)，兩者相乘得單位爲牛頓-米(N·m)，此單位有一特別的名稱，即焦耳(J)。

焦耳(J)的定義爲1牛頓(N)的力在其方向上移動1m的距離所作的功，最好用焦耳代替N·m表示功的單位，將可避免與力矩搞混，因其單位亦是N·m。

若一質點受一力 $\vec{F}$ 作用，由位置 S_1 沿其運動路徑移動一有限距離至 S_2，如圖 7-3(a)所示，則作用力 $\vec{F}$ 所作之功可由下列積分式求得

$$U_{1-2} = \int_{S_1}^{S_2} \vec{F} \cdot d\vec{r} = \int_{S_1}^{S_2} F\cos\alpha\, ds$$

因切線分力 $F_t = F\cos\alpha$

故 $$\boldsymbol{U_{1-2} = \int_{S_1}^{S_2} F_t ds} \tag{7-2}$$

上式中若 $\vec{F}_t$ 的大小爲定值，則

$$U_{1\to2} = F_t(S_2 - S_1)$$

上式中若 $\vec{F}_t$ 非為定值，則必須積分求解，但有時積分不易求解，此時可用圖解法來求解，如圖 7-3(b)所示，以 F_t 為縱座標，S 為橫座標，則曲線下之面積即為力 $\vec{F}_t$ 所作之功。又因 $\vec{F}_n$ 實際上並不作功，因此 $\vec{F}_t$ 所作的功，其實就是 $\vec{F}$ 所作之功。

例題 7-1

如圖所示，試求 80 N 之水平推力，作用於 8 kg 物體，使於 40°之斜面向上移動 5 m 所作之功？

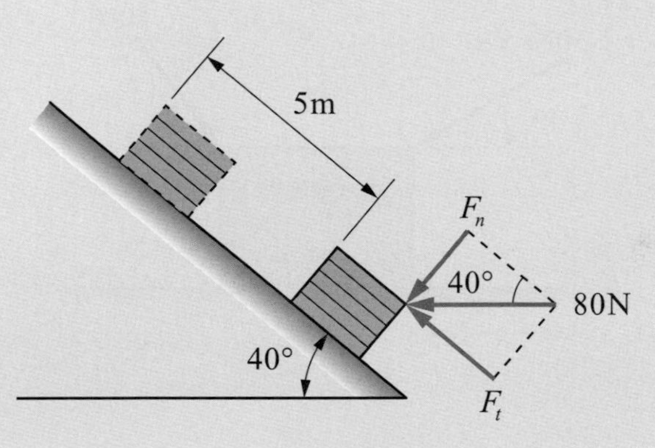

解

將推力分解為平行斜面分力 F_t 與垂直斜面推力 F_n，因 F_n 與位移方向垂直故不作功。

$\therefore F_t = 80\cos 40° = 61.28$ (N)

故 $U = 61.28 \times 5 = 306.4$ (J)

亦可用向量法求解，即

$\vec{F} = -80\vec{i}$ ，$\vec{s} = -5\cos 40°\vec{i} + 5\sin 40°\vec{j} = -3.83\vec{i} + 3.21\vec{j}$

則 $W = \vec{F}\cdot\vec{s} = (-80)(-3.83) = 306.4$ (J)

2. 力系所作的功

以上所討論的，僅爲一力對質點所作的功；但對一物體同時受若干個外力作用而產生一位移時，此力系對物體所作之功，等於各力所作功之代數和。

例題 7-2

如圖所示，若物體向右移動 3 m，試求圖中兩力對物體所作的功？

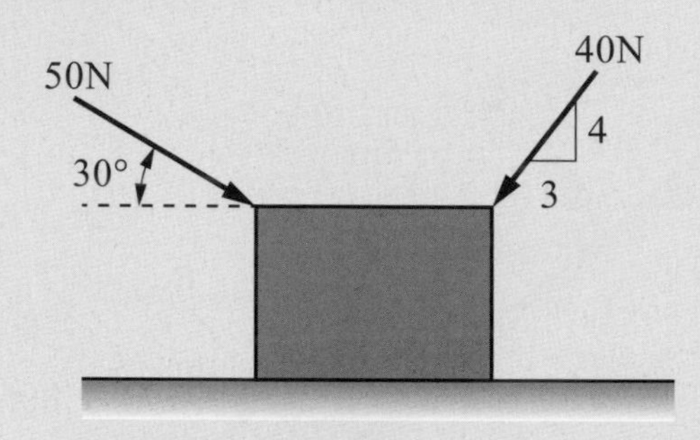

解

$$U = 50\cos 30° \times 3 - 40 \times \frac{3}{5} \times 3 = 57.9\ \text{(J)}$$

例題 7-3

如圖所示，一質量 30 kg 的物體，於一 25°之粗糙斜面向下滑動 15 m，若摩擦係數爲 0.25，試求物體於下滑期間，物體所受之力系對物體所作的功？

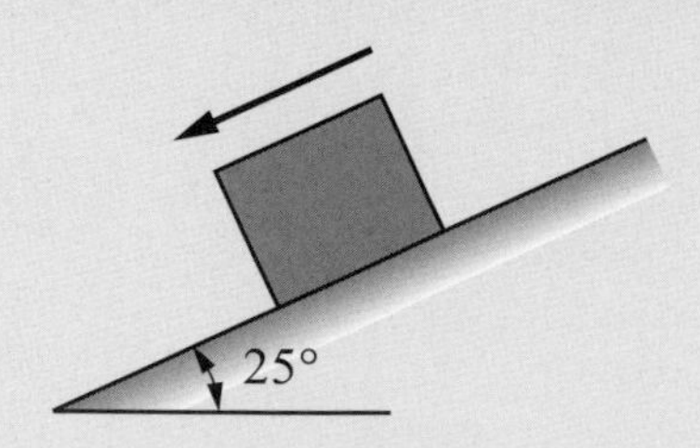

解

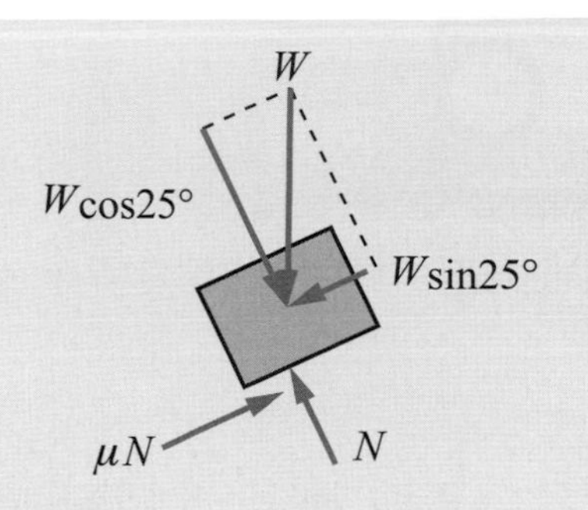

由圖知，$W\cos 25° = N$

$30(9.81)\cos 25° = N$

$\therefore N = 266.73$ (N)

動摩擦力 $\mu N = (0.25)(266.73) = 66.68$ (N)

因 $W\cos 25°$與 N 的方向垂直斜面，亦即與物體的運動路徑垂直，故不作功。對物體作功的僅有 $W\sin 25°$及 μN 兩力，且動摩擦力 μN 的方向與運動路徑方向相反，做負功；故力系對物體所作之功為

$U = (30)(9.81)(\sin 25°)(15) - (66.68)(15) = 865.45$ (J)

3. 重量所作的功

重量為具有質量的物體受到地心引力的作用而產生的物理量，定義為質量 m 乘以重力加速度 g，即

$$W = mg$$

此式與牛頓第二運動定律公式 $F = ma$ 相同，因此重量 W 是力的一種型式，作用方向恆在垂直向下的方向上，亦即 $F = -W = -mg$。

重量既是一種力的型式，且其方向為垂直向下，因此，具有重量的物體向高處移動會作負功，向低處移動則作正功。如圖 7-4 中，質量為 m 的質點由點 1 移動到點 2，則重量作功僅在垂直方向上發生

$$W_{1\to 2} = (-mg)(y_2 - y_1) = -mg\Delta y$$

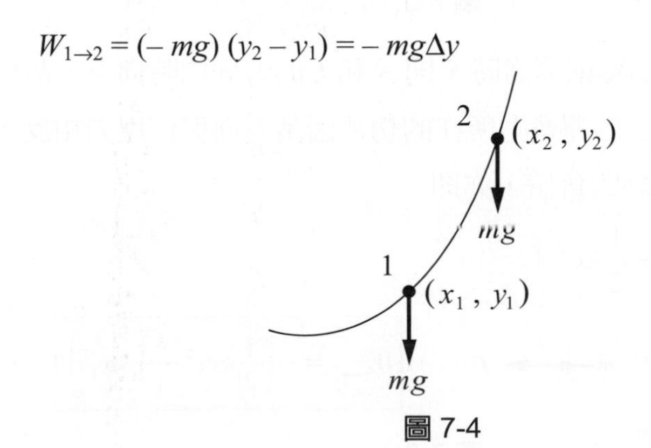

圖 7-4

例題 7-4

試求例題 7-1 中物體重量所作之功？

解

$F = -W = -mg = -8 \times 9.81 = -78.48$ (N)

$\Delta y = 5 \sin 40° = 3.214$ (m)

則物體重量所作之功為

$W = F\Delta y = (-78.48) \times 3.214 = -252.73$ (J)

4. 彈簧力所作的功

線性彈簧在彈性限度內，對彈簧施加外力會使彈簧變形，其變形量 x 與施力 F 之間的關係依虎克定律為 $F = kx$，其中 k 為彈簧常數，變形方向與施力方向相同。

圖 7-5 中，若將質點連結於彈簧，在彈簧未受力時長度為 s_0，當施予作用力 F，將其由點 1 拉長至點 2，過程中 F 為變數，則所作的功為

$$U_{1\to 2} = \int_{x_1}^{x_2} F dx = \int_{x_1}^{x_2} kx dx = \frac{1}{2}kx_2^2 - \frac{1}{2}kx_1^2$$

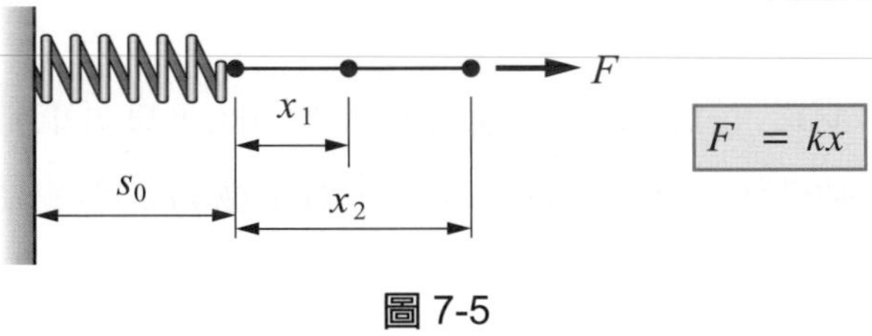

圖 7-5

圖 7-6 中，當作用力為壓縮彈簧時，則 F 和 x 的方向同時向左，故所作的功亦為正功，與拉伸情況相同。至於彈簧力所作的功，因其方向與作用力相反，故彈簧力所作的功恰為作用力 F 所作功的負值，亦即

$$W_{1\to 2} = \left(\frac{1}{2}kx_2^{\ 2} - \frac{1}{2}kx_1^{\ 2}\right)$$

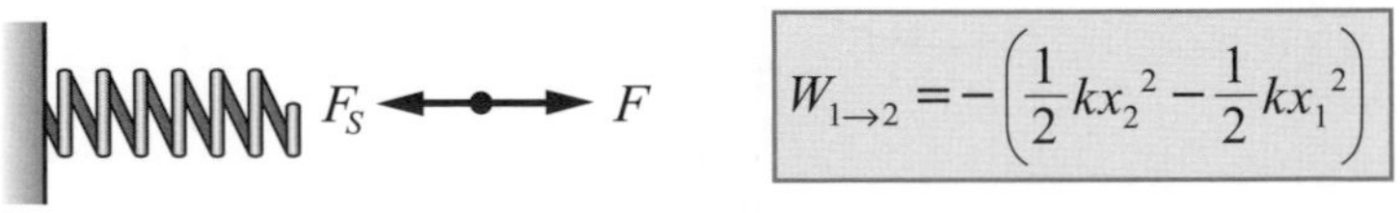

圖 7-6

例題 7-5

質量 6 kg 的質塊靜置於光滑斜面上，並且連接一自然長度爲 0.5 m，彈簧常數爲 100 N/m 的彈簧，若彈簧初始時拉伸爲 0.7 m，再以水平作用力 $F = 200$ N，將質塊沿斜面上推至 1 m 長度，試求作用力、物體重量以及彈簧力對物體所作的功？

解

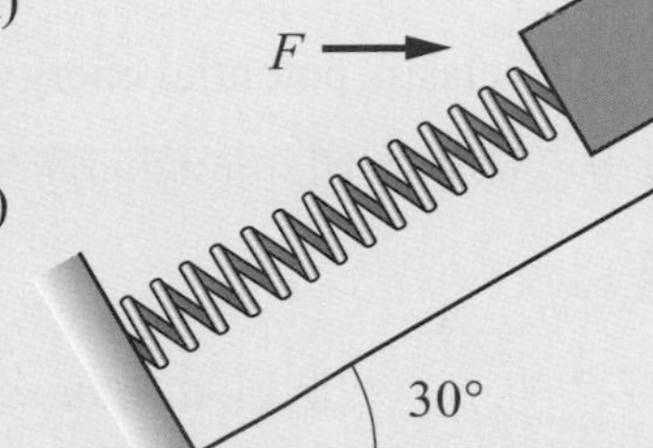

① 作用力所作的功

向上移動之位移爲 $s = 1 - 0.7 = 0.3$ (m)

作用力在斜面之分量爲

$P = F\cos 30° = 200\cos 30° = 173.2$ (N)

則所作的功爲

$W_F = P \cdot s = 173.2 \times 0.3 = 52$ (J)

② 物體重量所作的功

物體重量爲 $W = -mg = -6 \times 9.81 = -58.86$ (N)

物體在垂直方向位移量爲

$h = s\sin 30° = 0.3\sin 30° = 0.15$ (m)

則所作的功爲

$W_W = -mgh = -58.86 \times 0.15 = -8.8$ (J)

③ 彈簧力所作的功

$x_2 = 1 - 0.5 = 0.5$ (m)

$x_1 = 0.7 - 0.5 = 0.2$ (m)

則所作的功爲

$$W_S = -\left(\frac{1}{2}kx_2^{\,2} - \frac{1}{2}kx_1^{\,2}\right) = -\frac{1}{2}(100)(0.5^2 - 0.2^2) = -10.5 \text{ (J)}$$

三、重力位能與彈性位能

能與功之關係極爲密切，本章內所用的能可用功來定義。一物體可以對另一物體施加作用力使其產生位移而作功，此乃由於此物體含有能，故一物體之能即爲其作功之能力。當一物體受外力作用時，若力所作之功爲正值，則物體獲得能量，亦即物體增加了作功的能力；相反的，若力所作之功爲負值，則物體損失能量，亦即物體減少了作功的能力。由能的定義可知能與功的單位相同，且均爲純量，故一物體所含之能量等於其內各質點能量之代數和，而與各質點之運動方向無關。

一物體因其所在位置或因其內各質點相對位置之不同，而具有作功之能力，稱此物體含有位能(potential energy)。力學中常涉及之位能主要爲重力位能(gravitational potential energy)與彈性位能(elastic potential energy)；前者係由於物體在重力場中位置(高度)之不同所產生者，而後者係由物體之形變而產生者。

1. 重力位能

如圖 7-7 所示，一個質量爲 m 之物體，在地球表面附近運動，在高度變化不甚大的條件下，重力加速度 g 可視爲一常數。

若以一垂直向上的作用力 $F = mg$ 將物體由高度 h 的基準 1 位置，經某路徑而達高度 $h + \Delta h$ 之基準 2 位置，在此過程中，外力對物體所作的功爲

$W = F \cdot s = mg\Delta h$

而物體重量 mg 對物體所作的功爲

$$U_{1-2} = -mg\Delta h$$

因位移的方向與作用力的方向相同，皆爲向上，故所作的功爲正功，此表示作用力增加了物體作功的能力，亦即物體具有了較高的位能。

以某一參考平面爲基準(此平面之重力位能設定爲零)，將物體提高 h，在此過程中，外力對物體所作功爲正值，即 $W = mgh$，對物體來說，可以定義爲物體的重力位能，故重力位能 V_g 爲

$$\boldsymbol{V_g = mgh} \tag{7-3}$$

若物體在基準平面以上時，重力位能爲正值，物體在基準平面以下時，重力位能爲負值。

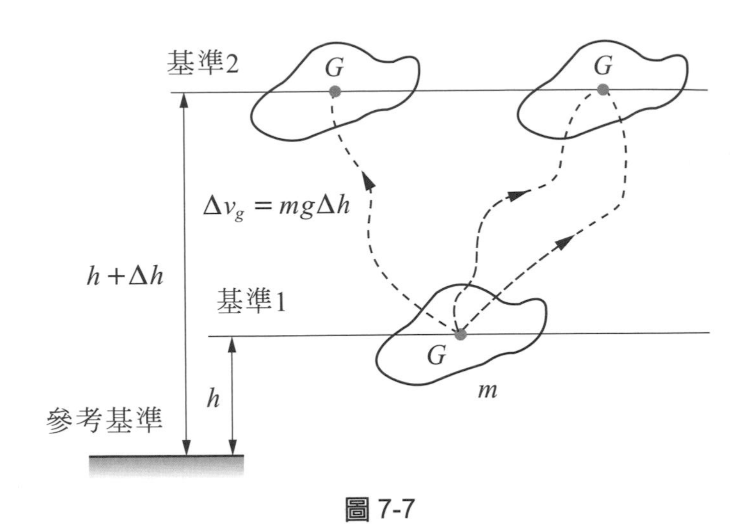

圖 7-7

參考圖 7-7，當物體由基準 1 位置提升至基準 2 位置時，重力位能變化為

$$\Delta V_g = V_{g2} - V_{g1} = mg(h+\Delta h) - mgh = mg\Delta h$$

因物體重量對物體所作的功為 $-mg\Delta h$，故可得一結論：物體重量所作的功等於重力位能變化量的負值，即

$$\boldsymbol{U_{1-2} = -(V_{g2} - V_{g1})} \tag{7-4}$$

零位能基準平面的選取完全是任意的，因為我們只關心能量的改變，而此變化量不論我們取何處為基準平面都相同。

2. 彈性位能

參考圖 7-8，彈簧一端固定在 B 點，另一端連接一物體 A，在 A_0 位置時彈簧未變形，彈簧對物體無作用力。若對彈簧施以一個外力，使彈簧產生位移 x(拉伸或壓縮)時，由虎克定律得知，這個外力 F 與其位移 x 成正比，即 $F = kx$，其中 k 為彈簧常數。當物體由彈簧初位移為 x_1 之 A_1 位置，移動至位移為 x_2 之 A_2 位置時，因外力 F 與位移 x 的方向相同，故外力對彈簧作了正功，增加了彈簧作功的能力，亦即

$$U_{1\to 2}=\int_{x_1}^{x_2} F dx=\int_{x_1}^{x_2} kx dx=\frac{1}{2}kx_2^2-\frac{1}{2}kx_1^2$$

而彈簧自身所作的功爲負值，因彈簧力 F 的方向與外力相反，爲向左，而位移 x 方向爲向右之故。則彈簧力所作的功爲

$$U_{1\to 2}=-(V_{e2}-V_{e1})=V_{e1}-V_{e2}=\frac{1}{2}kx_1^2-\frac{1}{2}kx_2^2$$

將彈簧由未變形狀態形成變形量爲 x 之狀態時，外力對物體所作功的正值，定義爲彈簧的彈性位能。由上式知，我們可將彈性位能表爲

$$\boldsymbol{V_e=\frac{1}{2}kx^2} \tag{7-5}$$

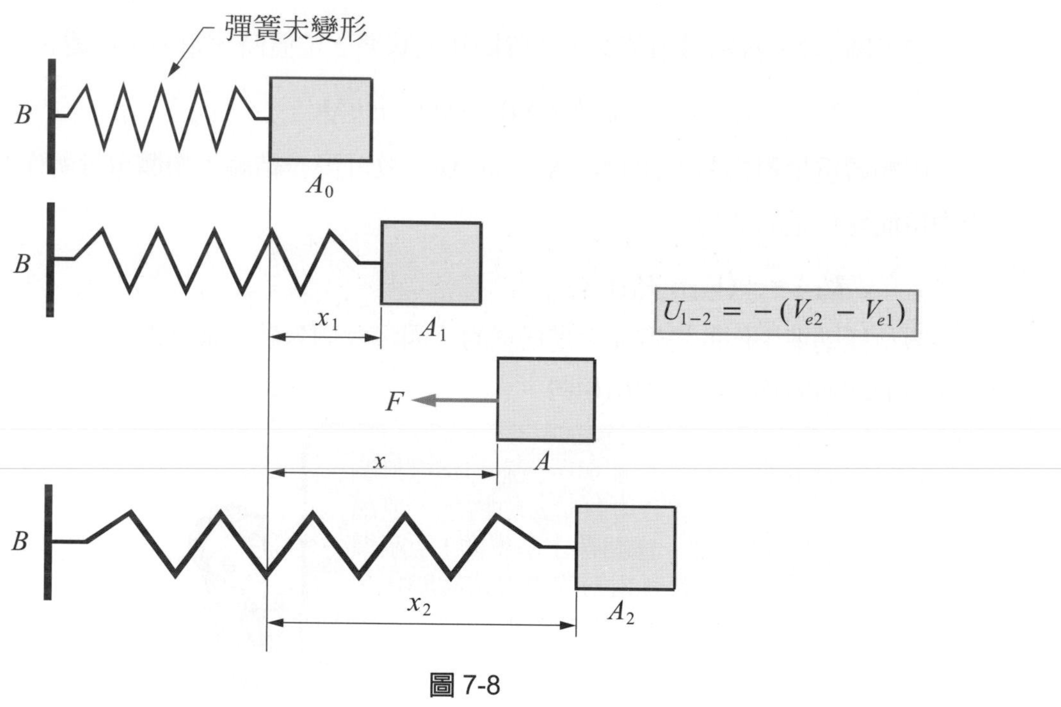

圖 7-8

圖 7-8 中，當物體由 A_1 位置移動至 A_2 位置時，彈性位能的變化爲

$$\Delta V_e=V_{e2}-V_{e1}=\frac{1}{2}kx_2^2-\frac{1}{2}kx_1^2$$

因此可得一結論：彈簧力對物體所作的功等於彈性位能變化量的負值，即

$$\boldsymbol{U_{1-2}=-(V_{e2}-V_{e1})} \tag{7-6}$$

例題 7-6

某一彈簧之彈性係數爲 28 kN/m，且彈簧原長爲 30 cm，若彈簧受一拉力，由 35 cm 長拉至 45 cm 長時，彈簧力所作之功爲何？

解

$x_1 = 0.35 - 0.30 = 0.05$ (m)，$x_2 = 0.45 - 0.30 = 0.15$ (m)

由式(7-6)知

$$U_{1-2} = V_{e1} - V_{e2} = \frac{1}{2}kx_1^2 - \frac{1}{2}kx_2^2 = \frac{1}{2}k(x_1^2 - x_2^2) = \frac{1}{2} \times 28 \times 1000 \times (0.05^2 - 0.15^2)$$

$$= -280 \text{ (J)}$$

例題 7-7

如圖所示，彈簧未變形前長 140 mm，若不考慮所有摩擦力，試問物體質量 5 kg 由 A 往上移至 B 時，系統位能變化若干？若彈簧彈性係數爲 800 N/m。

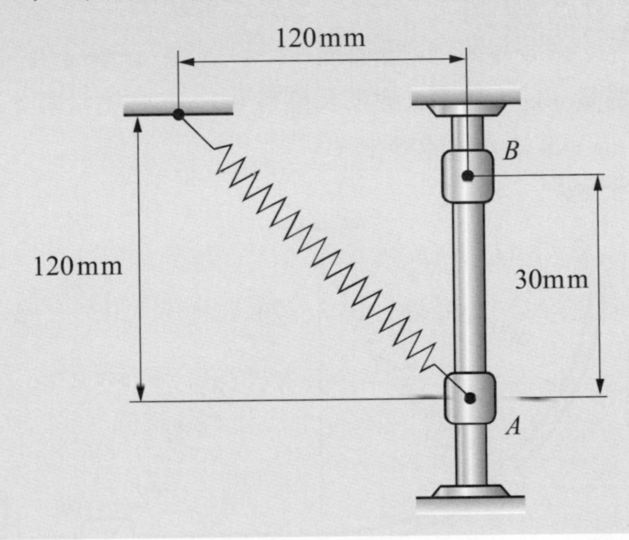

解

若以 A 平面爲基準面，則重力位能變化

$\Delta V_g = mgh_B - mgh_A = mg(h_B - h_A)$

$\therefore \Delta V_g = 5 \times 9.81 \times 0.03 = 1.47$ (J)

彈簧長度變化爲 x_A 和 x_B

$\ell_0 = 0.14$ (m)

$\ell_A = \sqrt{0.12^2 + 0.12^2} = 0.17$ (m)

$\ell_B = \sqrt{0.12^2 + 0.09^2} = 0.15$ (m)

$x_A = \ell_A - \ell_0 = 0.03$ (m)

$x_B = \ell_B - \ell_0 = 0.01$ (m)

彈性位能變化 ＝ 最後彈性位能減最初彈性位能，所以

$\Delta V_e = \frac{1}{2}kx_B^2 - \frac{1}{2}kx_A^2 = \frac{1}{2} \times 800 \times (0.01^2 - 0.03^2) = -0.31$ (J)

系統位能變化 $\Delta V = \Delta V_g + \Delta V_e = 1.47 - 0.31 = 1.16$ (J)

例題 7-8

如圖所示，滑塊質量 4 kg，彈簧未變形長度爲 0.2 m，彈簧常數 $k = 300$ N/m，試求滑塊由 A 移至 B 時，系統的位能變化。

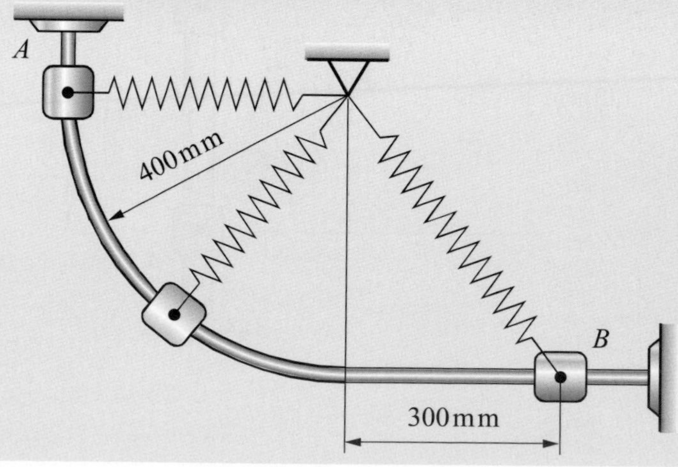

解

由式(7-5)知，彈性位能 $V_e = \frac{1}{2}kx^2$，其中 x 爲彈簧的變形量，因彈性位能的變化量等於最後彈性位能減最初彈性位能，故

$$\Delta V_e = (V_e)_B - (V_e)_A = \frac{1}{2}kx_B^2 - \frac{1}{2}kx_A^2 = \frac{1}{2}(300)(0.5-0.2)^2 - \frac{1}{2}(300)(0.4-0.2)^2 = 7.5\ (\text{J})$$

以 B 平面爲基準平面，則重力位能的變化量爲

$$\Delta V_g = (V_g)_B - (V_g)_A = 0 - mgh = -(4)(9.81)(0.4) = -15.7\ (\text{J})$$

系統位能的變化爲

$$\Delta V = \Delta V_e + \Delta V_g = 7.5 - 15.7 = -8.2\ (\text{J})$$

在此過程中，重量對物體所作的功爲 $W = -\Delta V_g = 15.7\,(\text{N}\cdot\text{m})$，彈簧力對物體所作的功爲 $W = -V_e = -7.5\,(\text{N}\cdot\text{m})$。因彈簧力的大小與方向隨時都在改變，若欲由式(7-2) $\int_{s_1}^{s_2} F\cos\alpha\, ds$ 求 ΔV_e，將會麻煩得多。

例題 7-9

試求例題 7-5 中物體重力位能及彈性位能的變化量？

解

重力位能變化量爲

$$\Delta V_g = V_{g2} - V_{g1} = mgh = 6\times 9.81\times 0.15 = 8.8\ (\text{J})$$

彈性位能變化量爲

$$\Delta V_e = V_{e2} - V_{e1} = \frac{1}{2}kx_2^2 - \frac{1}{2}kx_1^2 = \frac{1}{2}(100)(0.5^2 - 0.2^2) = 10.5\ (\text{J})$$

四、質點運動的動能

當某一質點處於運動狀態時，因其具有速度而具有作功之能力，此作功能力所具備的能量稱為質點的動能(kinetic energy)。質點的動能 T 定義為

$$T=\frac{1}{2}mv^2 \tag{7-7}$$

其中 m 為質點的質量，v 為質點的瞬時速率，動能為一純量，單位為 N.m 或是焦耳(J)，不論速度的方向為何，動能永遠為正值。

例題 7-10

某一汽車於高速公路上行駛，時速為 80 km/hr，若此車為了超車而加速至 100 km/hr 時，該汽車動能增加多少？(假設該汽車質量為 1000 kg)

解

由式(7-7)知　$T=\frac{1}{2}mv^2$

所以

$$\Delta T=\frac{1}{2}mv_2^2-\frac{1}{2}mv_1^2=\frac{1}{2}m(v_2^2-v_1^2)=\frac{1}{2}\times1000\left[\left(\frac{100\times1000}{3600}\right)^2-\left(\frac{80\times1000}{3600}\right)^2\right]$$

$$=138.89\ (\text{kJ})$$

1 五〇機槍試射，其子彈質量 90 g，將其射入 60 cm 的磚牆內，若子彈接近磚牆時之速度為 800 m/s，且子彈於磚牆內之平均阻力為 60 kN，試問子彈是否貫穿磚牆？

2 如圖所示，滑塊質量 45 kg，沿著導桿上升了 7.5 m，試求定力 F 沿著固定方向施力，則對滑塊做功若干？若不考慮滑塊與導桿間之摩擦力。

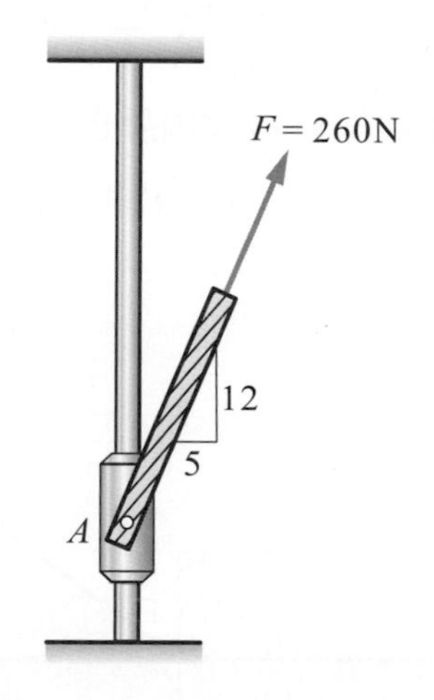

3 某技術學院學生將其質量為 10 kg 之書包由機械系館頂樓靜止釋放，任由書包自由落至地面，假設樓高 30 m，則書包落地前之速度若干？

4 物塊 A 質量 15 kg，如圖所示，彈簧無任何變形量，則物塊 A 靜止釋放，不考慮物塊與接觸面間之摩擦力時，則 A 於最低點位置時，彈簧伸長多少？彈簧之彈簧常數為 100 N/m。

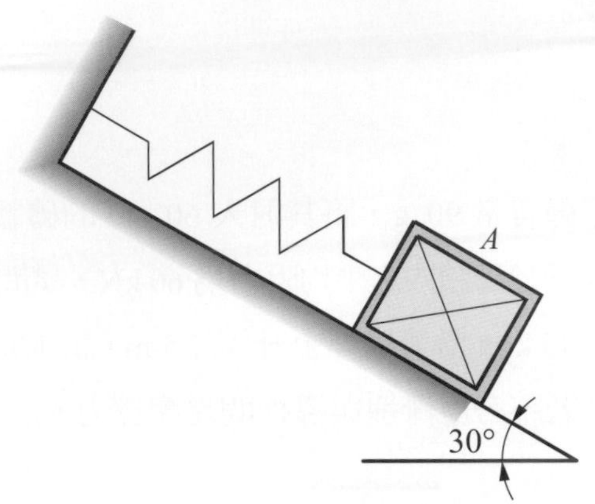

5 木塊 A 質量 30 kg，如圖所示木塊自斜坡頂靜止下滑，若所有接觸面之摩擦係數皆為 0.2，則：(a)木塊下滑至底面 B 點時之速度若干？(b)木塊繼續滑動至停止於 C 點時，s = ？

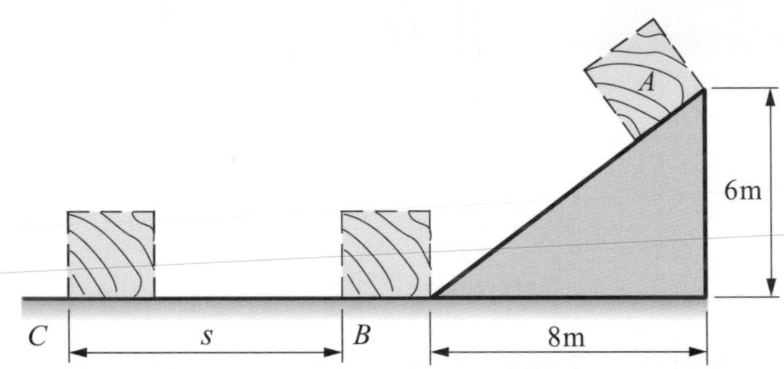

6 如圖所示，一滑車質量 25 kg，沿著曲線自 A 點下滑達 B 點，滑車於 A 點之速率為 1.5 m/s，當其滑至 B 點時速率為 5.6 m/s，試求滑車於此下滑過程中摩擦力所做的功？

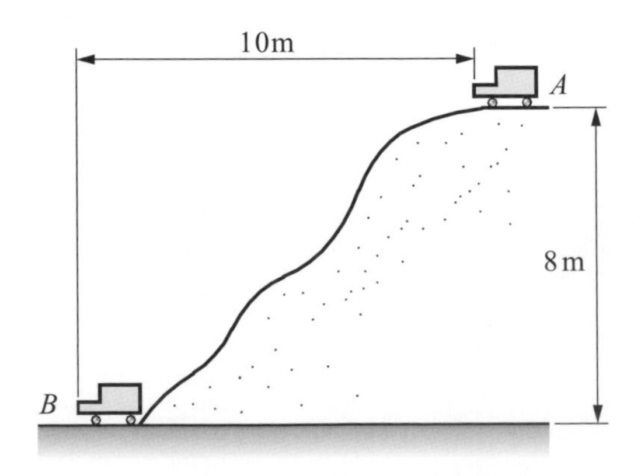

7 A、B 兩滑塊分別於垂直與水平滑桿上移動，若不考慮連桿重量，及所有接觸面之摩擦力，則於下列條件：(a) $a = b$；(b) $a = 2b$；(c) $3a = 4b$ 下，滑塊 A 靜止釋放，當 A 滑塊到達水平位置時其速度若干？

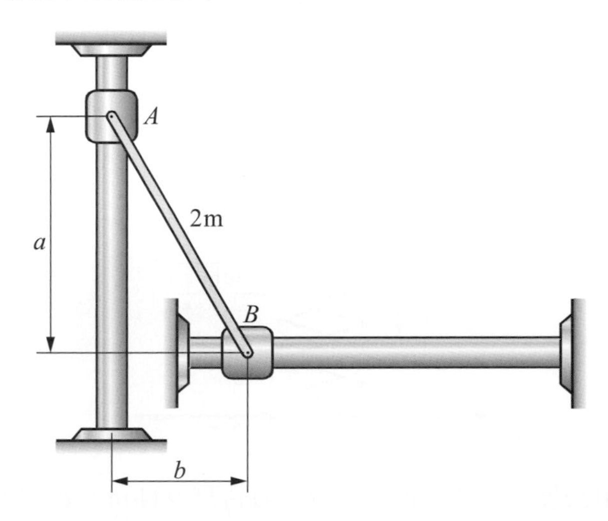

8 彈簧預先壓縮 0.6 m，其彈簧常數為 480 N/m，如圖所示，質量 5 kg 的 A 物於靜止釋放，當 A 物與斜坡接觸面動摩擦係數為 0.25 時，則當 A 物停止時，沿斜面滑行了多遠？

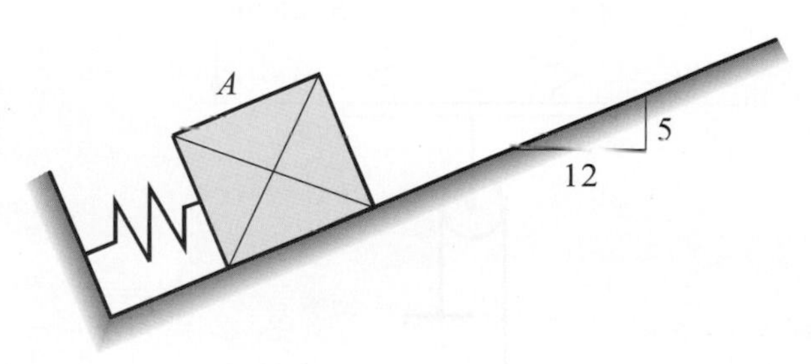

9 質量為 20 kg 之物體靜止自由落下，撞擊 A 彈簧後繼續下壓再壓縮 B 彈簧，如圖所示，若 A、B 兩彈簧之彈簧常數分別為 100 N/m 與 300 N/m，則 A 彈簧之最大壓縮量 $s=$？

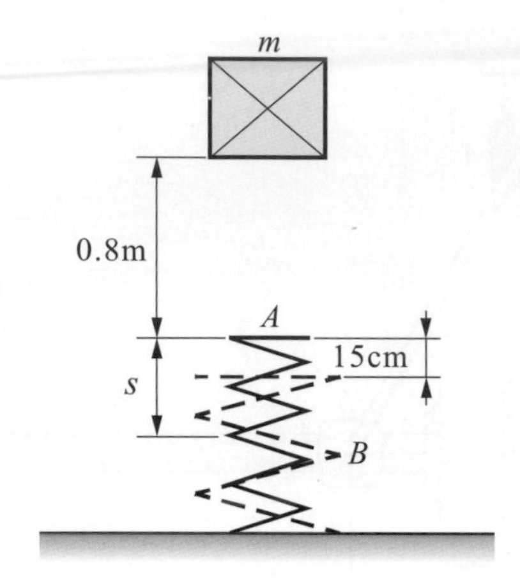

10 A、B 兩彈簧自由長度皆為 10 cm，彈簧係數皆為 9 N/m，如圖所示，物塊 C 質量 15 kg，由圖示位置靜止下滑 18 cm，試求物塊 C 下滑 18 cm 時之速度？

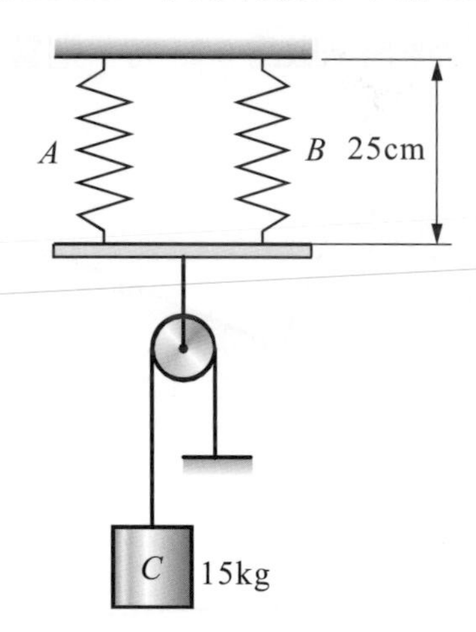

質點運動的功能原理

本章大綱

一、功與動能原理
二、能量守恆原理
三、功率與效率

學習重點

對物體作功除了會產生位能的變化以外，也會產生動能的變化。本章主要在學習功與動能之間的關係，以及保守力場中位能與動能之間的能量守恆原理，並藉此解答物體受力作功後的運動狀態，使學習者能以更簡單明瞭的方法，求解動力學的相關問題。

本章提要

物體受力作功，會產生位能與動能的變化，當動能變化和位能變化同時存在時，兩者的和即等於所作之功。又當物體本身並無外力作用，而產生了位能和動能的變化，則動能的增加必然來自於位能的減少，反之，位能的增加也必定來自動能的減少，此即說明，在無外力作功的情形下，位能和動能的總和是一個常數，亦即具有能量守恆的特性。

吊車將物體由地面吊到高處所作的功，轉變爲物體的位能。當中途物體不慎下墜時，位能會逐漸轉爲動能。此物體墜抵地面時所具有的動能，又可以用來作功。若過程中不考慮摩擦的能量損失，則作功、位能與動能三者之間不但可以互換，而且守恆。

圖 8-1

吊在天花板上的吊燈相對於地面來說已經具備了位能，若吊燈鬆脫掉落至地面，則位能會釋出變成動能，從兩者之間的能量守恆關係，可以求得吊燈墜地時的速度。

圖 8-2

一、功與動能原理

一質點受外力$\vec{F}$作用而沿一直線或曲線路徑運動，如圖 8-3 所示。若將$\vec{F}$分解爲切線分力$\vec{F}_t$及法線分力$\vec{F}_n$，則由切線方向的運動方程式可得

$$F_t = ma_t = m\frac{dv}{dt} = m\frac{dv}{ds}\frac{ds}{dt} = mv\frac{dv}{ds}$$

$$\boldsymbol{F_t ds = mvdv} \tag{8-1}$$

當質點由 A_1 位置運動至 A_2 位置時，由式(7-2)知，外力對質點所作的功爲

$$U_{1-2} = \int_{s_1}^{s_2} F_t ds = \int_{v_1}^{v_2} mvdv = \frac{1}{2}mv_2^2 - \frac{1}{2}mv_1^2$$

令$\frac{1}{2}mv_1^2 = T_1$，$\frac{1}{2}mv_2^2 = T_2$。

$$\boldsymbol{U_{1-2} = T_2 - T_1} \tag{8-2}$$

上式表示一質點受外力作用，由$\vec{A}_1$位置運動至$\vec{A}_2$位置時，外力對質點所作的功等於質點動能的變化量，此即稱爲功與動能原理(principle of work and energy)。

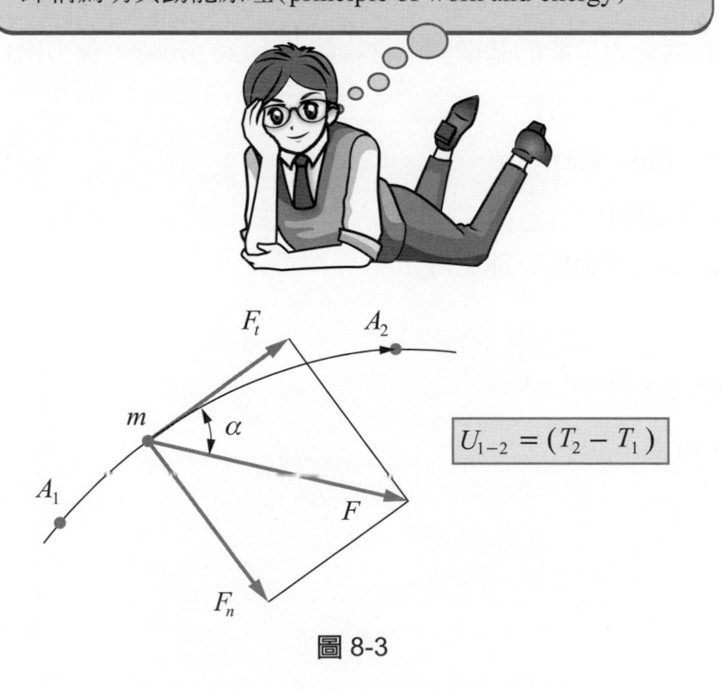

圖 8-3

例題 8-1

一質量 20 kg 物體由 30 m 高處靜止釋放，試求物體：(a)到達地面時之速度若干？(b)落下 20 m 時速度若干？

解

(a) 物體由 30 (m)高落至地面，以地面爲重力位能的基準面，由式(7-4)知，重力所作的功爲

$$U_{1-2} = -(V_{g2} - V_{g1})$$
$$= -(20 \times 9.81 \times 0 - 20 \times 9.81 \times 30)$$
$$= 5886 \text{ (J)}$$

由式(8-2)功與動能原理，因物體僅受重力作用，故

$$U_{1-2} = T_2 - T_1$$
$$\therefore 5886 = \frac{1}{2}mv_2^2 - 0 = \frac{1}{2} \times 20 \times v_2^2$$

得 $v_2 = 24.26$ (m/s)

(b) 以地面爲重力位能的基準面，當物體落下 20 (m)時，重力所作的功爲

$$U_{1-2} = -(V_{g2} - V_{g1})$$
$$= -(20 \times 9.81 \times 10 - 20 \times 9.81 \times 30)$$
$$= 3924 \text{ (J)}$$

由式(8-2)功與動能原理，得

$$U_{1-2} = T_2 - T_1$$
$$3924 = \frac{1}{2} \times 20 \times v^2 - 0$$
$$\therefore v = 19.81 \text{ (m/s)}$$

例題 8-2

一質量 45 kg 的物體自一斜坡下滑，若物體在 A 點的速度爲 5 m/s，動摩擦係數爲 0.3，求物體下滑至 B 點的速度。

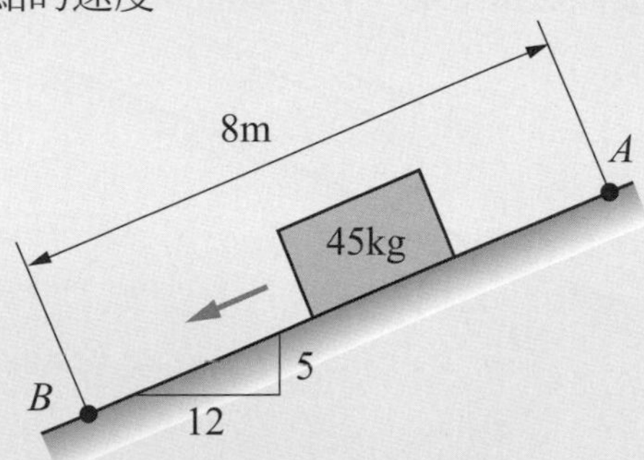

解

由物體的自由體圖知，物體所受的外力中，僅有動摩擦力 $\mu_k N$ 及重量的斜面分量對物體做功，而正壓力 N 及重量的垂直斜面分量不作功(因與運動路徑垂直)，由式(8-2)得

$$U_{A-B} = T_B - T_A$$

$$\left(\frac{5}{13}W\right)h - \mu_k Nh = \frac{1}{2}mv_B^2 - \frac{1}{2}mv_A^2$$

$$\frac{5}{13}\times 45\times 9.81\times 8 - 0.3\times\frac{12}{13}\times 45\times 9.81\times 8 = \frac{1}{2}\times 45\times v_B^2 - \frac{1}{2}\times 45\times 5^2$$

$$8.45 = \frac{1}{2}(v_B^2 - 5^2)$$

$$v_B = 6.47\ (\text{m/s})$$

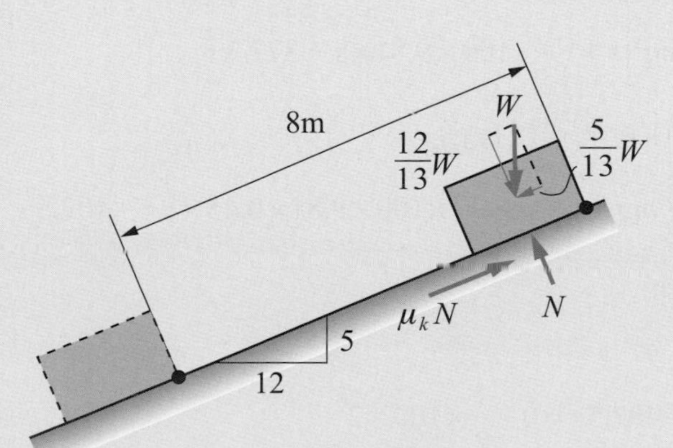

例題 8-3

如圖所示，物體以 2 m/s 速度由斜面下滑，當物體靜止時，物體移動了若干公尺？若物體與斜面間的動摩擦係數爲 0.45，物體質量 100 kg。

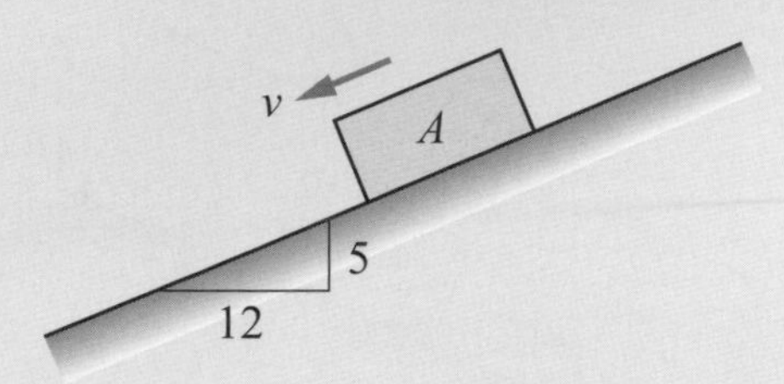

解

由物體之自由體圖可知，物體受三個外力作用，即正壓力 N，重力 W 和摩擦力 F_k

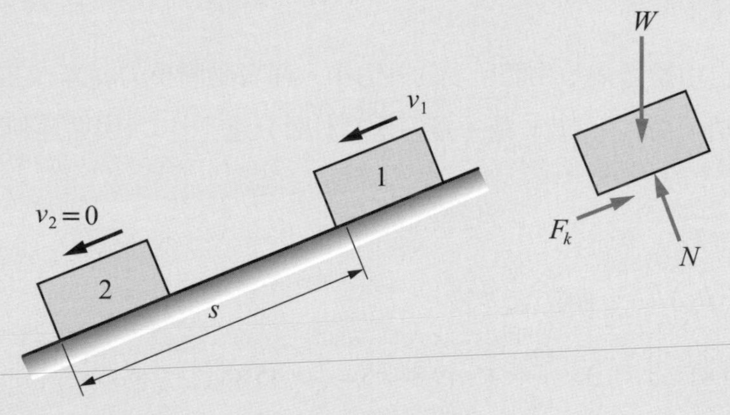

(a) 正壓力 N 與運動方向垂直，所以不作功

(b) 重力 W 所作之功爲正功

$$U_g=\left(\frac{5}{13}mg\right)s=\frac{5}{13}\times100\times9.81\times s=377.3\,s$$

(c) 摩擦力 F_k 所作的功爲負功

$$U_F=-\left(\frac{12}{13}mg\right)\mu_k s=-\frac{12}{13}\times100\times9.81\times0.45\times s=-407.5\,s$$

由式(8-2)知

$$U_{1-2}=T_2-T_1$$

$$\therefore 377.3s-407.5s=0-\frac{1}{2}\times100\times2^2$$

得 $s=6.62$ (m)

例題 8-4

一質量 90 kg 之鐵塊，其速度 15 m/s 向左運動，試求撞及彈簧後至靜止時，彈簧壓縮量若干？若彈簧之彈簧常數 $k = 12.5$ kN/m，且接觸面之動摩擦係數為 0.18。

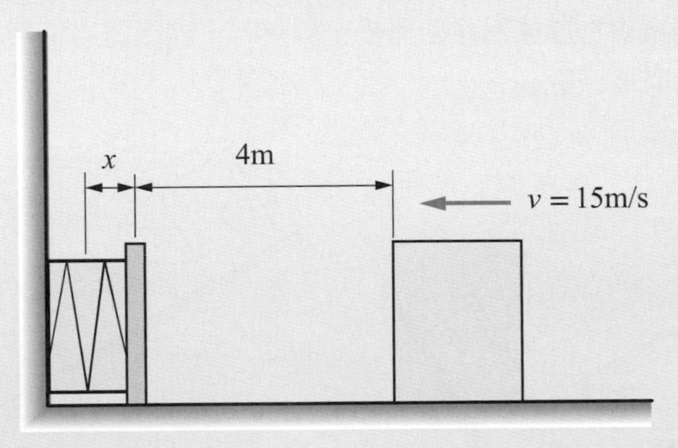

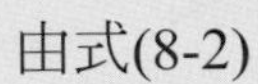

解

在運動過程中，鐵塊受四個外力作用，即重力 W，正壓力 N，摩擦力 F 及彈簧力。

摩擦力 $F_k = \mu N = 0.18 \times 90 \times 9.81 = 158.9$ (N)

摩擦力 F_k 所作的功 $= -158.9(4 + x) = -635.6 - 158.9x$

彈簧力所作的功 $= -\left(\dfrac{1}{2}(12500)x^2 - 0\right) = -6250x^2$

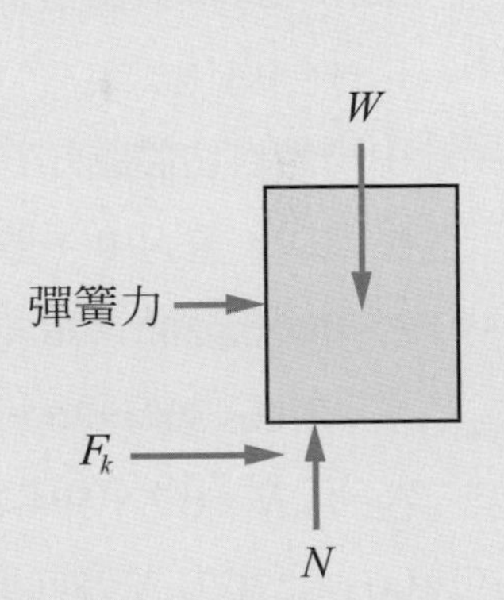

W 和 N 與運動路徑垂直，不作功

鐵塊的初動能 $= \dfrac{1}{2}mv^2 = \dfrac{1}{2} \times 90 \times 15^2 = 10125$ (J)

由式(8-2)

$U_{1-2} = T_2 - T_1$

摩擦力所作的功＋彈簧力所作之功＝鐵塊末動能－鐵塊初動能

$-635.6 - 158.9x - 6250x^2 = 0 - 10125$

$x = 1.22$ (m)

例題 8-5

一斜坡傾角爲 30°，底端置一彈簧緩衝器，其彈簧常數 $k = 30$ kN/m，今有一質量爲 70 kg 之物體於距緩衝器 10 m 處以 5 m/s 之速度下滑，若緩衝器於裝置時有 100 mm 之初壓縮量，則試求物體撞擊緩衝器後至靜止時，緩衝器之再壓縮量爲何？設物體與斜面間之動摩擦係數 $\mu_k = 0.2$。

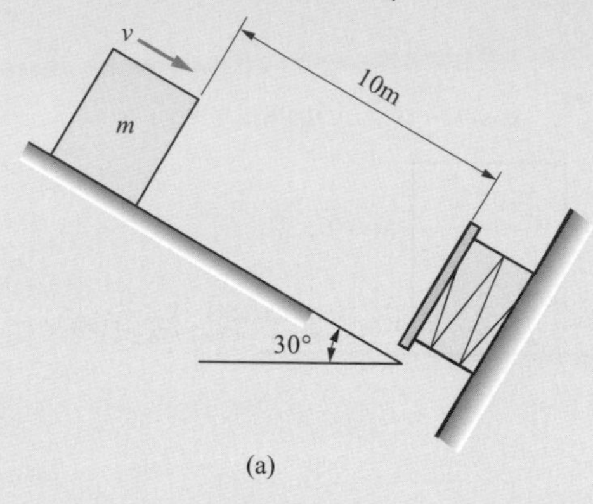

(a)

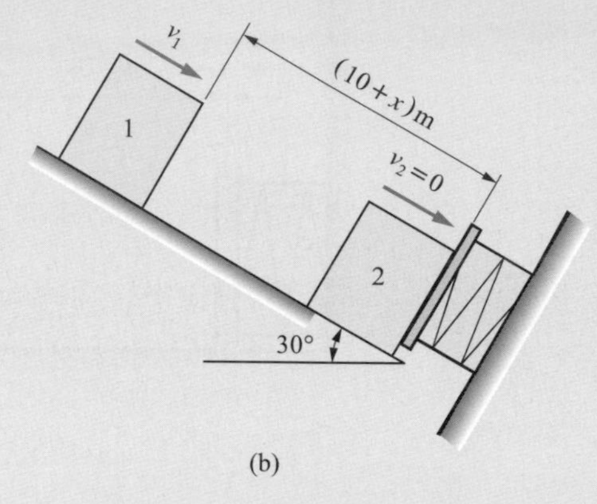

(b)

解

設物體撞擊緩衝器後至靜止時緩衝器壓縮量爲 x，故彈簧總壓縮量 $x_2 = x_1 + x$

$\therefore x_2 = 0.1 + x$

由物體自由體圖知物體由位置 1 滑至位置 2 之過程中有四個外力作用於物體，正壓力 N，重力 W，摩擦力 F_k，彈簧力 F_s，重力在斜面上的分力爲 F_x，則

$F_x = W\sin 30° = 70 \times 9.81 \times \sin 30° = 343.35$ (N)

$N = W\cos 30° = 70 \times 9.81 \times \cos 30° = 594.7$ (N)

$F_k = \mu_k N = 0.2 \times 594.7 = 118.94$ (N)

W
F_s
N
F_k

(a) 正壓力 N 方向與斜面垂直，故不作功

(b) 重力作功 $U_W = F_x(10 + x) = 3433.5 + 343.35x$

(c) 摩擦力作功 $U_f = -F_x(10 + x) = -1189.4 - 118.94x$

(d) 彈簧力作功

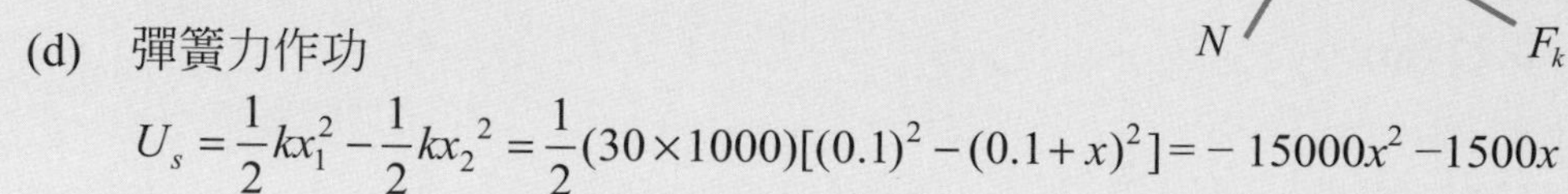

$$U_s = \frac{1}{2}kx_1^2 - \frac{1}{2}kx_2{}^2 = \frac{1}{2}(30\times1000)[(0.1)^2 - (0.1+x)^2] = -15000x^2 - 1500x$$

(e) $T_2 - T_1 = \frac{1}{2}mv_2^2 - \frac{1}{2}mv_1^2 = 0 - \frac{1}{2}\times70\times5^2 = -875$ (J)

由式(8-2)得 $U_{1-2} = T_2 - T_1$

$\therefore U_w + U_f + U_s = T_2 - T_1$

代入得

$(3433.5 + 343.35x) + (-1189.4 - 118.94x) + (-15000x^2 - 1500x) = -875$

整理後得

$x^2 + 0.085x - 0.208 = 0$

解得 $x = 0.4155$ (m)

例題 8-6

如圖所示，滑車質量 20 kg，於一滑槽中往上滑動，F 為一定力，大小為 500 N，彈簧於 A 點之伸長量為 0.8 m，其彈簧常數 $k = 75$ N/m，若滑車由 A 點靜止釋放，當不計任何摩擦力時，滑車移動至 C 點時之速度若干？

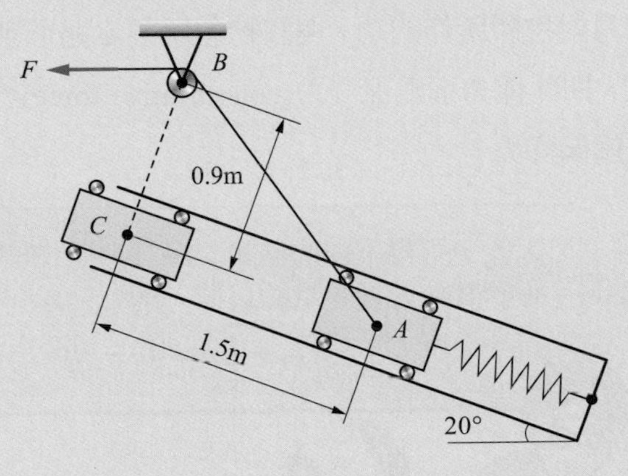

解

畫出滑車自由體圖，可知共四個外力作用於滑車，

分別為定力 F，正壓力 N，重力 W，彈簧力 F_s

(a) 正壓力 N：因 N 的方向與滑車運動路徑垂直，故不作功。

(b) 重力 W 所作的功

$U_w = (V_g)_A - (V_g)_C = 0 - 20 \times 9.81 \times 1.5 \sin 20° = -100.7$ (J)

(c) 彈簧力 F_s 所作的功

$$U_e = (V_e)_A - (V_e)_C = \frac{1}{2} \times 75 \times (0.8)^2 - \frac{1}{2} \times 75 \times (1.5 + 0.8)^2 = -174.4 \text{ (J)}$$

(d) 定力 F：滑車由 A 移動至 C，運動距離爲 $(\overline{AB} - \overline{BC})$

即 $\overline{AB} - \overline{BC} = \sqrt{1.5^2 + 0.9^2} - 0.9 = 0.85 \text{ (m)}$

故 F 作功爲：$500 \times 0.85 = 425$ (J)

$U_{A\text{-}C} = -100.7 - 174.4 + 425 = 150$ (J)

由式(8-2)式知

$U_{A\text{-}C} = T_C - T_A$

$150 = \frac{1}{2} \times 20 \times v_C^2 - 0$　　$\therefore v_C = 3.87$ (m/s)

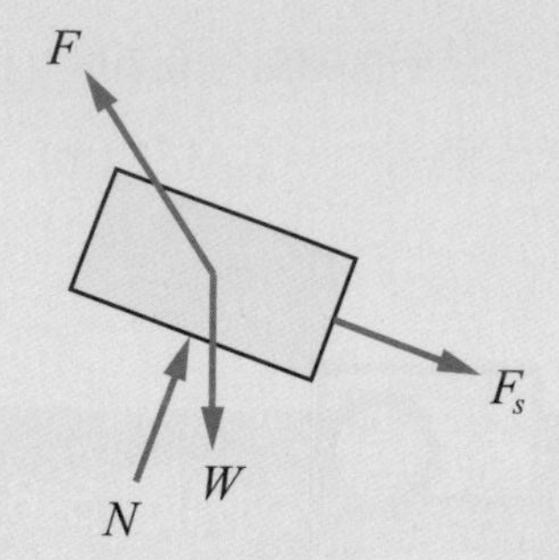

二、能量守恆原理

若作用於物體上的力對物體所作的功，與該物體所經之路徑無關，而僅與該物體的最初位置與最後位置有關，則此種力稱爲保守力(conservative force)。由此定義觀之，前節所討論之重力與彈簧力皆爲保守力。

因此，可得下面的結論：保守力所作的功恆等於其位能變化量的負值，即

$$\boldsymbol{U_{1-2} = -(V_2 - V_1) = V_1 - V_2} \quad \textbf{(8-3)}$$

其中 V_1 爲物體在位置 1 的位能，若系統同時具有重力位能與彈性位能時，V_1 等於重力位能與彈性位能之和，即

$$V_1 = (V_g)_1 + (V_e)_1$$

同理可得

$$V_2 = (V_g)_2 + (V_e)_2$$

當一物體受到保守力系作用時，由式(8-2)知

$$U_{1-2} = T_2 - T_1$$

將其與式(8-3)合併，得

$$\boldsymbol{T_1 + V_1 = T_2 + V_2} \tag{8-4}$$

此乃說明保守力場中，在任一時刻，系統的動能和位能總和爲一個常數，亦即

$$T + V = \text{常數}$$

上式即爲機械能不滅定理，依此定理可知物體在任一瞬間的動能與位能之和恆爲定值。但是此定理僅能適用於保守力系，亦即作用於物體上的外力必須皆爲保守力(或者非保守力；雖作用於物體，但不做功)，這些保守力對物體所做的功僅與物體的最初位置及最後位置有關，而與物體運動所經的路徑無關。若物體運動過程中有摩擦力作用，則因摩擦力所做的功與物體的運動路徑有關，即路徑愈長，所做的功也愈大，故摩擦力不是保守力，作用於此物體上的外力便不是保守力系，機械能不滅定理即不能適用。

機械能不滅定理爲能量不滅定理的特例，一般所謂的能量不滅定理是指在一隔離系統中，其內部不管經過何種變化，但總能量恆保持定值。對此隔離系統而言，既不自系統外吸收能量，也不對系統外放出能量。隔離系統內的能量可任意傳遞或轉變，但不能創造或毀滅。應用力學中僅討論機械能不滅定理，能量不滅定理將會在熱力學中討論。

例題 8-7

如圖所示，一質量 5 kg，長 0.8 m 之均質木桿，在垂直狀態下由靜止沿順時針旋轉而下，當木桿另一端撞及緩衝器時，使其壓縮 0.15 m，此時木桿恰成水平靜止，試求緩衝器彈簧的彈性係數？

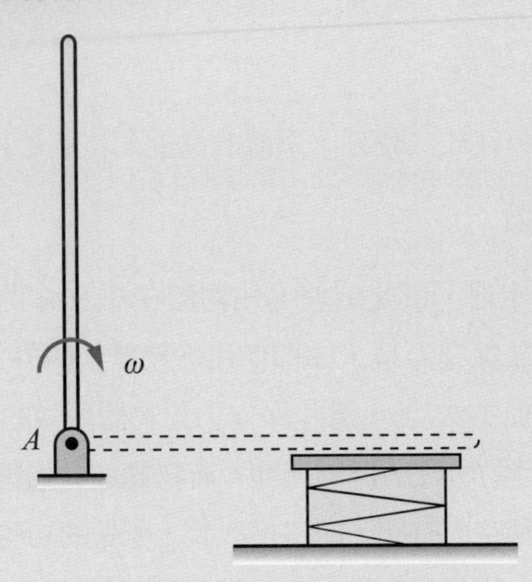

解

本桿所受之外力，僅有重力 W 與彈簧力 F_k 做功，支承反力 A_x 和 A_y 雖非保守力，但因不作功，故本題也可用機械能不滅定理求解如下

$V_1 = (V_g)_1 + (V_e)_1 = 5 \times 9.81 \times 0.4 + 0 = 19.62$ (J)

$V_2 = (V_g)_2 + (V_e)_2 = 0 + \frac{1}{2}k(0.15)^2$

$T_1 = 0$ 且 $T_2 = 0$

由式(8-4)

$T_1 + V_1 = T_2 + V_2$

則 $0 + 19.62 = 0 + \frac{1}{2}k(0.15)^2$

$k = 1744$ (N/m)

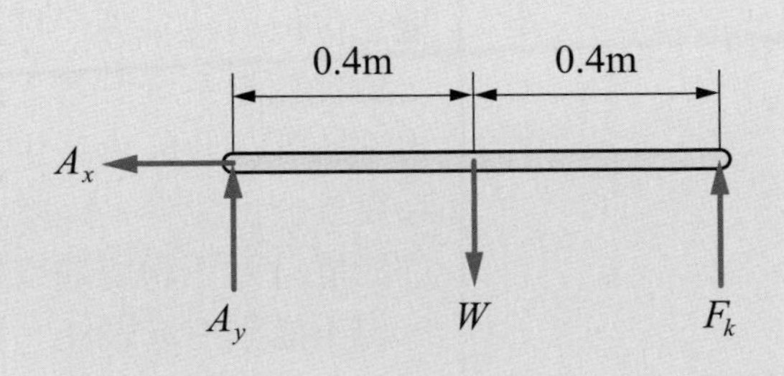

例題 8-8

如圖所示質量爲 100 kg 之滑車，若由 A 點沿光滑面下滑到達 B 點時速度爲 20 m/s，假設摩擦阻力可以略而不計，求該車之初速度以及車於 C 點之速度？

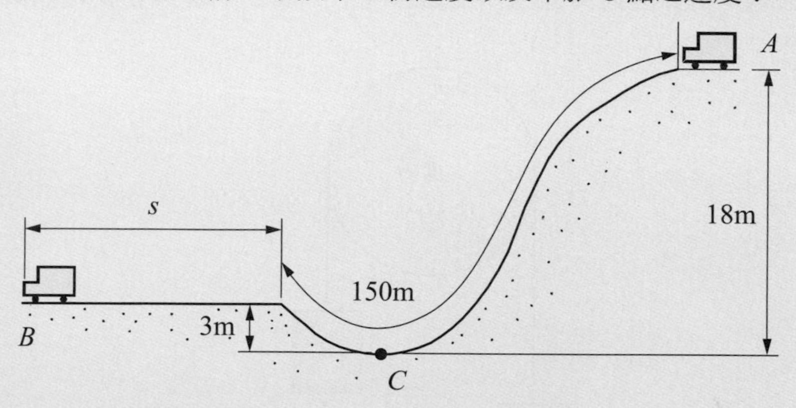

解

各點之位能及動能分別爲

A 點：位能 $V_A = 100 \times 9.81 \times 18 = 17658$ (J)

動能 $T_A = \dfrac{1}{2} \times 100 \times v_A^2 = 50v_A^2$

C 點：位能 $V_C = 0$

動能 $T_C = \dfrac{1}{2} \times 100\ v_C^2 = 50v_C^2$

B 點：位能 $V_B = 100 \times 9.81 \times 3 = 2943$ (J)

動能 $T_B = \dfrac{1}{2} \times 100 \times 20^2 = 20000$ (J)

由式(8-4)

$T_A + V_A = T_C + V_C = T_B + V_B$

則 $17658 + 50v_A^2 = 0 + 50v_C^2 = 2943 + 20000$

得 $v_C = 21.42$ (m/s)

$v_A = 10.28$ (m/s)

例題 8-9

如圖所示 A、B 物塊質量分別為 20 kg、30 kg，經由繩索繞於固定圓盤之兩側，系統由靜止釋放，在不考慮摩擦力作用之狀況下，則 B 物塊與 A 物塊同高時，物塊之速度若干？

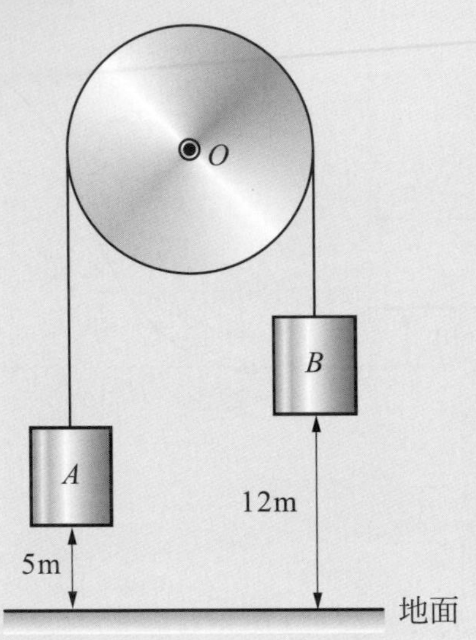

解

本題為一保守力系統，因僅有重力作功。

(a) 以地面為基準面，則系統釋放時之位能

$V_1 = 20 \times 9.81 \times 5 + 30 \times 9.81 \times 12 = 4512.6\ (\text{J})$

且動能 $T_1 = 0$

(b) A、B 同高時，其高度為 $5+\left(\dfrac{12-5}{2}\right)=8.5$

則此時之位能 $V_2 = 20 \times 9.81 \times 8.5 + 30 \times 9.81 \times 8.5 = 4169.25\ (\text{J})$

動能為 $T_2 = \dfrac{1}{2}\times 20\times v^2 + \dfrac{1}{2}\times 30\times v^2$

由式(8-4)得知

$V_1 + T_1 = V_2 + T_2$

$\therefore 4512.6+0=4169.25+\left(\dfrac{1}{2}\times 20\times v^2+\dfrac{1}{2}\times 30\times v^2\right)$

得 $v = 3.71\ (\text{m/s})$

例題 8-10

如圖所示 A、B 兩物體，質量分別爲 20、35 kg，繞於固定圓盤兩側，彈簧的自由長度爲 7 m 且彈簧常數爲 300 N/m，若 B 物塊下降 2 m 時，試求物塊之速度？假設系統由靜止釋放，且忽略所有摩擦力。

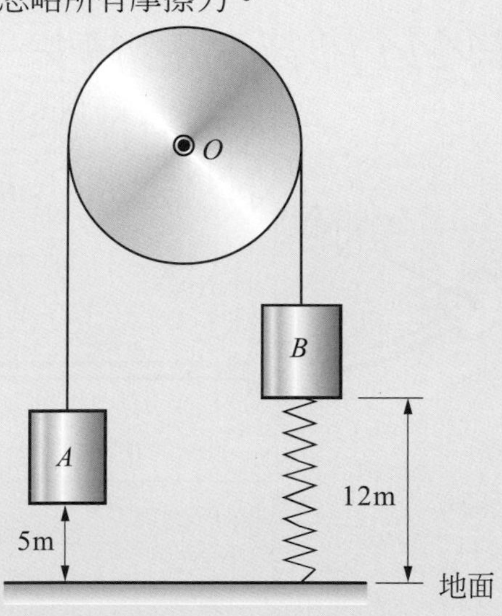

解

本題爲一保守力系統，因僅有重力及彈簧力作功。

(a) 以地面爲基準面，且系統由靜止釋放，則

$$T_1 = 0$$

$$V_1 = 20\times 9.81\times 5 + 35\times 9.81\times 12 + \frac{1}{2}\times 300\times (12-7)^2 = 8851.2\ (\text{J})$$

(b) B 物體下降 2 (m)，則 A 上升 2 (m)，且假設速度爲 v，則

$$T_2 = \frac{1}{2}\times 20\times v^2 + \frac{1}{2}\times 35\times v^2$$

$$V_2 = 20\times 9.81\times 7 + 35\times 9.81\times 10 + \frac{1}{2}\times 300\times (10-7)^2 = 6156.9\ (\text{J})$$

依式(8-4)得

$$V_1 + T_1 = V_2 + T_2$$

$$\therefore 8851.2 + 0 = 6156.9 + \left(\frac{1}{2}\times 20\times v^2 + \frac{1}{2}\times 35\times v^2\right)$$

故 $v = 9.9\ (\text{m/s})$

例題 8-11

圖示的滑塊在 A 點從靜止釋放，當滑塊通過 B 點時的速度為 5 m/s，試求滑塊的質量？彈簧的未變形長度為 0.8 m，彈簧常數為 300 N/m，摩擦力可忽略。

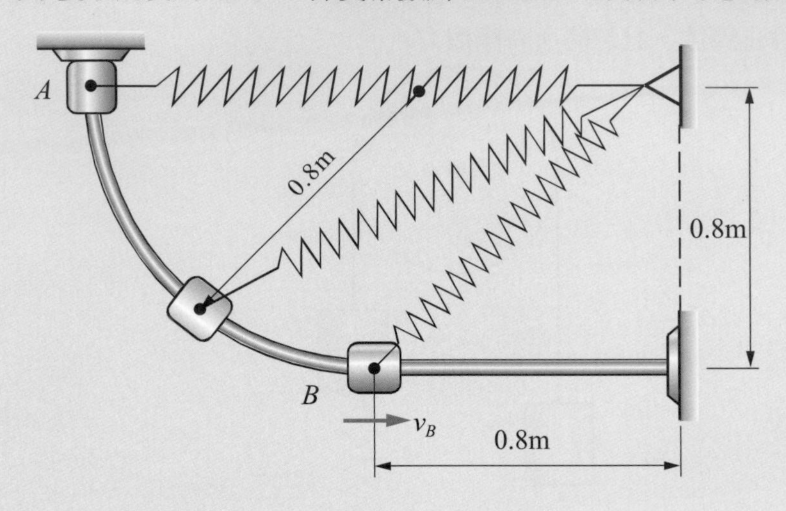

解

因摩擦力可忽略不計，並且滑桿對滑塊的反作用力與運動路徑垂直，故不作功，對滑塊作功的外力僅有重力及彈簧力而已。重力對滑塊所作的功等於重力位能變化的負值，即

$U_w = (V_g)_A - (V_g)_g = m(9.81)(0.8) = 7.85\ m$ (J)

彈簧力對滑塊所作的功等於彈性位能變化的負值，即

$$U_s = (V_e)_A - (V_e)_B = \frac{1}{2}(300)(0.8)^2 - \frac{1}{2}(300) \times (\sqrt{(0.8)^2 + (0.8)^2} - 0.8)^2 = 79.53\ \text{(J)}$$

由式可得

$$U_w + U_s = \frac{1}{2}mv_B^2 - \frac{1}{2}mv_A^2$$

$$7.85m + 79.53 = \frac{1}{2}m \cdot 5^2 - 0$$

$$\therefore m = 17.1\ \text{(kg)}$$

三、功率與效率

機器的性能是以單位時間所能作的功來衡量，而不是以所作的總功來衡量，因為不論一個多麼小的馬達，如果給它充分的時間，仍可做相當多的功，而一部強有力的馬達僅須運轉很短的時間，即可作相等的功。因此，機器的性能是以其功率(power)來衡量，功率的定義為單位時間所作的功。

依照上述之定義，若一力 $\vec{F}$ 所作的功為 U，則其功率 $P = dU/dt = \vec{F} \cdot d\vec{r}/dt$，而 $d\vec{r}/dt$ 即為施力點的速度 $\vec{v}$，故可得

$$\boldsymbol{P = \vec{F} \cdot \vec{v}} \tag{8-5}$$

功率為一純量，單位為 N．m/s 或 J/s，其專用單位為瓦特(watt，W)，且 1 W = 1 J/s = 1 N．m/s。

若 $\vec{F}$ 與 $\vec{v}$ 的方向相同，則上式可寫為

$$P = Fv$$

機械效率(mechanical efficiency)定義為一部機械的輸出功率與輸入功率的比值，即

$$\eta = \frac{\text{輸出功率}}{\text{輸入功率}} \tag{8-6}$$

例題 8-12

一起重機由 500 m 之深坑以等速度將 1000 kg 的礦砂運至地面需時 80 秒，設起重機的機械效率爲 75%，試求起重機的輸入功率。

解

礦砂上升之速度

$v = 500/80 = 6.25\ (\text{m/s})$

起重機的輸出功率爲

$P = Wv = 1000(9.81)(6.25) = 61312.5\ (\text{W})$

$\text{機械效率} = \dfrac{\text{輸出功率}}{\text{輸入功率}}$，則$\eta = \dfrac{P}{\text{輸入功率}}$，故得

$$\text{輸入功率} = \frac{P}{\eta} = \frac{61312.5}{0.75} = 81750\ (\text{W})$$

若以馬力 hp 來表示，因 1hp = 746 W，故得

$$\text{輸入馬力} = \frac{\text{輸入功率}}{746} = \frac{81750}{746} = 109.58\ (\text{hp})$$

1 如圖所示，質量 50 kg 物體以 2 m/s 速度向下滑，當物體靜止時，滑動了若干公尺？(若 $k = 400$ N/m，$\mu_k = 0$)

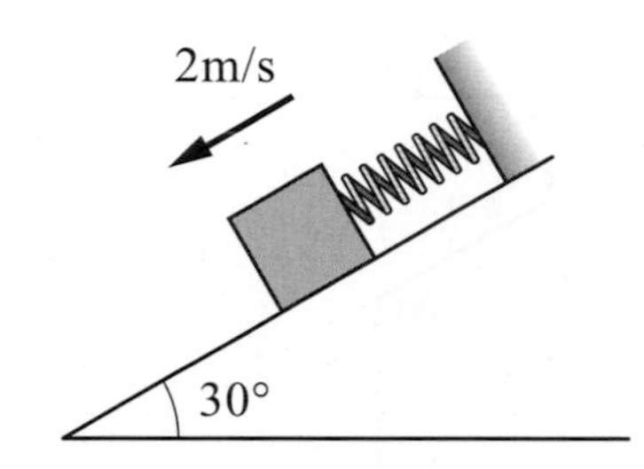

2 上題中，若$\mu_k = 0.2$，試求滑動 1 m 時之速度？

3 上題中，若希望物體停止位置與第 1 題位置相同，試求起始速度應爲多少？

4 鐵塊 A 質量 500 kg，滑輪 C 半徑 0.5 m，質量慣性矩爲 18 kg · m^2，B 爲一木塊質量 80kg，A、B 以皮帶連繫繞經滑輪 C，假設皮帶無滑動產生，如圖所示，系統由靜止釋放，則鐵塊 A 落至地面時滑輪 C 之角速度若干？假設彈簧之彈簧常數爲 150 N/m，系統開始時彈簧爲自由長度。

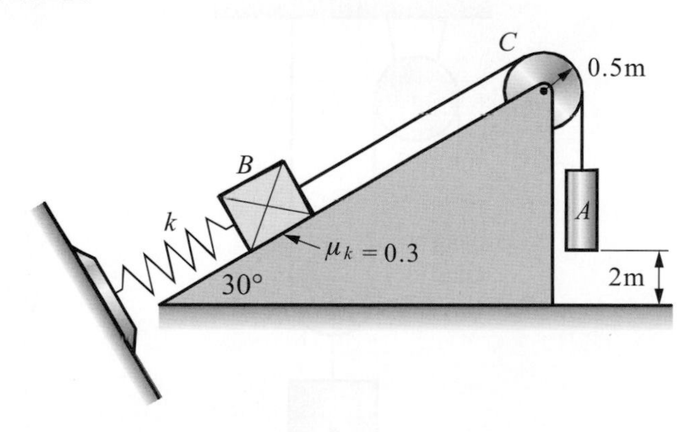

5 一吊車將 1000 kg 之貨物以 5 m/s 等速吊起，若吊車馬達之功率爲 65 kW，試求馬達之效率？

6 一汽車質量 100 kg，於高速公路上以 90 km/hr 定速行駛，假設引擎之效率爲 0.68，且汽車向前行駛時風阻力爲 1.3 v^2，試求此汽車引擎所輸出之最大功率？

7 某一汽車於高速公路林口上坡道以等速 80 km/hr 上坡，若此斜坡斜角爲 32°，則在引擎效率爲 0.65 情況下，此引擎須提供多少功率？假設此汽車質量爲 1100 kg，忽略摩擦力與風阻。

8 一球質量 3 kg，由 A 點靜止釋放繩索撞及 B 點釘子，而繞其旋轉，試求如圖所示球於最低點 C 點之速度與此繩子之張力？

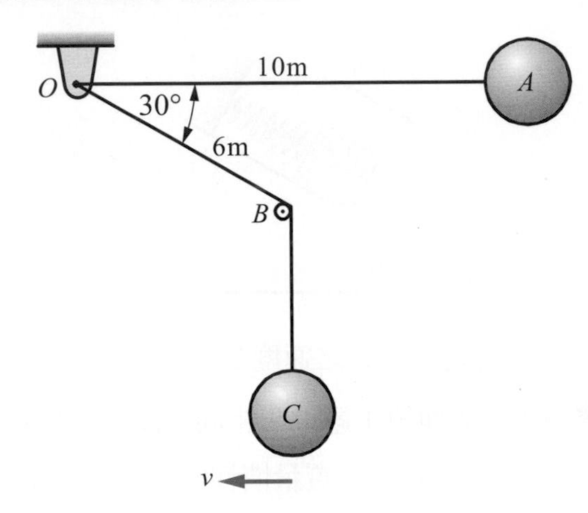

9 質量分別爲 50 kg、20 kg 之 A、B 兩物塊，如圖所示，由靜止釋放，當 A 物塊速度達 1.5 m/s 時，B 物塊所移動之距離若干？

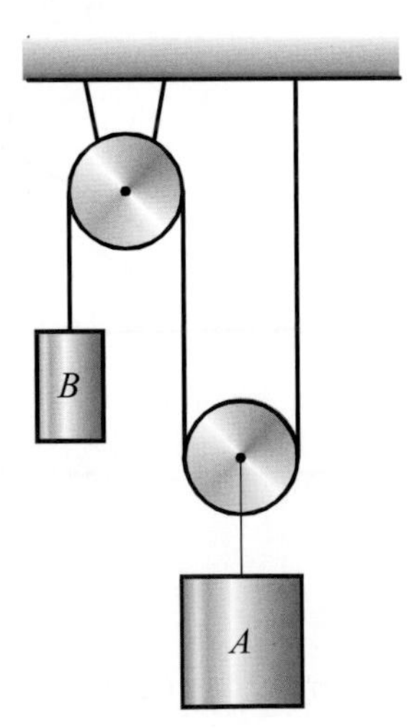

10 滑塊 A 質量 5 kg，於滑槽內滑動，彈簧之彈簧常數爲 30 N/m，如圖所示，當滑塊達 C 點時速度爲 1.5 m/s，且彈簧自由長度爲 3 m，則滑塊於滑槽內摩擦所做的功若干？假設系統由靜止釋放。

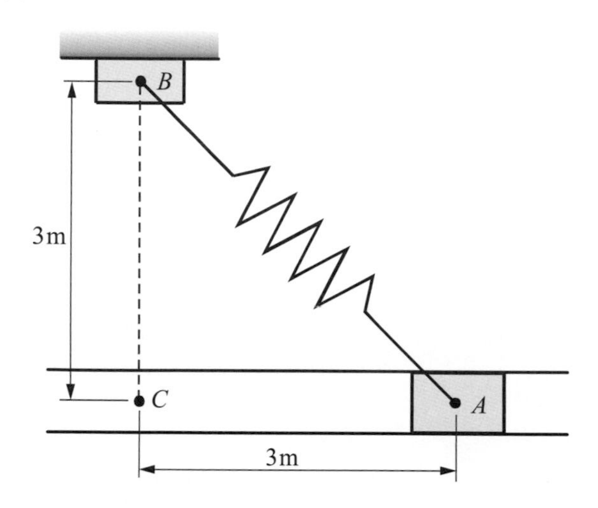

衝量與動量

本章大綱

一、線衝量與線動量
二、線衝量與線動量原理
三、線動量不滅定律
四、角動量與角動量守恆
五、中心力運動

學習重點

物體受到作用力作用一段時間後，速度會隨之改變，此作用力與作用時間的乘積稱為衝量，而物體質量與速度變化量的乘積稱為動量變化，由牛頓第二運動定律可以導出，物體所受到的衝量會等於物體動量的變化量。本章中，衝量與動量的變化提供了另一個有利的方法，使學習者能更輕易解決複雜的動力學問題。

本章提要

清楚的了解物體受力運動後的衝量、動量以及動量變化量的定義後，可以進一步得到線衝量與線動量之間的關係，以及線動量不滅的定理。此外，本章亦將以線衝量與線動量的定義與定理，擴增到角衝量、角動量以及角動量守恆的議題，使得質點繞固定點旋轉之類的問題，亦能輕鬆的獲得解決。

飛機在空中直線飛行時具有線動量，當碰到氣流時，氣流會造成機身的翻轉與滾動，此乃因施力點與質心之間有位置向量而產生力矩之故，因而也具有角動量。

圖 9-1

兩個球在光滑平面上互相碰撞，若中間沒有能量損失，則可以利用線動量守恆的關係式求得碰撞後球的滾動速度。

圖 9-2

一、線衝量與線動量

前面章節中已經討論過解動力學問題的兩種基本方法，即運動方程式和功與能原理，本章將討論第三種方法，此種方法基於衝量與動量原理。當力隨時間而改變時，以衝量與動量之方法分析較爲方便。此外，對於可變質量及衝力(impulsive force)等問題，更能顯出運用衝量與動量方法的方便性。

解析質點之運動問題，一般使用線衝量(linear impulse)與線動量(linear momentum)原理即可解決，但若欲解析質點繞固定點旋轉之類的運動問題，通常則需兼用角動量(angular impulse)與角衝量(angular momentum)原理。

1. 線衝量

線衝量定義爲力與時間的乘積。若力 $\vec{F}=\vec{F}(t)$ 爲時間的函數，亦即 $\vec{F}$ 隨時間而變，則在 t_1 至 t_2 的時間內，力 $\vec{F}$ 的線衝量可如下表示：

$$\vec{I}_{1-2}=\int_{t_1}^{t_2}\vec{F}dt \tag{9-1}$$

由上面的定義可知線衝量爲向量，且 $\vec{I}_{1-2}$ 的方向與 $\vec{F}$ 相同。線衝量的單位在 SI 制中以 N · s 表示之，N 爲牛頓，s 爲秒。

若將力 $\vec{F}$ 分解爲直角分量，則得

$$\vec{I}_{1-2}=\vec{i}\int_{t_1}^{t_2}F_x dt+\vec{j}\int_{t_1}^{t_2}F_y dt+\vec{k}\int_{t_1}^{t_2}F_z dt \tag{9-2}$$

2. 線動量

質點的線動量定義爲質點的質量 m 與質點瞬時速度 $\vec{v}$ 的乘積，以 $\vec{L}$ 表示之即

$$\vec{L}=m\vec{v} \tag{9-3}$$

線動量向量，其方向與速度 $\vec{v}$ 的方向相同。線動量的單位在 SI 制中也以 N · s 表示之，與線衝量的單位相同，因

$$mv \text{ 的單位}=(\text{kg})\left(\frac{\text{m}}{\text{s}}\right)=\frac{\text{kg}\cdot\text{m}}{\text{s}^2}\cdot\text{s}=\text{N}\cdot\text{s}$$

若將線動量分解爲直角分量，則得

$$\vec{L}=m\vec{v}=mv_x\vec{i}+mv_y\vec{j}+mv_z\vec{k} \tag{9-4}$$

質點系統的線動量 $\vec{L}$ 定義爲系統中所有質點的線動量和，即

$$\vec{L} = \Sigma(m_i \vec{v}_i) \qquad (9\text{-}5)$$

參考圖 9-3，由質量中心的定義可得

$$m\vec{r} = \Sigma(m_i \vec{r}_i)$$

其中 $\vec{r}_i$ 爲系統中任一質點 m_i 的位置向量，$\vec{r}$ 爲質點系統質心 G 的位置向量，若質點系統內的質量不變，則將上式對時間微分可得

$$m\vec{v} = \Sigma(m_i \vec{v}_i)$$

將上式代入式(9-5)，得

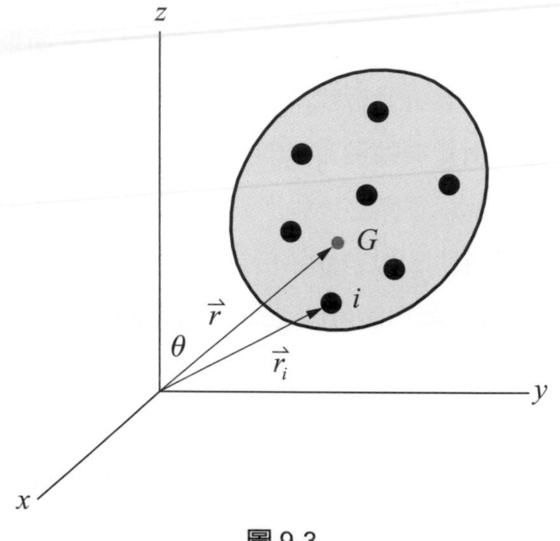

圖 9-3

$$\vec{L} = m\vec{v} \qquad (9\text{-}6)$$

任一質量不變之質點系統的線動量等於其總質量 m 與其質心速度 $\vec{v}$ 的乘積。在此須注意，線動量爲一自由向量，因而沒有固定的作用點。

二、線衝量與線動量原理

1. 質點之線衝量與線動量原理

一質量爲 m 之質點受一合力爲 $\vec{F}$ 的力系作用，若質點的質量不變，由質點的基本運動方程式可得

$$\vec{F} = m\vec{a} = m\left(\frac{d\vec{v}}{dt}\right) = \frac{d(m\vec{v})}{dt}$$

或 $\vec{F}=\frac{d(m\vec{v})}{dt}=\dot{\vec{L}}$ (9-7)

上式表示作用在一質點上的合力等於該質點線動量的時間變化率。對於在某直線上運動的質點，式(9-7)可以表爲

$$F=\frac{d(mv)}{dt}$$

整理得

$$Fdt=d(mv)$$

當質量 m 不變時，兩邊積分得

$$\int_{t_1}^{t_2} Fdt=m\int_{v_1}^{v_2} dv=mv_2-mv_1=L_2-L_1 \tag{9-8}$$

即 $I_{1-2}=L_2-L_1$，若考慮所有方向，將上式以向量方式表之，即得

$$\vec{I}_{1-2}=\vec{L}_2-\vec{L}_1 \tag{9-9}$$

上式表示在任一時段內，作用於質點的總線衝量等於在此時段內質點線動量之變化量，此稱爲線衝量與線動量原理。

將式(9-8)以直角分量表示，得

$$\int_{t_1}^{t_2} F_x dt=m(v_x)_2-m(v_x)_1$$

$$\int_{t_1}^{t_2} F_y dt=m(v_y)_2-m(v_y)_1 \tag{9-10}$$

$$\int_{t_1}^{t_2} F_z dt=m(v_z)_2-m(v_z)_1$$

其中 v_x、v_y、v_z 分別爲質點在 x 軸、y 軸和 z 軸方向的瞬時速度。

式(9-8)中 $\vec{F}$ 若不爲時間函數而爲一定值，則式(9-8)可改寫爲

$$\vec{F}\Delta t=m\Delta\vec{v}=m\vec{v}_2-m\vec{v}_1 \tag{9-11}$$

2. 質點系統之線衝量與線動量原理

將質點系統的動量關係式亦即式(9-6)對時間微分，在系統質量不變的條件上，得

$$\dot{L} = \frac{d(m\vec{v})}{dt} = m\frac{d\vec{v}}{dt} = m\vec{a}$$

由運動方程式知，質點系統的外力和$\vec{F} = m\vec{a}$，將其代入上式，得

$$\vec{\boldsymbol{F}} = \dot{\boldsymbol{L}} \tag{9-12}$$

上式說明作用在任一質點系統的外力和等於該質點系統線動量的時間變化率。

將上式兩端各乘以 dt，然後由時間 t_1 積分到時間 t_2，則

$$\int_{t_1}^{t_2} \vec{\boldsymbol{F}} dt = \boldsymbol{m}\vec{\boldsymbol{v}}_2 - \boldsymbol{m}\vec{\boldsymbol{v}}_1 \tag{9-13}$$

即 $\vec{\boldsymbol{I}}_{1-2} = \vec{\boldsymbol{L}}_2 - \vec{\boldsymbol{L}}_1$ (9-14)

上式為**質點系統之線衝量與線動量原理**，亦即在任一時段內，作用於質點系統的總線衝量等於該質點系統線動量之變化量。

在此須注意式(9-13)中的總線衝量$\int_{t_1}^{t_2} \vec{F} dt$為質點系統的所有外力所產生，此原理與質點系統的內力無關。

將式(9-13)以直角分量表示，得

$$\int_{t_1}^{t_2} F_x dt = m(v_x)_2 - m(v_x)_1$$

$$\int_{t_1}^{t_2} F_y dt = m(v_y)_2 - m(v_y)_1 \tag{9-15}$$

$$\int_{t_1}^{t_2} F_z dt = m(v_z)_2 - m(v_z)_1$$

其中 v_x、v_y、v_z 分別為質點系統在 x 軸、y 軸和 z 軸方向的質心平均瞬時速度。

例題 9-1

一物塊重 20 kg，在光滑斜面下滑，如圖所示，假設物塊於 A 點速度為 $v_A = 5$ m/s，於 B 點速度 $v_B = 13$ m/s，則試求：(a)物塊由 A 點滑至 B 點所需時間？(b)斜面對物塊之反作用力？

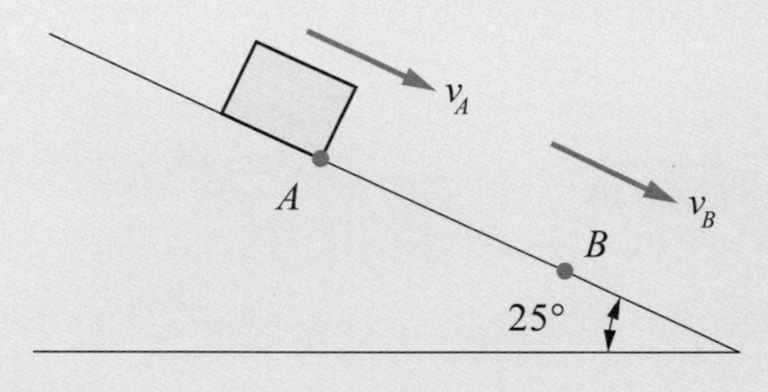

解

因接觸面光滑，無摩擦力作用，物塊僅受重力 W 與正壓力 N 兩力作用

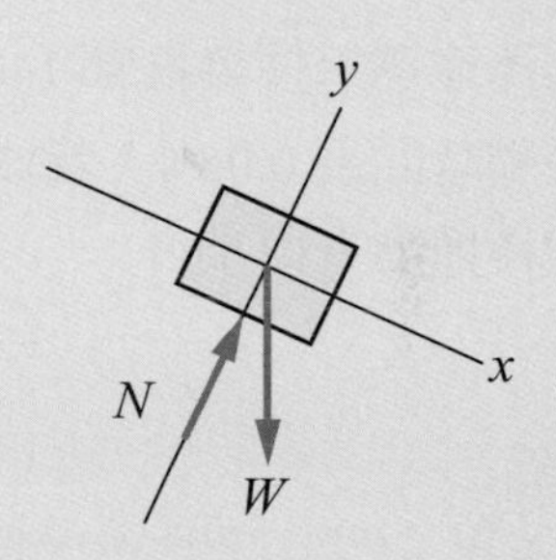

(a) 與斜面成平行之 x 方向，由式(9-10)得

$$\int_{t_1}^{t_2} F_x dt = m(v_x)_2 - m(v_x)_1$$

$$W \sin 25° \cdot t = m(v_x)_2 - m(v_x)_1$$

$$20 \times 9.81 \times \sin 25° \times t = 20(13 - 5)$$

$$t = 1.93 \text{ (s)}$$

(b) 與斜面成垂直之 y 方向，因物塊無運動，故

$$\int_{t_1}^{t_2} F_y dt = m(v_y)_2 - m(v_y)_1$$

$$(N - W \cos 25°)t = 0$$

$$\therefore N = 20 \times 9.81 \times \cos 25° = 177.82 \text{ (N)}$$

例題 9-2

以 500 N 的定力推一質量 18 kg 的手推車，使其由靜止推至速度爲 2.4 m/s 時所須時間若干？假設車輪滾動阻力爲 100 N。

解

由式(9-11)，知

$$F\Delta t = mv_2 - mv_1$$

$$(500 - 100)\,\Delta t = 18\,(2.4 - 0)$$

$$\Delta t = 0.108\ \text{(s)}$$

例題 9-3

某棒球選手揮棒打擊 140 km/hr 之快速直球，當球棒之推力爲 160 N，且棒與球之接觸時間爲 0.06 s，若球重爲 120 g，則球被擊出之速度若干？假設球運動方向與球棒揮動方向平行。

解

$$F\Delta t = mv_2 - mv_1$$

$$160 \times 0.06 = 0.12\left[v_2 - \left(\frac{-140 \times 1000}{3600}\right)\right]$$

$$v_2 = 41.11\ \text{(m/s)}$$

例題 9-4

二作用力 F_1、F_2 其大小與時間之變化如圖所示，當二力作用在同一質點上，質點質量 0.8 kg，F_1 為 x 方向作用力，F_2 為 y 方向作用力，當 $t=0$ 時，質點速度 $\vec{v}=9i+0j$ m/s，試求 $t=4$ 時質點速度 $\vec{v}=$？

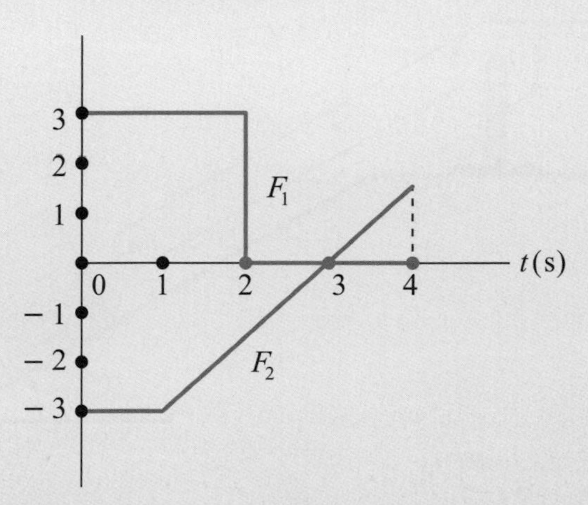

解

$$\int_{t_1}^{t_2} F_x dt = m(v_x)_2 - m(v_x)_1$$

$3\times 2 = 0.8\,(v_x)_2 - 0.8\,(9)$　$\therefore (v_x)_2 = 16.5$ (m/s)

$$\int_{t_1}^{t_2} F_y dt = m(v_y)_2 - m(v_y)_1$$

$$(-3)\times 1+\frac{1}{2}\times 2\times(-3)+\frac{1}{2}\times 1\times 1=0.8(v_y)_2-0.8\times 0$$

$\therefore (v_y)_2 = -\,6.88$ (m/s)

$\therefore v = 16.5\,\vec{i} - 6.88\,\vec{j}$ (m/s)

例 9-5

如圖所示，滑車重 120 kg，以 6 m/s 之速度沿光滑斜坡下滑，作用力 P 值大小隨時間增加，如圖，則滑車於幾秒後開始沿斜坡上行？

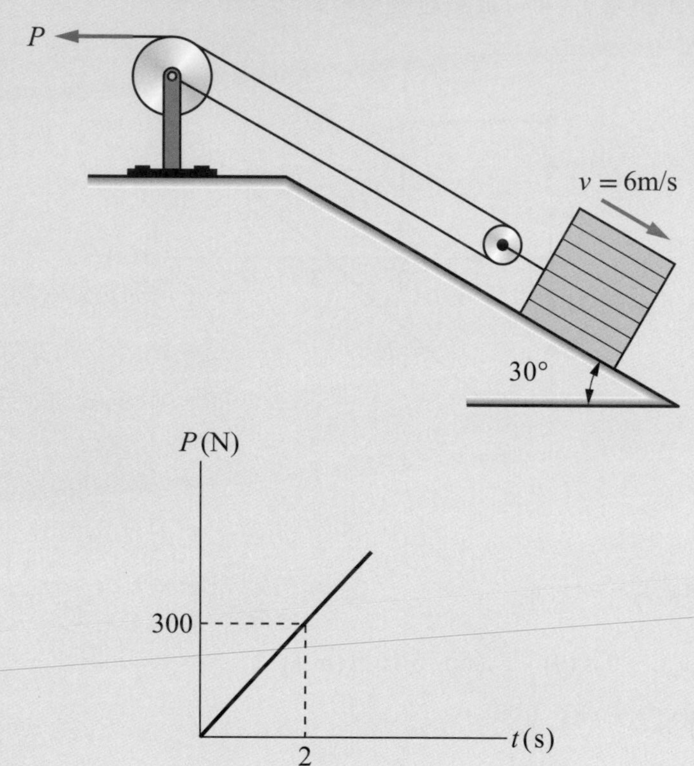

解

$$\int_{t_1}^{t_2} F dt = mv_2 - mv_1$$

$$\left(\frac{1}{2}\times t\times(150t)\right)\times 2 - 120\times 9.81\times \sin 30° t = 120(0-(-6))$$

$$150t^2 - 588.6t - 720 = 0$$

$$\therefore t = 4.9\ (\text{s})$$

三、線動量不滅定律

當作用於一質點系統的所有外力產生的總線衝量等於零時，即

$$\vec{I}_{1-2} = \int_{t_1}^{t_2} \vec{F} dt = 0$$

由式(9-13)知

$$\boldsymbol{m\vec{v}_1 = m\vec{v}_2} \text{ 或 } \boldsymbol{\vec{v}_1 = \vec{v}_2} \quad (9\text{-}16)$$

上式表示作用於一質點系統之所有外力產生的總線衝量爲零時，質點系統的線動量總和恆保持不變，或質心速度恆爲定值，此即線動量不滅定律(principle of conservation of linear momentum)。

此定律常用於解兩物體碰撞之問題，將碰撞兩物體視爲一個質點系統，在極短旳碰撞期間，雖然兩物體間的碰撞力既大且複雜，但因爲對此質點系統而言爲內力，計算碰撞期間之總線衝量 $\int_{t_1}^{t_2} \vec{F} dt$ 時，不必予以考慮，因爲總線衝量 $\int_{t_1}^{t_2} \vec{F} dt$ 僅由作用於此質點系統的外力產生。

若碰撞發生於水平平面，且碰撞期間，兩物體無任何水平面方向之外力作用(或此力很小，所產生之線衝量 $\int_{t_1}^{t_2} \vec{F} dt$ 可忽略不計，如摩擦力)，則水平面方向之總線衝量爲零，線動量不滅定律成立。

在垂直方向之總線衝量也爲零，因物體重量 W 與地面正壓力 N 大小相等，方向相反，所產生之線衝量互相抵銷，由碰撞前後垂直方向速度皆爲零，亦可得知此結果。

例題 9-6

高速公路紅、藍兩部轎車，紅車質量 1000 kg，以 90 km/hr 之速度行駛，藍車質量 600 kg，以 130 km/hr 之速度從紅車後面追撞紅車，並扭結在一起，試求兩車碰撞後扭結在一起之共有速度？

解

將紅、藍兩部車視爲一質點系統，兩車碰撞力在此處爲系統內力，摩擦力雖爲系統外力，但因力量不大，且碰撞時間極短，故產生之衝量 $\int_{t_1}^{t_2} Fdt$ 可忽略不計，故本題可用動量不滅定律求解

兩車碰撞前之動量和等於碰撞後之動量和，即

$m_r v_r + m_b v_b = (m_r + m_b)v$

$1000 \times 90 + 600 \times 130 = (1000 + 600)v$

$v = 105$ (km/hr)

例題 9-7

警察於追捕行動中，開槍射擊一重 75 kg 並以 8 m/s 速度奔跑之歹徒。子彈 50 g，並以 850 m/s 速度命中歹徒並停於其身體中，如圖所示，試求歹徒中彈瞬間之速度。

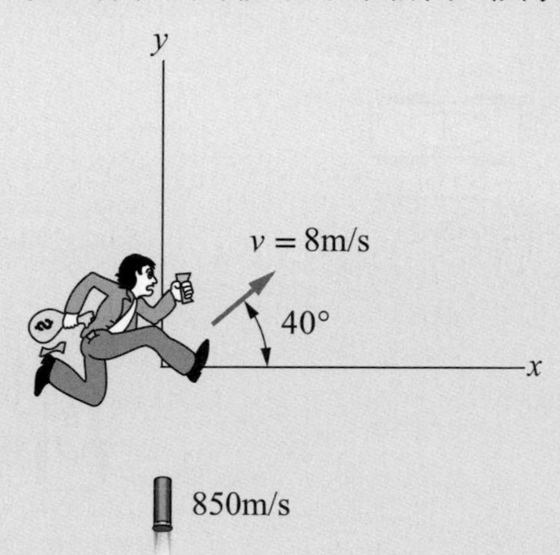

解

將歹徒和子彈視為一個質點系統，中彈期間，x-y 平面方向無任何外力，且摩擦力可忽略不計，故可依動量不滅定律得

$m_A v_A + m_B v_B = (m_A + m_B)v$

$75(8\cos 40^\circ \vec{i} + 8\sin 40^\circ \vec{j}) + 0.05(850\vec{j}) = (75 + 0.05)\vec{v}$

$\therefore \vec{v} = 6.12\vec{i} + 5.71\vec{j}$ (m/s)

例題 9-8

A 車 1800 kg 於信義路上向東以 60 km/hr 行駛，B 車 1200 kg 於新生南路向北以 90 km/hr 急駛闖紅燈欲通過路口，不料與 A 車相撞，不考慮摩擦因素則 A、B 兩車碰撞後之質心速度若干？

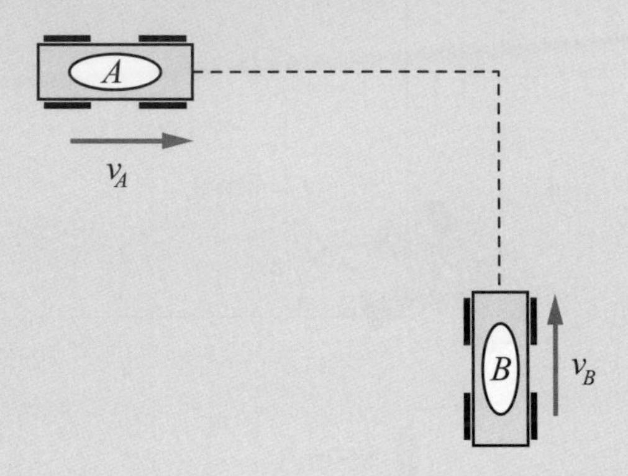

解

將 A、B 兩車視爲一質點系統，碰撞期間，因水平面方向無外力，故可依動量不滅定律得

$$m_A\vec{v}_A + m_B\vec{v}_B = (m_A + m_B)\vec{v}$$

$$(1800)(60\vec{i}) + (1200)(90\vec{j}) = (1800+1200)\vec{v}$$

$$\vec{v} = 36\vec{i} + 36\vec{j}\ \text{(km/hr)}$$

例題 9-9

如圖所示，一 25 g 的子彈以水平方向射穿物塊 A，再進入木塊 B 中，子彈造成 A、B 兩物體分別以 2.4 m/s 和 1.8 m/s 的速度移動，試求：(a)子彈的初速度 v_0；(b)子彈穿過物塊 A 到達木塊 B 時的速度？

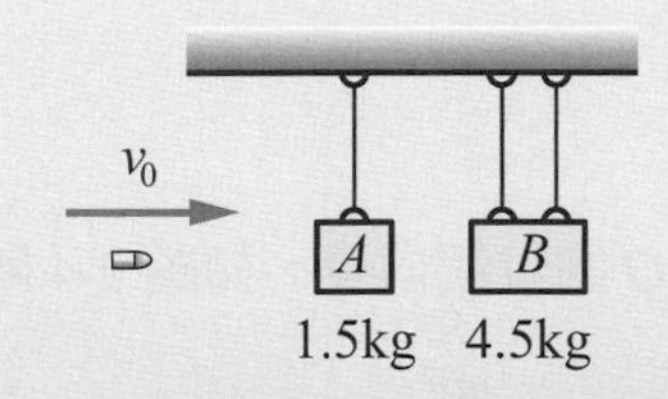

解

子彈射穿物塊 A

$m_b v_o + m_A(v_A)_o = m_b v_1 + m_A v_A$

$0.025 \times v_0 + 0 = 0.025 v_1 + 1.5 \times 2.4$ ……………… ①

子彈進入物塊 B

$m_b v_1 + m_B(v_B)_i = (m_b + m_B)v_B$

$\therefore 0.025 \times v_1 + 0 = (0.025 + 4.5) \times 1.8$ ……………… ②

$v_1 = 325.8$ (m/s)代入①

得 $v_0 = 469.8$ (m/s)

$\therefore$子彈初速度 $v_0 = 469.8$ (m/s)

子彈到達 B 時速度爲 325.8 (m/s)

四、角動量與角動量守恆

1. 質點的角動量

一質點的線動量 $m\vec{v}$ 對任一點的角動量(angular momentum)定義爲該質點的線動量 $m\vec{v}$ 對此任一點的動量矩，以 $\vec{H}$ 表示，因此，質量爲 m 的質點以速度 $\vec{v}$ 移動時，對任一點 O 的角動量爲

$$\vec{H} = \vec{r} \times m\vec{v} \tag{9-17}$$

其中 $\vec{r}$ 爲質點對任一點 O 的位置向量，如圖 9-4 所示。

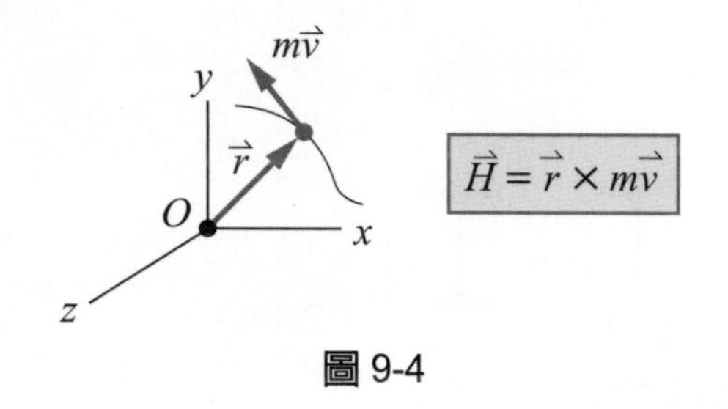

圖 9-4

2 角衝量與角動量原理

質量爲 m 之質點，由運動方程式知

$$\Sigma\vec{F} = m\vec{a} = m\dot{\vec{v}}$$

作用於質點的外力和 $\Sigma\vec{F}$ 對慣性座標原點 O 的力矩爲

$$\Sigma\vec{M}_O = \vec{r} \times \Sigma\vec{F} = \vec{r} \times m\dot{\vec{v}}$$

由向量積的微分定義得

$$\frac{d}{dt}(\vec{r} \times m\vec{v}) = (\dot{\vec{r}} \times m\vec{v}) + (\vec{r} \times m\dot{\vec{v}})$$

其中 $\dot{\vec{r}} \times m\vec{v} = m(\dot{\vec{r}} \times \dot{\vec{r}}) = 0$，故 $\frac{d}{dt}(\vec{r} \times m\vec{v}) = \vec{r} \times m\dot{\vec{v}}$，又上式中 $\Sigma\vec{M}_O = \vec{r} \times m\dot{\vec{v}}$，因此得

$$\Sigma\vec{M}_O = \frac{d}{dt}(\vec{r} \times m\vec{v})$$

由前節的討論知$(\vec{r}\times m\vec{v})$等於質點 m 對 O 點的角動量$\vec{H}_O$，故

$$\frac{d}{dt}(\vec{r}\times m\vec{v})=\dot{\vec{H}}_O$$，亦即

$$\boldsymbol{\Sigma\vec{M}_O=\dot{\vec{H}}_O} \tag{9-18}$$

上式表示作用於質點的外力對O點的力矩和等於質點對O點的角動量對時間之變化率，此關係即爲質點的角動量原理。

若將式(9-18)重新改寫爲

$$\Sigma\vec{M}_O=\frac{d\vec{H}_O}{dt}$$，則

$$\Sigma\vec{M}_O dt=d\vec{H}_O$$ 積分得

$$\Sigma\int_{t_1}^{t_2}\vec{M}_O dt=\int_{t_1}^{t_2}d\vec{H}_O=\vec{H}_{O2}-\vec{H}_{O1}$$ 則得到

$$\boldsymbol{\vec{H}_{O1}+\Sigma\int_{t_1}^{t_2}\vec{M}_O dt=\vec{H}_{O2}} \tag{9-19}$$

式(9-19)稱爲角衝量與角動量原理。

其中$\int_{t_1}^{t_2}\vec{M}_O dt=\int_{t_1}^{t_2}(\vec{r}\times\vec{F})dt$稱爲角衝量。

3. 角動量守恆

若在時間t_1和t_2之間，作用於質點上的角衝量皆爲零，則由式(9-19)可得

$$\boldsymbol{\vec{H}_{O1}=\vec{H}_{O2}} \tag{9-20}$$

即爲角動量守恆。

例題 9-10

一圓球質量 250 g，以繩索連結，如圖所示，圓球於圓盤上作等速圓周運動，當球與小孔距離 $r = 1.6$ m，小球正以 $v = 5$ m/s 的速度運動，若於繩索施以 F 之力量使繩索以 8 m/s 的速度下滑，則當 $r = 0.8$ m 時，則：(a)圓球速度若干？(b)F 所作的功？

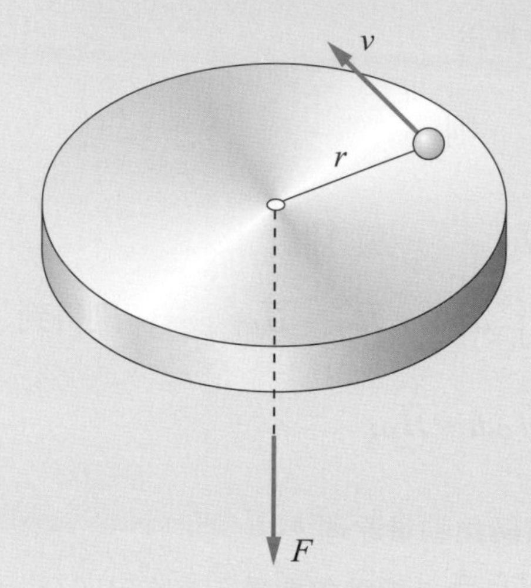

解

由球的自由體圖可知，球受一向心力 F 作用，所以其角動量爲定值。

$\therefore H_O = rmv\sin\theta =$常數

得$1.6\times0.25\times5 = 0.8\times0.25\times v'$

$\therefore v' = 10\ (\text{m/s})$

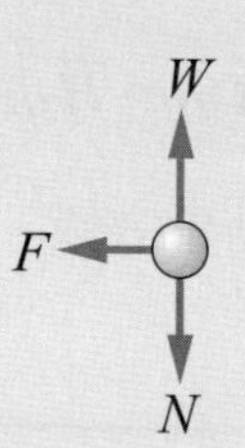

由式(8-2)功與動能之原理

$U_{1-2} = T_2 - T_1$

$\therefore U_F = \frac{1}{2}\times0.25\times10^2 - \frac{1}{2}\times0.25\times5^2 = 9.375\ (\text{J})$

五、中心力運動

一運動質點在任一瞬間之受力恆通過一固定點者稱爲中心力運動(central-force motion)，而此力稱爲中心力。

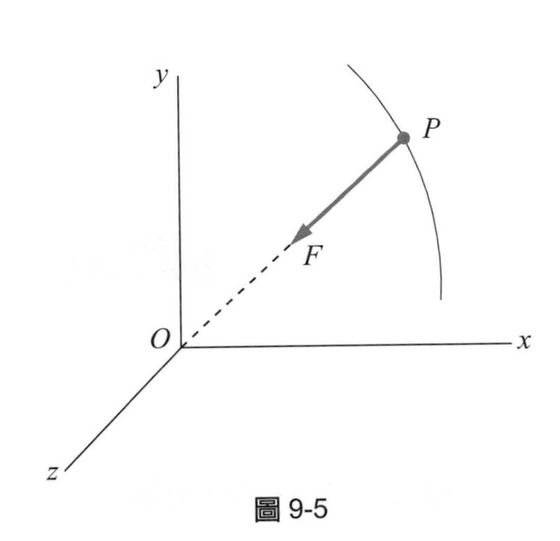

圖 9-5

參考圖 9-5，一質量爲 m 之質點，其受力 F 恆指向固定點 O，因 F 對 O 點的力矩 $m_O = 0$，由式(9-18)知

$$\overrightarrow{M}_O = \dot{H} = 0$$

上式表示質點對 O 點之角動量 $\overrightarrow{H}_O$ 恆為一常數，即

$$\overrightarrow{H}_O = \vec{r} \times m\vec{v} = 常數$$

故作中心力運動之質點，對中心 O 之角動量恆保持不變，亦即角動量 $\overrightarrow{H}_O$ 的大小及方向均不變，參考圖 9-6 由向量積的定義，其方向必與包含 $\vec{r}$ 及 $\vec{v}$ 之平面 A 垂直，其大小爲

$$H_O = r\,mv\sin\theta = 常數$$

由式(3-9)得 $v_\theta = v\sin\theta = r\dot{\theta}$，代入上式，則

$$\boldsymbol{H_O = mr^2\dot{\theta}} \tag{9-21}$$

兩端除以 m，得

$$\frac{H_O}{m} = r^2\dot{\theta} = 常數$$

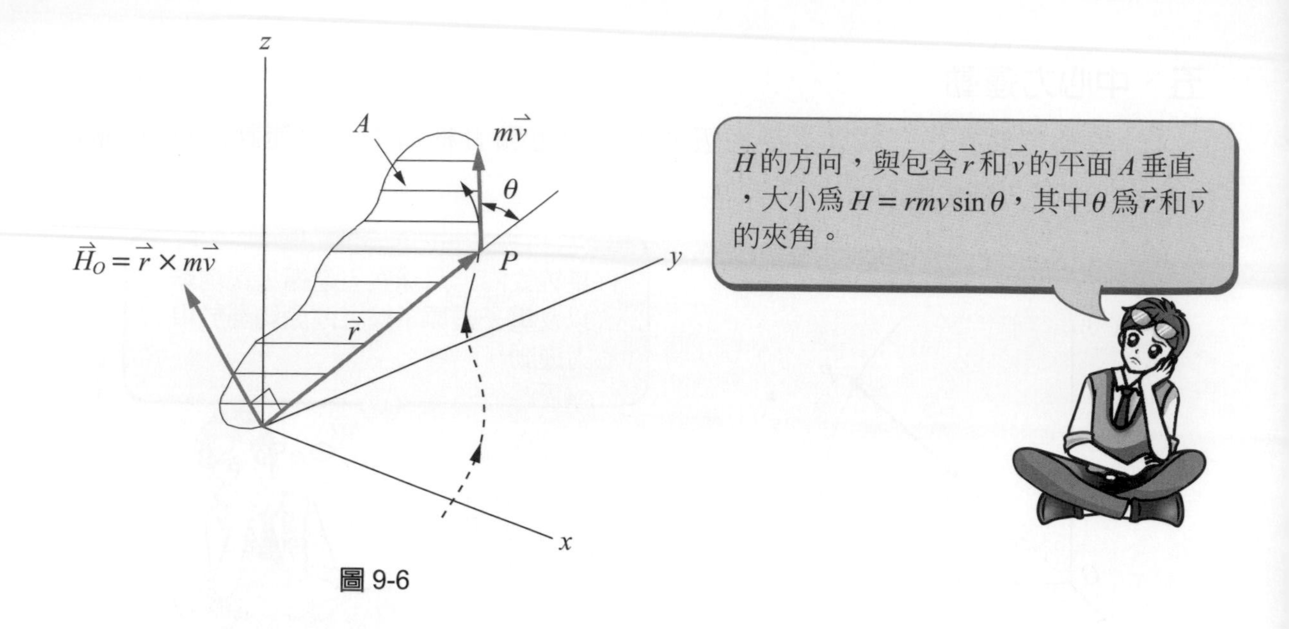

圖 9-6

參考圖 9-7，當半徑 OP 旋轉了 $d\theta$ 角度時，掃過的微分面積 $dA = \frac{1}{2}r^2 d\theta$，兩端各除以 dt，得

$$\frac{dA}{dt} = \frac{1}{2}r^2\frac{d\theta}{dt} = \frac{1}{2}r^2\dot{\theta} = \frac{1}{2}\frac{H_O}{m} = \text{常數} \tag{9-22}$$

上式表示了中心力運動的另一特性，即單位時間內質點之運動半徑所掃過的面積為一常數。

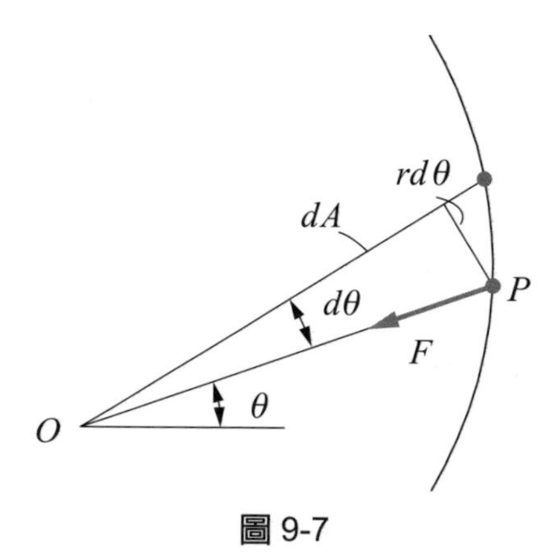

圖 9-7

例題 9-11

於距地表 300 mi 處以 15750 mi/hr 之速度發射一個與地表方向相平行的衛星，當衛星之最大高度為 6540 mi 時其速度為多少？假設地球半徑為 3960 mi(英哩)。

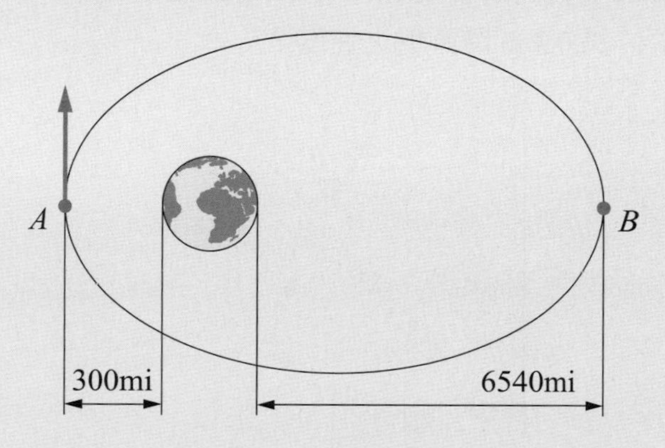

解

衛星受地球之引力向地心運動，所以其角動量為一定值

$\therefore$由 $H_O = rmv\sin\theta =$ 常數，可知

$r_A m v_A = r_B m v_B$

$(300 + 3960) \cdot m \cdot 15750 = (3960 + 6540) \cdot m \cdot v_B$

$\therefore v_B = 6390$ (mi/hr)

例題 9-12

一圓盤質量 1.5 kg，以長度 0.9m 之彈簧連結，靜止置於光滑水平面 xy 上，彈簧之彈簧常數 $k = 18$ N/m，彈簧初始未受力，若授予圓盤一速度 $v_1 = 1.8$ m/s 垂直彈簧方向，試求當彈簧伸長 0.3 m 時圓盤之速度？

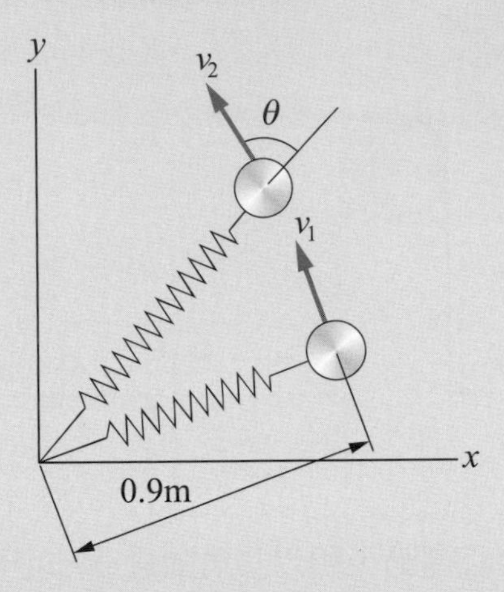

解

彈簧受一向心力，所以角動量爲定值

$H_O = rmv\sin\theta =$ 常數，可知

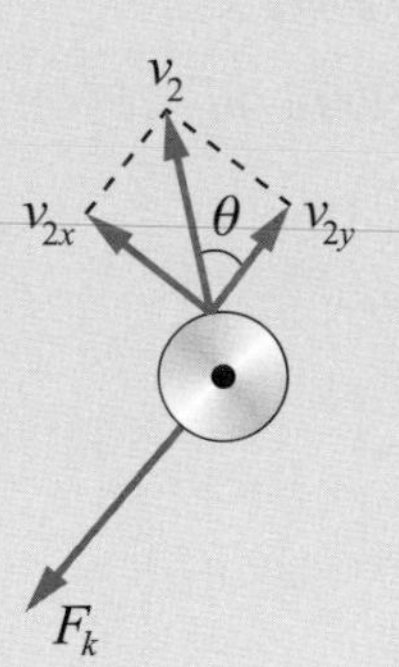

$\therefore r_1 m v_1 = r_2 m v_{2x}$

$0.9 \times 1.5 \times 1.8 = (0.9 + 0.3) \times 1.5 \times v_{2x}$

$\therefore v_{2x} = 1.35$ (m/s)

依能量不滅式(8-4)

$T_1 + V_1 = T_2 + V_2$

$$\frac{1}{2}\times 1.5\times 1.8^2 + 0 = \frac{1}{2}\times 1.5\times v_2^2 + \frac{1}{2}\times 18\times 0.3^2$$

$v_2 = 1.47$ (m/s)

$$\sin\theta = \frac{v_{2x}}{v_2} = \frac{1.35}{1.47}$$

$\therefore \theta = 66.69°$

1 警用 90 手槍，子彈質量 45 g，當其以速度 480 m/s 水平由槍口射出，若子彈於槍管中移動費時 2.5×10^{-3} sec ，試求手槍發射時之後座力？

2 A、B 兩車箱，質量分別爲 18000 kg 與 15000 kg，於水平軌道上自由滑行，如圖所示，A、B 兩車箱相向而行其速度分別爲 $v_A = 1.8$ m/s，$v_B = 0.9$ m/s，兩車箱碰撞後連結在一起，若結合過程時間爲 0.75 sec 則：(a)兩車箱碰撞後結合之速度若干？(b)結合其間之平均衝力若干？

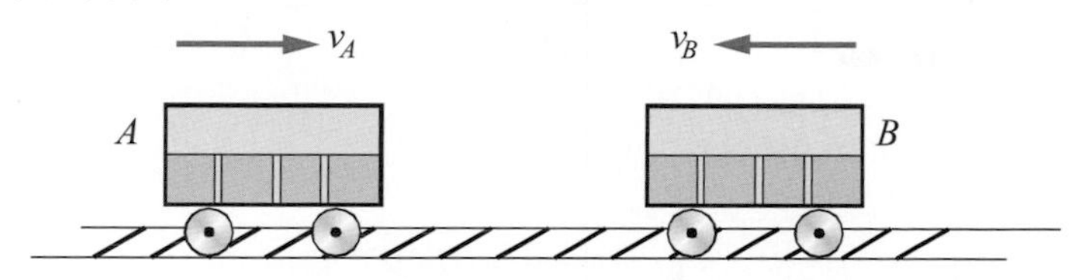

3 質量 450 kg 的重錘距一質量 800 kg 的木樁頂 0.8 m 高處，自由落下撞擊樁頂，假設撞擊後重錘不反彈，則試求重錘作用於木樁上的衝量？

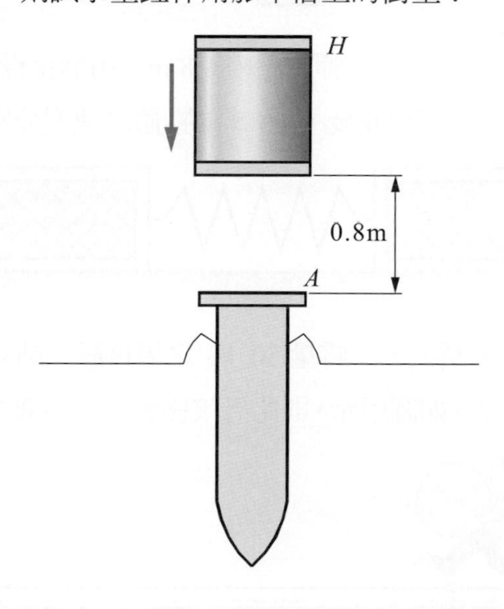

4 男、女兩小孩腳穿溜冰鞋，相對以手掌互推，兩人同時向後滑動，若兩者以 3 m/s 的相對速度相對遠離，當兩者相距 9 m 時，男、女孩速度各若干？且耗時多久？假設男孩重 35 kg，女孩重 28 kg。

5 二輛滑車 A、B 質量分別爲 5 kg、3 kg，如圖所示，兩車分別向東與向北運動，於 O 點相撞，兩車相撞前 A 車速度爲 15 m/s，相撞後 A 車往路徑 a 方向偏移因地面摩擦(摩擦係數爲 0.2)繼續運動 6 m 後停止，試求 B 車碰撞前之速度若干？

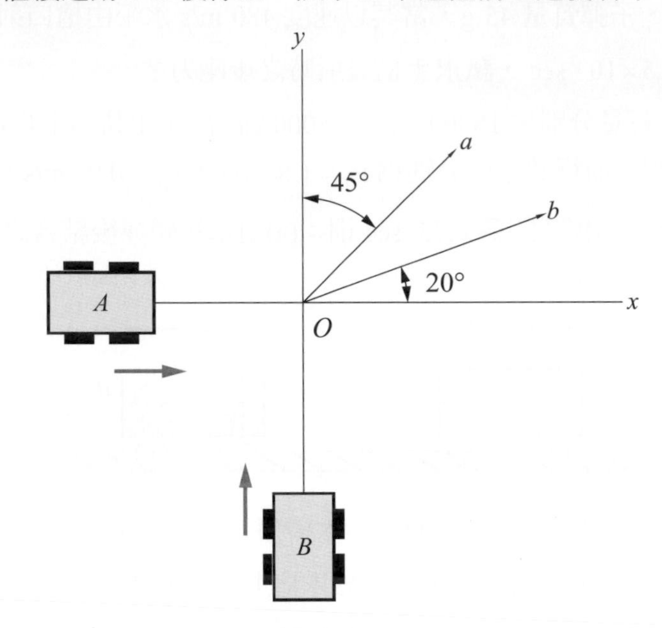

6 如圖所示，彈簧常數爲 45 N/m，彈簧壓縮 0.8 m，由靜止釋放 A、B 兩物體，質量分別爲 5 kg、8 kg，試求系統釋放後，A、B 兩物體之速度分別爲多少？

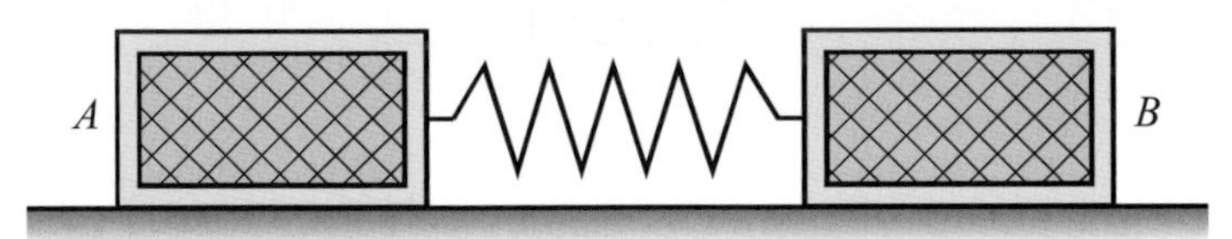

7 一平板平放於光滑水平面上，一質量 50 kg 之男孩靜止站立於平板 A 點處，當男孩走至平板 B 點處而停止，如圖所示，則此男孩移動多少距離？假設平板質量爲 15 kg。

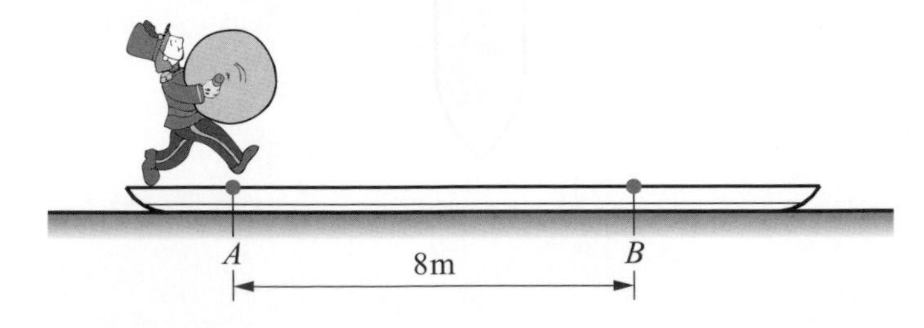

8 系統如圖所示，A、B 兩物體質量分別為 5 kg、8 kg，若不計繩索與滑輪之質量，當 B 物體由靜止釋放，6 秒後 A 物體之速度若干？

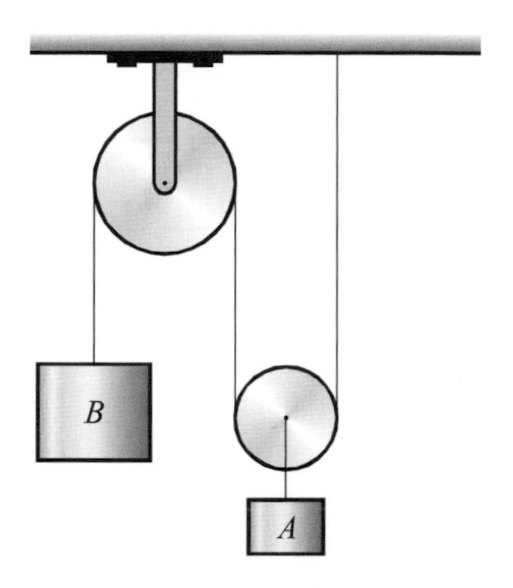

9 如圖所示，若以外力 P 拉繩索使靜止之 A 物體上升，若繩索開始被拉時之張力為零，且物體 A 之質量為 30 kg，則 P 的大小與時間關係如圖，試求：(a)幾秒後物體 A 開始向上運動？(b)6 秒後物體 A 的速度若干？

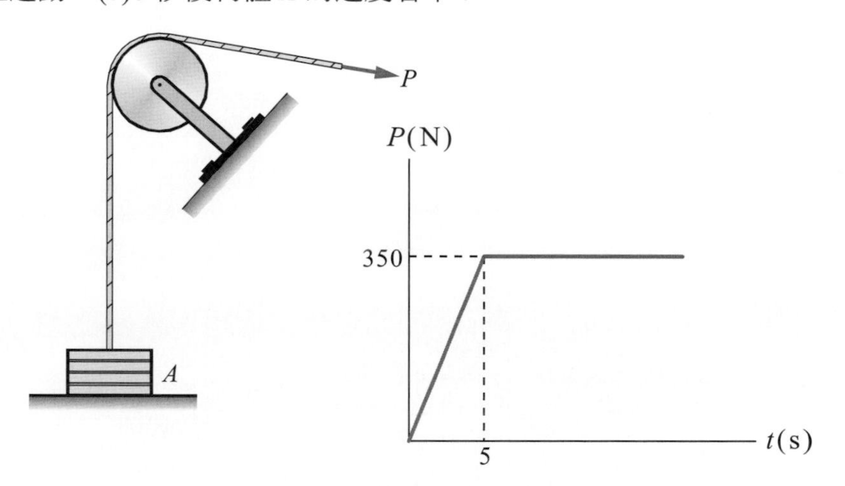

10 木箱質量 180 kg，靜止於光滑平面上，受一 300 N 的推力推之，若此推力與水平面之夾角為 30°，如圖所示，則此推力作用 8 秒後木箱的速度若干？

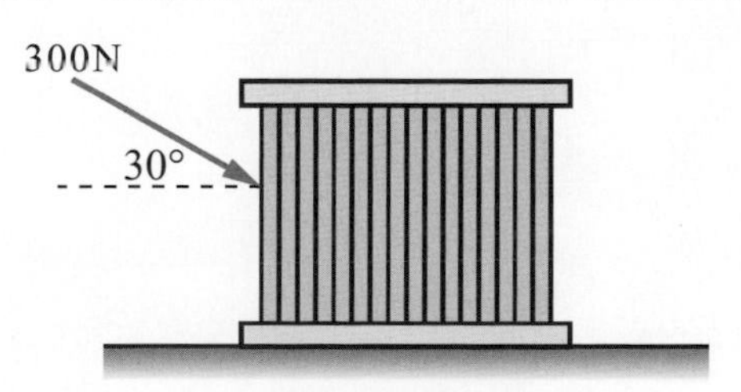

11 木箱質量 150 kg，速度 2 m/s，受一水平拉力 F，若木箱與地面之摩擦係數 $\mu_k = 0.28$，則當 F 為 680N 時，10 秒後木箱之速度若干？

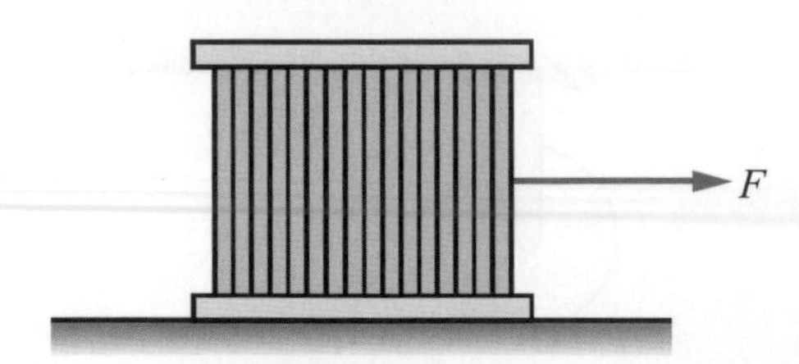

彈性碰撞

本章大綱

一、彈性碰撞概說
二、正碰撞分析
三、斜碰撞分析

學習重點

物件間的碰撞是動力學中常見的議題，若物體碰撞過程中不考慮物體的變形和恢復問題，則以動量守恆原理就可以解決，但若碰撞過程中考慮物體的變形與恢復，那就必須以本章中的彈性碰撞理論來處理。彈性碰撞中所利用的理論依據，除了前述的線動量守恆原理以外，還定義了一個恢復係數，藉由這兩者所得到的關係式，來解得物體碰撞前後的速度變化問題。

本章提要

碰撞可以分為正碰撞和斜碰撞，正碰撞以線動量守恆和恢復係數的定義即可以解決相關問題。至於斜碰撞，只要把速度分成碰撞線上的分量和碰撞面上的分量，然後以碰撞線上的分量進行正碰撞，所得到的結果，再加上未參與碰撞的部分，亦即碰撞面上的分量，就可以得到斜碰撞後的最終結果。

球從同一高度落下，與地面撞擊後的反彈速度和高度，與球的恢復係數有關，係數愈大者回彈速度愈大，高度愈高。

圖 10-1

兩個球在光滑平面上碰撞，可以依線動量守恆原理，以及恢復係數的定義，來求得碰撞後的速度。

圖 10-2

一、彈性碰撞概說

二物體在極短時間內發生互相碰撞，而且在互相碰撞時彼此間產生很大的作用力，稱爲衝擊或碰撞(impact)。二物體碰撞時，接觸面之公法線稱爲碰撞線(line of impact)。若碰撞時兩物體之質心均在碰撞線上，此種碰撞稱爲中心碰撞(central impact)如圖 10-3，若碰撞時兩物體之質心有一個不在碰撞線上，則此種碰撞稱爲偏心碰撞(eccentric impact)。

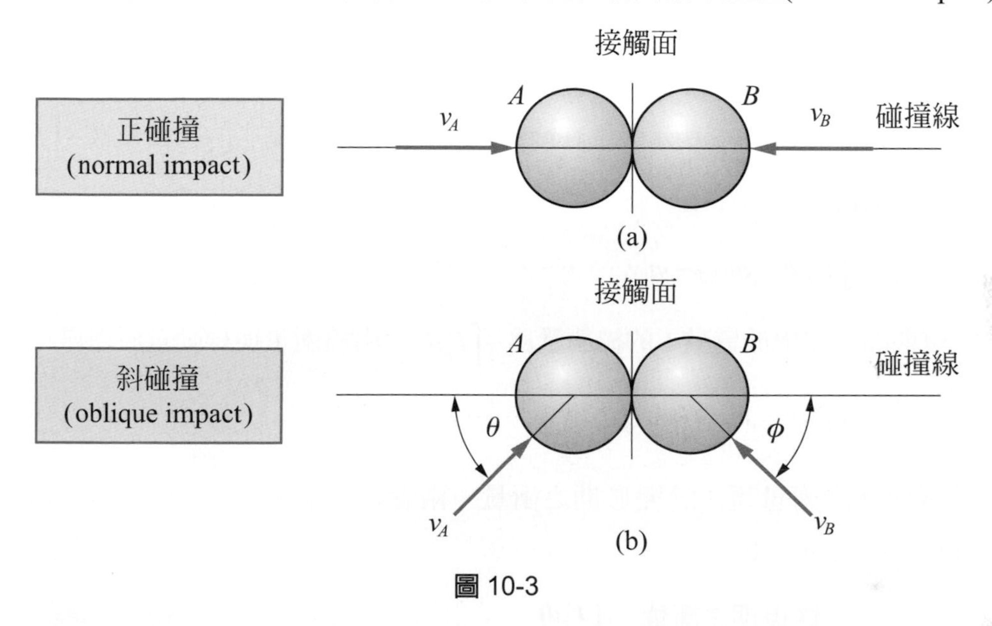

圖 10-3

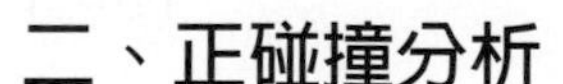

二、正碰撞分析

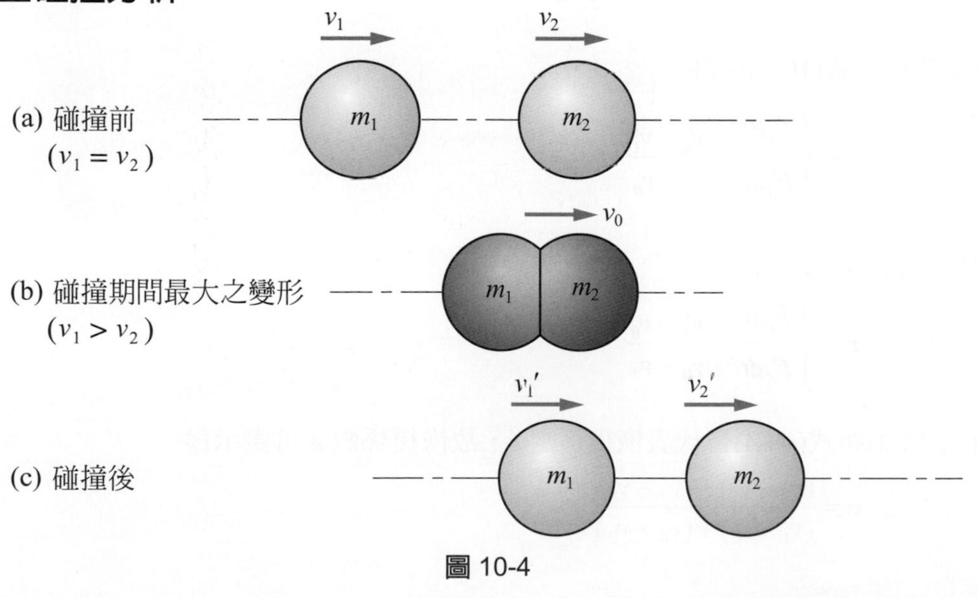

圖 10-4

現在假設速度的方向以向右為正。將二質點視為一隔離系統，因碰撞期間，無任何外力作用於此系統上，故應用動量不滅定律可得

$$\boldsymbol{m_1 v_1 + m_2 v_2 = m_1 v_1' + m_2 v_2'} \tag{10-1}$$

若有外力作用於隔離系統上，只要其產生的衝量與撞擊接觸力所生的衝量相較之下，可忽略不計，則上式仍能成立。例如撞擊期間的摩擦力往往可忽略不計，因為它所產生的衝量很小。

質點之碰撞可分為變形期及恢復期，若 F_d 與 F_r 分別代表兩質點在變形期間與恢復期間接觸力的大小，如圖 10-5 所示，則在變形期間，作用於質點 1 的線衝量為 $-\int F_d dt$，由衝量與動量原理得

$$-\int F_d dt = m_1 v_0 - m_1 v_1 \cdots\cdots\cdots\cdots\cdots ①$$

在恢復期間，作用於質點 1 的線衝量為 $-\int F_r dt$，由線衝量與線動量原理得

$$-\int F_r dt = m_1 v_1' - m_1 v_0 \cdots\cdots\cdots\cdots\cdots ②$$

通常恢復期之衝量恆小於變形期之衝量，兩者之比值稱為恢復係數(coefficient of restitution)，以 e 表示，即

$$\boldsymbol{e = \frac{\text{恢復期之衝量}}{\text{變形期之衝量}} = \frac{\int F_r dt}{\int F_d dt}} \tag{10-2}$$

將①②代入式(10-2)可得

$$\boldsymbol{e = \frac{\int F_r dt}{\int F_d dt} = \frac{v_0 - v_1'}{v_1 - v_0}} \tag{10-3}$$

同理，對質點 2 可得

$$\boldsymbol{e = \frac{\int F_r dt}{\int F_d dt} = \frac{v_2' - v_0}{v_0 - v_2}} \tag{10-4}$$

因式(10-3)與式(10-4)皆代表恢復係數 e，故恢復係數 e 可表示為

$$e = \frac{(v_0 - v_1') + (v_2' - v_0)}{(v_1 - v_0) + (v_0 - v_2)}$$

整理得到

$$e = \frac{\boldsymbol{v}_2' - \boldsymbol{v}_1'}{\boldsymbol{v}_1 - \boldsymbol{v}_2} \tag{10-5}$$

即 $v_2' - v_1' = e(v_1 - v_2)$

將式(10-1)與式(10-5)求聯立解，就可以得到兩質點在碰撞後的速度 v_1' 及 v_2'。

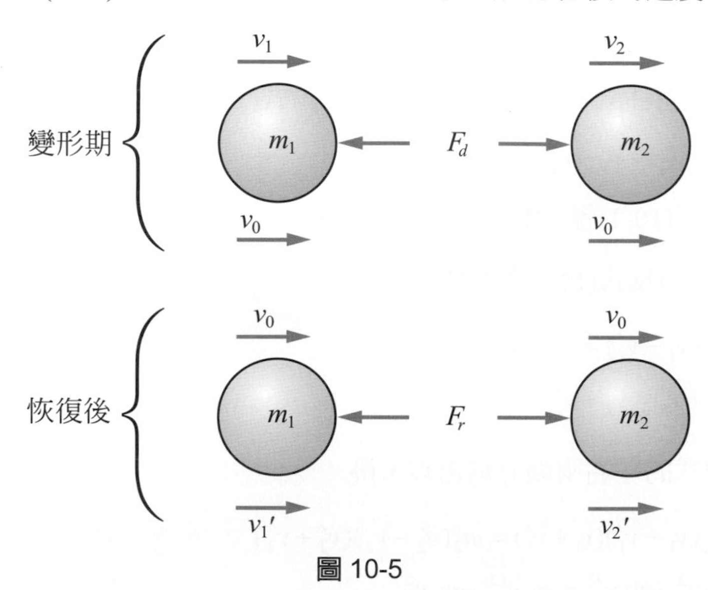

圖 10-5

一般而言，恢復係數 e 介於 0 與 1 之間，現分別討論如下：

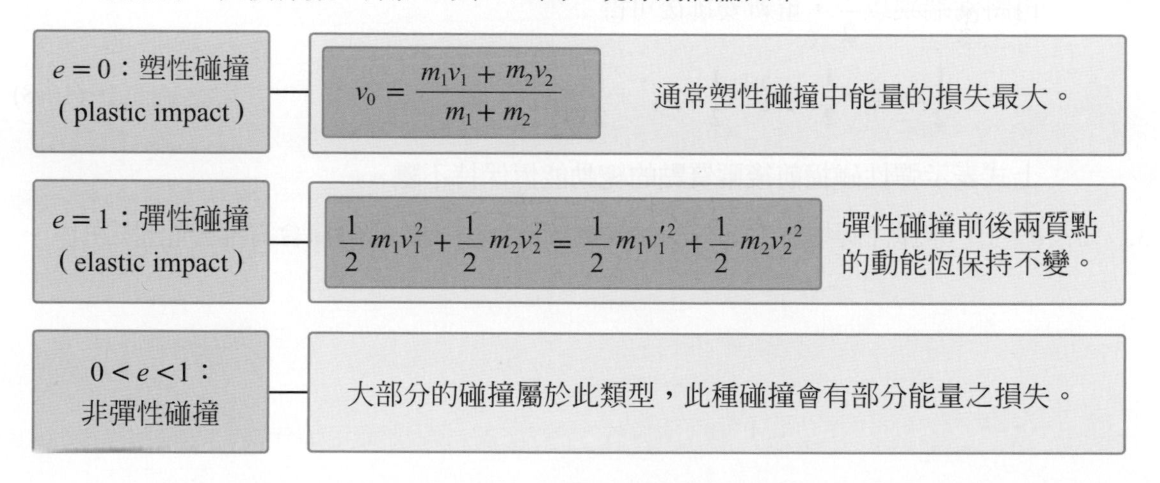

$e=0$：塑性碰撞（plastic impact）	$v_0 = \dfrac{m_1v_1 + m_2v_2}{m_1 + m_2}$	通常塑性碰撞中能量的損失最大。
$e=1$：彈性碰撞（elastic impact）	$\frac{1}{2}m_1v_1^2 + \frac{1}{2}m_2v_2^2 = \frac{1}{2}m_1v_1'^2 + \frac{1}{2}m_2v_2'^2$	彈性碰撞前後兩質點的動能恆保持不變。
$0<e<1$：非彈性碰撞		大部分的碰撞屬於此類型，此種碰撞會有部分能量之損失。

1. $e = 0$，塑性碰撞(plastic impact)，由式(10-4)及式(10-5)知，當 $e = 0$ 時，$v_1' = v_2' = v_0$，表示塑性碰撞後兩質點結合在一起運動，代入式(10-1)可得

$$m_1 v_1 + m_2 v_2 = (m_1 + m_2) v_0$$

$$\text{即 } \boldsymbol{v_0 = \frac{m_1 v_1 + m_2 v_2}{m_1 + m_2}} \tag{10-6}$$

通常塑性碰撞中能量的損失最大。

2. $e = 1$，彈性碰撞(elastic impact)，當 $e = 1$ 時，式(10-5)可簡化為

$$\boldsymbol{v_2' - v_1' = v_1 - v_2} \tag{10-7}$$

將上式與式(10-1)聯立解之，可得 v_1' 及 v_2'。

若把式(10-1)及式(10-7)改寫成下面兩式：

$$m_1(v_1 - v_1') = m_2(v_2' - v_2)$$

$$v_1 + v_1' = v_2 + v_2'$$

將上面兩式的左右兩端分別相乘，得

$$m_1(v_1 - v_1')(v_1 + v_1') = m_2(v_2' - v_2)(v_2' + v_2)$$

$$m_1 v_1^2 - m_1 v_1'^2 = m_2 v_2'^2 - m_2 v_2^2$$

再將兩端乘以 $\frac{1}{2}$，重新安排後可得

$$\boldsymbol{\frac{1}{2} m_1 v_1^2 + \frac{1}{2} m_2 v_2^2 = \frac{1}{2} m_1 v_1'^2 + \frac{1}{2} m_2 v_2'^2} \tag{10-8}$$

上式表示彈性碰撞前後兩質點的總動能恆保持不變。

3. $0 < e < 1$，非彈性碰撞，大部分的碰撞屬於此類型，此種碰撞會有部分能量之損失。

例題 10-1

一橡皮球質量 150 g，自高 4.5 m 處由靜止垂直自由落下，撞及地面後反彈 3 m，試求：(a)撞擊後瞬間皮球之速度；(b)恢復係數。

解

假設皮球撞及地面前速度 v_1，向下；撞及地面後速度 v_1'，向上，則

∵自由落體 $v=-\sqrt{2gh}$

(a) $\therefore v_1=-\sqrt{2\times 9.81\times 4.5}=-9.4\ (\text{m/s})$　　向下為負值

$v_1'=\sqrt{2\times 9.81\times 3}=7.67\ (\text{m/s})$　　向上為正值

(b) 由式(10-5)

$$e=\frac{v_2'-v_1'}{v_1-v_2}$$

∵地面碰撞前後速度皆為 0

$$\therefore e=\frac{0-(7.67)}{-9.4-0}=0.82$$

例題 10-2

大小兩鋼珠，小鋼珠質量 2 kg，以 20 m/s 之速度迎頭撞及質量為 5 kg，靜止中之大鋼珠，如圖所示，若此為彈性碰撞，試求碰撞後：(a)大小鋼珠之速度？(b)作用於大鋼珠之淨衝量？

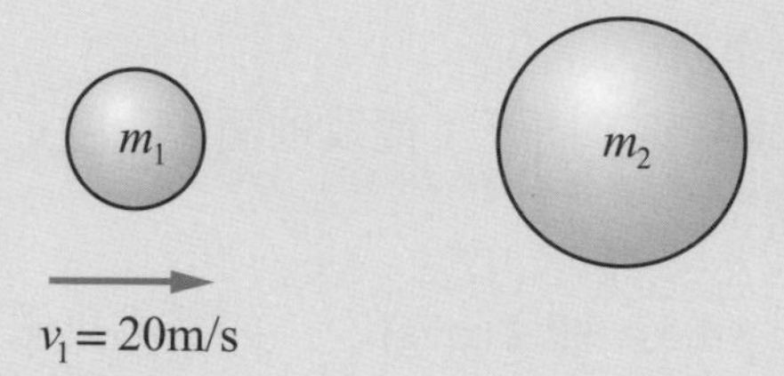

解

依式(10-1)動量不滅

$m_1v_1 + m_2v_2 = m_1v_1' + m_2v_2'$

$2\times20 + 5\times0 = 2v_1' + 5v_2' \cdots\cdots①$

由式(10-5)式

$v_2' - v_1' = e(v_1 - v_2)$

因彈性碰撞 $e = 1$，代入上式得

$v_2' - v_1' = 20 - 0$

即 $v_2' = 20 + v_1'$ 代入①

$40 = 2v_1' + 5(20 + v_1')$

$v_1' = -8.57\ (\text{m/s})$　　負號即向左

$v_2' = 11.43\ (\text{m/s})$　　正號即向右

由式(9-8)式線衝量與線動量原理

$I = m_2v_2' - m_2v_2 = 5\times11.43 - 5\times0 = 57.15\ (\text{N}\cdot\text{s})$

例題 10-3

三部同型車輛其速度如圖所示，若 A 車先撞到 B 車，則(a)三車都自動連結；(b)A 車與 B 車緊緊連結，而 C 車彈開，其間恢復係數 $e = 0$，試求(a)、(b)狀況下，各車的速度？

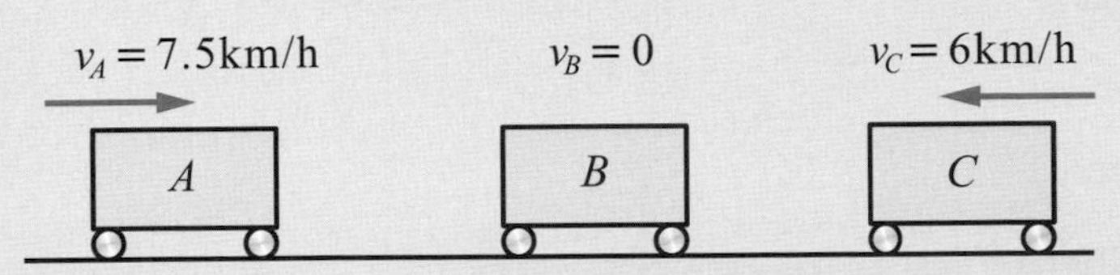

解

(a) 三車自動連結，所以 $v_A = v_B = v_C = v$ 且 $m_A = m_B = m_C = m$

$\Sigma m_i(v_i)_1 = \Sigma m_i(v_i)_2$

$\therefore (m_Av_A + m_Bv_B + m_Cv_C)_1 = (m_A + m_B + m_C)v$，代入得

$7.5m - 6m = 3mv$

$\therefore v = 0.5$ (km/h)

即 $v_A = v_B = v_C = 0.5$ (km/h)

(b) A 車與 B 車連結，C 車彈開且 $e = 1$，且 A 車先撞 B 車，

則 $v_A = v_B = v_2$，$v_C = v_3$ 且 $m_A = m_B = m_C = m$，

$\Sigma m_i(v_i)_1 = \Sigma m_i(v_i)_2$

A 車先撞 B 車

$\therefore m_A \cdot 7.5 + m_B \cdot 0 = (m_A + m_B)v'$

$\therefore v' = 3.75$ (km/h)

A 車與 B 車結合後，與 C 車碰撞前 $v = v' = 3.75$ (m/s)，與 C 車碰撞後 $v = v''$，A 車結合 B 車再撞 C 車且 C 車以回復係數 $e = 1$ 彈開，令 C 車彈開之速度爲 v_C''

$\therefore (m_A + m_B)v' + m_Cv_C = (m_A + m_B)v'' + m_Cv_C''$

$2v' + v_C = 2v'' + v_C''$

將 $v' = 3.75$ (km/h)，$v_C = 0.5$ (km/h) 代入

得　$2v''+v''_C=8\cdots\cdots$①

另由恢復係數關係得

$$e=\frac{v''_C-v''}{v'-v_C}=\frac{v''_C-v''}{3.75-0.5}=1$$

整理得

$v''_C-v''=3.25\cdots\cdots$②

解①②得

$v''=1.58\ (\text{km/h})$

$v''_C=4.83\ (\text{km/h})$

亦即碰撞後，A 車和 B 車結合爲一體，速度爲 1.58 (km/h)，C 車彈開，速度爲 4.83 (km/h)

例題 10-4

有一圓球 A 自高處滾下撞及靜止物體 B，若 $m_A=3$ kg，$m_B=10$ kg，恢復係數 $e=0.8$，試求碰撞後球與物體之速度，以及碰撞期間之能量損失？設摩擦力可以略而不計。

解

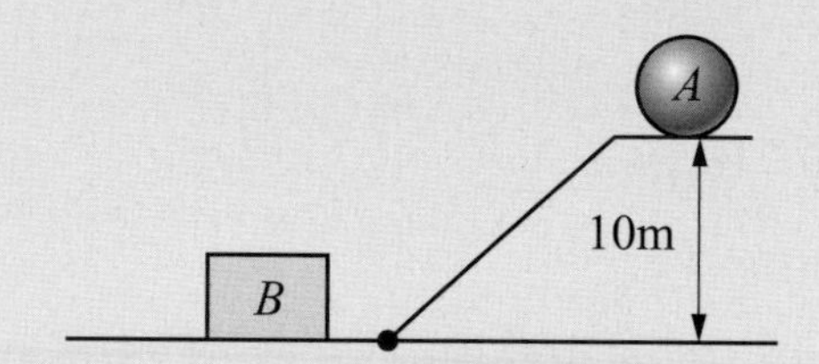

球從高處滾到平面，重力位能轉換爲動能，亦即

$$m_Agh=\frac{1}{2}m_Av_{A1}^2$$

$$v_{A1}=\sqrt{2gh}=\sqrt{2\times9.81\times10}=14\ (\text{m/s})$$

因 v_{A1} 往左方向，故取 $v_{A1}=-14$ (m/s)，$v_{B1}=0$

由線動量守恆 $L_1 = L_2$

$m_A v_{A1} + m_B v_{B1} = m_A v_{A2} + m_B v_{B2}$

得　$3 \times (-14) + 10 \times 0 = 3v_{A2} + 10v_{B2}$

或　$3v_{A2} + 10v_{B2} = -42$……①

由恢復係數定義

$e = \dfrac{v_{B2} - v_{A2}}{v_{A1} - v_{B1}}$　　得 $0.8 = \dfrac{v_{B2} - v_{A2}}{-14 - 0}$　則

$v_{A2} - v_{B2} = 11.2$……②

解①②得　$v_{A2} = 5.38\ (\text{m/s})$，$v_{B2} = -5.82\ (\text{m/s})$

碰撞期間之能量損失

$$\Delta T = T_2 - T_1$$
$$= \frac{1}{2}(m_A v_{A2}^2 + m_B v_{B2}^2) - \frac{1}{2}(m_A v_{A1}^2 + m_B v_{B1}^2)$$
$$= -81.22\ (\text{J})$$

例題 10-5

有四個質量均為 1 kg 的圓球置於光滑平面上，若 $v_{A1} = 6$ m/s，$v_{B1} = v_{C1} = v_{D1} = 0$，恢復係數 $e = 0.6$，試問由 A 撞 B 後，B 與 C，C 與 D 依次相撞，求撞擊後 D 的速度？並球碰撞期間能量損失？

解

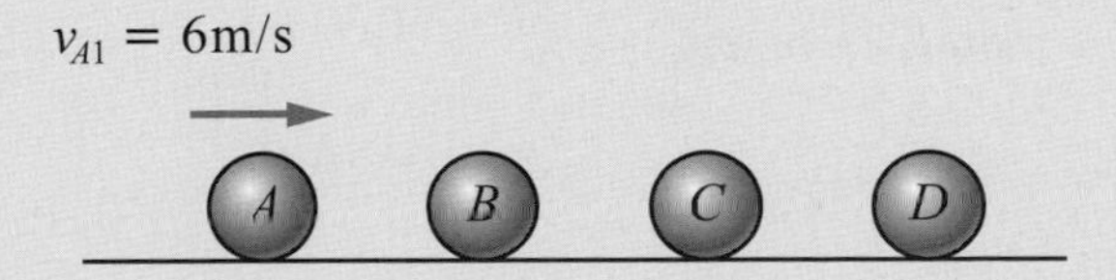

A：球 A 與球 B 碰撞

由線動量守恆

$$m_Av_{A1}+m_Bv_{B1}=m_Av_{A2}+m_Bv_{B2}$$

得 $6+0=v_{A2}+v_{B2}$

$v_{A2}+v_{B2}=6$……①

由恢復係數

$$e=\frac{v_{B2}-v_{A2}}{v_{A1}-v_{B1}} \quad 得 \quad 0.6=\frac{v_{B2}-v_{A2}}{6-0}$$

$v_{B2}-v_{A2}=3.6$……②

解①②得 $v_{B2}=4.8\ (\text{m/s})$，$v_{A2}=1.2\ (\text{m/s})$

B：球 B 與球 C 碰撞

由線動量守恆

$$m_Bv_{B2}+m_Cv_{C2}=m_Bv_{B3}+m_Cv_{C3}$$

$v_{C2}=v_{C1}=0$

$4.8+0=v_{B3}+v_{C3}$

$v_{B3}+v_{C3}=4.8$……③

由恢復係數定義

$$e=\frac{v_{C3}-v_{B3}}{v_{B2}-v_{C2}} \quad 得\ 0.6=\frac{v_{C3}-v_{B3}}{4.8-0}$$

$v_{C3}-v_{B3}=2.88$……④

由③④解得 $v_{C3}=3.84\ (\text{m/s})$，$v_{B3}=0.96\ (\text{m/s})$

C：球 C 與球 D 碰撞

由線動量守恆

$$m_Cv_{C3}+m_Dv_{D3}=m_Cv_{C4}+m_Dv_{D4}$$

$v_{D3}=v_{D1}=0$

$3.84+0=v_{C4}+v_{D4}$

$v_{C4}+v_{D4}=3.84$……⑤

由恢復係數定義

$$e=\frac{v_{D4}-v_{C4}}{v_{C3}-v_{D3}} \qquad 得\,0.6=\frac{v_{D4}-v_{C4}}{3.84-0} \quad 則$$

$v_{D4}-v_{C4}=2.304$……⑥

由⑤⑥解得 $v_{D4}=3.072\ (\text{m/s})$，$v_{C4}=0.768\ (\text{m/s})$

能量損失爲

$$\Delta T=\frac{1}{2}(m_A v_{A2}^2+m_B v_{B3}^2+m_C v_{C4}^2+m_D v_{D4}^2)-\frac{1}{2}(m_A v_{A1}^2)$$

$$=\frac{1}{2}[(1.2)^2+(0.96)^2+(0.768)^2+(3.072)^2]-\frac{1}{2}\times 6^2$$

$$=-11.8\ (\text{J})$$

例題 10-6

質量 2 kg 的圓球於位置爲 3 m 處被以 6 m/s 的速度水平方向拋出，若恢復係數 $e=0.8$，試求圓球第一次落地後之反彈速度 v 及彈跳高度 h 爲多少？

解

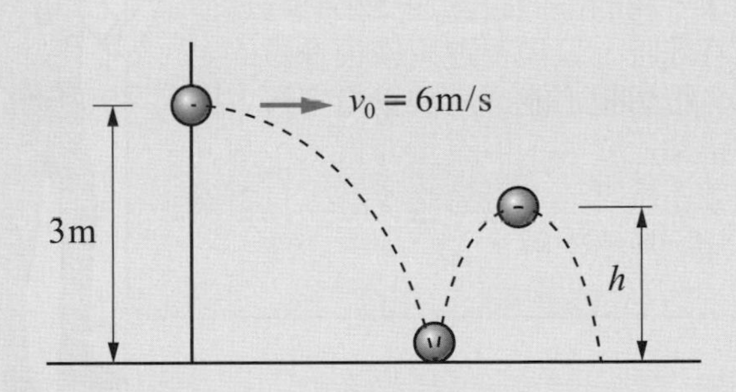

由保守力場之能量守恆

$$T_0+V_0=T_1+V_1$$

$$\frac{1}{2}mv_0^2+mgh_0=\frac{1}{2}mv_1^2+0$$

$$\frac{1}{2}\times 2\times 6^2+2\times 9.81\times 3=\frac{1}{2}\times 2\times v_1^2+\frac{1}{2}\times 2\times 6^2$$

其中 v_1 爲第一次落地時之垂直方向速度，水平方向速度則仍爲 6 (m/s)，沒有改變。

解得 $v_1 = -7.672$ (m/s)

由恢復係數定義

$$e = \frac{v_{B2} - v_{A2}}{v_{A1} - v_{B1}} \qquad 得\ 0.8 = \frac{0 - v_{A2}}{-7.672 - 0}$$

$v_{A2} = 6.138$ (m/s)

此處 v_{A2} 爲球在垂直方向的反彈速度，水平方向仍爲 6 (m/s)，故得球的反彈速度爲

$$v = \sqrt{6^2 + (6.138)^2} = 8.583\ (\text{m/s})$$

反彈高度由能量守恆定律 $T_2 + v_2 = T_3 + v_3$ 可求出即

$$\frac{1}{2}mv_{A2}^2 + 0 = 0 + mgh$$

$$\frac{1}{2} \times 2 \times (6.138)^2 = 2 \times 9.81 \times h$$

得彈跳高度 $h = 1.92$ (m)

在解碰撞問題時，如果某一碰撞物的質量極大，如地面、牆、天花板等，在碰撞前與碰撞後，我們都假設其速度小到趨近於零，在解題時，只需要運用恢復係數的定義即可，但切記不能運用線動量守恆，因爲速度雖趨近於零，但質量非常大，故其動線量並不爲零，不可忽略不計，且質量並非已知，無法求解。

三、斜碰撞分析

兩個光滑質點產生斜碰撞時，必須先確立碰撞線，然後以碰撞線爲 x 軸，垂直於碰撞線的碰撞面爲 y 軸，然後將這兩個質點的速度分解爲 x 軸和 y 軸的分量。此時以 x 軸的速度來做正碰撞分析，得到碰撞後 x 軸的速度，再將維持不變的 y 軸分量加上，即可得到斜碰撞後的眞正速度。亦即

1. 將 v_A 和 v_B 分解爲 v_{Ax}、v_{Ay} 和 v_{Bx}、v_{By}
2. 以 x 軸分量進行正碰撞

$$m_A v_{Ax1} + m_B v_{Bx1} = m_A v_{Ax2} + m_B v_{Bx2}$$

$$e = \frac{v_{Bx2} - v_{Ax2}}{v_{Ax1} - v_{Bx1}}$$

解得 v_{Ax2} 和 v_{Bx2}，且 $v_{Ay2} = v_{Ay1}$，$v_{By2} = v_{By1}$

3. 將未碰撞之 y 軸分量相加，即得到碰撞後之眞正速度

$$v_{A2} = \sqrt{v_{Ax2}^2 + v_{Ay2}^2}$$

$$v_{B2} = \sqrt{v_{Bx2}^2 + v_{By2}^2}$$

例題 10-7

籃球重 500 g，以 15 m/s 的速度與籃板成 60°碰撞，若籃板爲一光滑平板，且籃板與籃板間之恢復係數爲 0.6，試求碰撞後籃球之反彈速度與反彈角度？

解

x 方向：因籃板爲光滑平板，故在水平 x 方向無外力作用，且籃板碰撞前後之速度皆爲零，由式(10-1)動量不滅。

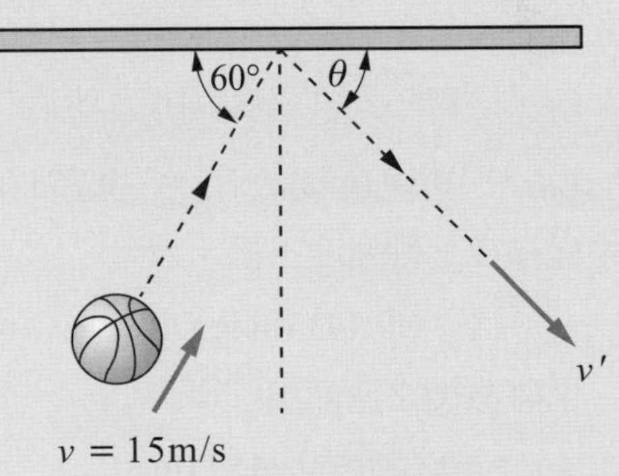

$$m_1 v_1 + m_2 v_2 = m_1 v_1' + m_2 v_2'$$

$$\therefore 0.5 \times 15\cos 60° + 0 = 0.5 v' \cos\theta + 0$$

得 $v'\cos\theta = 15\cos 60°$ ⋯⋯⋯①

y 方向：依(10-5)式得

$$v_2' - v_1' = e(v_1 - v_2)$$

$$0 - (-v'\sin\theta) = 0.6(15\sin 60° - 0)$$

$$\therefore v'\sin\theta = 9\sin 60° \cdots\cdots ②$$

$$\frac{②}{①}\ \tan\theta = \frac{9\sin 60°}{15\cos 60°} = 1.04$$

$$\therefore \theta = 46.1°$$

故 $v' = 10.82$ (m/s)

例題 10-8

質量分別為 2 kg 與 4 kg 的圓盤，在光滑平面上各分別以 0.5 m/s 與 0.8 m/s 的速度滑動，並在 O 點處互相撞擊，若恢復係數 $e = 0.6$，試求二者碰撞後的速度？

解

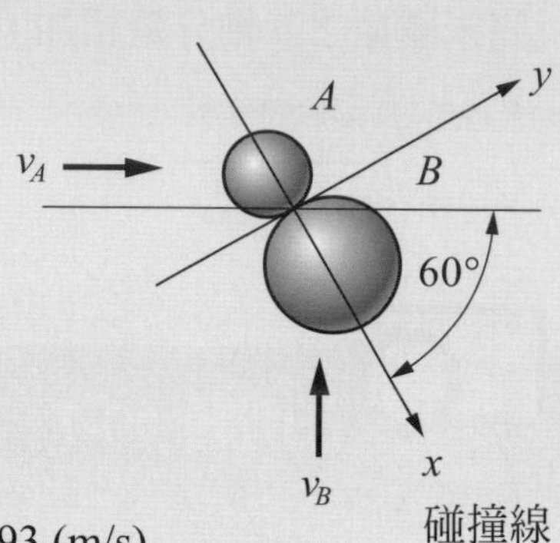

將碰撞線訂為 x 軸，則

v_A 和 v_B 在 x 軸和 y 軸的分量分別為

$v_{Ax} = v_A \sin 30° = 0.5 \sin 30° = 0.25$ (m/s)

$v_{Ay} = v_A \cos 30° = 0.5 \cos 30° = 0.433$ (m/s)

$v_{Bx} = v_B \cos 30° = -0.8 \cos 30° = -0.693$ (m/s)

$v_{By} = v_B \sin 30° = 0.8 \sin 30° = 0.4$ (m/s)

在 x 軸上進行正碰撞，$v_{Ax1} = 0.25$ (m/s)，$v_{Bx1} = -0.693$ (m/s)

$m_A v_{Ax1} + m_B v_{Bx1} = m_A v_{Ax2} + m_B v_{Bx2}$

$2 \times 0.25 + 4 \times (-0.693) = 2v_{Ax2} + 4v_{Bx2}$

$v_{Ax2} + 2v_{Bx2} = -1.136$………①

$$e = \frac{v_{Bx2} - v_{Ax2}}{v_{Ax1} - v_{Bx1}} = \frac{v_{Bx2} - v_{Ax2}}{0.25 - (-0.693)} = 0.6$$

$v_{Bx2} - v_{Ax2} = 0.566$………②

解①②得

$v_{Bx2} = -0.19$ (m/s)，$v_{Ax2} = -0.756$ (m/s)

碰撞後 y 軸速度不變，故

$v_{Ay2} = v_{Ay} = 0.443$ (m/s)，$v_{By2} = v_{By} = 0.4$ (m/s)

則碰撞後之速度為

$\vec{v}_{A_2} = -0.756\vec{i} + 0.443\vec{j}$ (m/s)

$\vec{v}_{B_2} = -0.19\vec{i} + 0.4\vec{j}$ (m/s)

或

$v_{A_2} = \sqrt{(-0.756)^2 + (0.443)^2} = 0.876$ (m/s)

$v_{B_2} = \sqrt{(-0.19)^2 + (0.4)^2} = 0.443$ (m/s)

例題 10-9

球 A 以初速度 v_0 撞擊球檯 B，在不考慮摩擦效應前提下，若恢復係數爲 e，試求 v_2 和 v_0 間之關係？

解

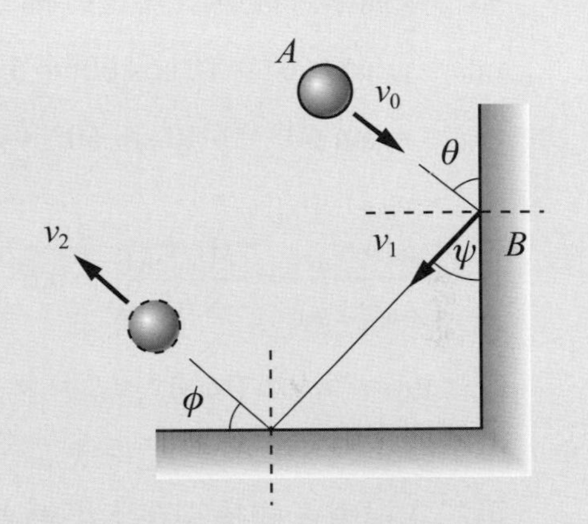

第一次撞擊在水平方向，故得

$$e=\frac{0-(-v_1\sin\psi)}{v_0\sin\theta-0}$$

則 $v_1\sin\psi=ev_0\sin\theta$　(水平)

$v_1\cos\psi=v_0\cos\theta$　(垂直)

第二次撞擊在垂直方向，故得

$$e=\frac{0-v_2\sin\phi}{-v_1\cos\psi-0}$$

則 $v_2\sin\phi=ev_1\cos\psi=ev_0\sin\theta$　(垂直)

$v_2\cos\phi=v_1\sin\psi=ev_0\sin\theta$(水平)

$$v_2=\sqrt{(v_2\sin\phi)^2+(v_2\cos\phi)^2}$$
$$=\sqrt{(ev_0\cos\theta)^2+(ev_0\sin\theta)^2}$$
$$=ev_0$$

故得關係式 $v_2=ev_0$

例題 10-10

質量 2 kg 之球 A 以 10 m/s 之速度撞擊球檯 B 邊緣，若恢復係數 $e = 0.6$，試求第二次撞擊後之速度？

解

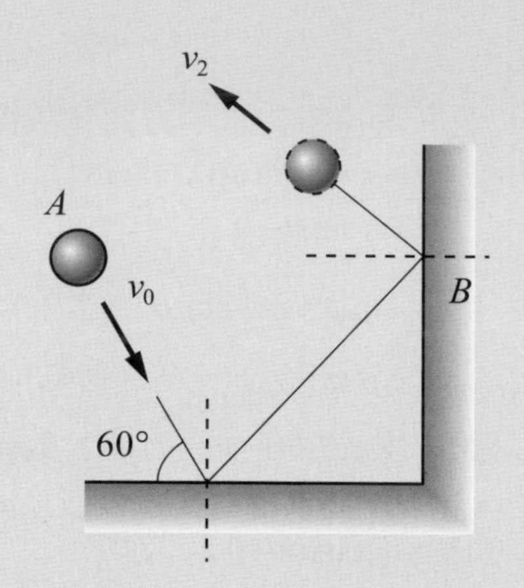

第一次撞擊，碰撞線在垂直軸上

$v_{Ax0} = v_0 \cos 60° = 10 \cos 60° = 5$ (m/s)

$v_{Ay0} = v_0 \sin 60° = -10 \sin 60° = -8.66$ (m/s)

$v_{Bx0} = v_{By0} = 0$

$$e = \frac{v_{By1} - v_{Ay1}}{v_{Ay0} - v_{By0}} = \frac{0 - v_{Ay1}}{-8.66 - 0} = 0.6$$

得　$v_{Ay1} = 5.196$ (m/s)，$v_{By1} = 0$

$v_{Ax1} = v_{Ax0} = 5$ (m/s)，$v_{Bx1} = v_{Bx0} = 0$

第二次撞擊，碰撞線在水平軸上

$$e = \frac{v_{Bx2} - v_{Ax2}}{v_{Ax1} - v_{Bx1}} = \frac{0 - v_{Ax2}}{5 - 0} = 0.6$$

得 $v_{Ax2} = -3$ (m/s)，$v_{Bx2} = 0$

又 $v_{Ay2} = v_{Ay1} = 5.196$ (m/s)，$v_{By2} = v_{By1} = 0$

則 $\vec{v}_2 = -3\vec{i} + 5.196\vec{j}$ (m/s)

或 $v_2 = \sqrt{(-3)^2 + (5.196)^2} = 6$ (m/s)

如果運用例題 10-9 之結果，可知

$v_2 = ev_0$，故得 $v_2 = 0.6 \times 10 = 6$ (m/s)

練習題

1 質量 2 kg 和 3 kg 的兩個圓盤 A 和 B 直線碰撞，試求碰撞後之速度？($e = 0.8$)

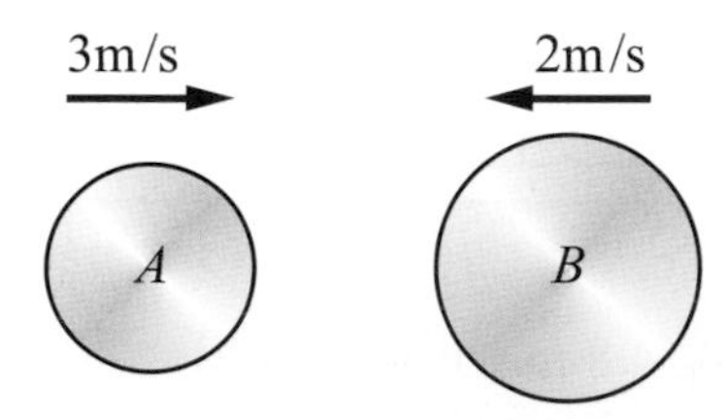

2 上題中若希望碰撞後圓盤 B 能停止不動，試求恢復係數 e 應爲多少？碰撞後盤 A 的速度爲何？

3 質量 2 kg 和 3 kg 的兩個圓盤 A 和 B 直線碰撞，若欲使碰撞後圓盤 A 能停止不動，試求 e =？

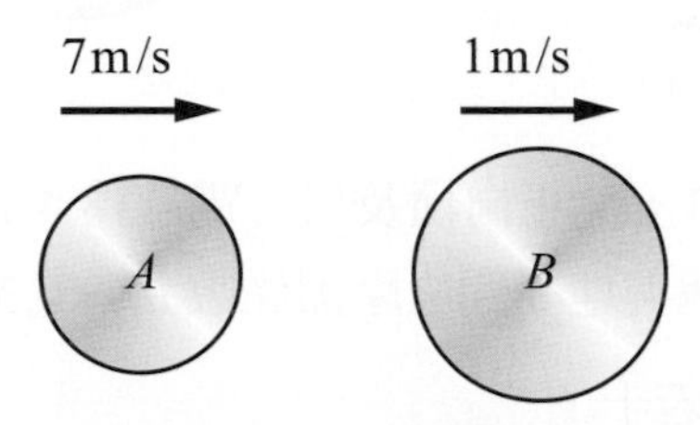

4 質量 2 kg 的球自 1 m 高處掉落於斜面，試求在 A 點處彈起之速度？($e = 0.8$)

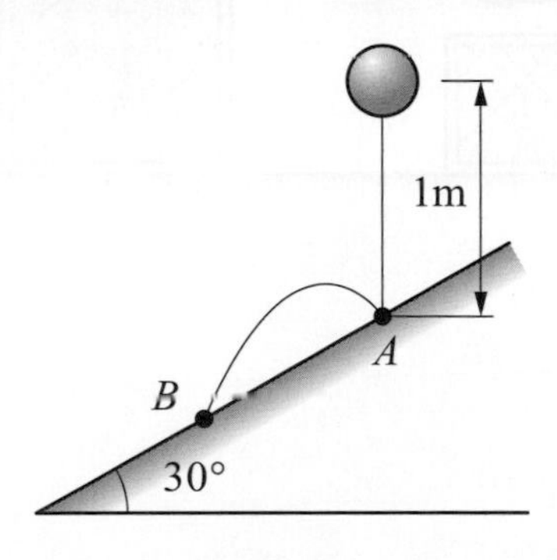

5 上題中，球彈起最高之高度爲多少？碰撞到 B 點處時之時間與距離爲多少？

6 一鋼球以速度 $v = 25$ m/s 與水平夾角 75°撞擊光滑地面，若恢復係數 $e = 0.75$，試求鋼球撞擊地面後之反彈角度與反彈速度？

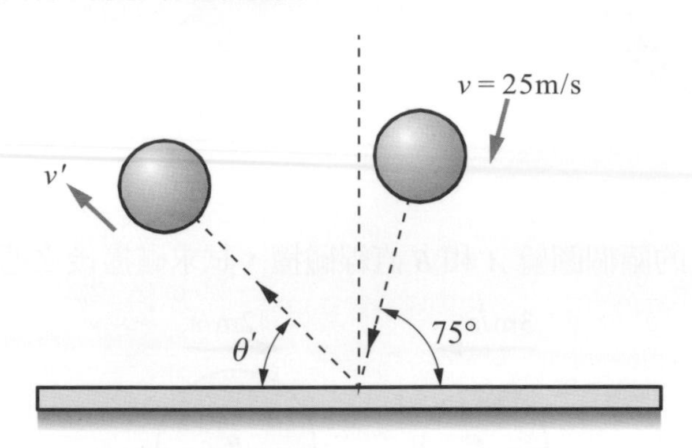

7 一鋼球 A 質量 0.8 kg 以速度 4.8 m/s 正向撞及另一質量爲 2.4 kg 之靜止鋼球，若兩鋼球間之恢復係數 $e = 0.8$，試求：(a)碰撞後 A、B 球之速度？(b)碰撞後之動能損失？

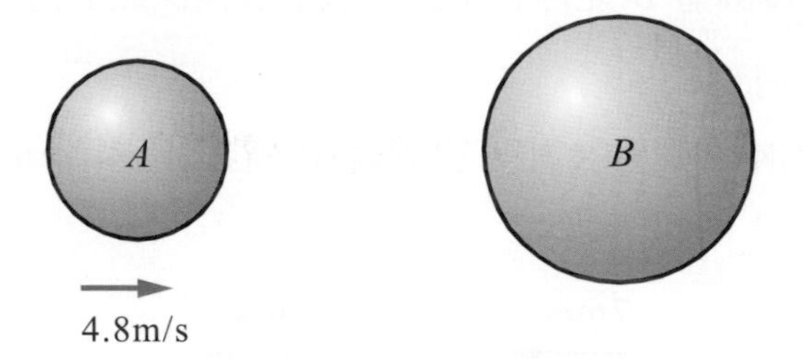

8 物塊 A 質量 5 kg 以速度 3 m/s 正向撞及另一質量爲 4 kg 之靜止物塊 B，若兩物塊間之恢復係數 $e = 0.6$ 且物塊與地面間之摩擦係數 $\mu_k = 0.35$，試求物塊 B 碰撞後至物塊 B 再度停止時所行之距離若干？

9 A、B 二球，質量相同為 100 g，速度分別為 6 m/s，4 m/s，二球碰撞後分別朝 a、b 方向運動，試求 A、B 兩球碰撞後之速度？

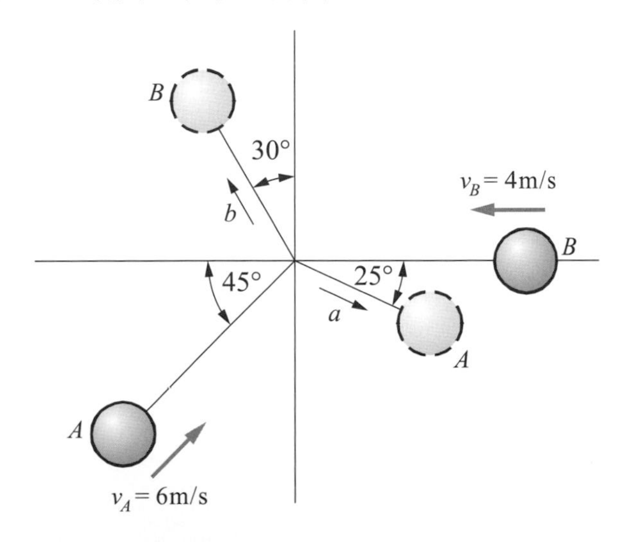

10 A、B 兩鋼板、質量相同，兩鋼板於水平面上運動，如圖所示，於 O 點碰撞，碰撞後分別朝 a、b 方向運動滑行 8 m，6 m 後停止，若動摩擦係數為 0.2，試求兩鋼板碰撞前之速度若干？

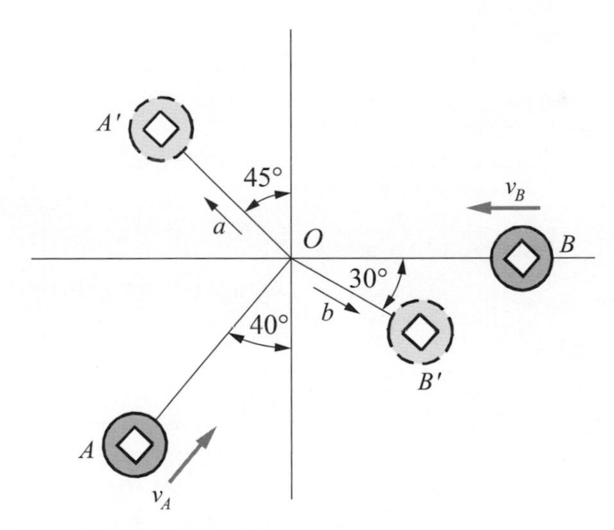

11 剛體的平面運動

本章大綱

一、剛體的平移運動
二、剛體繞固定軸旋轉運動
三、剛體的平面運動

學習重點

相對於質點運動，剛體的運動要稍微複雜一些，因為除了探討它的移動之外，也需包含旋轉運動。本章中，學習者將學習求解剛體平移與旋轉運動問題的方法，再學習將二者加以合併而得到剛體平面運動的解答。

本章提要

質點運動是簡化物體運動的方法，實際上，物體不管多小，都具有兩個或兩個以上不同的相異點，因此當物體運動時，除了移動的軌跡以外，這個物體本身往往也在做旋轉運動。以棒球來說，投手投出的球除了沿著軌跡進入打擊區以外，以攝影機攝得的影像可以看出，棒球也在做旋轉運動，且依據棒球旋轉方向的不同，會影響打擊者擊球的運動方向。此外，在對子彈運動的攝影中，也可看到子彈在進行高速旋轉，以此產生的慣性來維持方向的穩定性。

高爾夫球在空中飛行時，除了球心的平移運動以外，還有整個球體對球心做旋轉運動，是典型的物體平面運動。

圖 11-1

小球從滑梯上方滾下，它的平移運動軌跡為曲線，而球體對球心的旋轉方向也持續在變化，雖然如此，它具有球心移動且球體繞球心旋轉的運動組合，是為平面運動。

圖 11-2

一、剛體的平移運動

剛體的平移運動定義為，剛體內任兩個點之間所連成的一條線，在運動期間都保持同一方向之運動，其實也就是剛體內的每一條線都沒有旋轉，可細分為：

1. 直線平移：剛體內的所有質點都在平行直線上運動，如圖 11-3(a)。
2. 曲線平移：剛體內所有的質點在全等曲線上的運動，如圖 11-3(b)。

因為剛體內的所有質點都作相同的運動，故作平移運動之剛體的位移、速度與加速度，可以用剛體內任一點之位移、速度與加速度表示之，因此，先前所學的質點運動可用來完全描述剛體的平移運動，而且任兩點 A 與 B 的位移、速度和加速度關係可表示為 $\vec{r}_A = \vec{r}_B$，$\vec{v}_A = \vec{v}_B$，$\vec{a}_A = \vec{a}_B$。

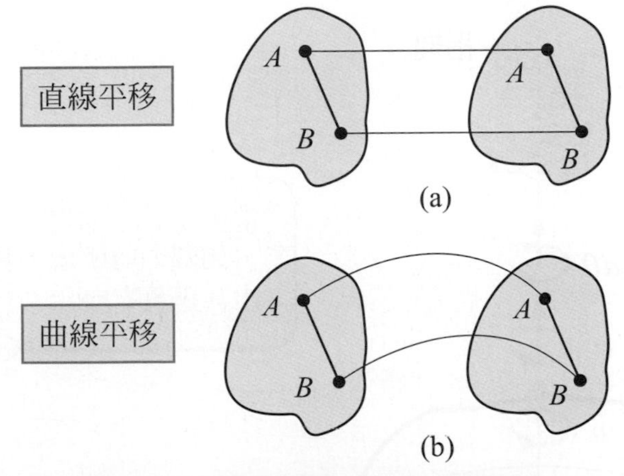

圖 11-3　剛體的直線平移與曲線平移

例題 11-1

某剛體作平移運動時，其上三個點 A、B、C 在同一時間 t 的速度和加速度分量為

$v_{Ax} = 5\ m/s$，$v_{By} = 3\ m/s$，$v_{Cz} = -2\ m/s$

$a_{Ax} = 2\ m/s^2$，$a_{By} = -4\ m/s^2$，$a_{Cz} = 3\ m/s^2$

求剛體的速度和加速度？

因 $\vec{v}_A = \vec{v}_B = \vec{v}_C$，故 $\vec{v} = \vec{v}_{Ax} + \vec{v}_{By} + \vec{v}_{Cz} = 5\vec{i} + 3\vec{j} - 2\vec{k}$

$\vec{a}_A = \vec{a}_B = \vec{a}_C$，故 $\vec{a} = \vec{a}_{Ax} + \vec{a}_{By} + \vec{a}_{Cz} = 2\vec{i} - 4\vec{j} + 3\vec{k}$

二、剛體繞固定軸旋轉運動

在此種運動中，剛體繞一固定軸旋轉，剛體上所有的質點均在垂直於該固定軸之平行平面內繞此固定軸作圓周運動，並且剛體內所有的線(包括不與固定軸相交的線)在相同時間內皆繞過相同的角度。若固定軸與剛體相交，則位在該軸上的質點為靜止不動，其所具有的速度及加速度皆等於零。

1. 線的角運動：繞固定軸旋轉的剛體如圖 11-4 所示，其上任一點 P 的運動路徑為一圓圈運動，具有下列各物理量。

- **角位置：**線 OP 在圖示位置之瞬間，其角位置由 θ 定義之，θ 角為徑向線 OP 相對於某固定參考線之夾角。

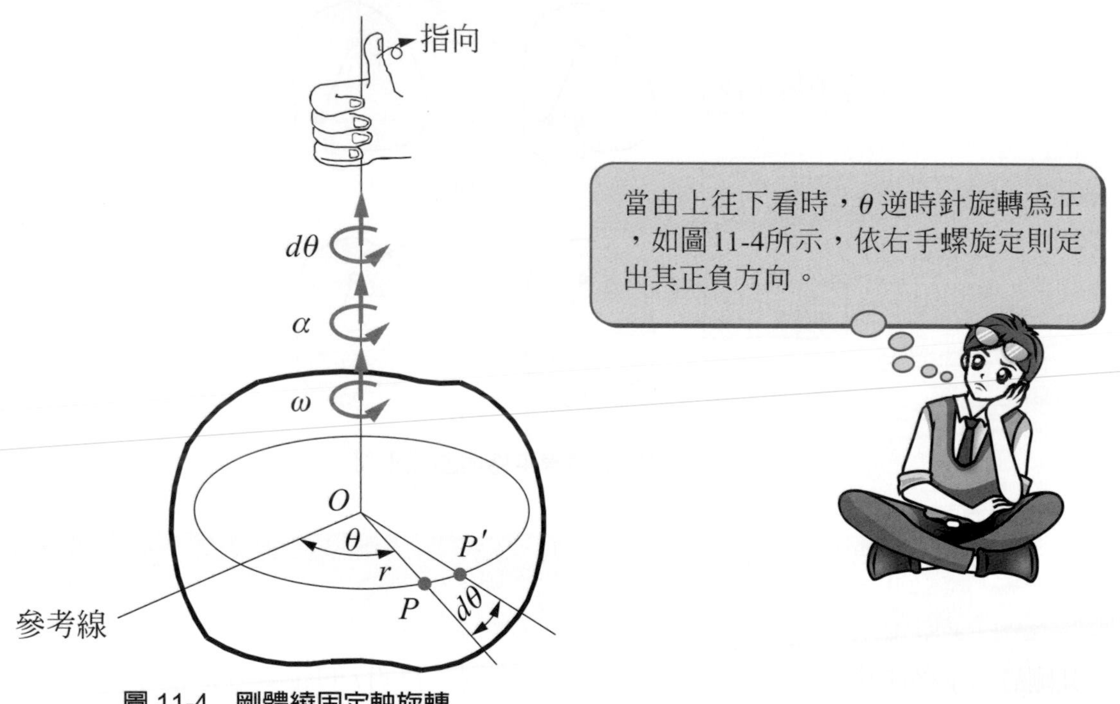

圖 11-4　剛體繞固定軸旋轉

- **角位移：**角位置之改變量稱為角位移，圖中徑向線由位置 OP 移動到 OP'，角位移 $d\vec{\theta}$ 為一向量，其大小為 $d\theta$，而依據右手定則可知 $d\vec{\theta}$ 的方向與圓周運動平面垂直，即沿著旋轉軸的方向，指向則由大姆指的指向決定，請比較圖 11-4 之 $d\vec{\theta}$ 與右手姆指指向及四指旋轉方向之關係。角位移的單位通常以弳度或角度表示之。

- **角速度**：角位移對時間之變化率稱爲角速度，以 $\vec{\omega}$ 表示之即

$$\vec{\omega}=\frac{d\vec{\theta}}{dt}$$

或 $\vec{\omega}=\dot{\vec{\theta}}$ 其大小爲

$$\boldsymbol{\omega}=\frac{\boldsymbol{d\theta}}{\boldsymbol{dt}} \tag{11-1}$$

或表示爲 $\omega=\dot{\theta}$。角速度之方向與指向皆與角位移 $d\vec{\theta}$ 相同，$d\theta$ 爲正值，$\vec{\omega}$ 方向如圖 11-4 中所示，剛體逆時針轉動，若 $d\theta$ 爲負值，則方向與圖中相反，剛體順時針轉動。角位移 $d\vec{\theta}$ 的單位通常以 rad/s 或 rpm 表示之。

- **角加速度**：角速度對時間之變化率稱爲角加速度，以 $\vec{\alpha}$ 表示之，即

$$\vec{\alpha}=\frac{d\vec{\omega}}{dt}$$

或 $\vec{\alpha}=\dot{\vec{\omega}}$ 其大小爲

$$\boldsymbol{\alpha}=\frac{\boldsymbol{d\omega}}{\boldsymbol{dt}} \tag{11-2}$$

或可表示爲

$$\alpha=\dot{\omega}=\ddot{\theta}$$

角加速度 $\vec{\alpha}$ 之方向與 $\vec{\omega}$ 相同，即沿著旋轉軸的方向，但指向則視角速度之變化 $d\vec{\omega}$ 而定。若 ω 減小，即 $d\omega$ 爲負值，則 $\vec{\alpha}$ 指向和 $\vec{\omega}$ 相反；若 ω 增大，即 $d\omega$ 爲正值，則 $\vec{\alpha}$ 與 $\vec{\omega}$ 的指向相同。

將式(11-1)及式(11-2)聯立並消去 dt 項，可得下面之關係式，即 $dt=\dfrac{d\theta}{\omega}$，

$dt=\dfrac{d\omega}{\alpha}$，則

$\dfrac{d\theta}{\omega}=\dfrac{d\omega}{\alpha}$，整理得

$$\boldsymbol{\alpha d\theta=\omega d\omega} \tag{11-3}$$

在此須注意：

(1) 若剛體作空間運動，角速度 $\vec{\alpha}$ 的方向將不一定與 $\vec{\omega}$ 相同，此時 $\vec{\alpha}$ 的方向與指向將由 $d\vec{\omega}$ 決定。

(2) 因爲質點無大小，因此"質點的角運動"便顯得毫無意義，圖 11-4中 P 點相對於圓心 O 之角運動即等於 OP 線的角運動。

(3) 因剛體不會變形，任意兩條線段的相對位置皆不會改變，所以剛體內的任一線段皆具有相同之角位移、角速度和角加速度。

● **等角加速運動：**當 α 爲定值時，將式(11-1)至式(11-3)積分，可得一組與等加速直線運動相似之角運動公式，即

$$\omega = \omega_0 + \alpha t$$

$$\theta - \theta_0 = \omega_0 t + \frac{1}{2}\alpha t^2 \tag{11-4}$$

$$\omega^2 = \omega_0^2 + 2\alpha(\theta - \theta_0)$$

其中 θ_0 與 ω_0 爲 $t = 0$ 時之角位置與角速度。

例題 11-2

某機器轉軸由靜止等加速度至 400 rpm，共轉 150 轉，試求：(a)角加速度 α；(b)所需時間？

解

$\omega_0 = 0$

$\theta_0 = 0$

$\omega = 400\ (\text{rpm}) = \dfrac{400 \times 2\pi}{60} = 41.9\ (\text{rad/s})$

$\theta = 150$ 轉 $= 150 \times 2\pi = 942\ (\text{rad})$

(a) 由式(11-4)

$\omega^2 = \omega_0^2 + 2\alpha(\theta - \theta_0)$

$(41.9)^2 = 0 + 2\alpha\,(942 - 0)$

$\therefore \alpha = 0.931\ (\text{rad/s}^2)$

(b) $\omega = \omega_0 + \alpha t$

$41.9 = 0 + 0.931t$

$\therefore t = 45\ (\text{s})$

例題 11-3

直徑 0.6 m 的輪子繞中心點固定軸旋轉，若在輪緣切線方向施予一作用力使輪緣產生切線加速度 $a_t = 0.3\,t^2$ m/s^2，試求由靜止起動 2 秒鐘後之角速度與角位移？

解

輪緣加速度為切線加速度，故

$a_t = \alpha r = 0.3\,t^2$，$r = 0.3$，代入得

$0.3\alpha = 0.3\,t^2$，$\alpha = t^2$ (rad/s^2)

由式(11-2)

$$\alpha = \frac{d\omega}{dt}，\int_0^{\omega} d\omega = \int_0^{t} \alpha dt = \int_0^{t} t^2 dt \text{ 得 } \omega = \frac{1}{3}t^3 \text{ (rad/s)}$$

$t = 2$ 代入得角速度

$\omega = 2.67$ (rad/s)

又由式(11-1)

$$\omega = \frac{d\theta}{dt}$$

$$\int_0^{\theta} d\theta = \int_0^{\omega} \omega dt = \int_0^{\omega} \frac{1}{3}t^3 dt \text{，得}$$

$$\theta = \frac{1}{12}t^4 \text{ (rad)}$$

$t = 2$ 代入得角位移

$\theta = 1.33$ (rad)

參考圖 11-5，剛體繞固定軸的旋轉運動可由一塊垂直於旋轉軸的薄平板所作的平面運動來代表。薄平板上任一點 A 繞 O 點作圓周運動，由前述之角運動公式及式(4-6)圓周運動公式，可將 A 點的速度及加速度大小改寫為

$$\begin{aligned} v &= r\omega \\ a_t &= r\alpha \\ a_n &= r\omega^2 = v^2 / r = v\omega \end{aligned} \qquad (11\text{-}5)$$

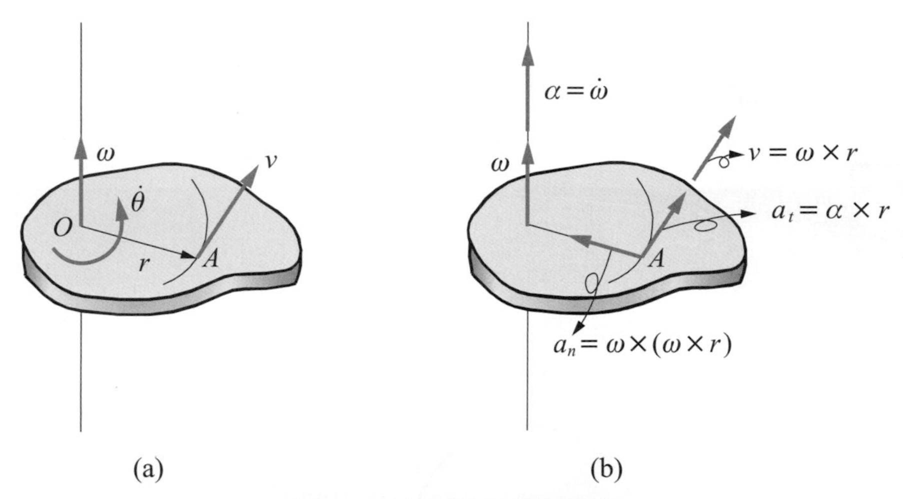

(a) (b)

圖 11-5 薄平板的平面運動

由圖 11-5(a)知速度 $\vec{v}$ 的方向與向量 $\vec{r}$ 及 $\vec{\omega}$ 垂直，向量乘積 $\vec{\omega}\times\vec{r}$ 的大小 $\omega r\sin 90° = r\omega$，與速度 $\vec{v}$ 的大小相同，該向量積的方向也與速度 $\vec{v}$ 相同，故速度 $\vec{v}$ 可由向量乘積表示如下：

$$\vec{\boldsymbol{v}} = \vec{\boldsymbol{\omega}} \times \vec{\boldsymbol{r}} \tag{11-6}$$

將式(11-6)微分，可得 A 點的加速度，即

$$\vec{a} = \dot{\vec{v}} = \vec{\omega}\times\dot{\vec{r}} + \dot{\vec{\omega}}\times\vec{r}$$

其中 $\dot{\vec{r}} = \vec{v} = \vec{\omega}\times\vec{r}$ ； $\dot{\vec{\omega}} = \vec{\alpha}$

故整理得

$$\vec{\boldsymbol{a}} = \vec{\boldsymbol{\omega}} \times (\vec{\boldsymbol{\omega}} \times \vec{\boldsymbol{r}}) + \vec{\boldsymbol{\alpha}} \times \vec{\boldsymbol{r}} \tag{11-7}$$

定義 $\vec{a}_n$ 和 $\vec{a}_t$ 分別爲法線和切線加速度，則

$$\vec{a}_n = \vec{\omega}\times(\vec{\omega}\times\vec{r})\text{，}\ \vec{a}_t = \vec{\alpha}\times\vec{r}$$

其中 $\vec{\omega}\times(\vec{\omega}\times\vec{r})$ 之大小爲 $r\omega^2$，方向由向量乘積之定義，可知是在 A 點之法線上且指向圓心 O，或說是在 $\vec{r}$ 的反方向上，故 $\vec{\omega}\times(\vec{\omega}\times\vec{r})$ 表 A 點之法線加速度 $\vec{a}_n$。$\vec{\alpha}\times\vec{r}$ 的大小爲 $r\alpha$，方向由向量乘積之定義可知是在沿 A 點之切線方向上，故 $\vec{\alpha}\times\vec{r}$ 表 A 點之切線加速度 $\vec{a}_t$。

若將薄平板的運動平面定爲 xy 平面，則 z 軸即爲固定軸，此時 $\vec{\omega} = \omega\vec{k}$ ； $\vec{\alpha} = \alpha\vec{k}$ ；而 $\vec{\omega}\times(\vec{\omega}\times\vec{r}) = -\omega^2\vec{r}$ ，負號表示指向與 $\vec{r}$ 相反，即指向圓心 O。故式(11-6)及式(11-7)可寫成

$$\vec{v} = \vec{\omega} \times \vec{r} \tag{11-8}$$

$$\vec{a} = -\omega^2 \vec{r} + \vec{\alpha} \times \vec{r} \tag{11-9}$$

例題 11-4

圖示之輪子，直徑 2 m，由靜止開始以順時針方向施以 3 rad/s^2 等角加速度 3 秒鐘，試求：(a)$t = 0$；(b)$t = 3$；(c)$t = 5$ 秒時，輪子底端之速度及加速度。

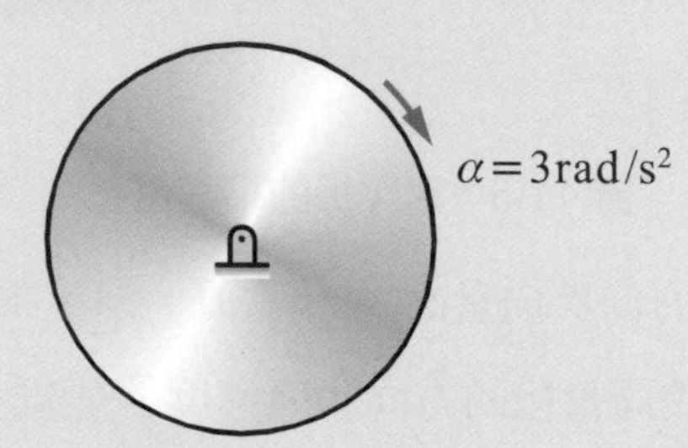

解

(a) $t = 0$

$\omega_0 = 0$

$v_0 = r\omega_0 = 0$

$a_n = r\omega_0^2 = 0$

$a_t = r\alpha = 1 \times 3 = 3\ (\text{m/s}^2)$

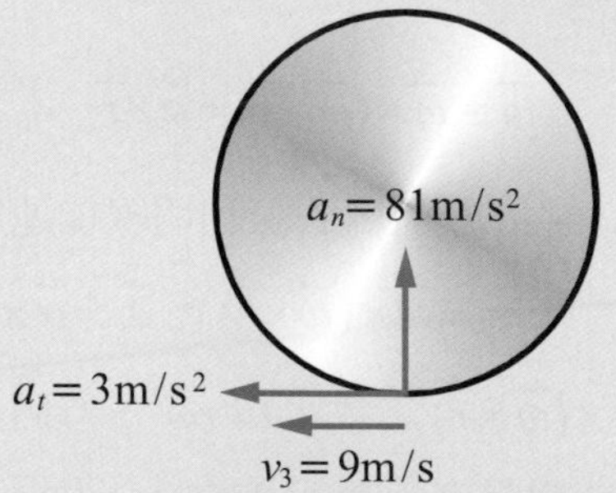

(b) $t = 3$

$\omega_3 = \omega_0 + \alpha t = 0 + 3 \times 3 = 9\ (\text{rad/s})$

$v_3 = r\omega_3 = 1 \times 9 = 9\ (\text{m/s})$

$a_n = r\omega_3^2 = 1 \times 9^2 = 81\ (\text{m/s}^2)$

$a_t = r\alpha = 1 \times 3 = 3\ (\text{m/s}^2)$

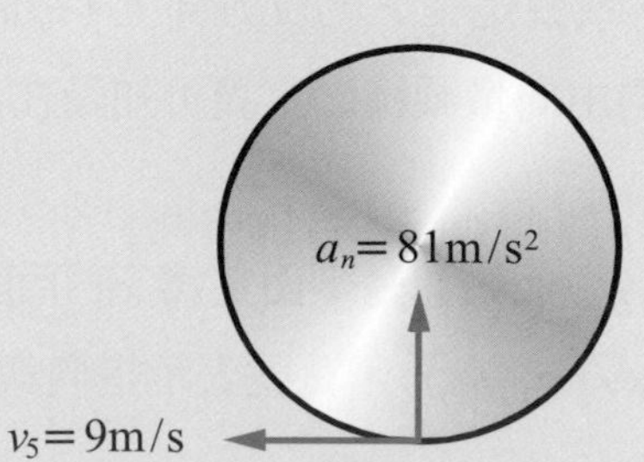

(c) $t = 5$

$\omega_5 = \omega_3 = 9\ (\text{rad/s})$

$v_5 = v_3 = 9\ (\text{m/s})$

$a_n = r\omega_5^2 = 81\ (\text{m/s}^2)$

$a_t = r\alpha = 1 \times 0 = 0$

例題 11-5

圖示之輪子原為靜止狀態，今使物塊 A 以等加速 4 m/s^2 向下加速，試求：(a)輪子的角加速度；(b)2 秒後輪子的角速度；(c)2 秒後 P 點的切線與法線加速度。

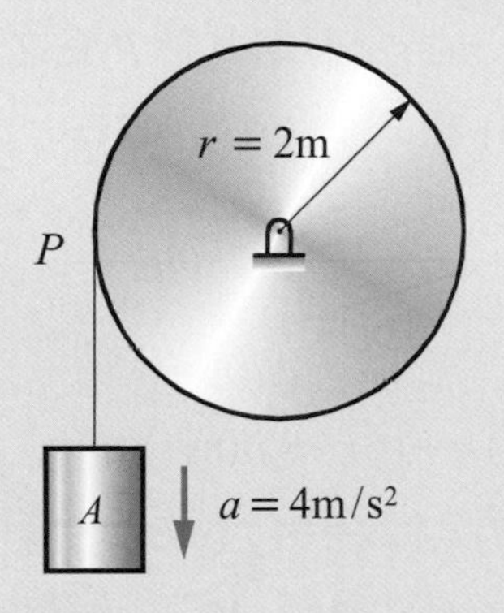

解

因輪子上的 P 點做圓周運動，故 P 點具有切線及法線加速度，今繩索與輪子相切於 P 點，故 P 點的切線加速度與物塊 A 的線加速度相同，即

$(a_t)_P = 4$ (m/s^2) (↓)

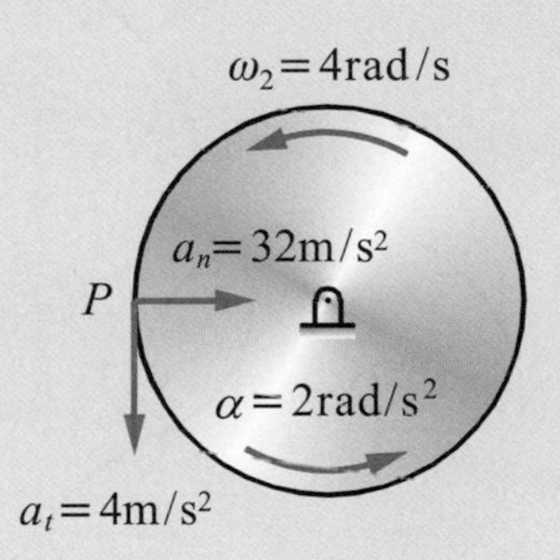

(a) $(a_t)_P = r\alpha$

$4 = 2\alpha$

$\therefore \alpha = 2$ (rad/s^2) (↻)

(b) 由式(11-4)

$\omega_2 = \omega_0 + \alpha t$

$\therefore \omega_2 = 0 + 2 \times 2 = 4$ (rad/s) (↻)

(c) 因角加速度 α 為定值，故

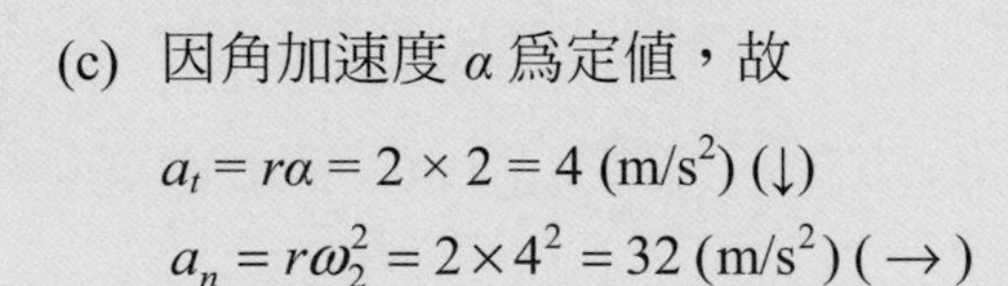

$a_t = r\alpha = 2 \times 2 = 4$ (m/s^2) (↓)

$a_n = r\omega_2^2 = 2 \times 4^2 = 32$ (m/s^2) (→)

例題 11-6

某物體之 P 點於 xy 平面並對通過原點 O 之 Z 軸旋轉，Z 軸為固定轉軸且 P 點某瞬間之座標為 $x = -2$ m，$y = 4$ m。若同一瞬間剛體對 z 軸旋轉之角速度與角加速度分別為 $\omega = 4\vec{k}$ rad/s，$\alpha = -5\vec{k}$ rad/s^2，試求此時 P 點之速度 v 與加速度 α 之向量式，並求出加速度之法線與切線分量。

解

$$\vec{r} = \overrightarrow{OP} = -2\vec{i} + 4\vec{j} \text{ (m)}$$

$$\vec{v} = \omega\vec{k}\times\vec{r} = 4\vec{k}\times(-2\vec{i}+4\vec{j}) = -16\vec{i} - 8\vec{j} \text{ (m/s)}$$

$$\vec{a}_n = -\omega^2\vec{r} = -(4)^2(-2\vec{i}+4\vec{j}) = 32\vec{i} - 64\vec{j} \text{ (m/s}^2\text{)}$$

$$a_t = \alpha\vec{k}\times\vec{r} = (-5\vec{k})\times(-2\vec{i}+4\vec{j}) = 20\vec{i} + 10\vec{j} \text{ (m/s}^2\text{)}$$

$$\vec{a} = \vec{a}_n + \vec{a}_t = (32\vec{i} - 64\vec{j}) + (20\vec{i} + 10\vec{j}) = 52\vec{i} - 54\vec{j} \text{ (m/s}^2\text{)}$$

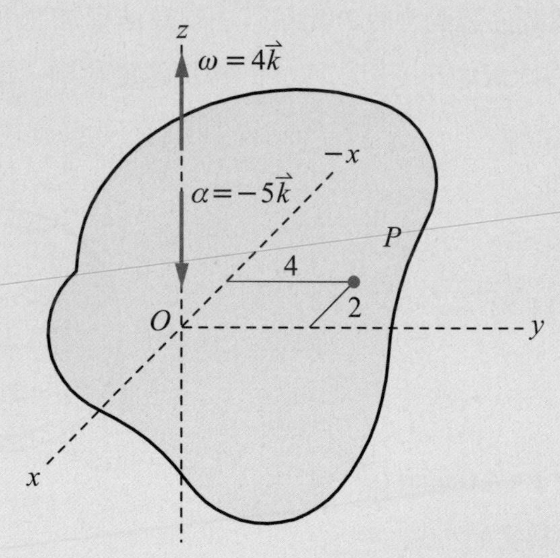

三、剛體的平面運動

剛體運動時，若其內任一點與某一固定平面恆保持相等距離，則此運動稱為平面運動，亦即剛體內的所有質點均在平行平面內運動。剛體的平面運動可視為平移與旋轉的組合，如圖 11-6 所示。

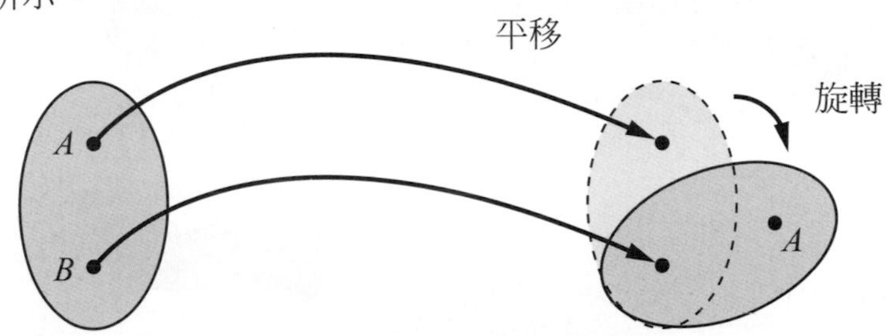

圖 11-6　剛體之平面運動

圖 11-7 中，一個圓輪在平面上滾動，對於圓輪中心點 O 來說，是平移運動，但對於圓輪上的 A 點來說，是該點繞 O 點的旋轉運動加上 O 點的平移運動之組合，是標準的平面運動。

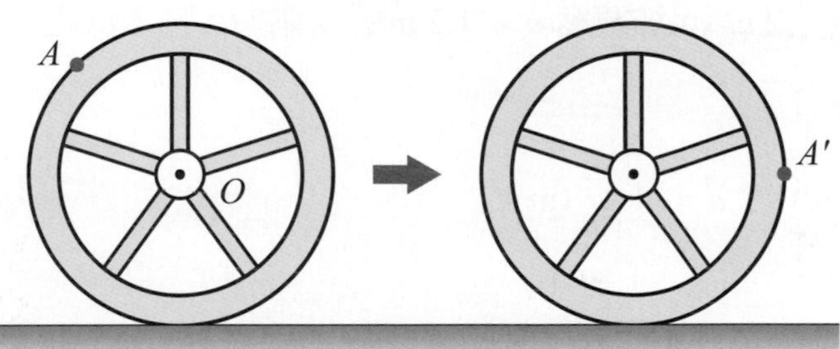

圖 11-7　圓輪之平面運動

欲分析剛體的平面運動，可將剛體視為一薄平板，首先確立薄平板上任一點的位置與旋轉角的關係式，再求其速度與角速度以及加速度與角加速度之間的關係式。

如圖 11-7 中，點 A 移動至 A'位置時，它的移動位置 s 和旋轉角 θ 之間的關係，可以根據 A 點繞中心點 O 的關係來求得，亦即

$$\boldsymbol{s = r\theta} \tag{11-8}$$

其中 r 為點 O 與點 A 之間的距離，則點 A 的切線速度與切線加速度與圓輪的轉動速度 ω 與轉動加速度 α 之間的關係，可以將式(11-8)分別對時間 t 做一次微分與二次微分，亦即

$$\boldsymbol{v = r\dot{\theta} = r\omega} \tag{11-9}$$

$$\boldsymbol{a = r\dot{\theta} = r\alpha} \tag{11-10}$$

將移動位置s和旋轉角θ的關係式對時間一次微分，便可得到線速度v與角速度ω的關係式，二次微分可得到線加速度a與角速度α的關係式。

例題 11-7

例題 11-4 中，若該輪子爲一圓形鋸片，且被裝置在一具可以滑動的平台上，試求當平台以速度 $v_c = 2$ m/s，加速度 $a_c = 1.2$ m/s^2 滑動時，輪子底端之速度及加速度？

解

平移 $\vec{v} = 2\vec{i}$ (m/s)，$\vec{a} = -1.2\vec{i}$ (m/s^2)

(a) $t = 0$

$$\vec{v}_p = \vec{v}_c + \vec{v}_0 = (2+0)\vec{i} = 2\vec{i} \text{ (m/s)}$$

$$\vec{a}_{pn} = \vec{a}_n = 0$$

$$\vec{a}_{pt} = \vec{a}_c + \vec{a}_t = (1.2-3)\vec{i} = -1.8\vec{i} \text{ (m/s}^2\text{)}$$

(b) $t = 3$

$$\vec{v}_p = \vec{v}_c + \vec{v}_3 = (2-9)\vec{i} = -7\vec{i} \text{ (m/s)}$$

$$\vec{a}_{pn} = 81\vec{j} \text{ (m/s}^2\text{)}$$

$$\vec{a}_{pt} = \vec{a}_c + \vec{a}_t = (1.2-3)\vec{i} = -1.8\vec{i} \text{ (m/s}^2\text{)}$$

(c) $t = 5$

$$\vec{v}_p = \vec{v}_c + \vec{v}_5 = (2-9)\vec{i} = -7\vec{i} \text{ (m/s)}$$

$$\vec{a}_{pn} = 81\vec{j} \text{ (m/s}^2\text{)}$$

$$\vec{a}_{pt} = \vec{a}_c + \vec{a}_t = (1.2+0)\vec{i} = 1.2\vec{i} \text{ (m/s}^2\text{)}$$

例題 11-8

直徑 1 m，以ω= 6 rad/s 順時旋轉的圓盤被由 20 m 高處以 v = 10 m/s 速度水平拋出，假設圓盤轉速忽略空氣阻力效應保持不變，試求圓盤落地點之速度及加速度？

解

圓盤落地時間爲 t，則由運動方程式

$$s = s_0 + v_0 t + \frac{1}{2}at^2$$

列出垂直方向上之關係式爲

$$0 = 20 + 0 + \frac{1}{2}(-9.81)t^2$$

得 $t = 2.02$ (s)

圓盤平移之速度及加速度爲

$$\vec{v}_x = 10\vec{i} \text{ (m/s)}$$

$$\vec{v}_y = v_{y0} + gt = 0 + (-9.81)(2.02) = -19.82\vec{j} \text{ (m/s)}$$

$$\vec{a}_x = 0 \text{，} \vec{a}_y = -9.81\vec{j} \text{ (m/s}^2\text{)}$$

圓盤旋轉落地點之速度及加速度爲

$$\vec{v}_x' = \omega\vec{k} \times \vec{r} = (-6\vec{k}) \times (-0.5\vec{j}) = -3\vec{i} \text{ (m/s)}$$

$$\vec{v}_y' = 0$$

$$\vec{a}_x' = \vec{a}_t = 0$$

$$\vec{a}_y' = \vec{a}_n = -\omega^2\vec{r} = -(6^2)(-0.5\vec{j}) = 18\vec{j} \text{ (m/s}^2\text{)}$$

故得

$$\vec{v} = (10-3)\vec{i} + (-19.82+0)\vec{j} = 7\vec{i} - 19.82\vec{j} \text{ (m/s)}$$

$$\vec{a} = (0+0)\vec{i} + (-9.81+18)\vec{j} = 8.19\vec{j} \text{ (m/s}^2\text{)}$$

1 圖中輪子繞中心點支座 O 旋轉，開始時輪子靜止，若施加作用力 F 於繩索上，並產生 $a = 3t$ m/s^2 的加速度，試求 $t = 2$s 時之角速度與角位移？

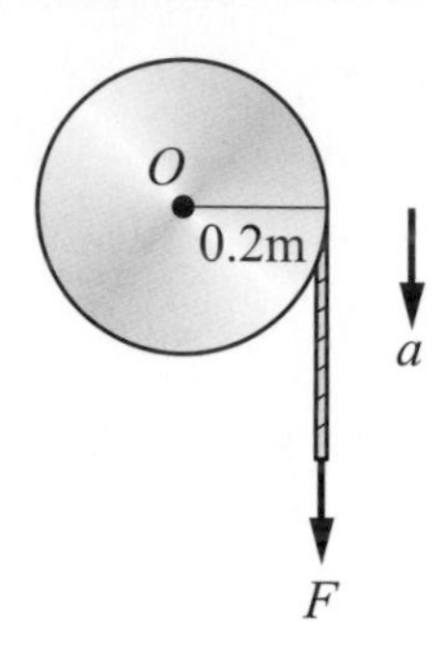

2 圓盤之角速度爲 $\omega = (2t^2 + t + 3)$ rad/s，試求 $t = 2$s 時 P 點之速度與加速度？

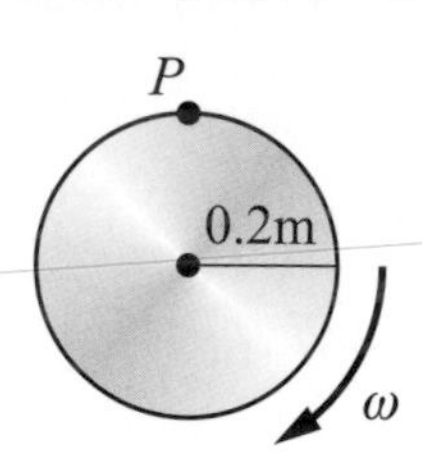

3 圓盤繞中心點 O 旋轉，若 $\omega_0 = 4$ rad/s，$\alpha = 3$ rad/s^2，試求圓盤轉 3 轉後 P 點之速度與加速度？

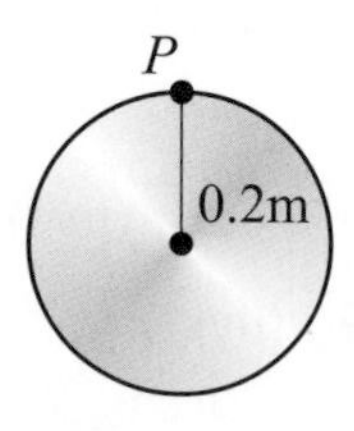

4 某曲柄軸之轉速爲 600 rpm，試求角速率 ω。

5 一輪子由靜止啓動，6 秒後轉速爲 30 rpm，試求平均加速率 α。

6 某輪軸之半徑 1 m，由 600 rpm 逆時針旋轉之轉速等減速至靜止，共費時 4 秒，試求此過程輪軸共轉了幾圈。

7 直徑 1.8 m 之垂直轉輪，由靜止啓動，以順時針方向之角加速度 2 rad/s^2 加速 4 秒，試求：(a) $t = 0$ 秒；(b) $t = 4$ 秒；(c) $t = 6$ 秒時，轉輪頂端之切線與法線加速度。

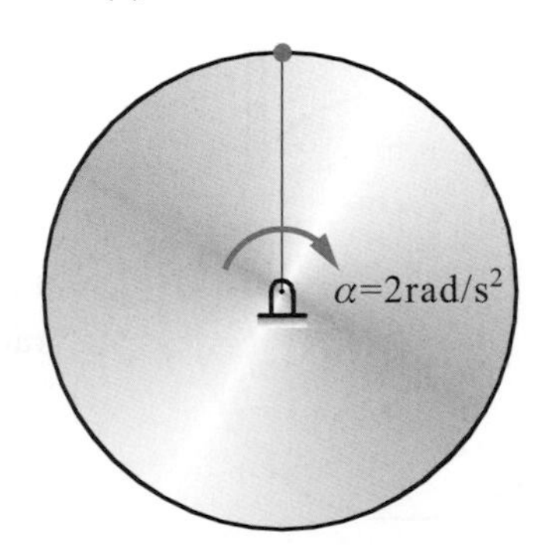

8 一圓盤於水平面上向右滾動，其中心點 O 的速度與加速度分別為 3 m/s，2 m/s^2 向右，試求圓盤上 A 點的速度與加速度？

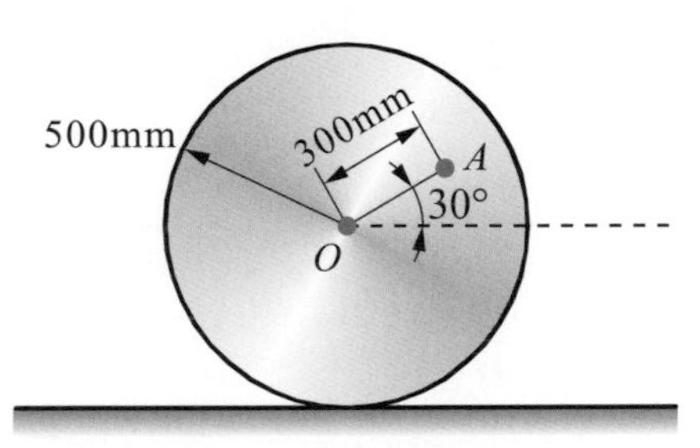

9 兩齒輪 A、B，A 點固定，B 齒輪在 A 齒輪上滾動，當齒輪 A 以 $\omega_A = 7$ rad/s 之角速度旋轉時，連桿 AB 以 $\omega_{AB} = 5$ rad/s 之角速度旋轉，試求齒輪 B 之角速度若干？

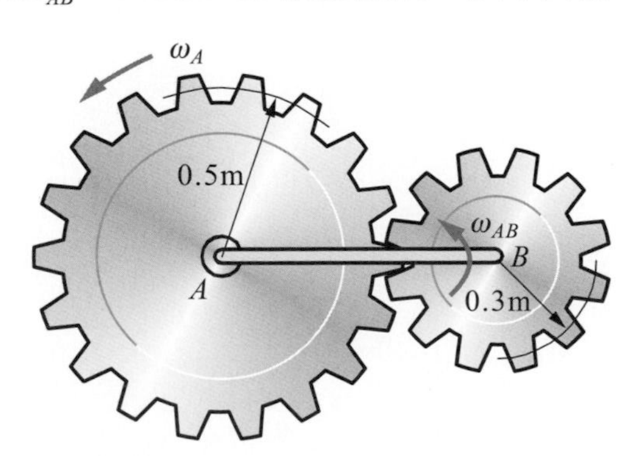

10 如圖所示，繩子繞在軸上，釋放輪軸，於瞬間其角速度為 3 rad/s 及角加速度為 5 rad/s^2，試求輪上 A 點之加速度？

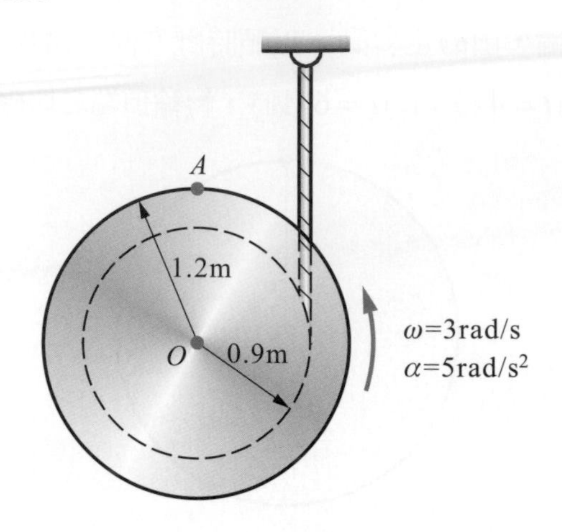

12

剛體的絕對運動與相對運動分析

本章大綱

一、剛體的絕對運動分析
二、剛體的相對運動分析

學習重點

本章在探討一個剛體同時具有一個點的平移運動和以該點為中心的旋轉運動，並得到點運動和線運動之間的關係。此外，以運動中的剛體為基準來觀察另一個剛體的運動，或以此剛體上的某個點為基準，用來觀察剛體上的另外一個點，所得到的相對位移，相對速度以及相對加速度，都將在本章中加以闡明。

本章提要

剛體的絕對運動分析，主要是透過平移運動的點和旋轉運動的直線間之相互關係，來求解兩個互相關聯剛體間的運動問題。而剛體的相對運動，其道理與質點間的相對運動相同，亦即運動中剛體上的兩個點，其相對運動可視爲兩個獨立點的相對運動。對於兩個獨立剛體上的兩個點之間的相對運動，觀念與求解方式亦皆相同。

摩天輪繞著輪的中心點旋轉，輪上的任何一個點都以圓弧路徑運動，但對上面的乘客來說，則以曲線平移在運動，而且任何兩位乘客之間還有相對運動存在。

圖 12-1

齒輪箱中的各個齒輪，與旋轉軸和機外殼之間的關係爲絕對運動，而各齒輪間則存在相對運動關係。

圖 12-2

一、剛體的絕對運動分析

剛體在作一般的平面運動時，如果同時包含一個點的平移運動，以及一直線對該平移軸的某一垂直軸進行旋轉運動，此時可分別以平移方向的位移 s 和旋轉方向的角位置 θ 來表示其運動，而 s 與 θ 間所具有的相互關係，就是描述該運動狀態的主要依據。最淺顯易懂的例子就是一個圓盤在平面上滾動而不是滑動，圓盤中心點 O 沿水平軸作平移運動，而另一方面，圓盤中心點到邊緣的某一直線 OA，以 O 點爲中心繞著垂直軸進行旋轉運動，如圖 12-3 所示。

此種類型的運動，其點的直線位移、速度與加速度間的關係爲

$$v = \frac{ds}{dt}\ ，\ a = \frac{dv}{dt} \tag{12-1}$$

而以旋轉點爲中心的直線其旋轉運動之角位移、角速度與角加速度間的關係爲

$$\omega = \frac{d\theta}{dt}\ ，\ \alpha = \frac{d\omega}{dt} \tag{12-2}$$

依據上述基本運動公式，即可求出點的運動和線的運動間的關係式。此種運動分析模式，常被應用來解決兩個相連結物件間的運動關係。

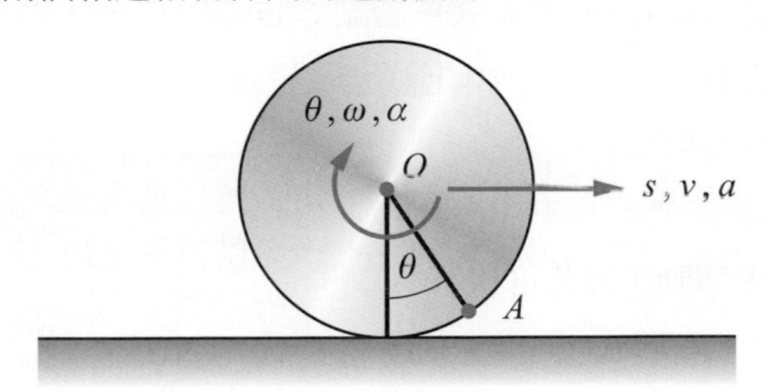

圖 12-3　圓盤中心的水平運動與線段 OA 的旋轉運動

例題 12-1

一半徑 r 之圓盤在平面上滾動，設在某一瞬間其滾動之角速度爲 ω，角加速度爲 α，試求此時圓盤中心 O 之速度與加速度，假設無滑動。

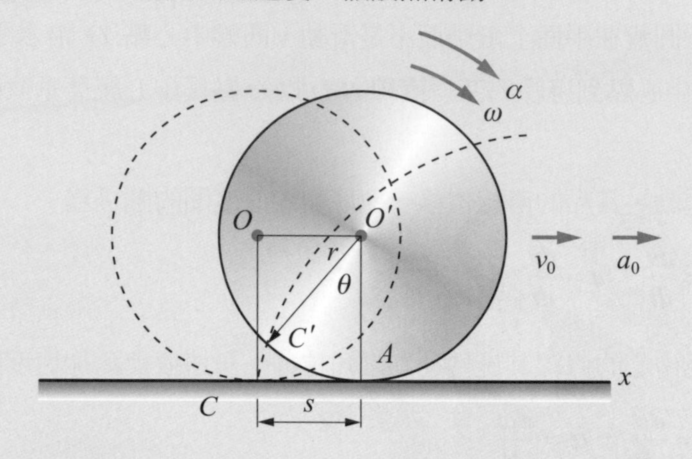

解

首先求出滾動時圓盤中心 O 之位移 s 與其轉動角度 θ 之關係。圖中圓盤由虛線位置向右滾動至實線位置，與地面接觸的點 C 也轉到 C' 點，因圓盤滾動，在無滑動之情形下，中心 O 之位移 s 等於圓盤所滾過的弧長 $\overline{C'A}$，因此可得中心 O 之位移 s 與轉動角度 θ 的關係爲

$$s = r\theta$$

因中心 O 爲直線運動，因此可利用式(12-1)與式(12-2)，得

$$v_O = \frac{ds}{dt} = \frac{d}{dt}(r\theta) = r\dot{\theta} = r\omega$$

$$a_O = \frac{d^2s}{dt^2} = \frac{d^2}{dt^2}(r\theta) = r\ddot{\theta} = r\alpha$$

參考圖 12-4 作平面運動之剛體，其內兩個質點 A 及 B，由 A_1 及 B_1 位置移至 A_2 及 B_2 位置，此平面運動可看成剛體先由 A_1 及 B_1 作絕對平移運動至 A_2 及 B_1' 位置，然後剛體再繞 A_2 作相對旋轉運動使 B_1' 移至 B_2。故剛體平面運動之分析，包括其內任一參考點 A 對固定參考座標之平移運動，加上對 A 點上固定方位之運動參考座標作旋轉運動，前者爲絕對運動，後者爲相對運動。對一位隨著 A 移動但不轉動的觀察者而言，質點 B 的路徑將爲圓心在 A 的一個圓弧。

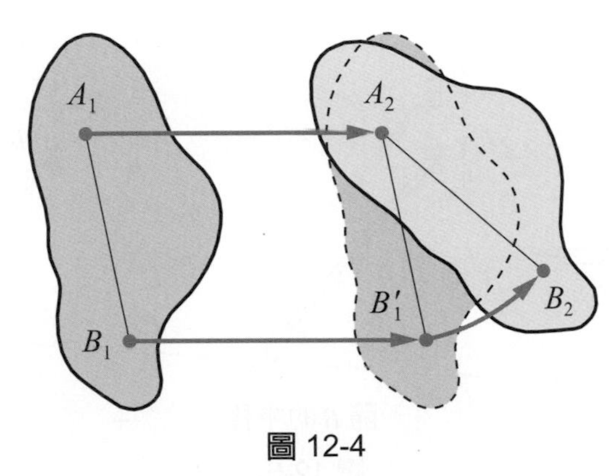

圖 12-4

圖 12-5 爲一輪子在直軌上滾動所作之平面運動，此運動以 A 爲參考點，包括隨 A 點之絕對平移，加上對 A 點之相對旋轉運動。事實上，運動平面上任一點均可當作參考點，圖 12-6 分別以 A 及 B 爲參考點，分析桿子的平面運動，我們發現，不論以那一點爲參考點，其旋轉方向都相同，在本例爲逆時針方向旋轉，且對位於參考點上的觀察者而言，剛體桿子上的所有其它質點都以參考點爲圓心做圓周運動。

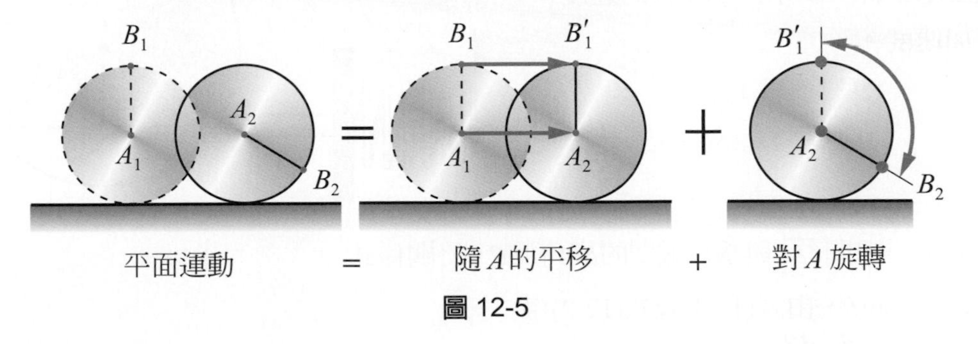

圖 12-5

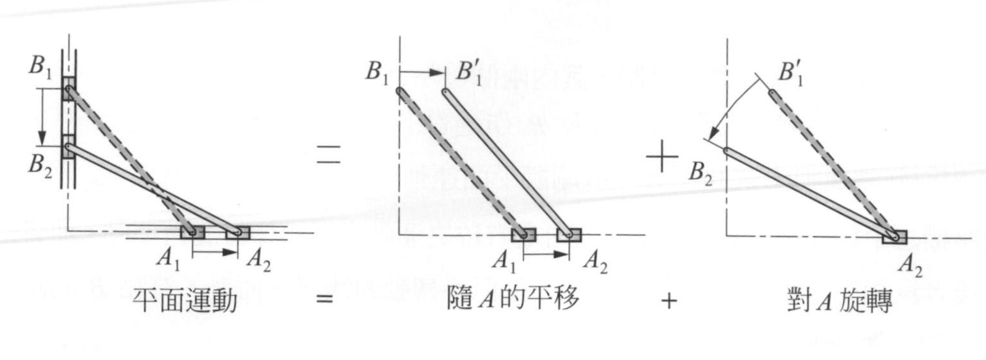

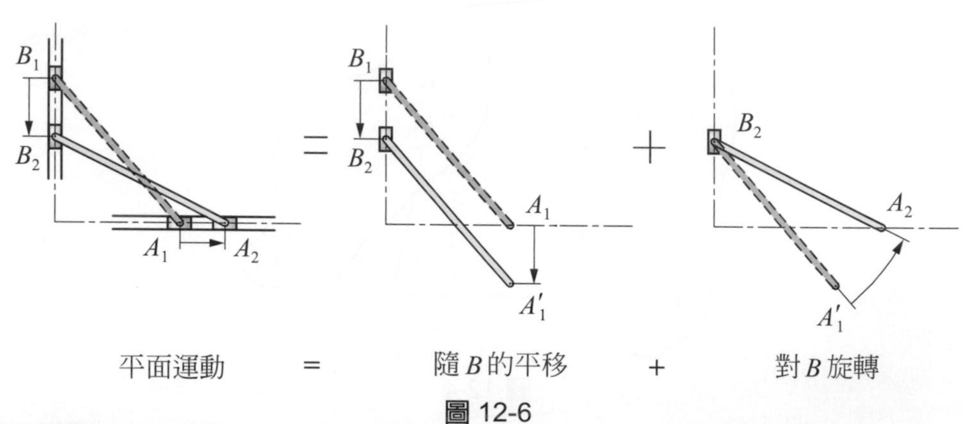

圖 12-6

例題 12-2

半徑 r，繞著 A 點旋轉的凸輪以角速度 ω 和角加速度 α 順時針旋轉來驅動水平桿，試求該水平桿的速度和加速度。

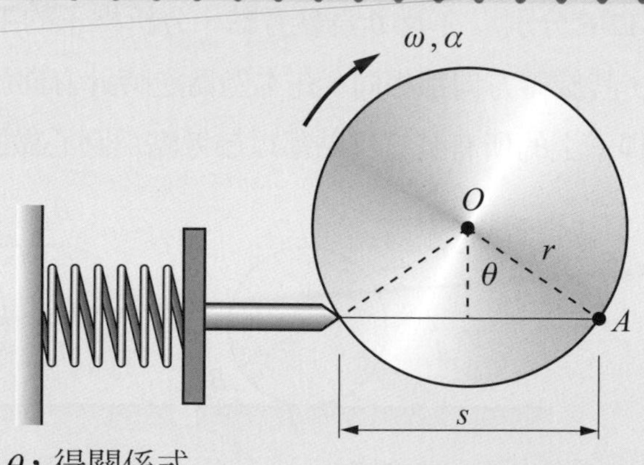

解

令某一瞬間 $\overline{OA}$ 與垂直軸間的夾角為 θ，得關係式

$s = 2r\sin\theta$，由式(12-1)及式(12-2)得

$$v = \frac{ds}{dt} = \frac{ds}{d\theta}\frac{d\theta}{dt} = (2r\cos\theta)(\omega) = 2r\omega\cos\theta$$

$$a = \frac{dv}{dt} = 2r\frac{d\omega}{dt}\cos\theta + 2r\omega\frac{d(\cos\theta)}{dt} = 2r\alpha\cos\theta + 2r\omega\frac{d(\cos\theta)}{d\theta}\frac{d\theta}{dt}$$

$$a = 2r\alpha\cos\theta - 2r\omega^2\sin\theta$$

例題 12-3

圖 12-6 中，若在 $t = 0.3$ 秒時間內，$\overline{B_1B_2} = 0.2$ m，$\overline{A_1A_2} = 0.15$ m 作等速移動，試求桿的旋轉角度及角速度？(設桿長為 1 m)

解

先求得 $\overline{B_1'B_2}$ 之長度為

$$s = \sqrt{(0.2)^2 + (0.15)^2} = 0.255\ (\text{m})$$

旋轉角 $\angle B_1'A_2B_2$ 大小為

$$\theta = 2\sin^{-1}\frac{0.5 \times 0.255}{1} = 14.65°$$

或 $\theta = 0.256$ (rad)

則角速度為

$$\omega = \frac{d\theta}{dt} = \frac{0.256}{0.3} = 0.85\ (\text{rad/s})$$

二、剛體的相對運動分析

1. 剛體平面運動之相對位移

將圖 12-7 中的 A、B 質點視為平面運動剛體內任意兩質點。選擇 B 點為參考點，則剛體上任一點 A 的絕對位置 $\vec{r}_A$，等於參考點 B 的絕對位置 $\vec{r}_B$ 加上 A 相對於 B 的相對位置 $\vec{r}_{A/B}$，即

$$\vec{\boldsymbol{r}}_A = \vec{\boldsymbol{r}}_B + \vec{\boldsymbol{r}}_{A/B} \tag{12-3}$$

其中 $\vec{r}_A$ 與 $\vec{r}_B$ 的參考座標為固定參考座標 OXY，而 $\vec{r}_{A/B}$ 的參考座標 Bxy 為平移座標。與質點相對運動相同，剛體上 A 點對 B 點的相對位移也可以寫為 $\vec{r}_{A/B} = \vec{r}_A - \vec{r}_B$

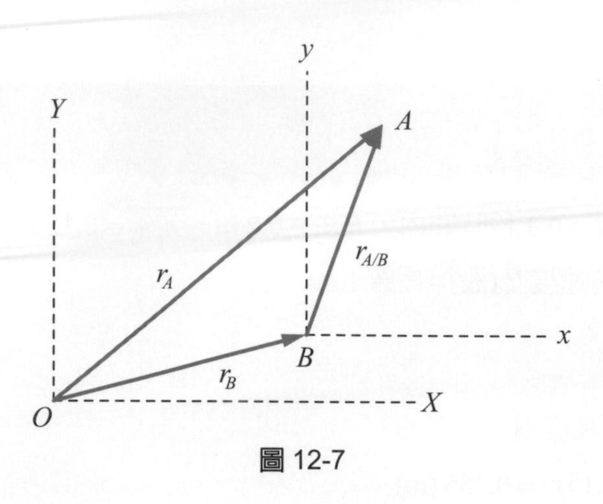

圖 12-7

2. 剛體平面運動之相對速度

將式(12-3)對時間微分，得

$$\frac{d\vec{r}_A}{dt} = \frac{d\vec{r}_B}{dt} + \frac{d\vec{r}_{A/B}}{dt}$$

即 $$\vec{v}_A = \vec{v}_B + \vec{v}_{A/B} \qquad (12\text{-}4)$$

其中 $\vec{v}_A = \frac{d\vec{r}_A}{dt}$，$\vec{v}_B = \frac{d\vec{r}_B}{dt}$，$\vec{v}_{A/B} = \frac{d\vec{r}_{A/B}}{dt}$ 分別表示剛體內任一質點 A 之絕對速度 $\vec{v}_A$ 和剛體內參考點 B 的絕對速度 $\vec{v}_B$，以及 A 相對於參考點 B 的相對速度 $\vec{v}_{A/B}$。

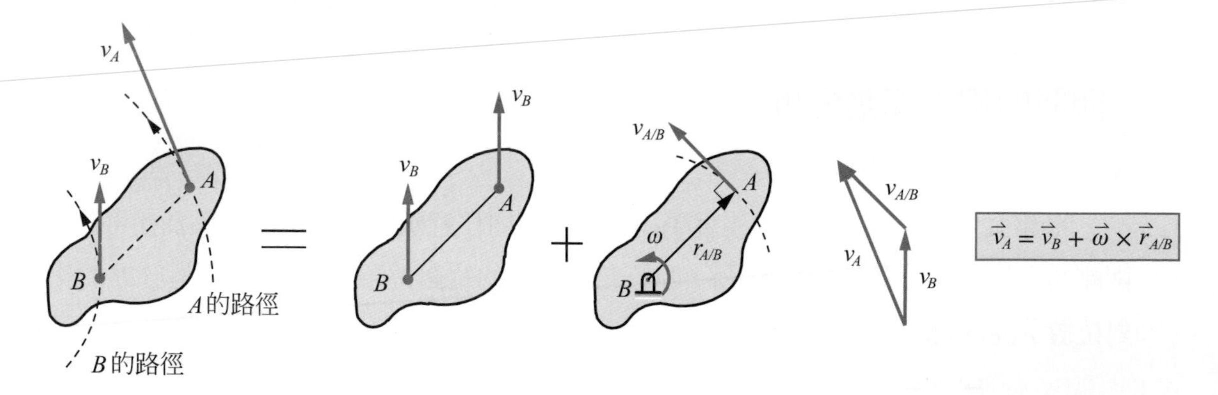

圖 12-8

參考圖 12-8，因為剛體的平面運動可看作平移與旋轉的組合，因此剛體上任一點 A 之瞬時速度 $\vec{v}_A$，即等於整個剛體隨參考點 B 平移之速度 $\vec{v}_B$，加上剛體繞參考點 B 作旋轉運動時，A 點相對於 B 點的相對速度 $\vec{v}_{A/B}$。因剛體內任意兩點間的距離恆保持一定，故對

在參考點 B 的觀察者而言，A 點的運動路徑係以 B 點為圓心，以 $r_{A/B}$ 為半徑的圓周運動，因此由式(11-8)可得

$$\vec{v}_{A/B}=\vec{\omega}\times\vec{r}_{A/B} \\ v_{A/B}=\omega r_{A/B} \tag{12-5}$$

故式(12-4)可改寫為

$$\vec{v}_A=\vec{v}_B+\vec{\omega}\times\vec{r}_{A/B} \tag{12-6}$$

例題 12-4

一圓盤直徑 800 mm，以 $v_0=5$ m/s 的速度向右滾動，如圖所示，則圖上 P 點之速度為若干？若 $\overline{OP}=300$ mm，$\alpha=25°$。

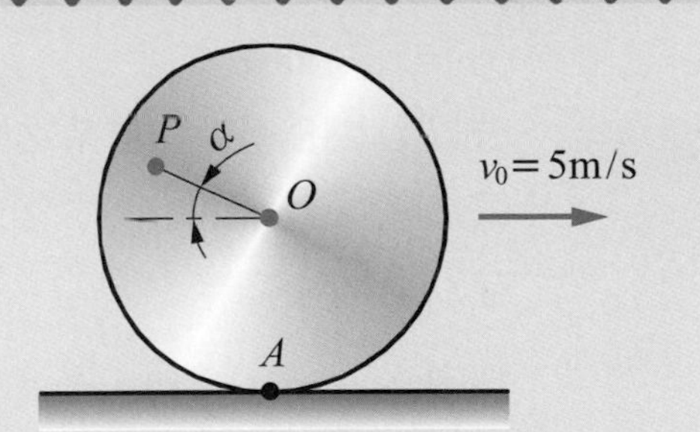

解

(a) 純量法

以 O 點為參考點，則由式(12-4)可知

$\vec{v}_P=\vec{v}_O+\vec{v}_{P/O}$

由式(12-5)得

$v_{P/O}=\omega\vec{r}_{P/O}$，其中 ω 為圓盤之角速度

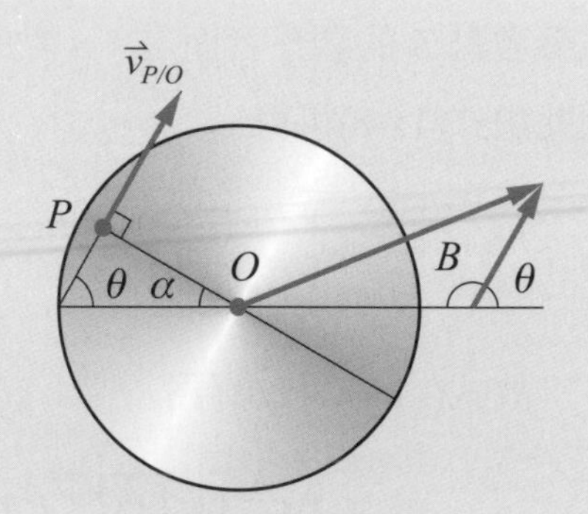

圓盤角速度 $\omega = \dfrac{v_O}{r}$

$\therefore \omega = \dfrac{5}{0.4} = 12.5\,(\text{rad/s})(\curvearrowright)$

故得 $v_{P/O} = 12.5 \times 0.3 = 3.75$ (m/s)

將 $\vec{v}_{P/O}$ 與 $\vec{v}_O$ 之向量圖畫出，

$\vec{v}_{P/O}$ 與 OP 連線垂直，

方向和 $\vec{\omega}$ 有關，如向量圖中所示。

$\theta = 90° - \alpha = 65°$，$\beta = 180° - \theta = 115°$

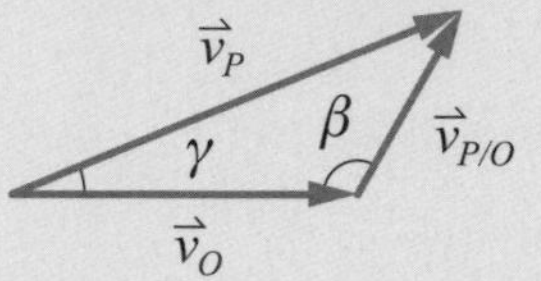

由餘弦定律

$$v_P = \sqrt{v_O^2 + {v_{P/O}}^2 - 2v_O v_{P/O}\cos\beta}$$

$$= \sqrt{5^2 + 3.75^2 - 2\times 5\times 3.75\times \cos 115°} = 7.41\,(\text{m/s})$$

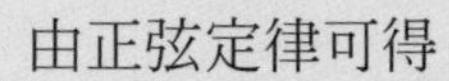

由正弦定律可得

$$\frac{v_P}{\sin\beta} = \frac{v_{P/O}}{\sin\gamma}$$

$\therefore \sin\gamma = v_{P/O} \times \dfrac{\sin\beta}{v_P} = 3.75 \times \dfrac{\sin 115°}{7.41}$，得 $\gamma = 27.3°$

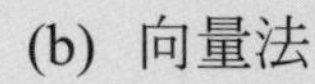

(b) 向量法

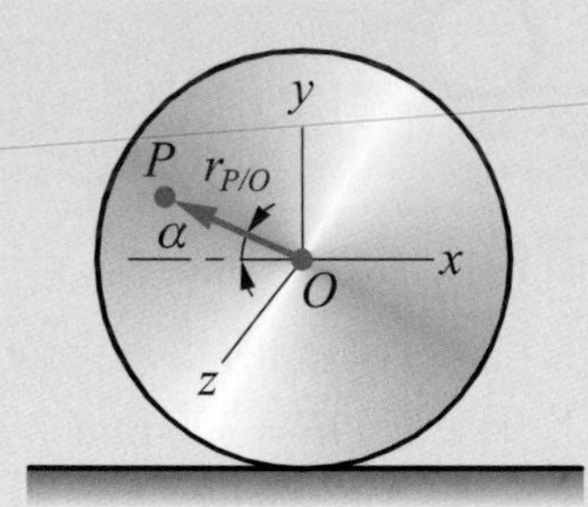

以 O 點為參考點，則

$$\vec{v}_P = \vec{v}_O + \vec{v}_{P/O}$$

若以 O 點為垂直座標系之原點，則

$$\vec{v}_O = 5\vec{i}$$

$$\vec{v}_{P/O} = \omega\vec{k} \times \vec{r}_{P/O}$$

其中 $v_O = r\omega$，$\therefore \omega = \dfrac{v_O}{r} = \dfrac{5}{0.4} = 12.5\,(\text{rad/s})\,(\curvearrowright)$

故 $\vec{v}_{P/O} = (-12.5\vec{k}) \times (-0.3\cos 25°\vec{i} + 0.3\sin 25°\vec{j}) = 3.40\vec{j} + 1.58\vec{i}$

代入上式

$$\vec{v}_P = 5\vec{i} + (3.40\vec{j} + 1.58\vec{i}) = 6.58\vec{i} + 3.40\vec{j}$$

$$v_P = \sqrt{6.58^2 + 3.40^2} = 7.41\,(\text{m/s})$$

$$\gamma = \tan^{-1}\frac{3.40}{6.58} = 27.3°$$

例題 12-5

上題中，若圓盤是被置於輸送帶上滾動，輸送帶開啓後速度爲 2 m/s 向左，試求 P 點之速度。

解

$\omega = 12.5$ rad/s

$\vec{\omega} = -12.5\vec{k}$ ，$\vec{v}_A = -2\vec{i}$

$$\vec{v}_P = \vec{v}_A + \vec{\omega} \times r_{P/A}$$
$$= -2\vec{i} + (-12.5\vec{k}) \times [(-0.3\cos 25°\vec{i} + (0.4 + 0.3\sin 25°)\vec{j}]$$
$$= -2\vec{i} - 12.5\vec{k} \times [-0.272\vec{i} + 0.527\vec{j}]$$
$$= -2\vec{i} + 3.4\vec{j} + 6.59\vec{i} = 4.59\vec{i} + 3.40\vec{j}$$

$$v_P = \sqrt{(4.59)^2 + (3.40)^2} = 5.71 \text{ (m/s)}$$

$$\theta = \tan^{-1}\frac{3.40}{4.59} = 36.53°$$

3. 剛體平面運動之相對加速度

將式(12-4)對時間微分，得

$$\frac{d\vec{v}_A}{dt} = \frac{d\vec{v}_B}{dt} + \frac{d\vec{v}_{A/B}}{dt}$$

即 $$\vec{\boldsymbol{a}}_A = \vec{\boldsymbol{a}}_B + \vec{\boldsymbol{a}}_{A/B} \tag{12-7}$$

上式表示質點 A 之絕對加速度 $\vec{a}_A$ 等於質點 B 之絕對加速度 $\vec{a}_B$ 加上 A 相對於 B 的相對加速度 $\vec{a}_{A/B}$ 。

參考圖 12-9，因剛體中任兩點間之距離恆保持不變，故對在 B 點的觀察者而言，A 點的運動爲以 B 爲圓心，$r_{A/B}$ 爲半徑之圓周運動，如圖所示，因此相對加速度 $\vec{a}_{A/B}$ 可用切線分量與法線分量表示，式(12-7)可寫爲

$$\vec{\boldsymbol{a}}_A = \vec{\boldsymbol{a}}_B + (\vec{\boldsymbol{a}}_{A/B})_n + (\vec{\boldsymbol{a}}_{A/B})_t \tag{12-8}$$

因 A 相對於 B 的運動爲一個以 B 爲圓心，$r_{A/B}$ 爲半徑的圓周運動，故上式中相對加速度分量的大小爲

$$(a_{A/B})_n = v_{A/B}^2 / r_{A/B} = r_{A/B}\omega^2$$

$$(a_{A/B})_t = \dot{v}_{A/B} = r_{A/B}\alpha$$

利用第十一章剛體繞固定軸旋轉的圓周運動觀念，式(12-8)可改寫爲

$$\vec{a}_A = \vec{a}_B - \omega^2 \vec{r}_{A/B} + \alpha\vec{k} \times \vec{r}_{A/B} \tag{12-9}$$

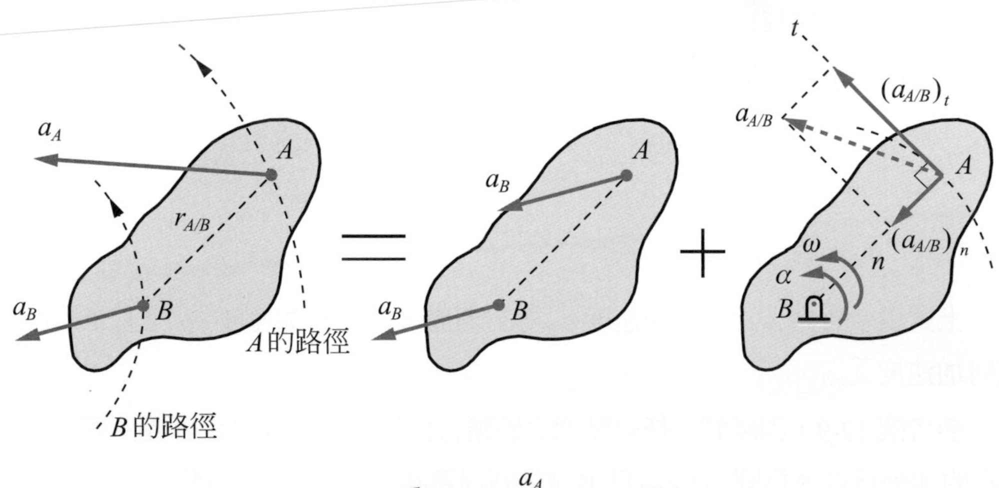

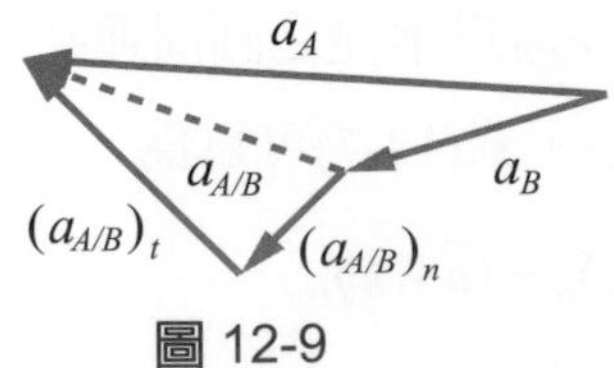

圖 12-9

例題 12-6

己知圓盤滾動而不滑動，且圓盤中心之速度 6 m/s 向右，加速度 3 m/s^2 向右，試求(a)A 相對於 B 的加速度 $\vec{a}_{A/B}$ 及(b)A 點加速度 $\vec{a}_A$ 。

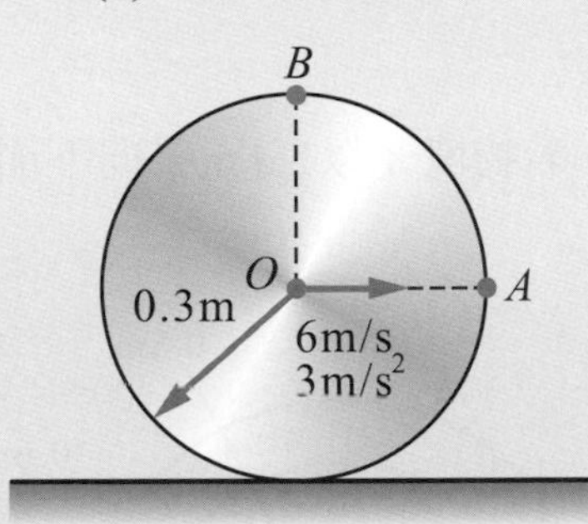

解

因圓盤滾動，由例題 11-6 的結果知

$v_o = r\omega$，$6 = 0.3\omega$

$\therefore \omega = 20$ (rad/s)(↻)

$a_0 = r\alpha$，$3 = 0.3\alpha$

$\therefore \alpha = 10$ (rad/s^2)

(a) $\vec{a}_{A/B} = \alpha\vec{k}\times\vec{r}_{A/B} - \omega^2\vec{r}_{A/B} = (-10\vec{k})\times(0.3\vec{i} - 0.3\vec{j}) - (-20)^2(0.3\vec{i} - 0.3\vec{j})$

$= -3\vec{j} - 3\vec{i} - 120\vec{i} + 120\vec{j} = -123\vec{i} + 117\vec{j}$ (m/s)

(b) $\vec{a}_A = \vec{a}_0 + \vec{a}_{A/0} = 3\vec{i} + \alpha\vec{k}\times\vec{r}_{A/0} - \omega^2\vec{r}_{A/0} = 3\vec{i} + (-10)\vec{k}\times(0.3\vec{i}) - (-2)^2(0.3\vec{i})$

$= 3\vec{i} - 3\vec{j} - 1.2\vec{i} = 1.8\vec{i} - 3\vec{j}$ (m/s)

1 圖示之同心帶輪一齊旋轉，若物塊 A 以 $2.4\ \mathrm{m/s^2}$ 向下加速，試求：(a)同心帶輪之角加速度；(b)物塊 B 之加速度。

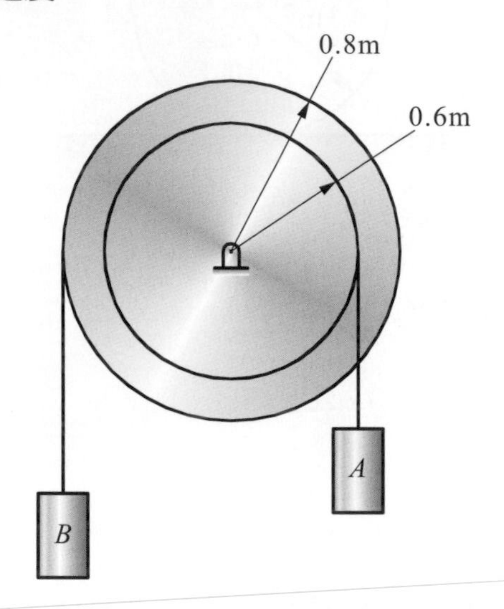

2 圖中 A 點之總加速度 $a=12\ \mathrm{m/s^2}$，試求輪子之角速度及角加速度。

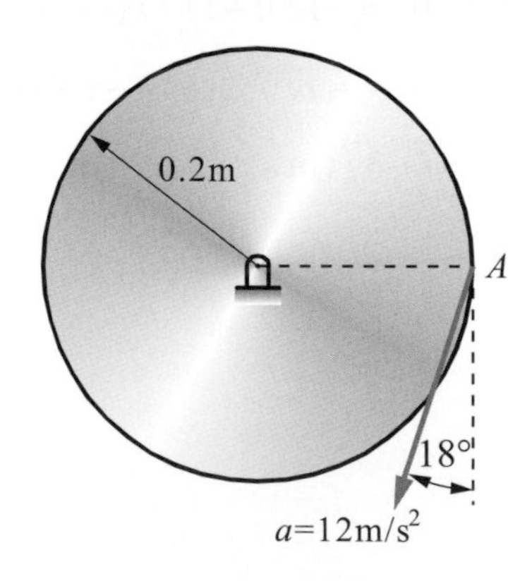

3 圖示機構以 O 爲旋轉軸轉動，6 秒內轉速由 4 rpm 等加速至 46 rpm，試求在 6 秒末之瞬間，A 點之切線與法線加速度。

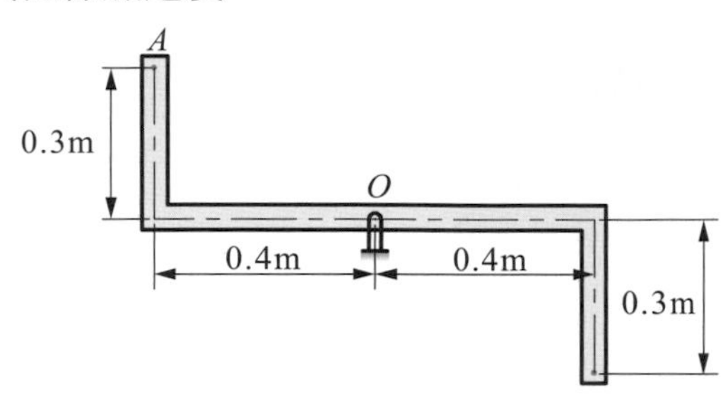

4 圖中組合輪中，已知物體 H 的速度爲 1.2 m/s 向下，試求：(a)B、C、E 之角速度；(b) 物體 G 之速度。

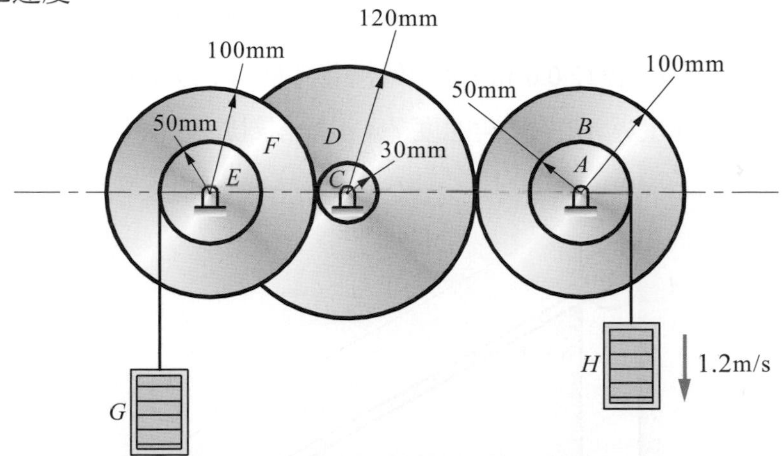

5 某剛體對固定之 z 軸旋轉，其上面某點 A 之速度爲 $\vec{v}=4\vec{i}+2\vec{j}$ m/s。若在此瞬間，剛體的角速度 $\omega=4\vec{k}$ rad/s，試求 A 點的位置。

6 圖示之圓盤繞垂直固定軸 z 旋轉，在圖示位置，A 點之切線加速度 $(\vec{a}_A)_t=-2\vec{i}$ m/s^2，B 點之速度 $\vec{v}_B=0.5\vec{j}$ m/s，試求圓盤之角速度$\boldsymbol{\omega}$及 B 點之總加速度 $\vec{a}_B$。

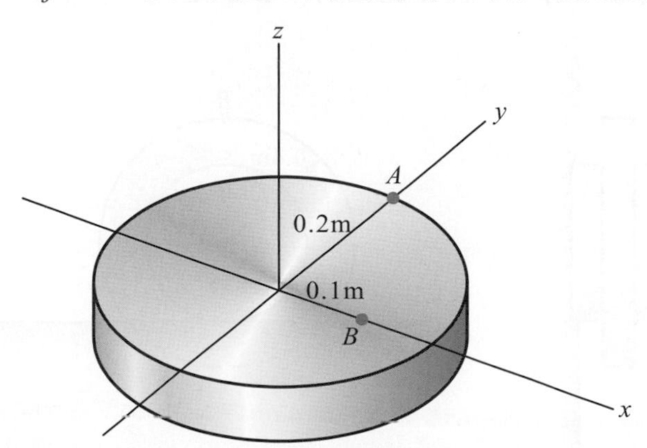

7 機構如圖所示，當滾輪 C 以 4 m/s 的速度向右運動時，試求 B 點之速度與 AB 桿之角速度？

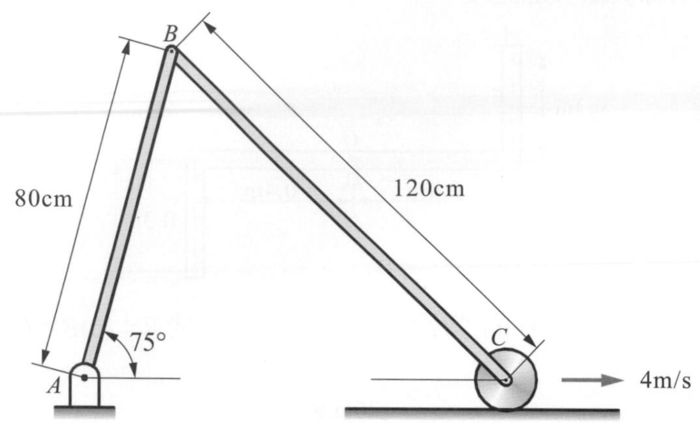

8 如圖所示之機構，AB 桿長 0.6 m，A 滾輪沿著滑槽向下以 1.5 m/s 的速度滑動，則試求 B 滾輪之瞬時速度與 AB 桿之角速度？A 滑輪相對於 B 滑輪之速度？

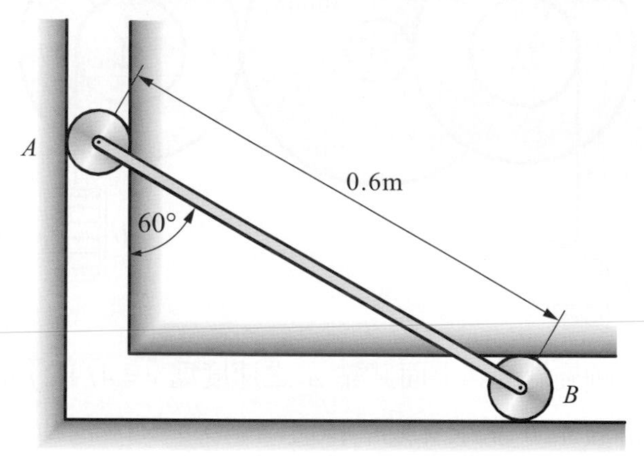

9 一輪子之輪轂於兩平行架上滾動，無滑動現象，若中心之速度為 3.6 m/s 向右，則圖示 A、B 點之瞬時速度若干？且 A 點相對於 B 點之速度若干？

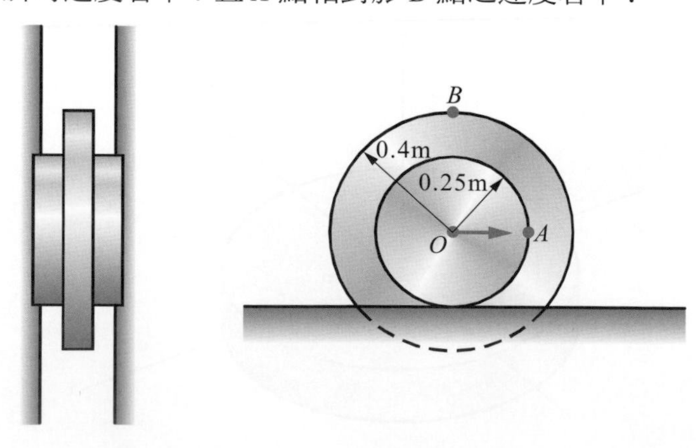

10 一錢幣直立於平面上滾動，假設無滑動，錢幣半徑 $r = 15$ cm，若於圖示瞬時，其角速度 $\omega = 10$ rad/s，角加速度 $\alpha = 6$ rad/s^2，則試求中心點 O 之加速度及錢幣與地面之接觸點 A 之加速度？

瞬時中心與迴轉座標求解相對運動

本章大綱

一、平面運動之瞬時中心
二、對迴轉座標之相對運動

學習重點

利用瞬時中心來求解剛體運動中各點的速度，可以使問題得到簡化，並可藉由所求得的速度進一步求出兩點間的相對速度和物體的旋轉角速度。此外，本章亦將探討以迴轉座標來求解物體相對運動的方法，使得在某些特殊情況下，讓問題更易於求得解答。

本章提要

剛體的相對運動中，任何兩點都可以找到共同的第三點爲參考點，在該參考點不動的瞬間，其他點皆可以視同單純的繞著該點運動，此參考點稱爲瞬時中心，可以有效簡化問題的運算。此外，在某些情況下，以非固定的迴轉座標來求解相對運動，有時會得到意想不到的簡化效果。

汽車曲軸與連桿運動中，在某一瞬間，往往可以找到一個不動的點做爲其瞬時中心，使相關各點以該中心爲圓心，作圓周運動。

圖 13-1

利用空拍機繞著跑道同步拍攝競賽場中的運動選手，若以旋轉座標來作定位會更爲方便。

圖 13-2

一、平面運動之瞬時中心

一剛體作平面運動，若選取瞬時速度為零之某一點 C 為參考點，則 $v_C = 0$ 時，剛體內任一點 A 的速度 $\vec{v}_A = \vec{v}_{A/C}$，因此可視為在此瞬間 A 點以 C 點為中心作圓周運動，C 點稱為瞬時中心或簡稱瞬心(instantaneous center)，而通過 C 點與剛體運動平面垂直之軸稱為瞬軸(instantaneous axis)，因此在此瞬間剛體可看作是繞瞬軸作旋轉運動。圖 13-3 表示瞬心位置的求法：

1. 已知剛體上任意兩點 A、B 之速度方向，且彼此不平行，如圖 13-3(a)所示。在此瞬間，因 A 點與 B 點必定繞瞬心作圓周運動，故瞬心的位置也必定在 A 點與 B 點速度之垂線上，亦即瞬心 C 的位置必在 A、B 兩點速度垂線的交點上，如圖 13-3(a)所示，此點可能在剛體內，亦可能落在剛體外，因剛體上的各點在此瞬間均對同一瞬心旋轉，角速度 ω 均相同，得

$$\boldsymbol{\omega} = \frac{\boldsymbol{v_A}}{\boldsymbol{r_A}} = \frac{\boldsymbol{v_B}}{\boldsymbol{r_B}} \tag{13-1}$$

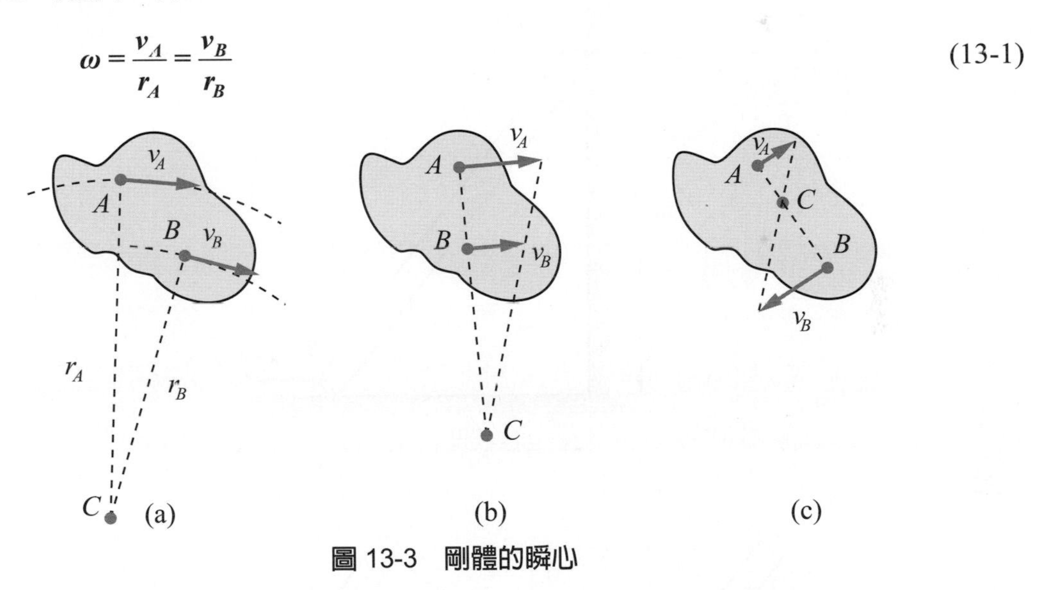

圖 13-3　剛體的瞬心

2. 剛體上任意兩點 A、B 的速度 $\vec{v}_A$、$\vec{v}_B$ 方向互相平行，並垂直於 AB 連線，且其大小均為已知，如圖 13-3(b)(c)所示，則 AB 線與 $\vec{v}_A$ 和 $\vec{v}_B$ 端點連線的交點即為瞬心。

若圖 13-3(a)中的 $\vec{v}_A$ 及 $\vec{v}_B$ 平行，或圖 13-3(b)中的 $\vec{v}_A$ 及 $\vec{v}_B$ 具有相同的大小時，則其瞬心 C 將位於無限遠處，角速度 $\vec{\omega}$ 等於零，剛體僅作平移運動。

剛體作平面運動時，瞬心為其瞬時之旋轉中心，但剛體運動至另一位置時，其瞬心之位置也隨之改變。

剛體瞬心之速度雖恆等於零，但其加速度一般並不爲零，因此瞬心不能當作瞬時零加速度中心，故不能用類似求速度之方法來求加速度。

例題 13-1

如圖所示，桿 AB 於牆角滑動，若於圖示位置 B 點之速度爲 3 m/s，加速度爲 4 m/s^2 皆向右，則試求 A 點之加速度與桿 AB 之角加速度？

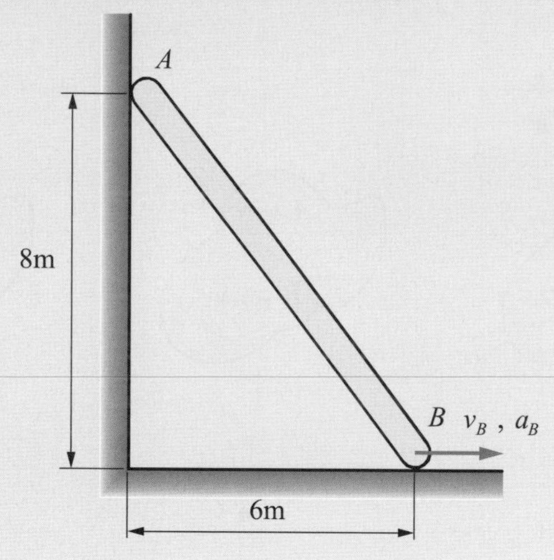

解

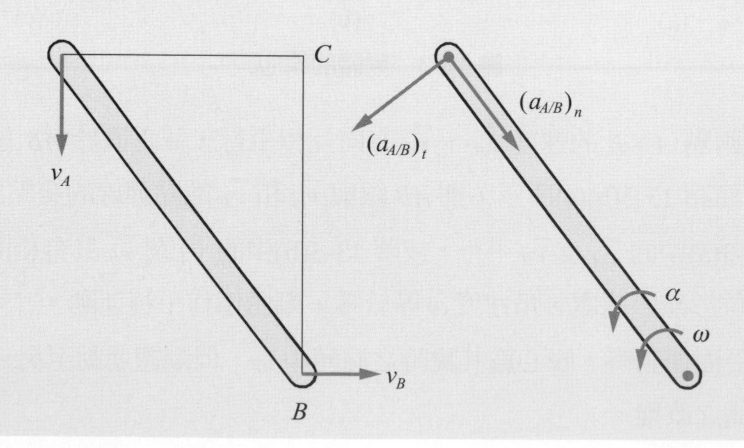

以瞬心法求桿 AB 之角速度 ω

$v_B = r_{BA} \times \omega$，$3 = 8 \times \omega$　$\therefore \omega = 0.375$ (rad/s) (↺)

由於 A 點、B 點皆爲直線運動，所以在法線方向沒有加速度分量

所以可知 $\vec{a}_A = -a_A\vec{j}$ ，$\vec{a}_B = a_B\vec{i} = 4\vec{i}$

由式(12-9)

$$\vec{a}_A = \vec{a}_B - \omega^2\vec{r}_{A/B} + \alpha\vec{k} \times \vec{r}_{A/B}$$

$$a_A\vec{j} = 4\vec{i} - (0.375)^2(-6\vec{i} + 8\vec{j}) + \alpha\vec{k} \times (-6\vec{i} + 8\vec{j})$$

$$a_A\vec{j} = 4\vec{i} + (0.375^2 \times 6)\vec{i} - (0.375^2 \times 8)\vec{j} - 6\alpha\vec{j} - 8\alpha\vec{i}$$

$$a_A\vec{j} = (4 + 0.375^2 \times 6 - 8\alpha)\vec{i} + (-0.375^2 \times -8 - 6\alpha)\vec{j}$$

上式中 a_A 與 α 爲未知，但因 i、j 兩個分量須相等，所以

$0 = 4 + 0.375^2 \times 6 - 8\alpha$　$\therefore \alpha = 0.61$ (rad/s^2)

$a_A = -0.375^2 \times 8 - 6\alpha$，$a_A = -4.78$ (m/s^2)

例題 13-2

試用瞬心法求例題 12-4 之解。

解

因爲是滾動，故接觸點 C 的速度爲零，C 點爲圓盤的瞬心。

$\omega = \dfrac{v_O}{r} = \dfrac{5}{0.4} = 12.5$　(rad/s) (↻)

$\overline{PO} = 0.3\,\text{m}$，$\overline{OC} = 0.4\,\text{m}$　　且 $\theta = 90° + 25° = 115°$

$\therefore r_{P/C} = \sqrt{0.3^2 + 0.4^2 - 2 \times 0.3 \times 0.4 \times \cos 115°} = 0.593$

$\therefore v_P = \omega \cdot r_{P/C} = 7.41\,(\text{m/s})$

$\dfrac{\overline{OP}}{\sin\gamma} = \dfrac{\overline{PC}}{\sin\theta}$ ，$\overline{OP} = \overline{PO} = 0.3\,\text{m}$，$\overline{PC} = r_{P/C} = 0.593\,\text{cm}$

代入得

$\dfrac{0.3}{\sin\gamma} = \dfrac{0.593}{\sin\theta}$ ，$\therefore \gamma = \sin^{-1}(\overline{OP} \times \dfrac{\sin\theta}{\overline{PC}}) = \sin^{-1}(0.3 \times \dfrac{\sin 115°}{0.593})$ ，$\gamma = 27.3°$

例題 13-3

圖示之瞬間，AB 桿成垂直位置，BC 桿成水平位置，且圓盤於水平面上呈滾動而不滑動，圓盤之角速度爲 4 rad/s，逆時針，半徑 0.5m，試求 AB 桿與 BC 桿之角速度。忽略桿 C 與圓盤邊緣之微小差距。

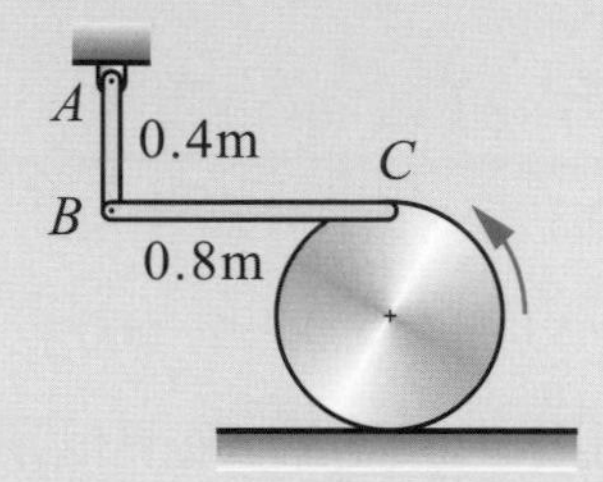

解

因圓盤滾動，故與地面接觸之 P 點速度爲零，亦即 P 點爲圓盤之瞬心，故 C 點之速度可如下求得

$$v_C = \overline{PC} \times \omega = (0.5\times 2)\times 4 = 4\ (\text{m/s})\ (\leftarrow)$$

以向量法求 $\vec{\omega}_{BC}$，即

$$\vec{v}_C = \vec{v}_B + \vec{v}_{C/B} = \vec{v}_B + \omega_{BC}\vec{k}\times\vec{r}_{C/B}$$

$$-4\vec{i} = v_B\vec{i} + \omega_{BC}\vec{k}\times(0.8\vec{i}) = v_B\vec{i} + 0.8\omega_{BC}\vec{j}$$

$$\therefore v_B = -4\ (\text{m/s})\ (\leftarrow)$$

$$\omega_{BC} = 0$$

上面之結果顯示水平桿 BC 做平移運動，AB 桿之角速度 ω_{AB} 可如下求得

$$v_B = r\omega_{AB}$$

$$4 = 0.4\omega_{AB}$$

$$\therefore \omega_{AB} = 10\ (\text{rad/s})\ (\curvearrowright)$$

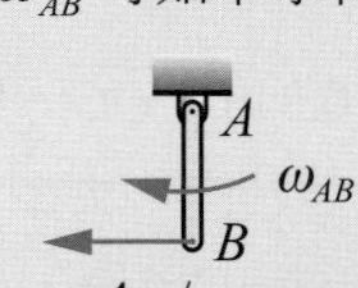

例題 13-4

圖示之曲柄活塞機構，曲柄 OB 以 1200rpm 之等角速順時針方向旋轉，當 $\theta = 50°$ 時，試以瞬心法求活塞 A 的速度及連桿 AB 的角速度。

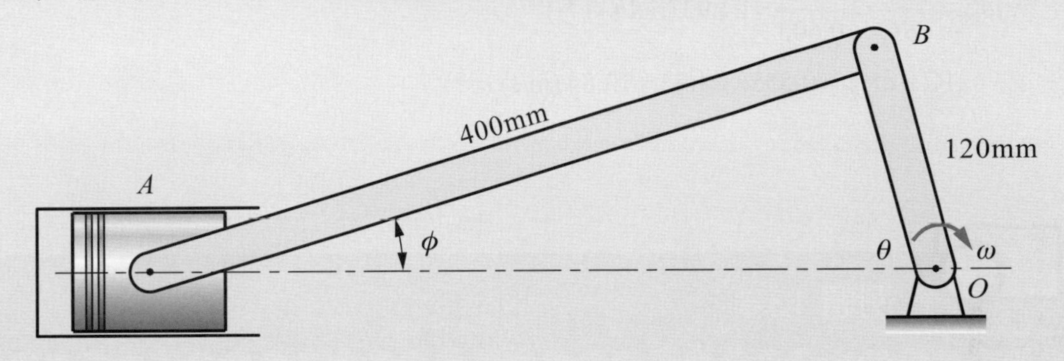

解

因為 A 與 B 的速度方向已知，如圖中所示，故可繪出 $\vec{v}_A$ 與 $\vec{v}_B$，利用瞬心法求出連桿 AB 的瞬心 C

$$\frac{AB}{\sin 50°} = \frac{OB}{\sin\phi}$$

$$\frac{0.4}{\sin 50°} = \frac{0.12}{\sin\phi}$$

$$\therefore \phi = 13.3°$$

$$\frac{AO}{\sin(180-50-13.3)°} = \frac{0.4}{\sin 50°}$$

$$\therefore AO = 0.466\ (\text{m})$$

$$AC = AO \times \tan 50°$$

$$= 0.466 \times \tan 50°$$

$$= 0.555\ (\text{m})$$

$$CO = \sqrt{AC^2 + AO^2}$$

$$= \sqrt{0.555^2 + 0.466^2}$$

$$= 0.725\ (\text{m})$$

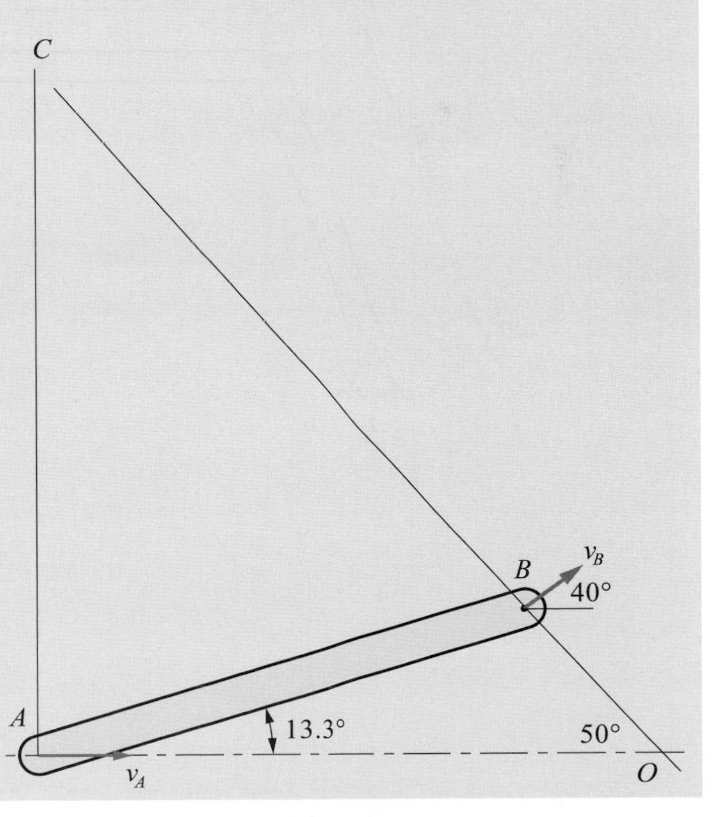

$BC = CO - OB = 0.725 - 0.12 = 0.605\ (\text{m})$

$v_B = r\omega = 0.12 \times (\dfrac{1200 \times 2\pi}{60}) = 15.08\ (\text{m/s})$ ∠40°

$v_B = BC \times \omega_{AB}$

$\therefore \omega_{AB} = \dfrac{v_B}{BC} = \dfrac{15.08}{0.605} = 24.93\ (\text{rad/s})$ (↺)

$v_A = AC \times \omega_{AB} = 0.555 \times 24.93 = 13.84\ (\text{m/s})\ (\rightarrow)$

例題 13-5

圖示連桿機構，若 CD 桿之角速度 $\omega = 15\text{rad/s}$ ，試以(a)瞬心法；(b)純量法；(c)向量法，求 BC 桿之角速度與 B、E 點之速度？$\overline{AB}$ 桿之角速度？

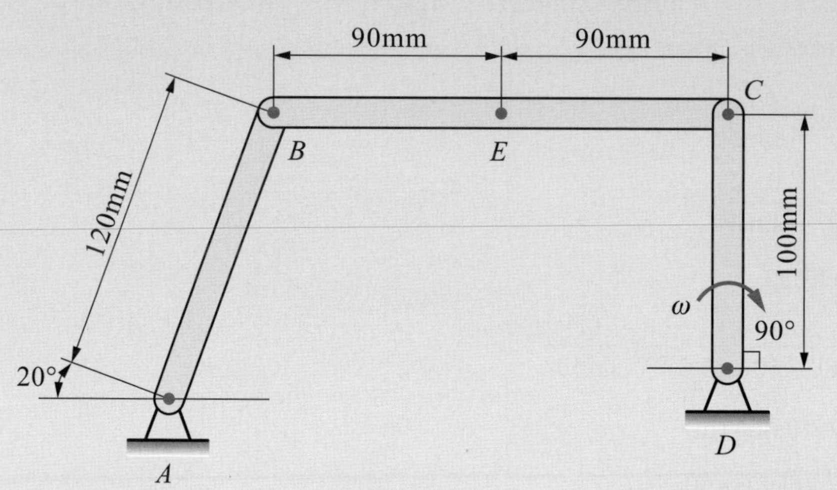

解

(a) 瞬心法

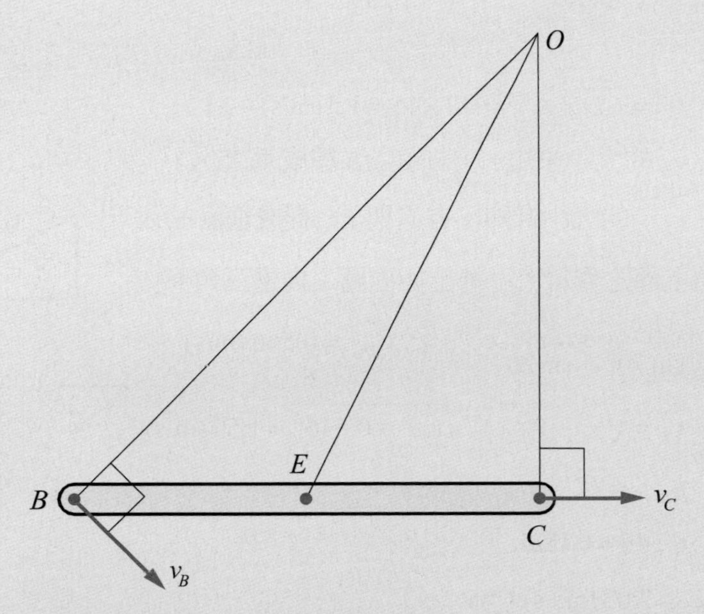

由連桿機構可得，v_C 速度方向向右，v_B 速度方向垂直 AB 桿。

利用瞬心法，垂直 v_C 、v_B 方向之兩直線交點 O 即爲瞬心

ΔOBC 中　$\angle OBC = 90° - 20° = 70°$

$\angle BOC = 180° - 70° - 90° = 20°$

$\overline{BC} = 180\,(\text{mm})$

$\therefore \overline{OB} = \dfrac{\overline{BC}}{\cos 70°} = 526.3\,(\text{mm})$

$\overline{OC} = \tan 70° \times 180 = 494.5\,(\text{mm})$

$\overline{OE} = \sqrt{\overline{OC}^2 + \overline{CE}^2} = \sqrt{494.5^2 + 90^2} = 502.6\,(\text{mm})$

$v_C = \overline{CD} \times \omega_{CD} = \overline{OC} \times \omega_{BC}$

$\omega_{BC} = 100 \times 15 / 494.5 = 3.03\,(\text{rad/s})$ (↺)

$v_B = \overline{OB} \times \omega_{BC} = 0.5263 \times 3.03 = 1.59\,(\text{m/s})$ 20°

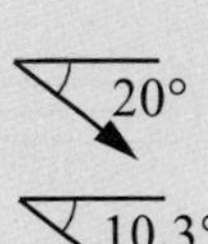

$v_E = \overline{OE} \times \omega_{BC} = 0.5026 \times 3.03 = 1.52\,(\text{m/s})$

$$\omega_{AB}=\frac{v_B}{\overline{AB}}=13.25\,(\text{rad/s})\ (↻)$$

$$\tan^{-1}\frac{\overline{CE}}{\overline{OC}}=10.3°$$

(b) 純量法

$$v_C=\overline{CD}\times\omega_{CD}=0.1\times15=1.5\,(\text{m/s})\ (\rightarrow)$$

v_B 的大小未知，方向與 AB 桿成垂直(↘)

$v_{B/C}$ 的大小未知，方向與 BC 桿成垂直

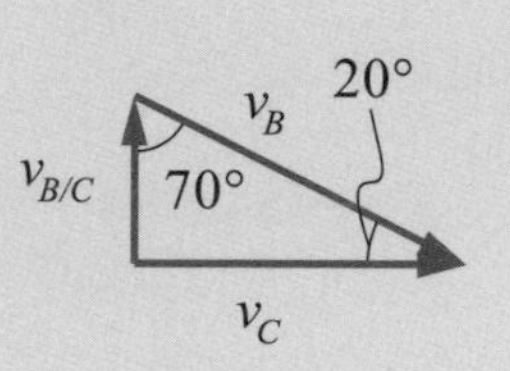

由上面之資料，可繪出如右圖之向量三角形

$$\frac{1.5}{\sin70°}=\frac{v_{B/C}}{\sin20°}\qquad \therefore v_{B/C}=0.546\,(\text{m/s})$$

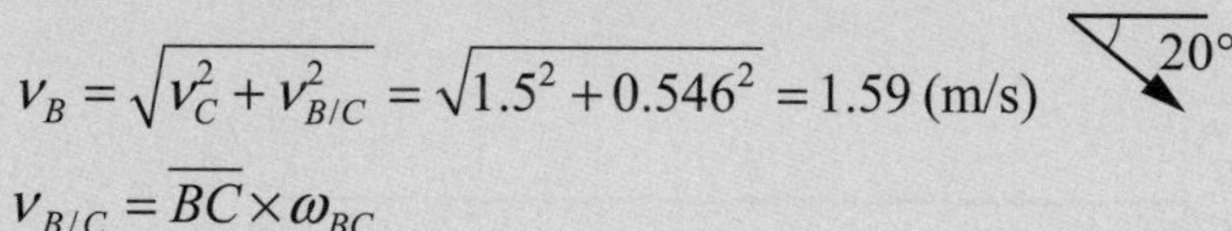

$$v_B=\sqrt{v_C^2+v_{B/C}^2}=\sqrt{1.5^2+0.546^2}=1.59\,(\text{m/s})\quad 20°$$

$$v_{B/C}=\overline{BC}\times\omega_{BC}$$

$$0.546=0.18\omega_{BC}$$

$$\therefore \omega_{BC}=3.03\,(\text{rad/s})\ (↺)$$

$$v_B=\overline{AB}\times\omega_{AB}$$

$$1.59=0.12\omega_{AB}$$

$$\therefore \omega_{AB}=13.25\,(\text{rad/s})\ (↻)$$

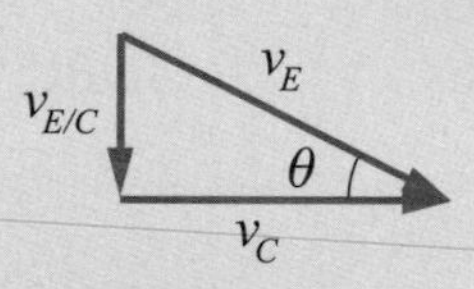

由如右圖之向量三角形，可求出 v_E

其中 $v_{E/C}=\overline{CE}\times\omega_{BC}=0.09\times3.03=0.273\,(\text{m/s})\ (\downarrow)$

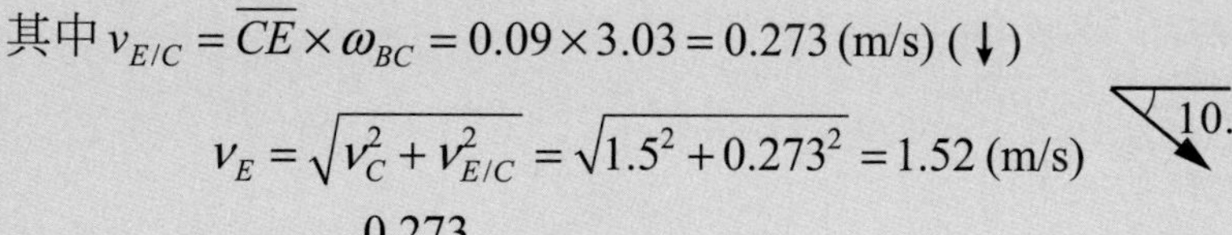

$$v_E=\sqrt{v_C^2+v_{E/C}^2}=\sqrt{1.5^2+0.273^2}=1.52\,(\text{m/s})\quad 10.3°$$

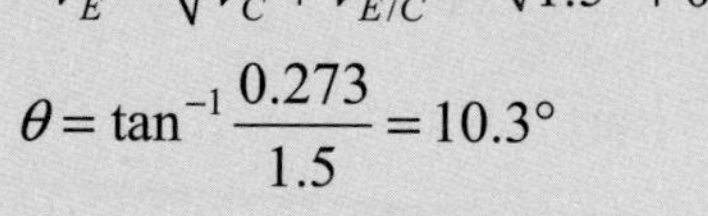

$$\theta=\tan^{-1}\frac{0.273}{1.5}=10.3°$$

(c) 向量法

以 C 點為參考點，並為直角座標系之原點

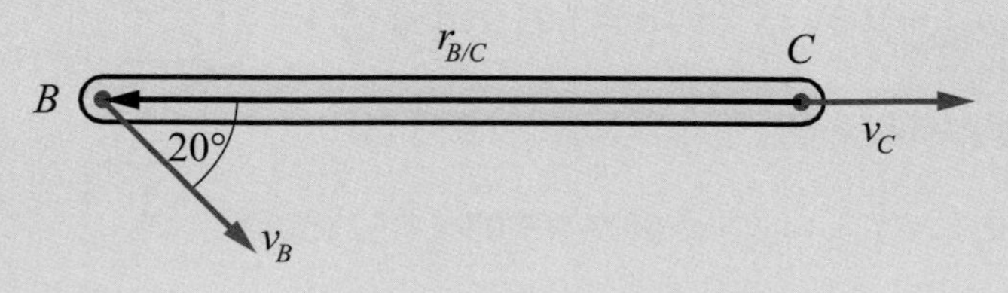

$\vec{v}_B = \vec{v}_C + \vec{v}_{B/C}$，其中

$\vec{v}_C = \vec{\omega}_{CD}\vec{k} \times \vec{r}_{C/D} = (-15\vec{k}) \times (0.1\vec{j}) = 1.5\vec{i}$

$\vec{v}_B = (\vec{\omega}_{AB}\vec{k}) \times \vec{r}_{B/A} = (\omega_{AB}\vec{k}) \times (0.12\cos 70°\vec{i} + 0.12\sin 70°\vec{j})$

$= 0.041\omega_{AB}\vec{j} - 0.113\omega_{AB}\vec{i}$

$\vec{v}_{B/C} = \omega_{BC}\vec{k} \times \vec{r}_{B/C} = \omega_{BC}\vec{k} \times (-0.18\vec{i}) = -0.18\omega_{BC}\vec{j}$

$-0.113\omega_{AB}\vec{i} + 0.041\omega_{AB}\vec{j} = 1.5\vec{i} - 0.18\omega_{BC}\vec{j}$

即 $-0.113\omega_{AB} = 1.5 \qquad \therefore \omega_{AB} = -13.27\ \text{(rad/s)}$

$0.041\omega_{AB} = -0.18\omega_{BC} \qquad \therefore \omega_{BC} = 3.02\ \text{(rad/s)}$

$\vec{v}_B = -0.113(-13.27)\vec{i} + 0.041(-13.27)\vec{j} = 1.50\vec{i} - 0.54\vec{j}\ \text{(m/s)}$

$\vec{\omega}_{AB} = -13.27\vec{k}\ \text{(rad/s)} \qquad \vec{\omega}_{BC} = 3.02\vec{k}\ \text{(rad/s)}$

$\vec{v}_E = \vec{v}_C + \vec{v}_{E/C} \qquad \vec{v}_{E/C} = \vec{\omega}_{BC}\vec{k} \times \vec{r}_{E/C} = 3.02\vec{k} \times (-0.09\vec{i}) = -0.272\vec{j}$

$\vec{v}_E = 1.5\vec{i} - 0.272\vec{j}$

例題 13-6

圖示機構的滑塊 A 速度 4 m/s 向上，加速度 2 m/s^2 向下，試求：(1)桿子的角加速度，(2)滑塊 B 的加速度，(3)C 點的加速度。

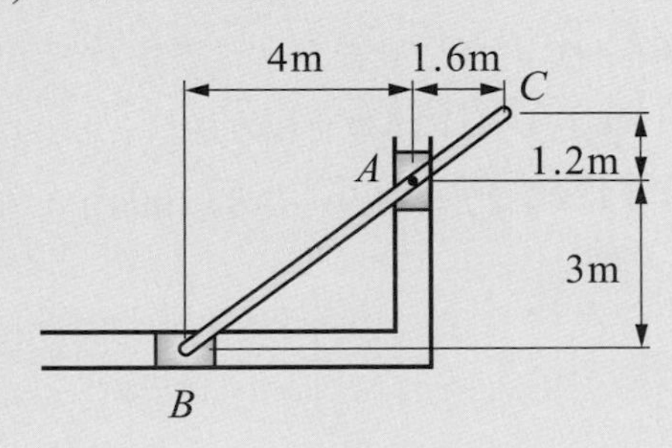

先以瞬心法求出桿子角速度 ω，因滑塊 A 與 B 的速度方向已知，由該兩個速度方向各畫一條法線，其交點即爲桿子的瞬心 O。

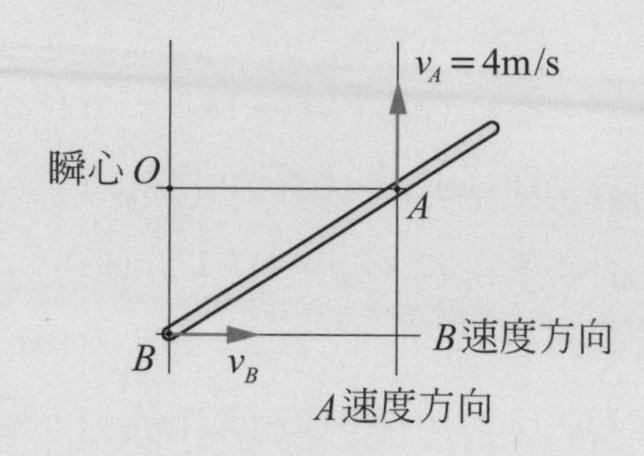

在此瞬間，桿子上任一點皆以瞬心 O 爲圓心做圓周運動，故

$$v_A = r_{OA} \times \omega$$

$$4 = 4\omega$$

$$\therefore \omega = 1 \text{ (rad/s)}$$

以 A 點爲參考點，則

$$\vec{a}_B = \vec{a}_A + \vec{a}_{B/A} = \vec{a}_A + \alpha\vec{k} \times \vec{r}_{B/A} - \omega^2 \vec{r}_{B/A}$$

$$a_B \vec{i} = -2\vec{j} + \alpha\vec{k} \times (-4\vec{i} - 3\vec{j}) - (1)^2(-4\vec{i} - 3\vec{j}) = -2\vec{j} - 4\alpha\vec{j} + 3\alpha\vec{i} + 4\vec{i} + 3\vec{j}$$

$a_B = 3\alpha + 4$，$0 = -2 - 4\alpha + 3$

得 $\alpha = 0.25 \text{ (rad/s}^2)$

$a_B = 4.75 \text{ (m/s}^2)$

即桿子的角加速度 $\alpha = 0.25\vec{k} \text{ (rad/s}^2)$

滑塊 B 的加速度 $\vec{a}_B = 4.75\vec{i} \text{ (m/s}^2)$

以 A 點爲參考點，則 C 點加速度可如下求得

$$\vec{a}_C = \vec{a}_A + \vec{a}_{C/A} = \vec{a}_A + \alpha\vec{k} \times \vec{r}_{C/A} - \omega^2 \vec{r}_{C/A}$$

$$a_C = -2\vec{j} + 0.25\vec{k} \times (1.6\vec{i} + 1.2\vec{j}) - (1)^2(1.6\vec{i} + 1.2\vec{j})$$

$$= -2\vec{j} + 0.4\vec{j} - 0.3\vec{i} - 1.6\vec{i} - 1.2\vec{j} = -1.9\vec{i} - 2.8\vec{j} \text{ (m/s}^2)$$

例題 13-7

圖示之滑塊系統中，試求滑塊 C 的加速度與 AB 桿的角加速度。已知滑塊 A 的速度 12 m/s 向左，加速度爲 1.2 m/s^2 向右，AB 桿的角速度爲 $\omega_{AB} = 12.63$ rad/s。

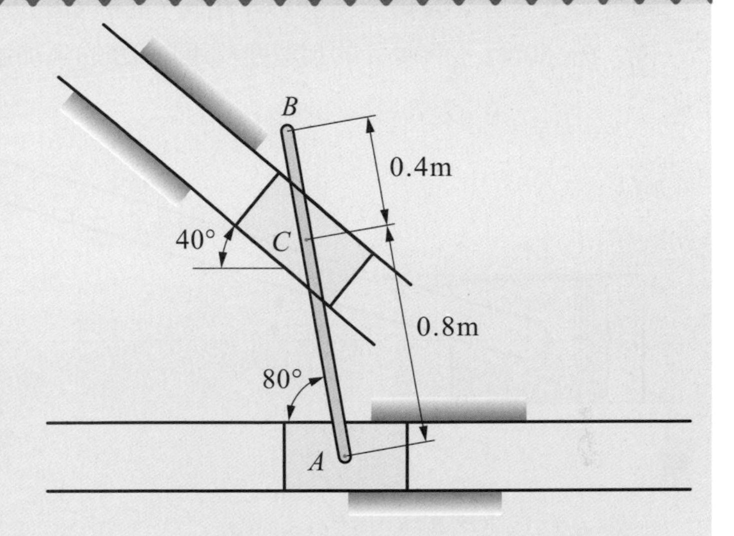

解

以 A 爲參考點，並爲直角坐標系之原點

$\vec{a}_C = \vec{a}_A + \vec{a}_{C/A}$，$\vec{a}_A = 1.2\vec{i}$

$\vec{a}_C = -a_C \cos 40°\vec{i} + a_C \sin 40°\vec{j} = -0.766 a_C\vec{i} + 0.643 a_C\vec{j}$

$\vec{a}_{C/A} = (\vec{a}_{C/A})_n + (\vec{a}_{C/A})_t = -\omega_{AC}^2 \vec{r}_{C/A} + \alpha\vec{k} \times \vec{r}_{C/A}$

$= -(12.63)^2(-0.8\cos 80°\vec{i} + 0.8\sin 80°\vec{j}) + \alpha\vec{k} \times (-0.8\cos 80°\vec{i} + 0.8\sin 80°\vec{j})$

$= (22.16\vec{i} - 125.67\vec{j}) + (-0.14\alpha\vec{j} - 0.79\alpha\vec{i})$

即 $-0.766 a_C\vec{i} + 0.643 a_C\vec{j} = 1.2\vec{i} + (22.16\vec{i} - 125.67\vec{j}) + (-0.14\alpha\vec{j} - 0.79\alpha\vec{i})$

故 $-0.766 a_C = 1.2 + 22.16 - 0.79\alpha$

$0.643 a_C = -125.67 - 0.14\alpha$

聯立上面兩式，得

$a_C = -166.7\ (m/s^2)$，$\alpha = -132.1\ (rad/^2)$

即 $\vec{a}_C = 127.7\vec{i} - 107.2\vec{j}\ (m/s^2)$

$\vec{\alpha} = -132.1\vec{k}\ (rad/s^2)$

例題 13-8

圖示之曲柄活塞機構與例題 13-4 相同，曲柄 OB 以 1200 rpm 順時針方向等角速旋轉，$\theta = 50°$時，活塞 A 的加速度及連桿 AB 的角加速度。

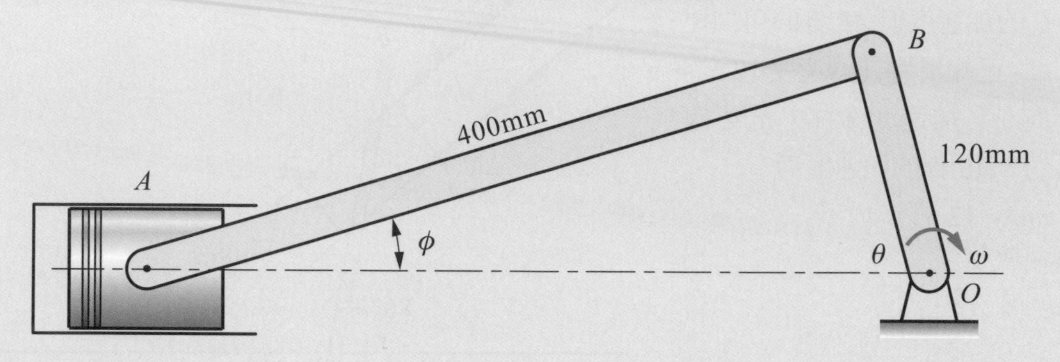

解

取 B 點爲參考點，由式(12-8)得

$$\vec{a}_A = \vec{a}_B + (\vec{a}_{A/B})_n + (\vec{a}_{A/B})_t$$

因 OB 桿以等角速度旋轉，故 B 點無切線加速度，僅有法線加速度，即 a_B 的大小

$$a_B = (a_B)_n = r\omega^2 = (0.12)\left(\frac{1200 \times 2\pi}{60}\right)^2 = 1895\ (\text{m/s}^2)$$

方向與 OB 桿一致，由 B 指向 O。

$(\vec{a}_{A/B})_n$ 的大小$(a_{A/B})_n = r_{A/B}\ \omega_{AB}^{\ 2}$

由例題 13-4，以瞬心法求得 $\omega_{AB} = 24.93$ (rad/s)，且$\phi = 13.3°$

$(a_{A/B})_n = 0.4 \times 24.93^2 = 249\ (\text{m/s}^2)$ ∠13.3° 方向由 A 指向 B

$(\vec{a}_{A/B})_t$ 的大小未知，但方向垂直 AB 桿。

由上面的資料，可繪得圖(b)的加速度向量圖，由此圖可得

水平方向 $a_A = 1895 \cos 50° + 249 \cos 13.3° - (a_{A/B})_t \sin 13.3°$

垂直方向 $0 = -1895 \sin 50° + 249 \sin 13.3° + (a_{A/B})_t \cos 13.3°$

聯立上面兩式，得

$(a_{A/B})_t = 1433\ (\text{m/s}^2)$

$a_A = 1131\ (\text{m/s}^2)$

連桿 AB 的角加速度爲

$$\alpha_{AB} = \frac{(a_{A/B})_t}{r_{A/B}} = \frac{1433}{0.4} = 3583\ (\text{rad/s}^2)$$

其方向由 $(\vec{a}_{A/B})_t$ 的方向決定，由圖(a)可知爲順時針方向。

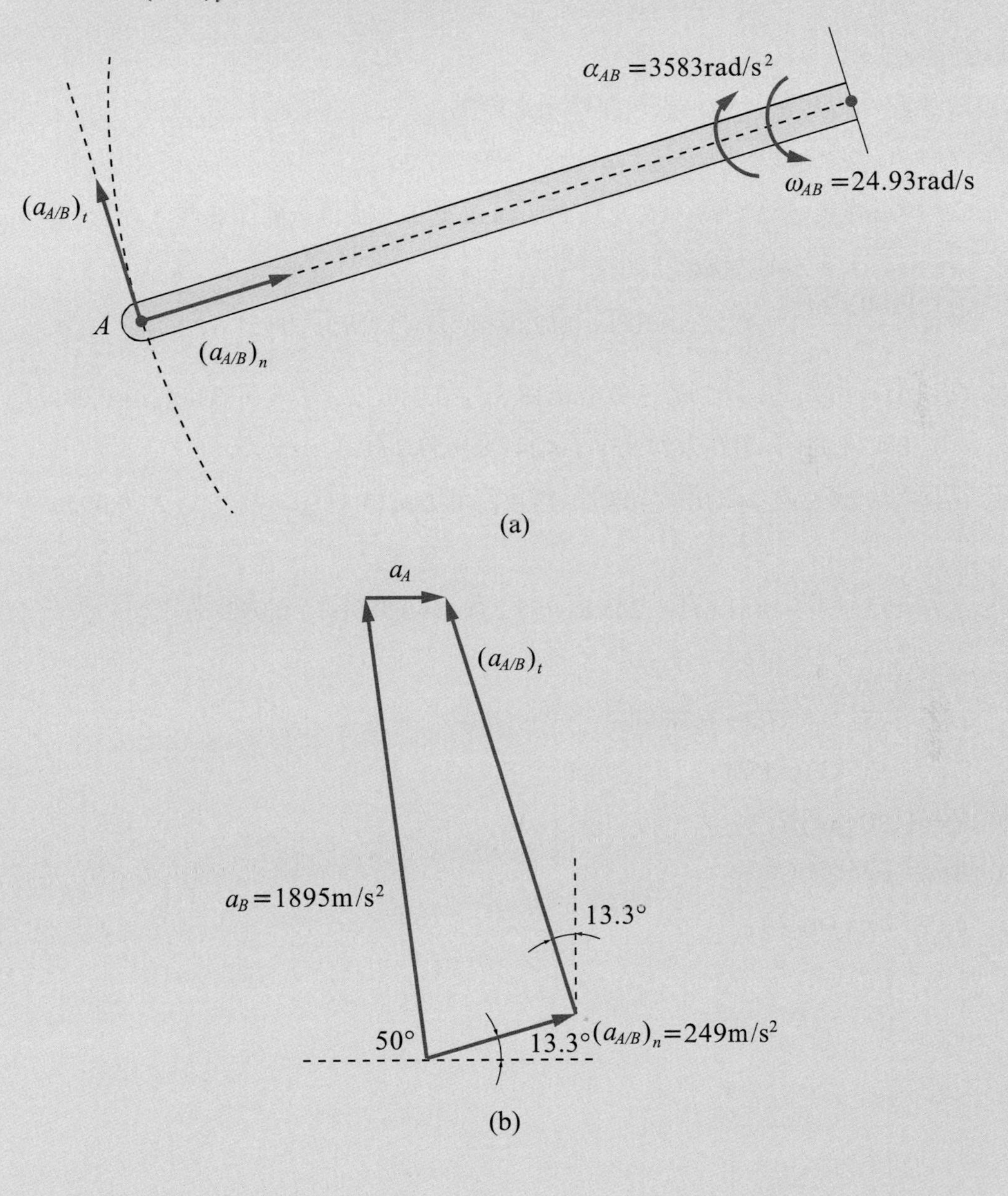

例題 13-9

試利用向量法解例題 13-8。

解

取 B 點為參考點，並為直角座標系之原點

$$\vec{a}_A=\vec{a}_B+(\vec{a}_{A/B})_n+(\vec{a}_{A/B})_t$$

OB 桿以等角速度旋轉，故 B 點無切線加速度，僅有法線加速度，

$$\vec{a}_B=(\vec{a}_B)_n=-\omega_{OB}{}^2\vec{r}_{B/O}$$

$$=-(\frac{1200\times 2\pi}{60})^2(-0.12\cos 50°\vec{i}+0.12\sin 50°\vec{j})=1218.1\vec{i}-1451.6\vec{j}$$

$$(\vec{a}_{A/B})_n=-\omega_{AB}^2\vec{r}_{A/B}=-\omega_{AB}^2(-0.4\cos 13.3°\vec{i}-0.4\sin 13.3°\vec{j})=0.389\omega_{AB}^2\vec{i}+0.092\omega_{AB}^2\vec{j}$$

$$=0.389(24.93)^2\vec{i}+0.092(24.93)^2\vec{j}=241.8\vec{i}+57.2\vec{j}$$

$$(\vec{a}_{A/B})_t=\alpha\vec{k}\times\vec{r}_{A/B}=\alpha\vec{k}\times(-0.4\cos 13.3°\vec{i}-0.4\sin 13.3°\vec{j})=-0.389\alpha\vec{j}+0.092\alpha\vec{i}$$

$$\vec{a}_A=a_A\vec{i}$$

$$a_A\vec{i}=(1218.1\vec{i}-1451.6\vec{j})+(241.8\vec{i}+57.2\vec{j})+(-0.389\alpha\vec{j}+0.092\alpha\vec{i})$$

$$a_A=1218.1+241.8+0.092\alpha$$

$$0=-1451.6+57.2-0.389\alpha$$

$$\therefore \alpha=-3583\ (\text{rad/s}^2)$$

$$a_A=1130\ (\text{m/s}^2)$$

即 $\vec{\alpha}=-3583\vec{k}\ (\text{rad/s}^2)$

$$\vec{a}_A=1130\vec{i}\ (\text{m/s}^2)$$

二、對迴轉座標之相對運動

前面幾節所討論的相對運動都是相對於平移座標系統，但在某些情況下，以迴轉座標系統為參考座標來解問題，將會顯得特別方便，剛體在彼此的連結處有相對滑動的問題即為一例。

參考圖 13-4 的平面運動，OXY 為固定座標系統，Bxy 為一以角速度 $\omega=\dot{\theta}$ 旋轉的運動座標系統，由相對運動的觀念可得

$$\vec{r}_A=\vec{r}_B+\vec{r}_{A/B}=\vec{r}_B+(x\vec{i}+y\vec{j}) \tag{13-2}$$

其中 $\vec{r}_A$ 與 $\vec{r}_B$ 為質點 A 與 B 對固定座標系統的位置向量，$\vec{r}_{A/B}$ 為 A 相對於 B 的位置向量，$\boldsymbol{i}$ 與 $\boldsymbol{j}$ 為運動座標系統的單位向量。

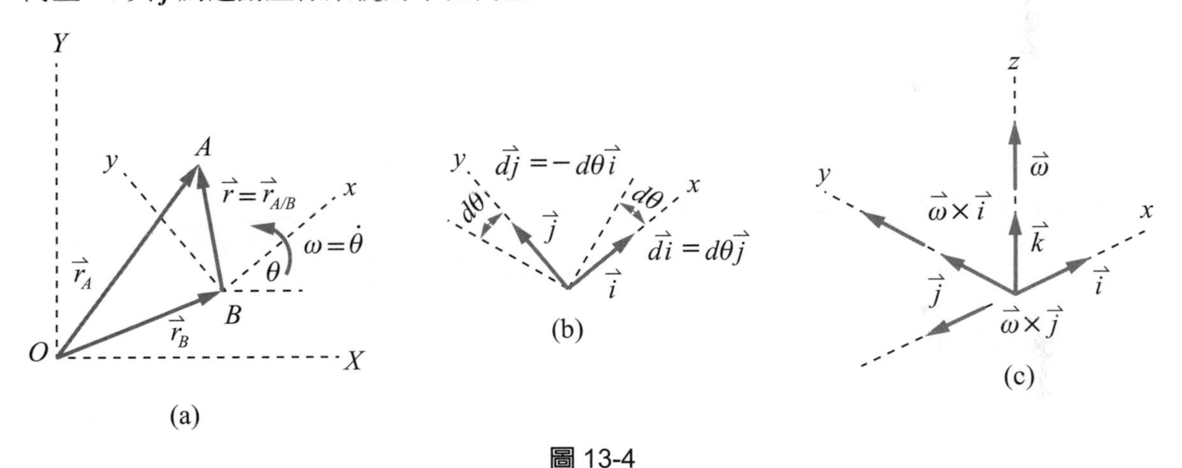

圖 13-4

將式(13-2)對時間微分，得

$$\frac{d\vec{r}_A}{dt}=\frac{d\vec{r}_B}{dt}+\frac{d\vec{r}_{A/B}}{dt}$$

$$\vec{v}_A=\vec{v}_B+\dot{\vec{r}}_{A/B} \tag{13-3}$$

其中

$$\dot{\vec{r}}_{A/B}=\frac{d}{dt}(x\vec{i}+y\vec{j})=(x\dot{\vec{i}}+y\dot{\vec{j}})+(\dot{x}\vec{i}+\dot{y}\vec{j}) \tag{13-4}$$

上式中的單位向量 $\vec{i}$ 與 $\vec{j}$，因其方向隨時間而變化，故對時間而言並非常數，所以對時間有導數。$(\dot{x}\vec{i}+\dot{y}\vec{j})$ 為 A 點相對於 B 點上運動座標系之速度 $\vec{v}_{rel}$。參考圖 13-4(b)，當運動座標旋轉 $d\theta$後，單位向量 $\vec{i}$ 的變化量為 $d\vec{i}$，其大小等於 1 $d\theta$，方向則與 $\vec{j}$ 相同，因此可得 $d\vec{i}=d\theta\vec{j}$，同理，單位向量 $\vec{j}$ 的變化量 $d\vec{j}=-d\theta\vec{i}$，除以 dt 可得

$$\frac{d\vec{i}}{dt}=\frac{d\theta}{dt}\vec{j}\ ,\ \frac{d\vec{j}}{dt}=-\frac{d\theta}{dt}\vec{i}$$

$$\dot{\vec{i}}=\omega\vec{j}\ ,\ \dot{\vec{j}}=-\omega\vec{i} \tag{13-5}$$

由圖 13-4(c)可看出

$$\vec{\omega}\times\vec{i}=\omega\vec{k}\times\vec{i}=\omega\vec{j}$$

$$\vec{\omega}\times\vec{j}=\omega\vec{k}\times\vec{j}=-\omega\vec{i}$$

將上面的關係式與式(13-5)相比較得

$$\dot{\vec{i}}=\vec{\omega}\times\vec{i}\ ,\ \dot{\vec{j}}=\vec{\omega}\times\vec{j} \tag{13-6}$$

將式(13-6)代入式(13-4)首二項，得

$$x\dot{\vec{i}}+y\dot{\vec{j}}=x(\vec{\omega}\times\vec{i})+y(\vec{\omega}\times\vec{j})=\vec{\omega}\times(x\vec{i}+y\vec{j})=\vec{\omega}\times\vec{r}_{A/B}$$

因此式(13-3)變為

$$\vec{v}_A=\vec{v}_B+\vec{\omega}\times\vec{r}_{A/B}+\vec{v}_{rel} \tag{13-7}$$

其中 $\vec{v}_A=A$ 點對固定座標系之速度

$\vec{v}_B=$運動座標系之原點 B 對固定座標系之速度

$\vec{\omega}=$ 運動座標系對固定座標系之角速度

$\vec{r}_{A/B}=A$點相對於運動座標系原點 B 之位置向量

$\vec{v}_{rel}=$於運動座標系觀測，A 點相對於 B 點的速度

例題 13-10

圖示之機構，當 BO 桿位於 $\theta = 45°$時，AC 桿位於水平位置，BO 之角速度 $\omega = 3$ rad/s，順時針方向，且爲常數。試求 AC 桿的角速度，及 A 點的瞬時速度？

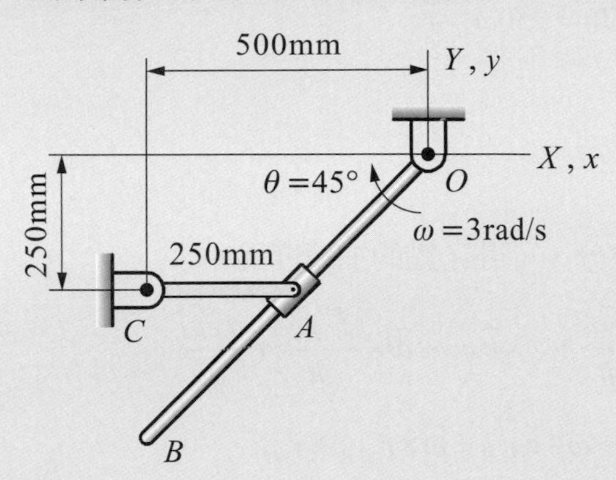

解

首先建立固定座標系及運動座標系，將固定座標系 OXY 的原點置於 O 點，運動座標系 Oxy 建立在 BO 桿上而隨其轉動，原點也置於 O 點。因此式(13-7)可寫爲 $\vec{v}_A = \vec{v}_O + \vec{\omega}\times\vec{r}_{A/O} + \vec{v}_{rel}$，$O$ 點爲運動座標系的原點，且 $v_O = 0$，故可得

$\vec{v}_A = \vec{\omega}\times\vec{r}_{A/O} + \vec{v}_{rel}$

其中 $\vec{\omega}\times\vec{r}_{A/O} = (-3\vec{k})\times(-250\vec{i} - 250\vec{j}) = -750\vec{i} + 750\vec{j}$

$\vec{v}_{rel}$ = A 點相對於運動座標系(BO 桿)原點 O 的速度

$\vec{v}_{rel} = v_{rel}\cos 45°\vec{i} + v_{rel}\sin 45°\vec{j}$

對於隨 BO 桿旋轉的運動座標系而言，位於 O 點的觀測者觀測 A 點所得之相對速度 $\vec{v}_{rel}$，其方向必沿 BO 桿的方向。

因 AC 桿位於水平位置，$\vec{v}_A$ 的方向必沿垂直方向，

$\therefore \vec{v}_A = v_A\vec{j}$

故 $v_A\vec{j} = (-750\vec{i} + 750\vec{j}) + (v_{rel}\cos 45°\vec{i} + v_{rel}\sin 45°\vec{j})$

因等號兩端的 $\vec{i}$ 與 $\vec{j}$ 係數相等

$-750 + v_{rel}\cos 45° = 0$，$v_{rel} = 750\sqrt{2}$

$750 + v_{rel}\sin 45° = v_A$，$v_A = 1500$ (mm/s)

$\vec{v}_A = 1500\vec{j}$ (mm/s)，$\vec{v}_{rel} = 750\vec{i} + 750\vec{j}$ (mm/s)

AC 桿的角速度可由下式求得

$\vec{v}_A = \vec{\omega}_{AC} \times \vec{r}_{A/C}$

$1500\vec{j} = \omega_{AC}\vec{k} \times 250\vec{i} = 250\omega_{AC}\vec{j}$

$\omega_{AC} = 6$ (rad/s)

將式(13-7)對時間微分，可得 A 點的加速度為

$$\frac{d\vec{v}_A}{dt} = \frac{d\vec{v}_B}{dt} + \dot{\vec{\omega}} \times \vec{r}_{A/B} + \vec{\omega} \times \frac{d\vec{r}_{A/B}}{dt} + \frac{d\vec{v}_{rel}}{dt}$$

$$\vec{\boldsymbol{a}}_A = \vec{\boldsymbol{a}}_B + \dot{\vec{\boldsymbol{\omega}}} \times \vec{\boldsymbol{r}}_{A/B} + \vec{\boldsymbol{\omega}} \times \dot{\vec{\boldsymbol{r}}}_{A/B} + \dot{\vec{\boldsymbol{v}}}_{rel} \tag{13-8}$$

其中 $\vec{\omega} \times \dot{\vec{r}}_{A/B} = \vec{\omega} \times \frac{d}{dt}(x\vec{i} + y\vec{j}) = \vec{\omega} \times (\vec{\omega} \times \vec{r}_{A/B} + \vec{v}_{rel}) = \vec{\omega} \times (\vec{\omega} \times \vec{r}_{A/B}) + \vec{\omega} \times \vec{v}_{rel}$

$$\dot{\vec{v}}_{rel} = \frac{d}{dt}(\dot{x}\vec{i} + \dot{y}\vec{j}) = (\dot{x}\dot{\vec{i}} + \dot{y}\dot{\vec{j}}) + (\ddot{x}\vec{i} + \ddot{y}\vec{j})$$

將式(13-6)的關係式代入上式，得

$$\dot{\vec{v}}_{rel} = \vec{\omega} \times (\dot{x}\vec{i} + \dot{y}\vec{j}) + (\ddot{x}\vec{i} + \ddot{y}\vec{j}) = \vec{\omega} \times \vec{v}_{rel} + \vec{a}_{rel}$$

代入式(13-8)得

$$\vec{\boldsymbol{a}}_A = \vec{\boldsymbol{a}}_B + \dot{\vec{\boldsymbol{\omega}}} \times \vec{\boldsymbol{r}}_{A/B} + \vec{\boldsymbol{\omega}} \times (\vec{\boldsymbol{\omega}} \times \vec{\boldsymbol{r}}_{A/B}) + 2\vec{\boldsymbol{\omega}} \times \vec{\boldsymbol{v}}_{rel} + \vec{\boldsymbol{a}}_{rel} \tag{13-9}$$

其中 $\vec{a}_A = A$ 點對固定座標系之加速度

$\vec{a}_B =$ 運動座標系之原點 B 對固定座標系之加速度

$\vec{\omega}$，$\dot{\vec{\omega}} =$ 運動座標系對固定座標系之角速度及角加速度

$\vec{r}_{A/B} = A$ 點相對於運動座標系原點 B 之位置向量

$\dot{\vec{\omega}} \times \vec{r}_{A/B} + \vec{\omega} \times (\vec{\omega} \times \vec{r}_{A/B}) =$ 運動座標系所造成之角加速度的結果

$\vec{a}_{rel} = A$ 點相對於運動座標系之加速度

$2\vec{\omega} \times \vec{v}_{rel} =$ 柯氏加速度(coriolis acceleration)或稱補充加速度(supplemen-tary acceleration)，由向量積的定義，可知其方向與含 ω 及 v_{rel} 的平面垂直，指向則由右手定則而定。

例題 13-11

試求例題 13-10 AC 桿的角加速度及 A 點的加速度。

解

仍然將運動座標系建立在 BO 桿上，以 O 點為原點，則由例題 13-10 的結果知 $\vec{\omega}_{AC} = 6\vec{k}$ (rad/s)，$\vec{v}_{rel} = 750\vec{i} + 750\vec{j}$ (mm/s)。

因運動座標系的原點 O 固定不動，故式(13-9)中運動座標系原點 B 的 $a_B = 0$，即本題中 $\vec{a}_O = 0$，又因 BO 桿無角加速度，故 $\dot{\omega} = 0$，式(3-9)變為

$$\vec{a}_A = \vec{\omega}\times(\vec{\omega}\times\vec{r}_{A/O}) + 2\vec{\omega}\times\vec{v}_{rel} + \vec{a}_{rel}$$

其中 $\vec{a}_{rel}$ 為 A 點相對於運動座標系的加速度，其方向沿著 BO 桿方向且

$$\vec{a}_{rel} = a_{rel}\cos 45°\vec{i} + a_{rel}\sin 45°\vec{j}$$

即 $(a_A)_n\vec{i} + (a_A)_t\vec{j}$

$$= (-3\vec{k})\times(-3\vec{k}\times(-250\vec{i} - 250\vec{j})) + 2(-3\vec{k})\times(750\vec{i} + 750\vec{j}) + (a_{rel}\cos 45°\vec{i} + a_{rel}\sin 45°\vec{j})$$

$$= (2250\vec{i} + 2250\vec{j}) + (-4500\vec{j} + 4500\vec{i}) + (a_{rel}\cos 45°\vec{i} + a_{rel}\sin 45°\vec{j})$$

其中 $(a_A)_n = AC\omega_{AC}^2 = 250(6)^2 = 9000\ (\text{mm/s}^2)$ 指向 C 點

$(a_A)_t = AC\alpha_{AC} = 250\alpha_{AC}$ 方向垂直於 AC 桿

故 $-9000\vec{i} + 250\alpha_{AC}\vec{j} = (6750 + a_{rel}\cos 45°)\vec{i} + (-2250 + a_{rel}\sin 45°)\vec{j}$

$$-9000 = 6750 + a_{rel}\cos 45°$$

$$a_{rel} = -22274\ (\text{mm/s}^2)$$

$$250\alpha_{AC} = -2250 + a_{rel}\sin 45°$$

$$\alpha_{AC} = -72\ (\text{rad/s}^2)$$

$\vec{\alpha}_{AC} = -72\vec{k}$ (rad/s^2) 負號表示順時針

$$\vec{a}_A = -9000\vec{i} + 250(-72)\vec{j} = -9000\vec{i} - 18000\vec{j}\ (\text{mm/s}^2)$$

練習題

1 圓盤在兩平行移動的平板條中滾動而不滑動，試求如圖示瞬間的角速度及中心點 O 的速度？

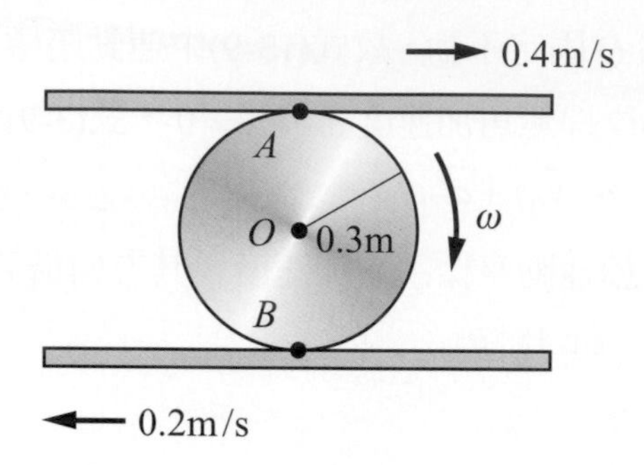

2 以繩纏繞之圓盤以 $\omega = 3$ rad/s 旋轉，試求點 A、B、C 之速度？、

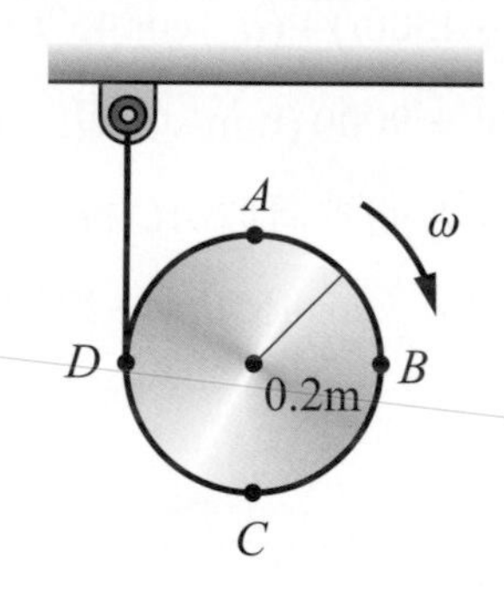

3 如圖所示之機構，圓盤 O 以 1.5 m/s 的速度向右滾動，試求 B 點之速度，與 AB 桿的角速度？

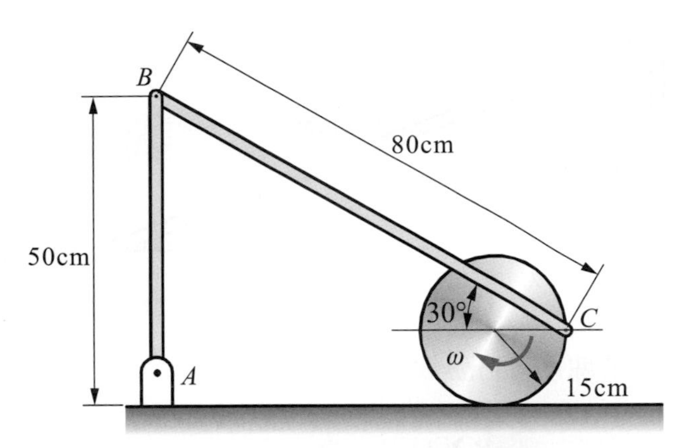

4 如圖之機構，當輪子之角速度 $\omega = 12$ rad/s，則 B 滑塊之瞬時速度若干？

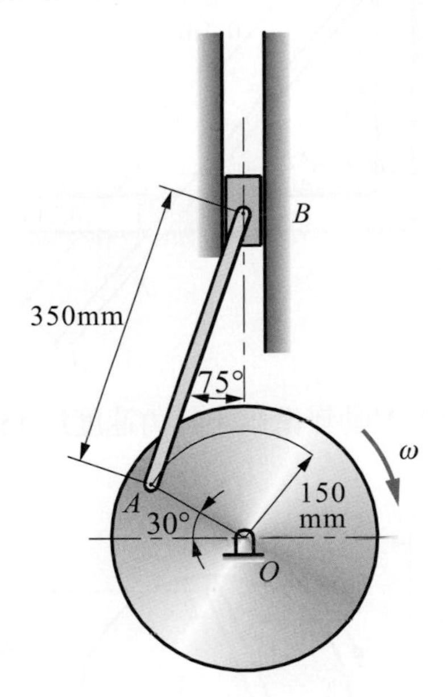

5 如圖所示，OA 桿以 $\alpha = 10$ rad/s² 之角加速度及 $\omega = 5$ rad/s 之角速度旋轉。試求滑塊 B 之加速度與 AB 桿之角加速度？

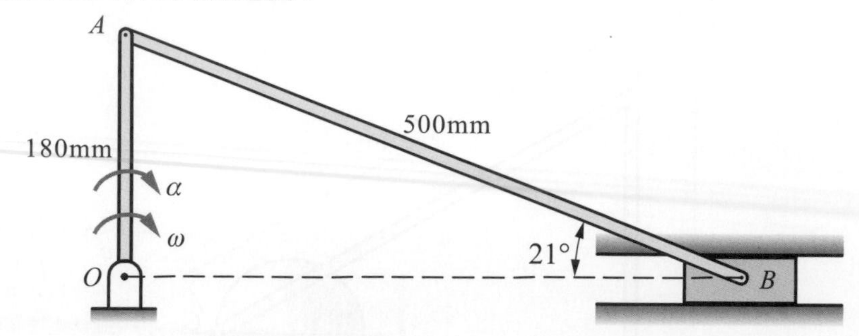

6 如圖之機構，若 C 滑塊以 3.5 m/s 的速度向下滑動，則桿件上 A 點之速度若干？

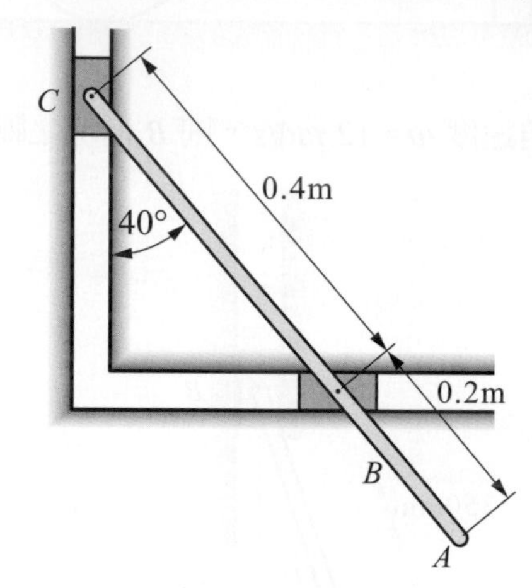

7 如圖所示，輪子 B 於桌面上滾動無滑動，其角速度爲 15 rad/s 逆時針，試求 A 點之速度若干？

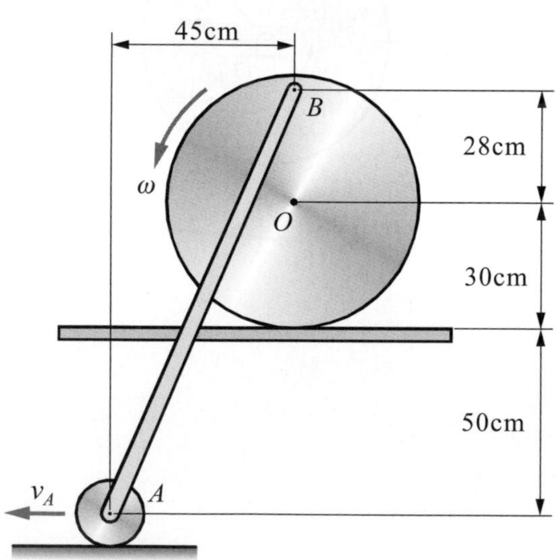

8 如圖所示之機構，桿件 CD，以 5 rad/s 之角速度，10 rad/s^2 之角加速度逆時針旋轉，試求 B 點之加速度？

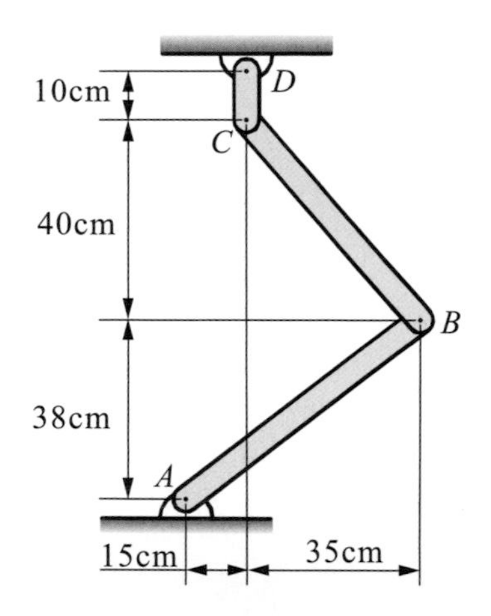

9 將一玻璃桿 AB 置於一圓錐內，如圖所示，當 AB 桿呈水平時，A 點以 4 m/s 的速度及 5 m/s^2 之加速度沿錐面向下滑動，試求玻璃桿 AB 於圖瞬間之角加速度？

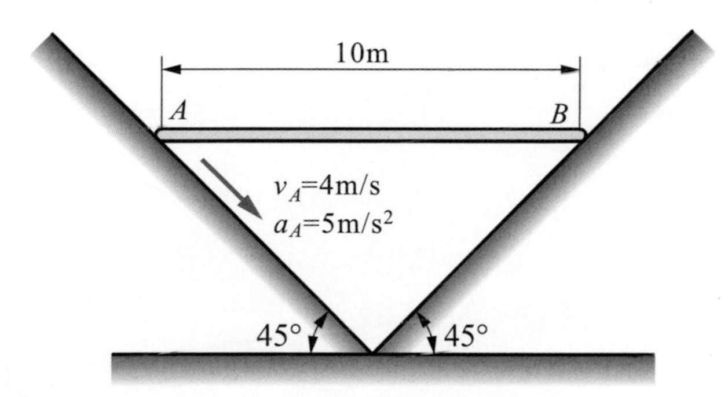

10 一圓柱置於兩平行板 A、B 之間，圓柱滾動而不滑動，圓柱半徑 $r = 300$ mm，如圖所示，當 $v_A = 3$ m/s，$v_B = 4.5$ m/s 時，則其瞬時中心之位置於 C 點之速度？

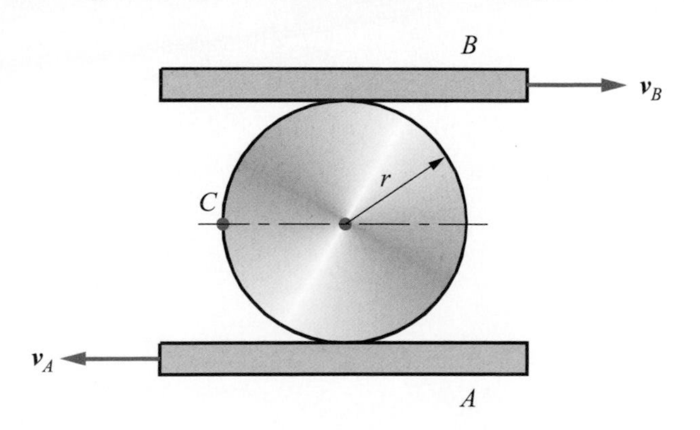

剛體動力學

本章大綱

一、剛體動力學概說
二、剛體之質量慣性矩
三、剛體受力的平面運動
四、剛體的滾動運動

學習重點

剛體受力產生運動，除了與質點受力一樣會產生平移外，還會因受力點不同而產生情況互異的旋轉運動。平移運動依循的是牛頓第二運動定律，而旋轉運動所依循的，也是由牛頓第二運動定律推演而來的定理。本章主要就是在讓學習者能夠清楚了解，利用該等定理導出剛體運動方程式的方法，並藉以得到欲求得之解答。

本章提要

剛體的平移運動，和其質量有關，依循的是牛頓第二運動定律，而剛體的旋轉，除了質量外，也和作用力距離質心的距離有關。質量和該距離的合成，稱之為物體的質量慣性矩，質量慣性矩與角加速度相乘積，就是物體所受到力矩的大小。能熟習此等定理的應用，就可輕易解決剛體的動力學問題。

輪椅開動時，除了移動之外，車身也會因路面的上、下與左、右起伏而產生轉動。

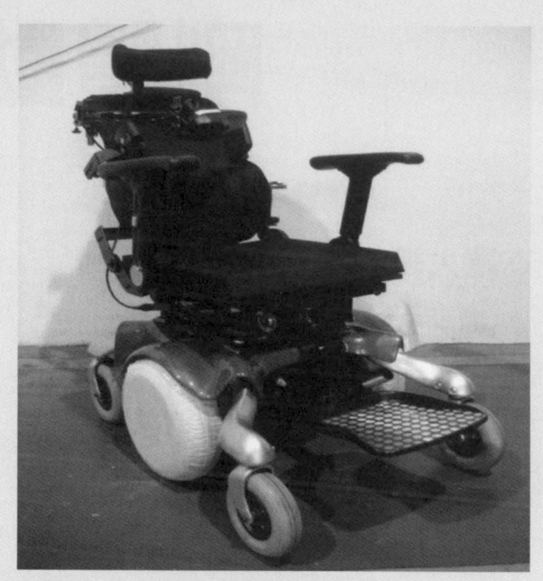

圖 14-1

汽車行經彎道時，除了沿著彎道前進以外，也會因輪胎與地面間的摩擦力大小，而產生側滑或側翻。

圖 14-2

一、剛體動力學概說

在平面上運動之剛體，受一平面力系作用，如圖 14-3(a)所示，由靜力學中所述之方法，可將此平面力系合成爲通過質心 G 之一單力 $\vec{R}=\Sigma\vec{F}$ 及一力偶 $\vec{C}=\Sigma\overrightarrow{M}$，因參考點爲質心 G，故合力偶表示成 $\Sigma\overrightarrow{M}$，$\Sigma\overrightarrow{M}$ 等於剛體上所有外力對質心 G 之力矩和。如圖 14-3(b)所示；其中合力 $\vec{R}$ 使剛體產生移動效果，而合力偶 $\vec{C}$ 使剛體產生旋轉效果。

因剛體可視爲由無數個質點所組成的質點系統，故第五章所得的結論也適用於剛體，即

$$\vec{\boldsymbol{R}}=\Sigma\vec{\boldsymbol{F}}=\boldsymbol{m}\vec{\boldsymbol{a}} \tag{14-1}$$

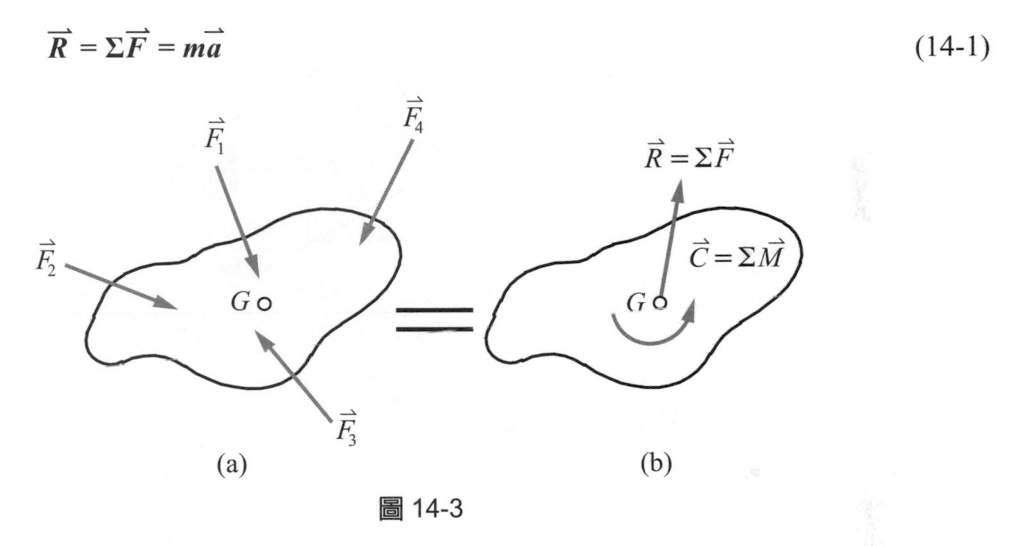

圖 14-3

二、剛體之質量慣性矩

一個剛體繞著某個軸旋轉如圖 14-4 所示，考慮其上一個微小的質量 dm 對該軸所產生的質量慣性矩定義爲

$$I=\int r^2 dm$$

若剛體之密度爲 ρ，則 $dm=\rho dV$，上式可改寫爲

$$I=\int r^2 \rho dV$$

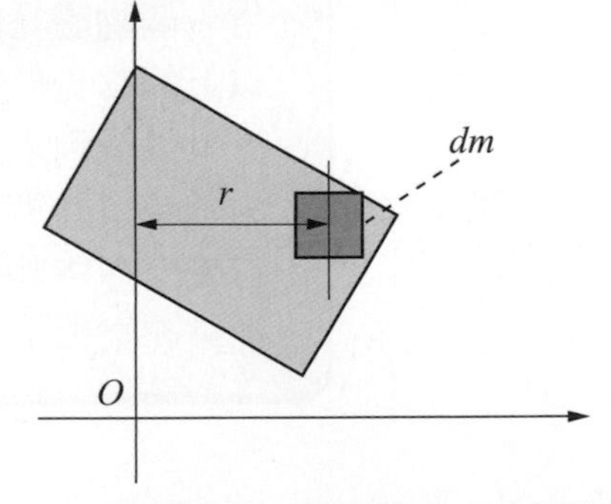

圖 14-4　剛體繞著 z 軸旋轉產生質量慣性矩

若剛體的總質量爲 M，對 z 軸旋轉產生質量慣性矩爲 I，則可以定義它的轉動半徑(radius of gyration)爲

$$k = \sqrt{\frac{I}{M}}$$

當剛體的旋轉軸 z 軸通過其質心時，轉動慣量爲 I_z，若有一個平行於 z 軸且直線距離爲 d 的 z'軸，則剛體對 z'軸的轉動慣量 I_z'與面積慣性矩相似，可以表示如圖 14-5，亦即適用平行軸定理。

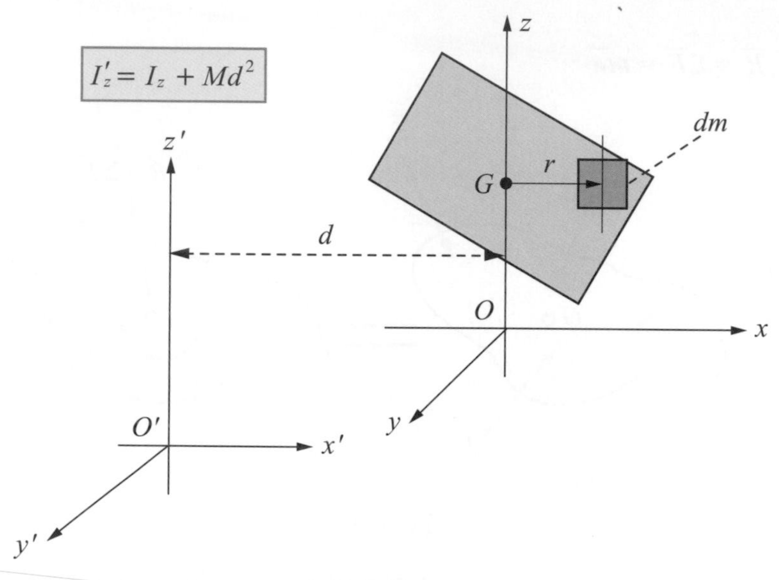

圖 14-5　質量慣性矩的平行軸移動

當一個物體是由兩個或兩個以上的常見形狀組合而成時，可以分別求出它們對質心的質量慣性矩，然後再依平行軸定理將其平移至預定軸加總起來即可。

三、剛體受力的平面運動

參考圖 14-6，考慮剛體內的任一質點 m_i，其加速度 $\vec{a}_i$ 由相對加速度之關係，可以如下表示之

$$\vec{a}_i = \vec{a} + \vec{a}_{i/G}$$

上式乃以質心 G 爲參考點，$\vec{a}$ 可表爲直角分量 $\vec{a}_x$ 與 $\vec{a}_y$ 之和，$\vec{a}_{i/G}$ 可表爲切線與法線分量 $(r_i\alpha)\vec{e}_t$ 與 $(r_i\omega^2)\vec{e}_n$ 之和，乘以 m_i 之後，上式變爲

$$m_i\vec{a}_i = m_i\vec{a}_x + m_i\vec{a}_y + m_i r_i \alpha \vec{e}_t + m_i r_i \omega^2 \vec{e}_n$$

由運動方程式知 $m_i\vec{a}_i$ 即爲所有作用於質點 m_i 上的合力，由力矩原理可得這些力量對質心 G 的力矩和爲

$$\vec{M}_i = -m_i\vec{a}_x y_i + m_i\vec{a}_y x_i + m_i r_i^2 \vec{\alpha}$$

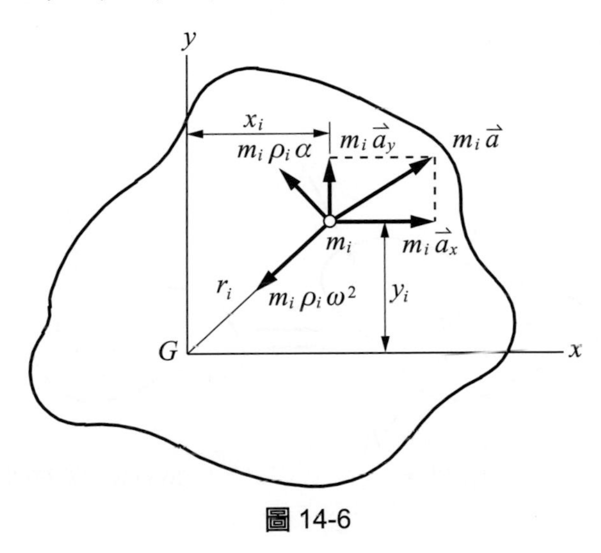

圖 14-6

所有在剛體上的點都存在有類似的力矩式子，而作用在所有質點上之合力對質心 G 的力矩和可寫成

$$\begin{aligned}\Sigma\vec{M} &= -\Sigma m_i\vec{a}_x y_i + \Sigma m_i\vec{a}_y x_i + \Sigma m_i r_i^2 \vec{\alpha} \\ &= -\vec{a}_x \Sigma m_i y_i + \vec{a}_y \Sigma m_i x_i + \vec{\alpha}\Sigma m_i r_i^2 \\ &= -\vec{a}_x m y + \vec{a}_y m x + I\alpha\end{aligned}$$

因座標原點取在質心 G 上，所以上式中 $\Sigma m_i x_i = m x = 0$，$\Sigma m_i y_i = m y = 0$，故上式變爲

$$\Sigma \vec{M} = I\vec{\alpha} \tag{14-2}$$

其中 $I = \Sigma m_i r_i^2$，爲剛體對通過質心 G 之 Z 軸的質量慣性矩。Z 軸與剛體的運動平面 xy 成垂直。$\Sigma\vec{M}$ 是剛體上的所有力量(包括內力及外力)對質心 G 的力矩和，但因內力在鄰近質點間以大小相等、方向相反的作用與反作用力成對出現，故剛體內力對質心 G 的力矩和爲零，即剛體內力對 $\Sigma\vec{M}$ 的貢獻爲零，所以，$\Sigma\vec{M}$ 僅代表自由體圖上，所有作用在剛體上的外力對質心 G 的力矩和。

1. 以質心 G 爲參考點

由式(14-1)與式(14-2)，我們可將圖 14-3 的關係改寫成圖 14-7，圖 14-7(a)說明一剛體的外力系統圖(自由體圖)，該剛體做平面運動，在我們所考慮的瞬間，角加速度爲 $\vec{\alpha}$，質心加速度爲 $\vec{a}$；圖 14-7(b)說明有效力系統相當的結果，此處的有效力系統包括 $m\vec{a}$ 及 $I\vec{\alpha}$ 二項。

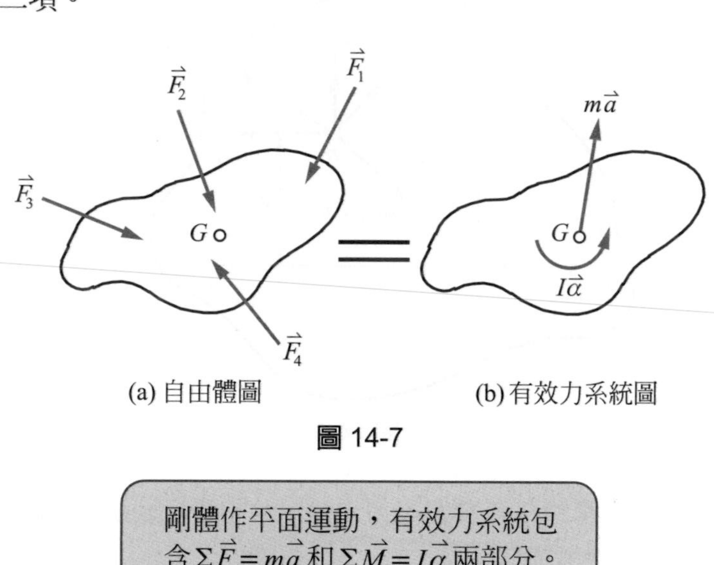

圖 14-7

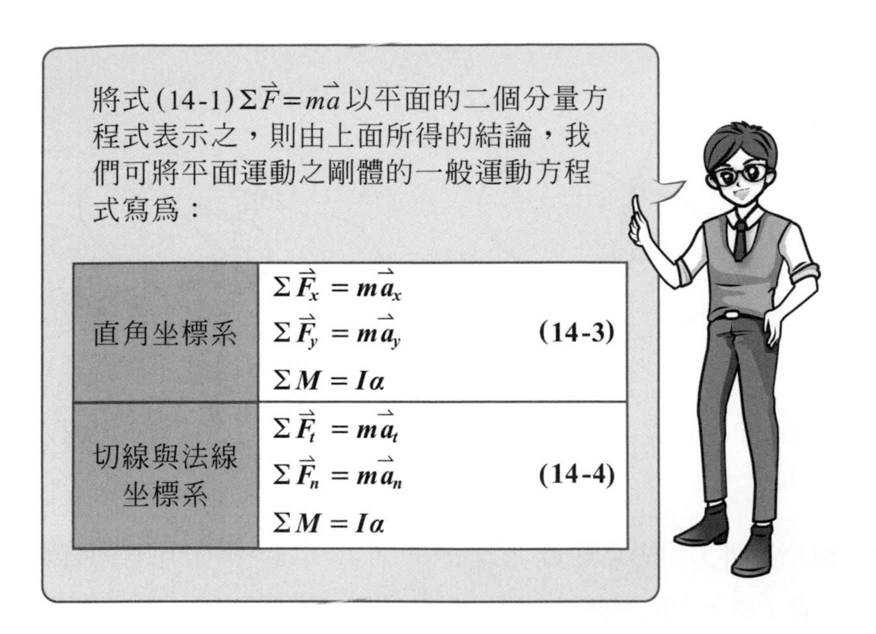

直角坐標系	$\Sigma\vec{F}_x = m\vec{a}_x$ $\Sigma\vec{F}_y = m\vec{a}_y$ **(14-3)** $\Sigma M = I\alpha$
切線與法線坐標系	$\Sigma\vec{F}_t = m\vec{a}_t$ $\Sigma\vec{F}_n = m\vec{a}_n$ **(14-4)** $\Sigma M = I\alpha$

2. 以固定點 O 為參考點

由靜力學，當剛體繞一固定軸旋轉時，在考慮的剛體平板內有一固定點 O，若以此固定點 O 為參考點，則剛體外力系統可以如圖 14-8 所示。

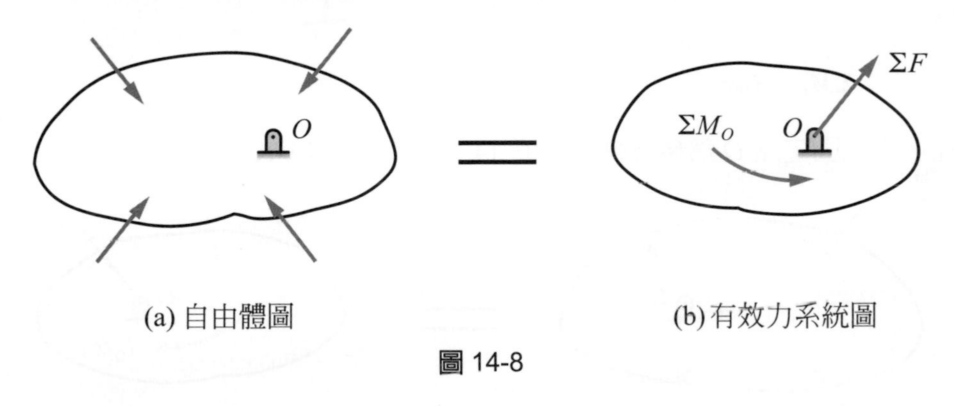

(a) 自由體圖　　(b) 有效力系統圖

圖 14-8

其中 $\Sigma\vec{F} = m\vec{a}$ ，而

$\Sigma\overrightarrow{M}_O$ = 作用於剛體之所有外力對 O 點之力矩和

在圖 14-7 中的有效力，因剛體的質心 G 沿著一個圓心位於固定點 O 而半徑為 r 的圓轉動。在所考慮的瞬間，角速度為 $\vec{\omega}$ ，角加速度為 $\vec{\alpha}$ ，因此作用於質心 G 的 $m\vec{a}$ 可分解為切線分量 $m\vec{a}_t$ 與法線分量 $m\vec{a}_n$ ，且其分量大小 $a_t = r\alpha$，$a_n = r\omega^2$，如圖 14-9 所示。

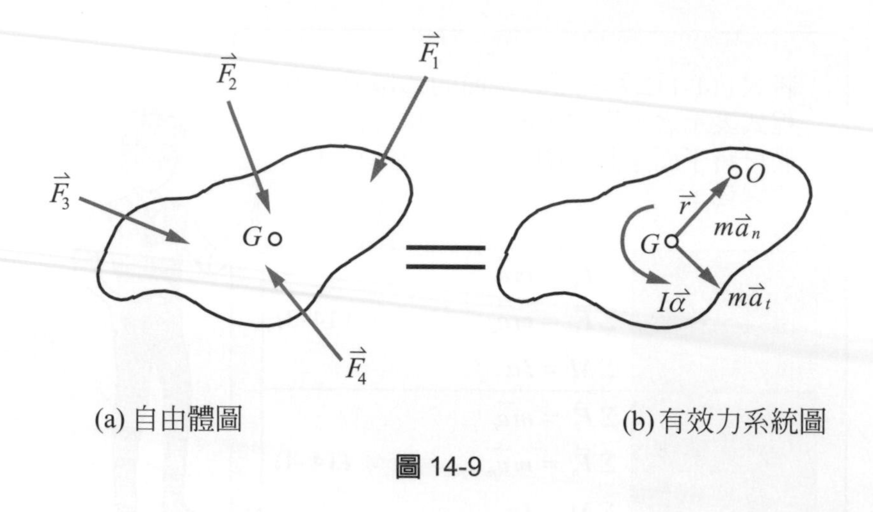

(a) 自由體圖 (b) 有效力系統圖

圖 14-9

圖 14-9 中的所有外力對固定點 O 之力矩和大小為 ΣM_O，等於所有的有效力對固定點 O 的力矩和。可表示成下面的關係

$$\Sigma M_O = I\alpha + (mr\alpha)r = (I + mr^2)\,\alpha$$

根據平行軸定理可得到 $I + mr^2 = I_O$，式中的 I_O 代表剛體對固定軸的質量慣性矩，故上式可寫成

$$\boldsymbol{\Sigma M_O = I_O\alpha} \tag{14-5}$$

因此，當以固定點 O 為參考點時，圖 14-8 可改為圖 14-10。

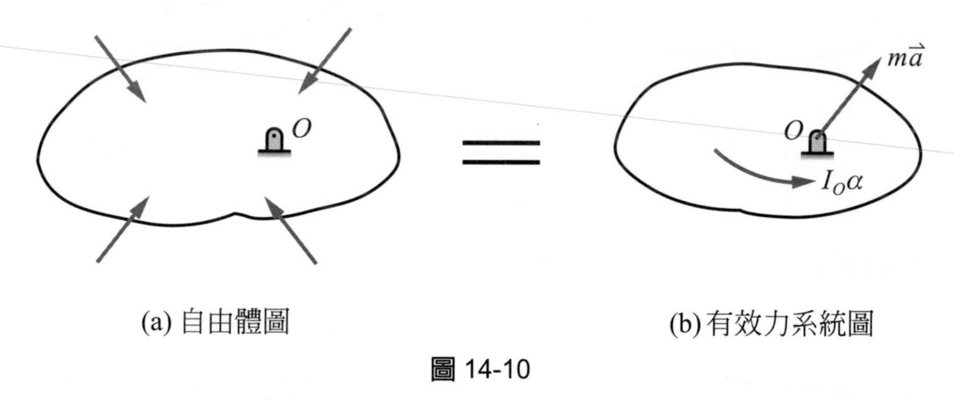

(a) 自由體圖 (b) 有效力系統圖

圖 14-10

因此，以固定點爲參考點的三個運動方程式，也可用下列形式表出，即

$$\Sigma F_t = ma_t$$
$$\Sigma F_n = ma_n \tag{14-6}$$
$$\Sigma M_O = I_O\alpha$$

3. 以任一點爲參考點

若以剛體平板上的任一點 P 爲參考點，由靜力學，剛體外力系統可如圖 14-11 所示。

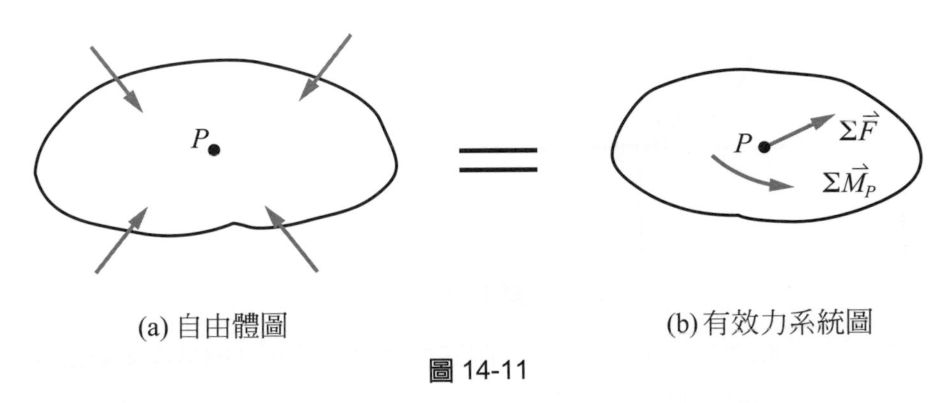

(a) 自由體圖　(b) 有效力系統圖

圖 14-11

其中 $\Sigma\vec{F} = m\vec{a}$ ，而

$\Sigma\vec{M}_P$ = 剛體上所有外力對 P 點之力矩和

將圖 14-7 之剛體所有外力與剛體有效力分別對 P 點取力矩，可得

$\Sigma\vec{M}_P$ = 通過質心 G 的 $m\vec{a}$ 與 $I\vec{\alpha}$ 對 P 點的力矩和

因此，以任一點 P 爲參考點之運動方程式可寫爲

$$\Sigma F_x = ma_x$$

$$\Sigma F_y = ma_y$$

$\Sigma\vec{M}_P$ = 通過質心 G 的 $m\vec{a}$ 對 P 點的力矩+$I\vec{\alpha}$ 對 P 點的力矩

四、剛體的滾動運動

當輪子、圓柱或類似形狀之物體在一粗糙面上運動時，由於所受作用力的不同，此種剛體之運動可能爲純粹滾動，也可能爲滑動。現考慮一作平面運動之圓盤，如果該圓盤只能滾動而不滑動的話，則其質心 G 的加速度 a 以及其角加速度 α 之間存有一定的關係。

質心 G 在圓盤旋轉 θ 中所移動的距離 $s = r\theta$，其中 r 爲圓盤的半徑。微分該關係式兩次，則可得

$$a = r\alpha$$

圖 14-12 爲一滾動均質圓盤，若以質心 G 爲參考點，圓盤的外力系統及有效力系統如圖示，其中 $ma = mr\alpha$。

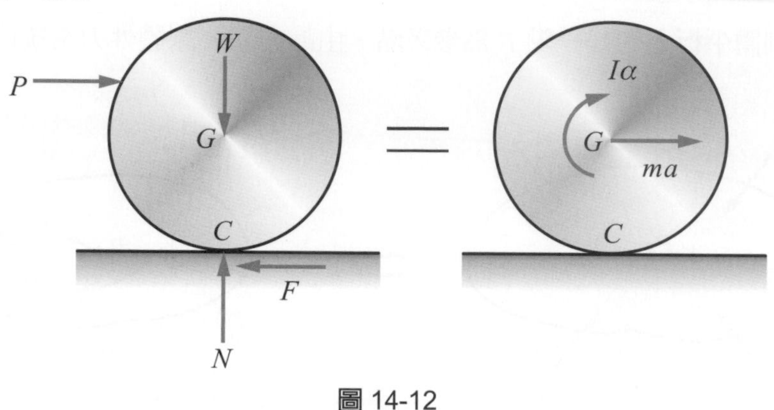

圖 14-12

如果圓盤只有滾動而無滑動的話，則該圓盤和地面接觸的點與地面本身之間就沒有相對運動存在。於只有滾動而無滑動的情況下，摩擦力 F 的大小不超過其最大值 $F_s = \mu_s N$，式中 μ_s 爲靜摩擦係數，而 N 爲垂直方向的正向力大小。在即將滑動的情況下，摩擦力 F 達到其最大值 $F_s = \mu_s N$。

如果圓盤同時旋轉與滑動，圓盤與地面相接觸的點就與地面本身產生相對運動，而摩擦力的大小就爲 $F_k = \mu_k N$，式中的 μ_k 爲動摩擦係數。然而此種情況下的圓盤質心 G 的運動與圓盤對 G 的旋轉是互相獨立的，此時加速度 a 並不等於 $r\alpha$。

總結上述三種不同的情況如下：

滾動，沒有滑動	$F_s < \mu_s N$，$a = r\alpha$
滾動，即將滑動	$F_s = \mu_s N$，$a = r\alpha$
旋轉與滑動	$F_s = \mu_k N$，$a \neq r\alpha$

如果不知道一個圓盤是否滑動，則先假設該圓盤發生滾動但不滑動。如果所求出的摩擦力 F 小於或等於 $\mu_s N$，則所作的假設爲正確。如果所求出的摩擦力 F 大於 $\mu_s N$，則爲假設不正確，而必須再重新假設該問題的旋轉與滑動。此類問題可以參考例題 14-5。

例題 14-1

質量 50 kg，半徑 0.4 m 之均質圓盤，中心以光滑銷支承在固定座上，今在圓盤外緣上施一拉力 $F = 20$ N，試求圓盤由靜止至角速度爲 24 rad/s 時所需之轉數。

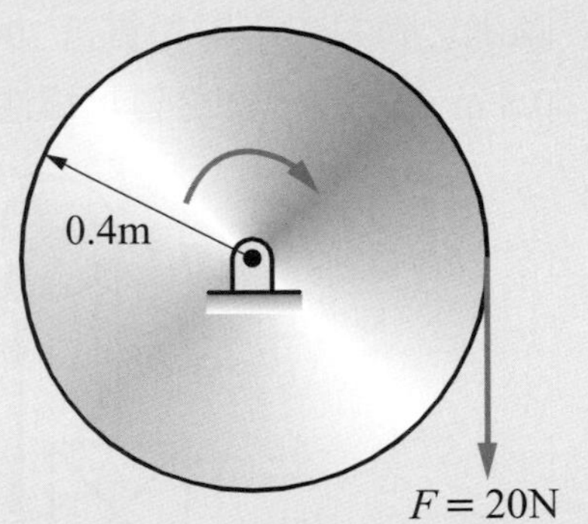

解

圓盤的固定點 O 即爲質心。以 O 點爲參考點，首先作圓盤的外力系統圖及有效力系統圖。因質心的 $a_x = a_y = 0$，故有效力僅剩 $I\alpha$ 一項。查附錄 B-2，其中

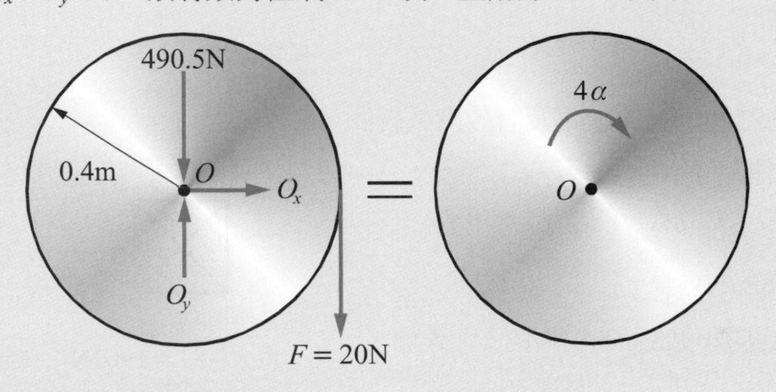

外力系統圖　　　　有效力系統圖

$$I = \frac{1}{2}mr^2 = \frac{1}{2}(50)(0.4)^2 = 4\ (\text{kg}\cdot\text{m}^2)$$

$$\Sigma M = I\alpha$$

$$20 \times 0.4 = 4\alpha$$

$$\alpha = 2\ (\text{rad/s}^2)$$

因圓盤作等角加速度旋轉運動，由式(11-4)知

$$\omega^2 = \omega_0^2 + 2\alpha\theta$$

$$24^2 = 0 + 2(2)\,\theta$$

$$\theta = 144\ (\text{rad}) = 144/2\pi\ (\text{rev}) = 22.92\ (\text{rev})$$

例題 14-2

圖示之動力絞車舉起質量 200 kg 之物體，物體之加速度爲 2 m/s^2，絞車滾筒直徑 0.8 m，對質心 O 之質量慣性矩 $I = 10$ kg · m^2，試求滾筒上應施加多少力矩 T？

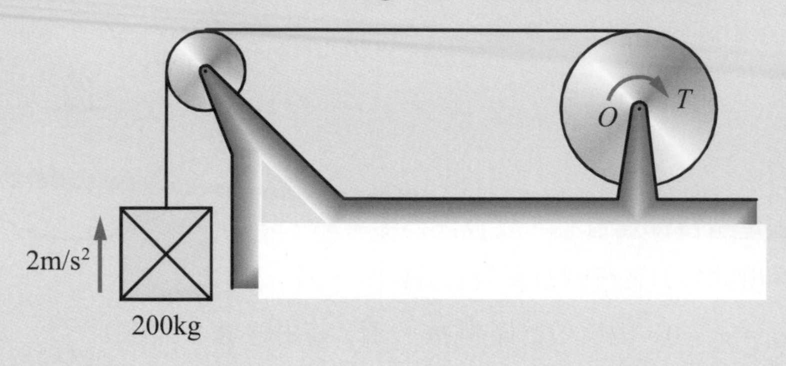

解

首先繪物體的外力系統圖及有效力系統圖，藉以求出繩子的拉力 F。

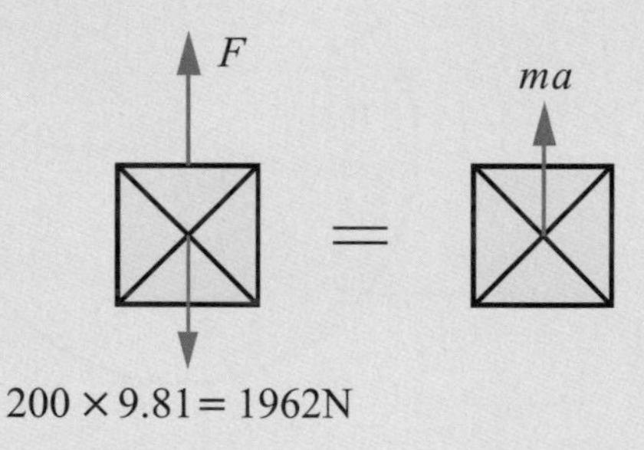

$F - 1962 = 200 \times 2$

$\therefore F = 2362$ (N)

因物體之加速度 2 (m/s^2)爲滾筒切線加速度，即

$a = r\alpha$

$$\therefore \alpha = \frac{a}{r} = \frac{2}{0.4} = 5 \,(\text{rad/s}^2)$$

再繪絞車滾筒的外力系統圖及有效力系統圖，以質心 O 爲參考點。因 O 爲固定點，故 $a_x = a_y = 0$，有效力僅 $I\alpha$ 一項。

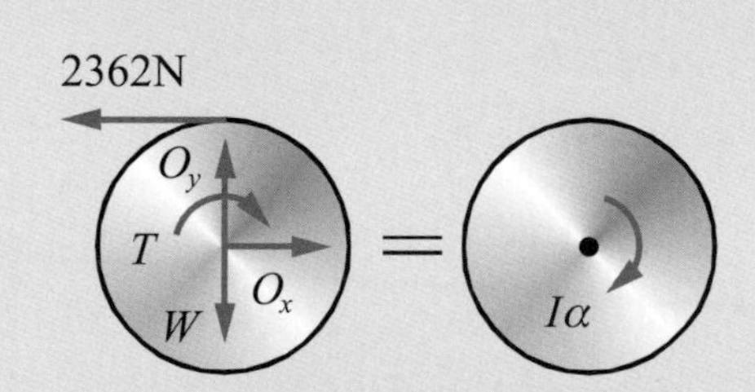

$\Sigma M = I\alpha$

$T - 2362 \times 0.4 = 10 \times 5$

$\therefore T = 994.8$ (N · m)

例題 14-3

右圖中均質垂直桿，長度 2.0 m，質量 20 kg，在靜止狀態下受到一水平力 60 N 作用，試求桿子旋轉軸 O 點的反作用力及桿子的角加速度 α。

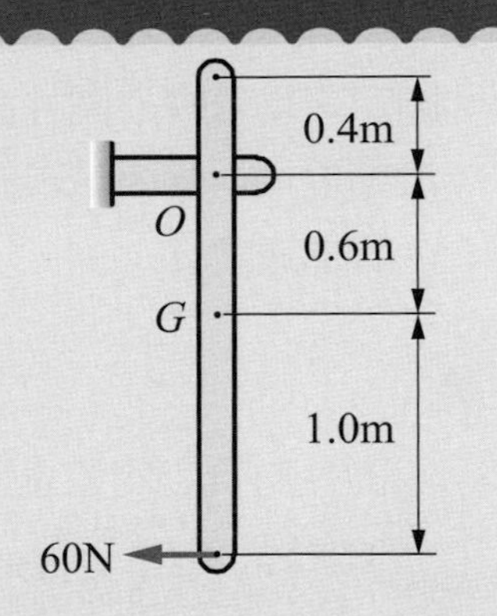

解

圖中 G 點爲桿子的質心，O 點爲桿子的旋轉軸，以質心 G 爲參考點。

由附錄 B-2 知桿子的質量慣性矩爲

$$I=\frac{1}{12}m\ell^2=\frac{1}{12}\times 20\times 2^2=6.67\ (\text{kg}\cdot\text{m}^2)$$

繪出桿子的外力系統圖及有效系統圖

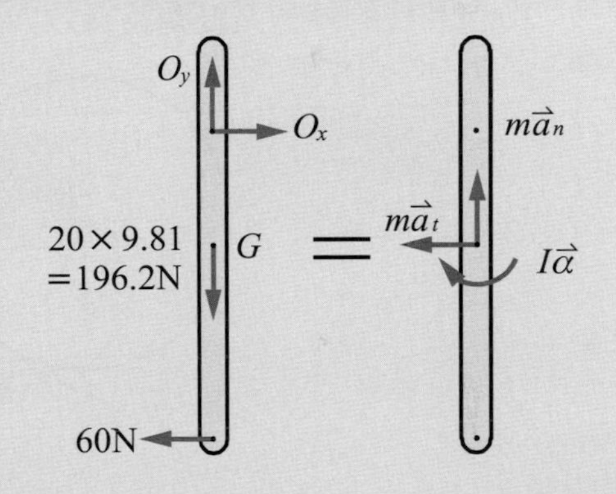

$a_t=r\alpha=0.6\alpha$

$a_n=\dfrac{v^2}{r}=0$ (因 $v=0$)

$\Sigma F_t=ma_t$

$60-O_x=20(0.6\alpha)$……………………①

$\Sigma F_n=ma_n$

$O_y-196.2=0$

$\therefore O_y=196.2$ (N)

$\Sigma M=I\alpha$

$60(1.0)+O_x(0.6)=6.67\,\alpha$………………②

聯立①②式，可得

$\alpha=-6.92$ (rad/s^2)

$O_x=-23.04$ (N)

負號表示 O_x 在圖上的方向應該向左，α 方向爲順時針

例題 14-4

圖示之均質實心圓柱直徑 1.8 m，質量 80 kg，往下滾動但無滑動，試求圓柱的角加速度 α 及圓柱質心 G 的加速度 $\vec{a}$。

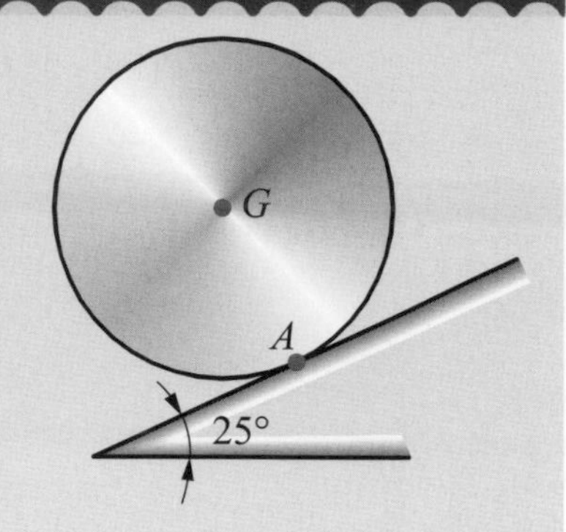

解

圓柱對質心的質量慣性矩為

$$I = \frac{1}{2}mr^2 = \frac{1}{2} \times 80 \times 0.9^2 = 32.4\ (\text{kg} \cdot \text{m}^2)$$

因無滑動，故圓柱質心的加速度為

$a = r\alpha = 0.9\alpha$

繪出圓柱的外力系統圖及有效力系統圖

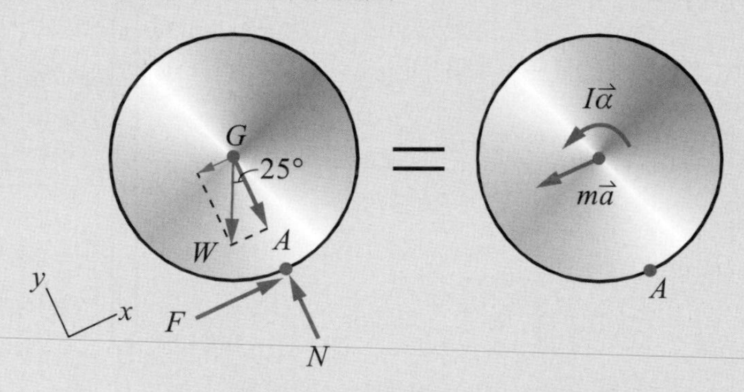

外力系統圖　　　　有效力系統圖

因摩擦力 F 未知，今將兩圖對接觸點 A 取力矩，即

$(\Sigma M_A)_{\text{外力系統}} = (\Sigma M_A)_{\text{有效力系統}}$

$(W \sin 25°)r = I\alpha + mar$

$80 \times 9.81 \times \sin 25° \times 0.9 = 32.4\alpha + 80 \times 0.9\alpha \times 0.9$

$\therefore \alpha = 3.07\ (\text{rad/s}^2)$

$\therefore a = 0.9 \times 3.07 = 2.76\ (\text{m/s}^2)$

例題 14-5

一繩索纏繞在一輪子之內轂，如圖所示，並承受 240 N 之水平拉力。已知輪子的質量爲 60 kg，輪子對質心的質量慣性矩 $I = 1.2\ \text{kg}\cdot\text{m}^2$，而輪子與水平面間之靜摩擦係數爲 0.20，動摩擦係數爲 0.16，試求輪子之角加速度及質心 G 之加速度。

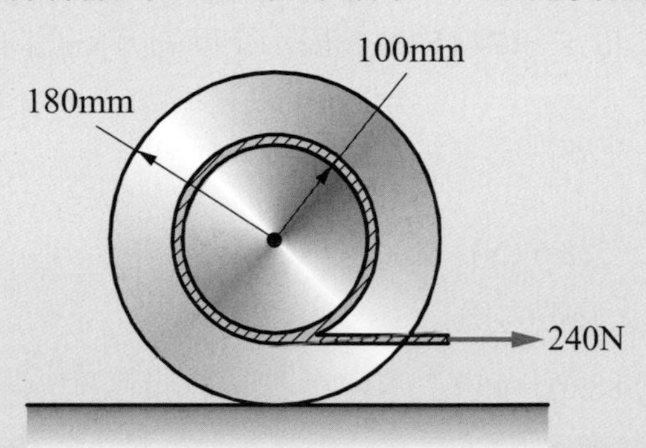

解

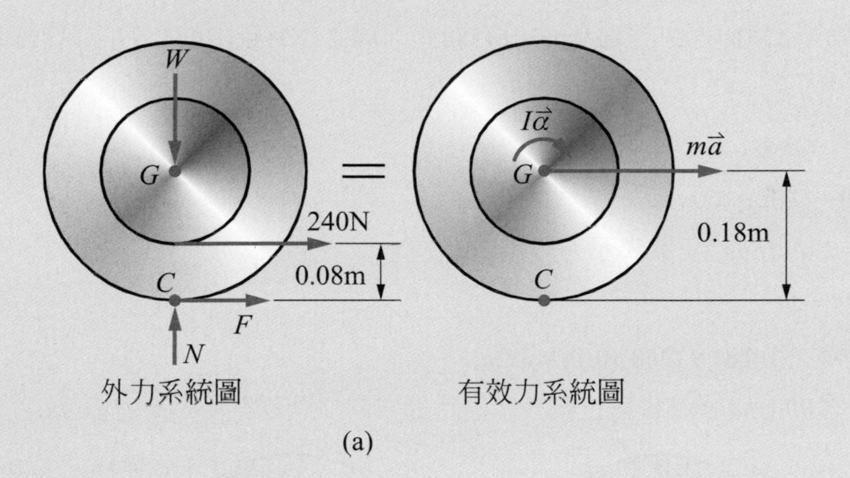

(a)

首先假設輪子只有滾動而無滑動，在此假設情況下，可得

$a = r\alpha = 0.18\alpha$

圖(a)爲輪子的外力系統及有效力系統圖，圖中先假設摩擦力 F 向右，由於摩擦力 F 未知，故將兩系統圖中之各力對接觸點 C 取力矩，即

$(\Sigma M_C)_{\text{外力系統}} = (\Sigma M_C)_{\text{有效力系統}}$

$(240)(0.08) = ma(0.18) + I\alpha$

$19.2 = (60)(0.18\alpha)(0.18) + 1.2\alpha$

$\alpha = 6.11\ \text{rad/s}^2$ 正號表示順時針方向

$a = 0.18\alpha = (0.18)(6.11) = 1.10\ (\text{m/s}^2)$

由 $\Sigma F_x = ma_x$

$F + 240 = ma$

$F = (60)(1.10) - 240 = -174\ (\text{N})$負號表示正確的方向應向左

由 $\Sigma F_y = ma_y$

$N - W = 0$

$N = W = (60)(9.81) = 588.6\ (\text{N})$

因此，可得到的最大摩擦力爲

$F_{\max} = \mu_s N = (0.20)(588.6) = 117.7\ (\text{N})$

由於 $F > F_{\max}$，表示假設輪子只有滾動而無滑動是不正確的。實際上，輪子的運動爲旋轉兼滑動。重新繪出輪子的外力系統及有效力系統圖，如圖(b)所示。

圖中的摩擦力 $F = F_k = \mu_k N = 0.16(588.6) = 94.2\ (\text{N})$，且由前面的計算得知 F 指向左方。

由 $\Sigma F_x = ma_x$

$240 - 94.2 = 60a$

$a = 2.43\ (\text{m/s}^2)$正號表示方向向右

由 $\Sigma M = I\alpha$

$-(94.2)(0.18) - (240)(0.1) = 1.2\alpha$

$\alpha = 5.87\ (\text{rad/s}^2)$，$\alpha$ 爲正號表示逆時針方向

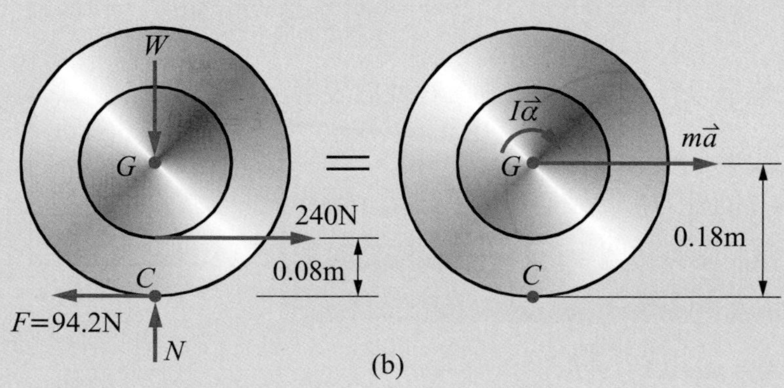

(b)

例題 14-6

薄板 $ABCD$ 的質量爲 100 kg，並且利用 AE、BF 及 CH 等三根不可伸長之繩索固持住。現在我們切斷 AE 線，試求在切斷 AE 線的瞬間(a)薄板的加速度；(b)BF 及 CH 線內的張力。

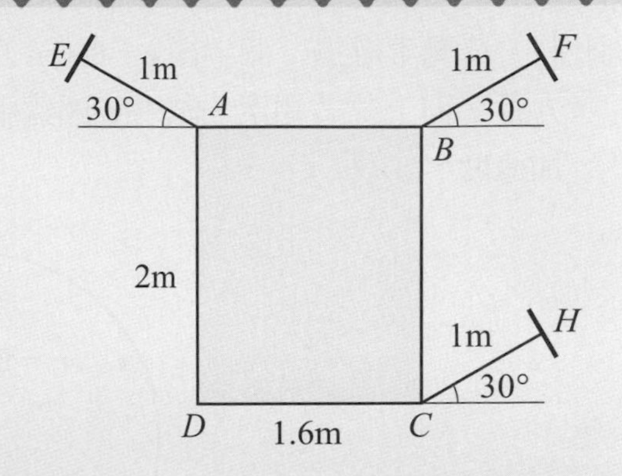

解

在 AE 線切斷後，B 及 C 角就沿著半徑爲 1 (m)且圓心分別在 F 及 H 的平行圓弧上移動，故薄板的運動爲剛體曲線平移，剛體上所有質點都沿著半徑爲 1 (m)的平行圓弧移動。在 AE 切斷之瞬間，薄板的速度爲零，即薄板的 $a_n = v^2/r = 0$，故薄板的質心加速度 $\vec{a} = \vec{a}_t$，因剛體做曲線平移運動，故 $\alpha = 0$。

根據以上的說明，可繪出薄板的外力系統圖及有效力系統圖，如下圖所示。

利用這兩種系統對等的關係，可得

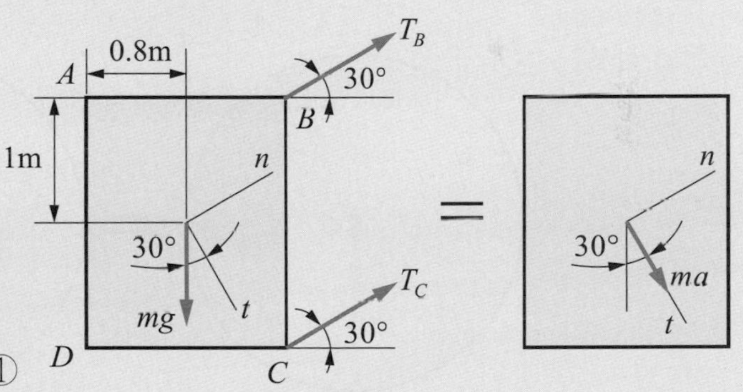

$\Sigma F_t = ma_t$

$mg\cos 30° = ma$

$a = g\cos 30°$

$\quad = (9.81)\cos 30° = 8.50\ (\text{m/s}^2)$

由 $\Sigma F_n = ma_n$

$T_B + T_C - mg\sin 30° = 0$……①

由 $\Sigma M = I\alpha$

$(T_B\sin 30°)(0.8) - (T_B\cos 30°)(1) + (T_C\sin 30°)(0.8) + (T_C\cos 30°)(1) = 0$

$T_C = 0.368T_B$……②

將②式代入①式，得

$T_B = 0.365mg = 0.365(100)(9.81) = 358.1\ (\text{N})$

$T_C = 0.368 \times 358.1 = 131.8\ (\text{N})$

例題 14-7

將一條繩索繞過一個半徑 $r = 0.4$ m 及質量 $m = 10$ kg 的均勻圓盤。如果以 240 N 的力量 T 向上拉著繩索，試求(a)圓盤中心的加速度；(b)圓盤的角加速度；(c)繩索之加速度。

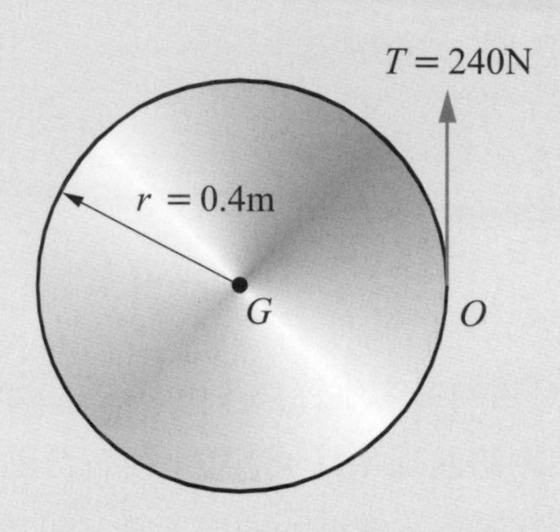

解

因圓盤並無固定轉軸，故本題屬剛體一般平面運動問題。首先假設圓盤中心(即圓盤質心)的加速度分量爲 $\vec{a}_x$ 及 $\vec{a}_y$，方向分別爲向右及向上，並假設圓盤的角加速度 $\vec{\alpha}$ 爲逆時針方向。將圓盤的外力系統圖及有效力系統圖繪出。

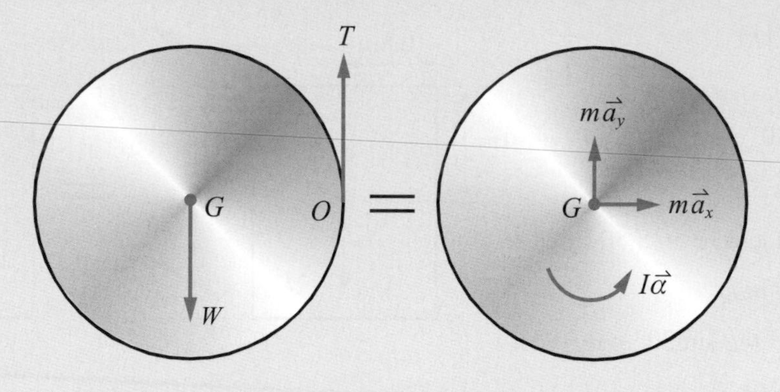

(a) 外力系統圖　　(b) 有效力系統圖

(a) 由 $\Sigma F_x = ma_x$，$0 = ma_x$，$a_x = 0$

$\Sigma F_y = ma_y$，$T - W = ma_y$

$$a_y = \frac{T - W}{m} = \frac{240-(10)(9.81)}{10} = 14.19\ (\text{m/s}^2)$$

正號表示假設方向向上爲正確

(b) 由 $\Sigma M = I\alpha$

$$Tr = (\frac{1}{2}mr^2)\alpha$$

$$\alpha = \frac{2T}{mr} = \frac{2(240)}{(10)(0.4)} = 120\ (\text{rad/s}^2)$$

正號表示假設之逆時針方向爲正確方向

(c) 由於繩索的加速度等於圓盤上 O 點的切線加速度，故

$$(\vec{a}_O)_t = (\vec{a})_t + (\vec{a}_{O/G})_t$$

其大小爲

$$a_y + r\alpha = 14.19 + 0.4 \times 120 = 62.19(\text{m/s}^2)$$

練習題

1 AB 均質桿質量 60 kg，由可忽略質量之兩根細桿 AC 與 BD 支持，在圖示之位置，兩細桿之角速度 $\omega=4$ rad/s，逆時針方向，試求：(a)在此瞬間 AB 桿的加速度；(b)細桿中的拉力。

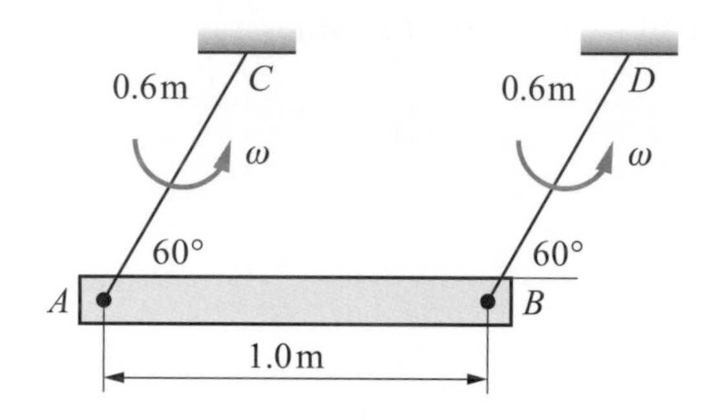

2 半徑 0.6 m 的均質輪子質量 30 kg，物體質量 10 kg，由靜止釋放，試求：(a)輪子的角加速度；(b)繩索的拉力。

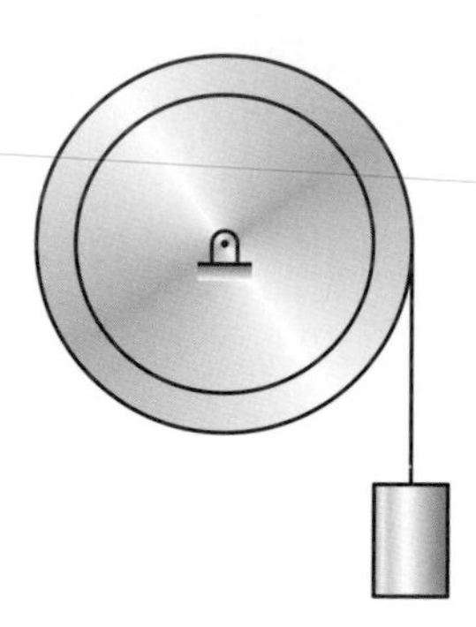

3 兩均質同心輪之直徑各為 1.2 m 及 1.8 m，同心輪對質心之質量慣性矩為 $46\ \text{kg}\cdot\text{m}^2$，試求：(a)輪子的角加速度；(b)兩物體之繩索拉力。

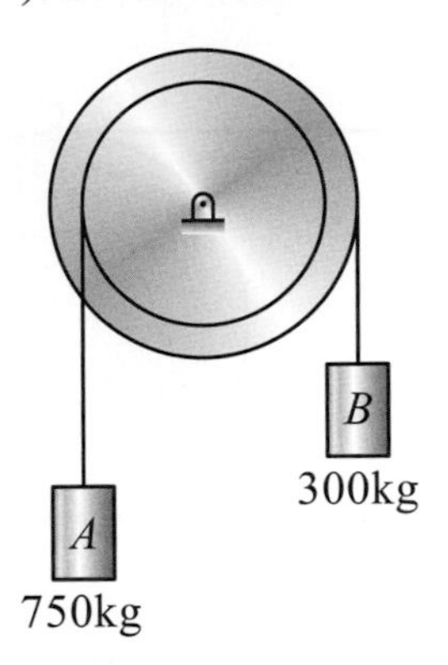

4 圖示均質 *AB* 桿質量 6 kg，處於靜止狀態，水平力 120N 作用桿之下端，試求：(a)支承 *A* 之反作用力；(b)桿的角加速度。

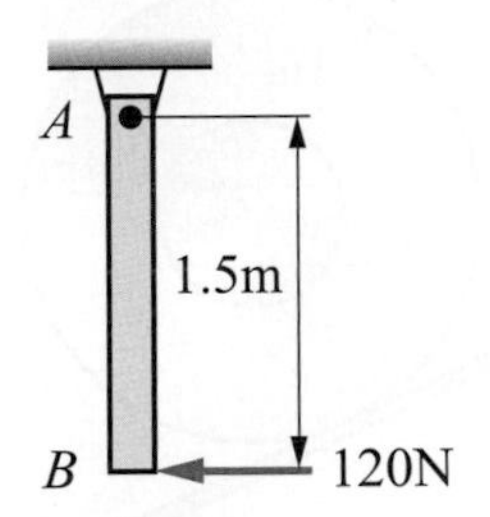

5 均質圓盤質量 4 kg，半徑 0.6 m，靜置於 $\mu_s = 0.3$，$\mu_k = 0.2$ 的水平面上，水平力 40N 作用線經圓盤質心，試求：(a)圓盤角加速度；(b)圓盤質心加速度；(c)摩擦力。

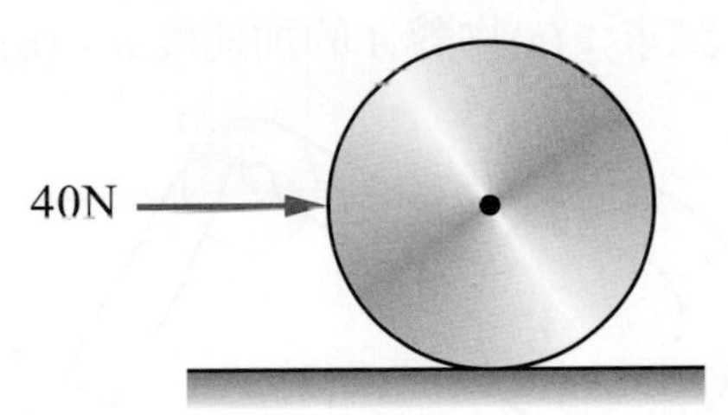

6 均質圓盤質量 24 kg，半徑 1.2 m，物體 A 質量 32 kg，若圓盤滾動而不滑動，當由靜止釋放瞬間，試求：(a)圓盤角加速度；(b)圓盤質心加速度；(c)繩子拉力。

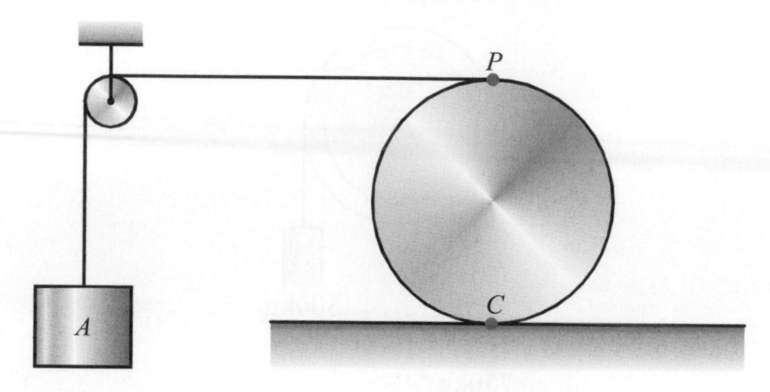

7 圖示均質圓盤質量 120 kg，$\bar{I} = 50\ \text{kg}\cdot\text{m}^2$，若無滑動發生，拉力 $P = 1600\text{N}$，試求：(a)圓盤的質心加速度 $\bar{a}$；(b)最小的靜摩擦係數 μ_s。

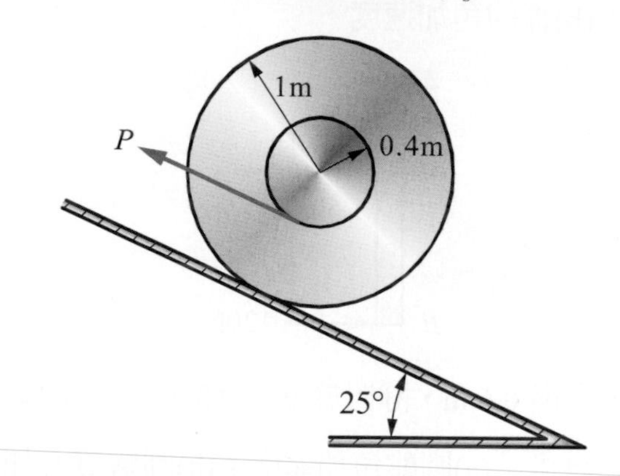

8 圖示系統由靜止釋放，試求：(a)物體 A 的加速度 a；(b)圓盤的角加速度 α。

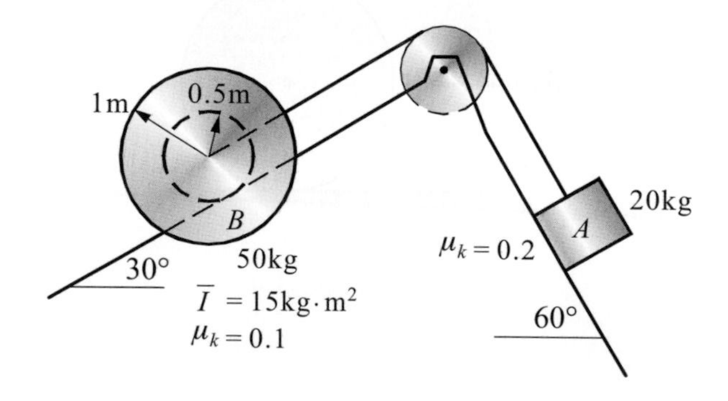

9 圖中均質桿重 1200N，長度 4 m，由圖示位置靜止釋放，若不計一切摩擦力，試求釋放瞬間之角加速度α。

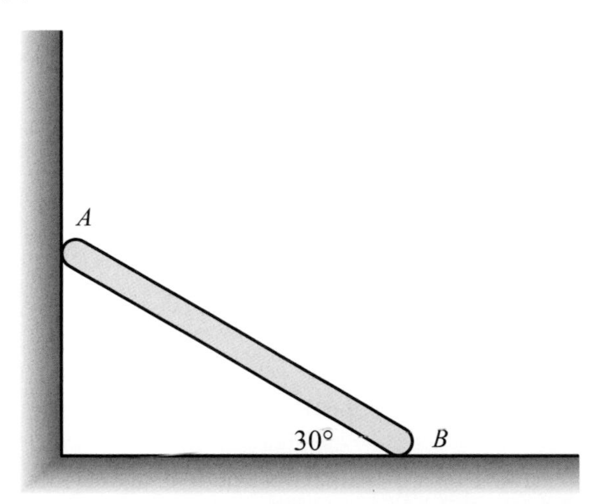

10. 圖中均質桿爲 80kg，長度 2.4m，桿與地面之靜摩擦係數爲$\mu_s = 0.25$，動摩擦係數$\mu_k = 0.2$，當水平力 360N 作用於靜止之桿上，試求桿的角加速度α。

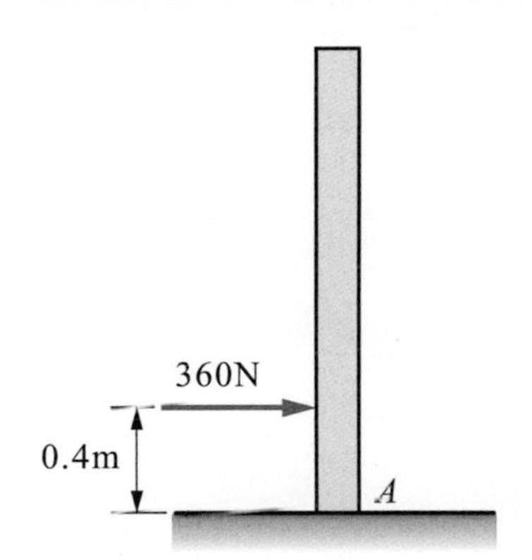

剛體運動的功能原理與衝量動量

» 本章大綱

一、剛體所作的功
二、剛體之動能
三、剛體之線動量與角動量
四、剛體之角衝量與角動量原理

» 學習重點

本章主要在探討剛體運動時所作的功及其動能，並循質點運動之模式探討其功與能之間的關係。此外，剛體運動時角動量與角衝量的守恆與相互關係，亦將是學習的重點。

本章提要

功與能的定義與兩者間的相互關係，已於質點運動中加以闡明。於剛體運動中，增加了因轉動而產生的部份，亦即除了剛體平移的部份以外，旋轉部份也應該加入。至於動量與衝量，除了線動量與線衝量以外，還有角動量與角衝量的存在，必需同時加以考量。

任何物體受力而產生移動或轉動，都會作功。氣球受風力作用產生移動與轉動，也是在作功。

圖 15-1

飛機受到發動機推力的作用而往前運動，乃爲衝量轉變爲動量之故，兩者具有相關性。

圖 15-2

一、剛體所作的功

當一個剛體受到作用力 $\vec{F}$ 作用而產生位移 $\vec{r}$ 時，如圖 15-3(a)，該作用力對剛體所作的功可以分為兩部分，包括將作用力 $\vec{F}$ 平移到剛體質心，使剛體產生位移 $\vec{r}$ 所作的功 W_F，如圖 15-3(b)，以及作用力 $\vec{F}$ 使剛體繞著通過質心的軸，進行旋轉所作的功 W_M，這也就是說，作用力 $\vec{F}$ 對剛體所造成的平移和旋轉，都會作功。

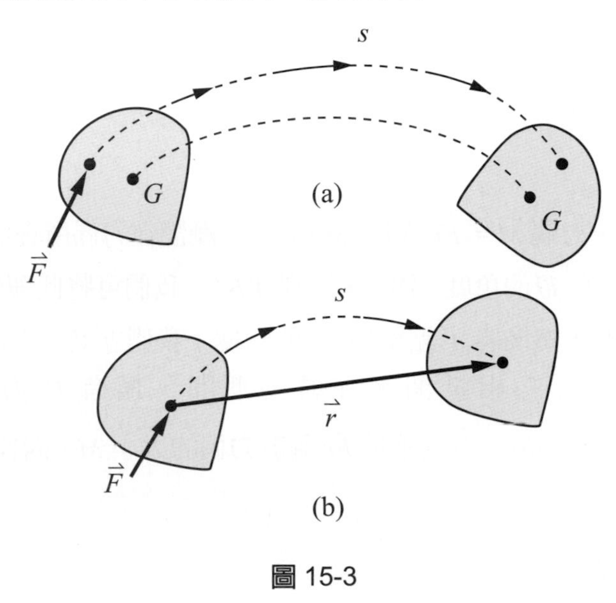

圖 15-3

1. 平移所作的功

剛體平移時，作用力對剛體所作的功如同質點般，可表示為

$$\boldsymbol{W_F = \vec{F} \cdot \vec{r}} \tag{15-1}$$

若 $\vec{F}$ 為變動力，則

$$\boldsymbol{W_F = \vec{F} \cdot \vec{r} = \int_S F\cos\theta ds} \tag{15-2}$$

其中 θ 為力向量與微量位移 ds 之間的夾角。

但若 $\vec{F}$ 為定值力 F_C，則所作的功為

$$\boldsymbol{W_F = \vec{F} \cdot \vec{r} = (F_C\cos\theta)s} \tag{15-3}$$

2. 旋轉所作的功

造成剛體旋轉的動力來自於作用力和施力點與質心間之力臂產生的力矩。若質心與通過施力點的力作用線之間的垂直距離為 d，則產生的力矩 $M = Fd$，可以使剛體產生轉動而作功，可表示為

$$\boldsymbol{W_M = \int_{\theta_1}^{\theta_2} Md\theta} \tag{15-4}$$

若 M 為常數，則可得

$$\boldsymbol{W_M = M(\theta_2 - \theta_1)} \tag{15-5}$$

3. 力偶所作的功

圖 15-4 中有一力偶 $M = Fr$ 作用在剛體上，剛體在力偶所在的平面上運動，在 dt 時間內，物體轉動了 $d\theta$ 的角度，線 AB 移到 $A'B''$；我們可將此運動考慮成兩個部分，首先是平移到 $A'B'$，然後繞 A' 點旋轉 $d\theta$ 的角度；我們立刻可看出在平移期間，F 所作的功與 $-F$ 所作功相抵消。在轉動期間，僅有 $\vec{F}$ 力量作功，其功為 $dU = \vec{F} \cdot d\vec{r}_2 = Fds = Frd\theta$。但是乘積 Fr 等於力偶的大小 M，因此力偶 M 作用在剛體上的功為

$$\boldsymbol{dU = Md\theta} \tag{15-6}$$

式中 $d\theta$ 為剛體旋轉的小角度，以弳度表示之。

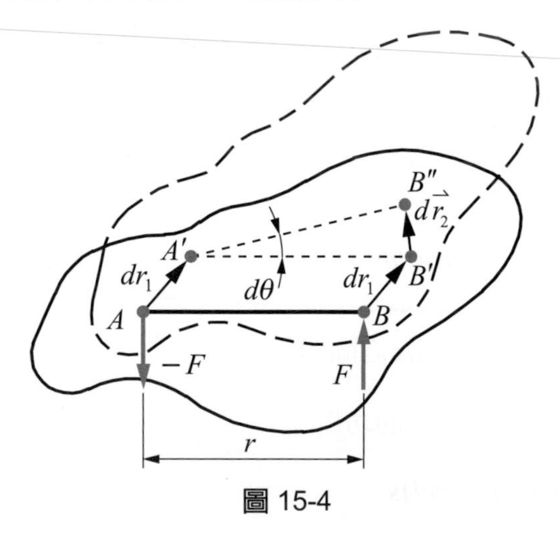

圖 15-4

當剛體在一平面上運動，受一力偶 M 作用，而由 θ_1 之角位置轉動到 θ_2，則此力偶所作之功爲：

$$\boldsymbol{U_{1-2} = \int_{\theta_1}^{\theta_2} M d\theta} \tag{15-7}$$

若力偶 M 爲定值，則

$$\boldsymbol{U_{1-2} = M(\theta_2 - \theta_1)} \tag{15-8}$$

例題 15-1

如圖所示，當板鉗上加一力偶，使板鉗轉動 285°時，試問此力偶所作的功爲何？

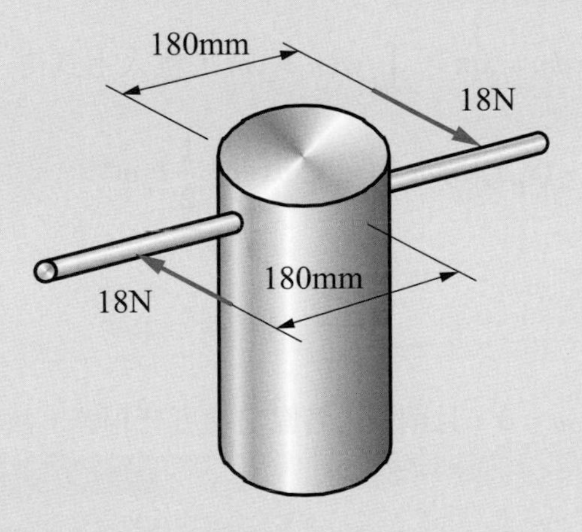

解

由式(15-8)此定值力偶所作之功爲

$$U = M\theta = (18\times 0.36)\left(285^\circ \times \frac{2\pi}{360^\circ}\right) = 32.23\,(\text{N}\cdot\text{m}) = 32.23\,(\text{J})$$

二、剛體之動能

現在我們用一個質點的動能來推導圖 15-5 所示的剛體平面運動的動能公式。

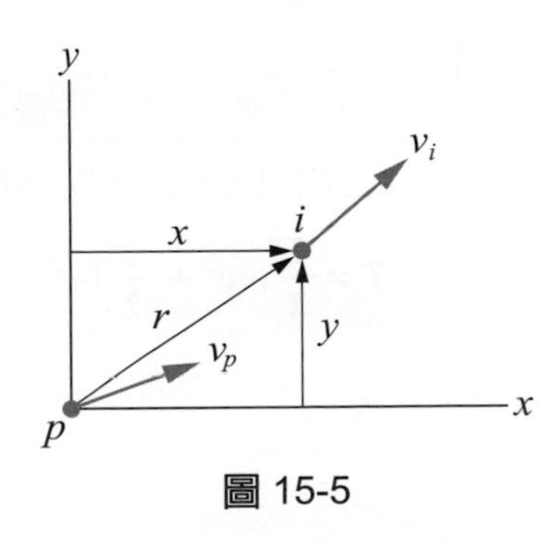

圖 15-5

圖中 i 質點的質量為 dm，此微分質量 dm 的動能為 $T_i = \frac{1}{2}dmv_i^2$，整個剛體質量為 m，故剛體的動能為 $T = \frac{1}{2}\int_m dmv_i^2$，$i$ 質點的速度可如下表示，坐標原點 P 為剛體上任意一點

$$\vec{v}_i = \vec{v}_p + \vec{v}_{i/p} = (v_p)_x\vec{i} + (v_p)_y\vec{j} + \omega\vec{k}\times(x\vec{i} + y\vec{j})$$

$$= [(v_p)_x - \omega y]\vec{i} + [(v_p)_y + \omega x]\vec{j}$$

$$\vec{v}_i\cdot\vec{v}_i = v_i^2 = [(v_p)_x - \omega y]^2 + [(v_p)_y + \omega x]^2$$

$$= (v_p)_x^2 - 2(v_p)_x\omega y + \omega^2 y^2 + (v_p)_y^2 + 2(v_p)_y\omega x + \omega^2 x^2$$

$$= v_p^2 - 2(v_p)_x\omega y + 2(v_p)_y\omega x + \omega^2 r^2$$

$$T = \frac{1}{2}\int_m dmv_i^2 = \frac{1}{2}\left(\int_m dm\right)v_p^2 - (v_p)_x\omega\left(\int_m ydm\right) + (v_p)_y\omega\left(\int_m ydm\right) + \frac{1}{2}\omega^2\left(\int_m r^2dm\right)$$

其中 $\int_m dm = m$，$\int_m xdm = xm$，$\int_m ydm = ym$，代入上式得

$$\boldsymbol{T = \frac{1}{2}mv_p^2 - (v_p)_x\omega ym + (v_p)_y\omega xm + \frac{1}{2}I_p\omega^2} \qquad (15\text{-}9)$$

平移之剛體

因為平移剛體之 $\omega = 0$，且剛體上各點之速度皆相等，故式 (15-9) 之動能為

$$\boldsymbol{T = \frac{1}{2}mv^2} \qquad \textbf{(15-10)}$$

繞固定軸轉動之剛體

因為剛體繞通過 O 點之固定軸轉動，當式 (15-9) 之P點為轉軸 O 點時，因 $v_O = (v_O)_x = (v_O)_y = 0$，式 (15-9) 的動能可表示如下

$$\boldsymbol{T = \frac{1}{2}I_O\omega^2} \qquad \textbf{(15-11)}$$

一般平面運動之剛體

當式 (15-9) 之 P 點為質心 G 點時，因 $x = y = 0$，剛體之動能可如下表示

$$\boldsymbol{T = \frac{1}{2}mv^2 + \frac{1}{2}I\omega^2} \qquad \textbf{(15-12)}$$

平面運動的動能也可用瞬心 C 來表示，由於瞬心 C 的瞬時速度爲零，亦即瞬心 C 在此瞬間可視爲一固定點，故可利用繞固定軸轉動的式(15-11)，求得剛體平面運動的動能爲

$$T=\frac{1}{2}I_C\omega^2 \qquad (15\text{-}13)$$

式中 I_C 爲剛體對通過瞬心 C 且與運動平面垂直之軸的質量慣性矩。

例題 15-2

一圓盤質量 25 kg，圓盤外緣以細繩纏繞施以定力 $F=8$ N 拉之，並同時施加一定值力偶 $M=6$ N·m，如圖所示，設圓盤由靜止開始轉動，當圓盤角速度達 20 rad/s 時，此圓盤轉動多少圈？設細繩之質量不計，且細繩與圓盤外緣無滑動。

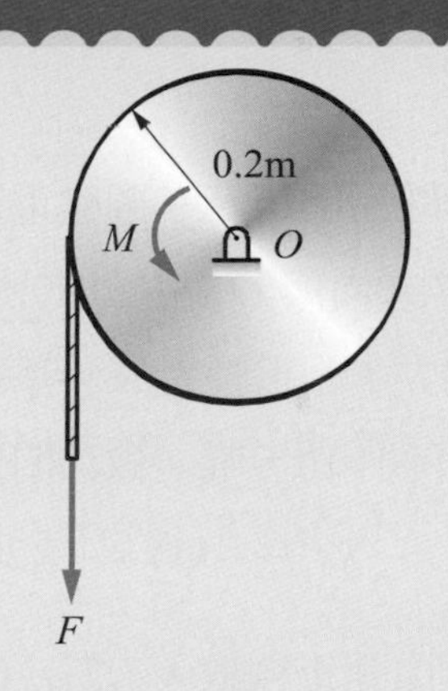

解

由圓盤之分離體圖可知，W、O_x 與 O_y 作用於固定點 O，故不作功，對圓盤做功者僅有 F 與 M

(a) $U_F=FS=Fr\theta$ (b) $U_M=M\theta$

由式(15-13)知，$U_{1-2}=T_2-T_1$

$\therefore Fr\theta+M\theta=\frac{1}{2}I_O\omega_2^2-\frac{1}{2}I_O\omega_1^2$，又 $I_O=\frac{1}{2}mr^2$，且 $\omega_1=0$

$\therefore 8\times0.2\theta+6\theta=\frac{1}{2}\times\left(\frac{1}{2}\times25\times0.2\right)^2\times20^2$

$\theta=13.16\text{ (rad)}=13.16/2\pi$(圈) $=2.09$(圈)

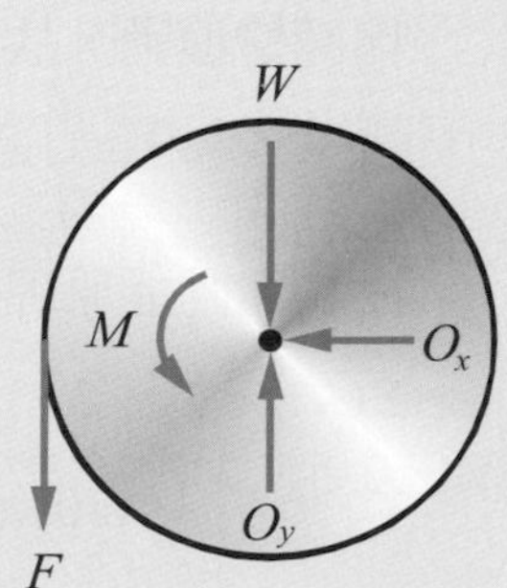

例題 15-3

如圖所示，30 kg 圓盤與一彈簧鉸接，彈簧彈簧常數爲 20 N/m，其未變形時長度爲 1 m，若圓盤自靜止釋放，試求圓盤向左滾動 3 m 後的角速度？

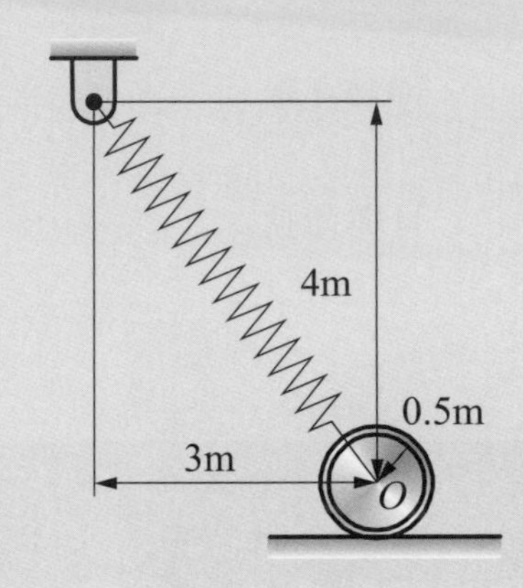

解

如分離體圖所示，圓盤重量 W 不作功，

因 W 方向與 O 點運動的水平方向成垂直。

摩擦力 F，正壓力 N，皆通過瞬時中心 C，

所以不作功，唯一做功的僅彈簧力 F_s，故

$$U_{1-2}=\frac{1}{2}kx_1^2-\frac{1}{2}kx_2^2=\frac{1}{2}\times 20\times(\sqrt{3^2+4^2}-1)^2-\frac{1}{2}\times 20\times(4-1)^2=70\ (\text{J})$$

圓盤由靜止釋放，$\therefore T_1=0$，而

$$T_2=\frac{1}{2}mv_O^2+\frac{1}{2}I_O\omega^2$$

因圓盤滾動，故 $v_O=r\omega=0.5\omega$，

$$I_O=\frac{1}{2}mr^2=\frac{1}{2}\times 30\times 0.5^2=3.75\ (\text{kg}\cdot\text{m}^2)$$

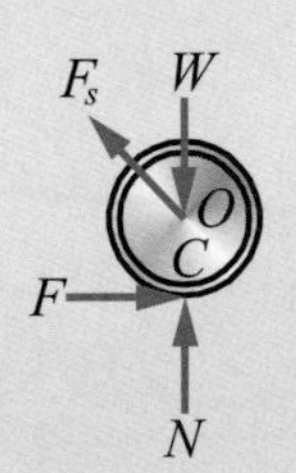

由功與動能原理知

$$\Sigma U_{1-2}=T_2-T_1$$

$$\therefore 70=\left[\frac{1}{2}\times 30\times(0.5\omega)^2+\frac{1}{2}\times 3.75\times\omega^2\right]-0$$

$$\omega=3.53\ (\text{rad/sec})$$

三、剛體之線動量與角動量

1. 剛體的線動量

剛體可以視爲質點系統，因此前述質點系統的線動量，以及線衝量原理可以直接應用於剛體，亦即

$$\int_{t_1}^{t_2} F_x dt = mv_{x2} - mv_{x1}$$

$$\int_{t_1}^{t_2} F_y dt = mv_{y2} - mv_{y1} \qquad (15\text{-}14)$$

$$\int_{t_1}^{t_2} F_z dt = mv_{z2} - mv_{z1}$$

2. 剛體的角動量

剛體的角動量定義爲剛體所含各質點的角動量之總和。

圖 15-6 所示爲一平面運動的剛體，因爲平面運動可看作是旋轉與平移的組合，故以平面上任一點 P 爲參考點，則任一質點 m_i 的速度爲

$$\vec{v}_i = \vec{v}_p + \vec{v}_{i/p} = \vec{v}_p + \vec{\omega}\times\vec{\gamma} = [(v_p)_x \vec{i} + (v_p)_y \vec{j}] + \omega\vec{k}\times(x\vec{i} + y\vec{j})$$

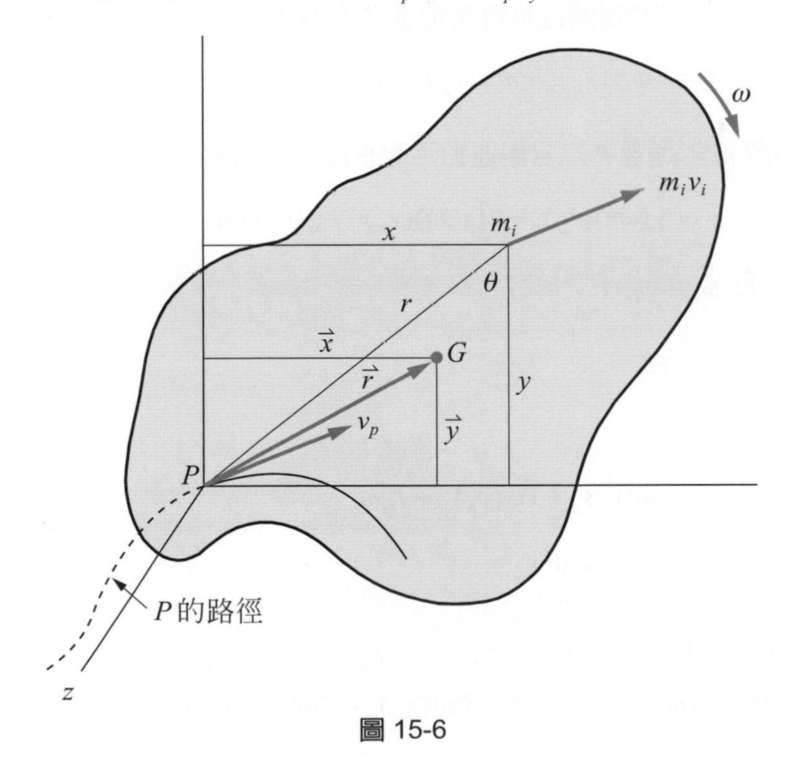

圖 15-6

以質心G為旋轉點的剛體角動量大小為$H_G=\bar{I}\omega$，一個以P為參考點的平面運動剛體其角動量大小則為$H_P=\bar{I}\omega+\bar{x}m(v)_y-\bar{y}m(v)_x$。

質點m_i對通過P點且與運動平面垂直之Z軸的角動量為

$$(\vec{H}_p)_i=\vec{r}\times m_i\vec{v}_i$$

$$(H_p)_i\vec{k}=m_i(x\vec{i}+y\vec{j})\times[(v_p)_x\vec{i}+(v_p)_y\vec{j}+\omega\vec{k}\times(\bar{x}\vec{i}+\bar{y}\vec{j})]$$

將上式各項向量積展開後可得角動量之大小為

$$(H_p)_i=-m_iy(v_p)_x+m_ix(v_p)_y+m_i\omega r^2$$

整個剛體m對通過P點且與運動平面垂直之Z軸的角動量大小為

$$H_p=-(\int ydm)(v_p)_x+(\int xdm)(v_p)_y+(\int r^2dm)\omega$$

因 $\int ydm=\bar{y}m$

$\int xdm=\bar{x}m$

$\int r^2dm=I_p$

故 $$\boldsymbol{H_p=-\bar{y}m(v_p)_x+\bar{x}m(v_p)_y+I_p\omega} \quad (15\text{-}15)$$

因 $I_p=\bar{I}+m(\bar{x}^2+\bar{y}^2)$

代入式(15-15)得

$$H_p=\bar{y}m[-(v_p)_x+\bar{y}\omega]+\bar{x}m[(v_p)_y+\bar{x}\omega]+\bar{I}\omega\cdots\cdots①$$

又 $v=\vec{v}_p+\omega\vec{k}\times\vec{r}$

$$(\overline{v})_x\vec{i}+(\overline{v})_y\vec{j}=(v_p)_x\vec{i}+(v_p)_y\vec{j}+\omega\vec{k}\times(\overline{x}\vec{i}+\overline{y}\vec{j})$$

展開後得 $(\overline{v})_x=(v_p)_x-\overline{y}\omega$

$$(\overline{v})_y=(v_p)_y+\overline{x}\omega$$

將上面兩式代入①式，得角動量大小爲

$$\boldsymbol{H_p=-\overline{y}m(\overline{v})_x+\overline{x}m(\overline{v})_y+\overline{I}\omega} \quad (15\text{-}16)$$

其中 $\overline{I}$ 代表剛體對通過質心 G 且與運動平面垂直之軸的質量慣性矩，m 代表剛體質量，$\overline{x}$ 與 $\overline{y}$ 爲質心 G 坐標。

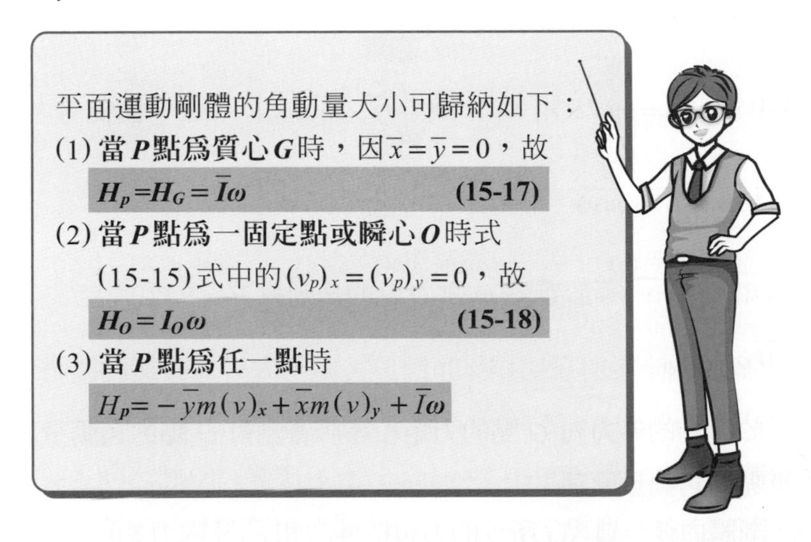

上式之意義可以用圖 15-7 說明：平面運動剛體的角動量大小 H_p 等於通過質心 G 的線動量大小 $m\overline{v}$ 對 P 點的動量矩 $-\overline{y}m(\overline{v})_x+\overline{x}m(\overline{v})_y$，再加上質心 G 的角動量 $\overline{I}\omega$。

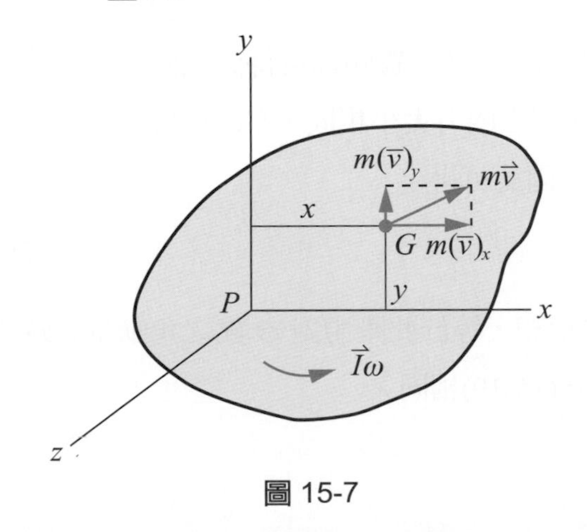

圖 15-7

3. 剛體的角動量原理

質量爲 m 之質點，由運動方程式知

$$\Sigma\vec{F}=m\vec{a}=m\dot{\vec{v}}$$

作用於質點的外力和$\Sigma\vec{F}$ 對慣性座標原點 O 的力矩爲

$$\Sigma\vec{M}_O=\vec{r}\times\Sigma\vec{F}=\vec{r}\times m\dot{\vec{v}}$$

由向量積的微分定義得

$$\frac{d}{dt}(\vec{r}\times m\vec{v})=(\dot{\vec{r}}\times m\vec{v})+(\vec{r}\times m\dot{\vec{v}})$$

其中 $\dot{\vec{r}}\times m\vec{v}=m(\dot{\vec{r}}\times\dot{\vec{r}})=0$，故 $\frac{d}{dt}(\vec{r}\times m\vec{v})=\vec{F}\times m\dot{\vec{v}}$，因此

$$\Sigma\vec{M}_O=\frac{d}{dt}(\vec{r}\times m\vec{v})$$

由前節的討論知($\vec{r}\times m\vec{v}$)等於質點 m 對 O 點的角動量 $\vec{H}_O$，故

$$\boldsymbol{\Sigma\vec{M}_O=\dot{\vec{H}}_O} \tag{15-19}$$

上式表示作用於質點的外力對 O 點的力矩和等於質點對 O 點的角動量對時間之變化率，此關係即爲質點的角動量原理。

參考圖 15-8，剛體內任一質點 i 所受的力包括外力和$\vec{F}_i$及內力 $\Sigma\vec{f}_i$，其中內力 $\Sigma\vec{f}_i$ 爲質點 i 與剛體內其它質點間的作用力，由式(15-19)知

$$(\vec{r}_i\times\vec{F}_i)+(\vec{r}_i\times\Sigma\vec{f}_i)=(\dot{\vec{H}}_O)_i$$

其中 $\vec{r}_i$ 爲質點 i 對原點 O 的位置向量。因剛體上任一質點都可得到相同之方程式，將這些方程式全部相加，又因剛體內各質點彼此間之內力大小相同、方向相反且在同一作用線上，故剛體各內力所生的力矩和將等於零。因此可得

$$\boldsymbol{\Sigma\vec{M}_O=\dot{\vec{H}}_O} \tag{15-20}$$

上式表示作用於剛體上的外力對 O 點的力矩和，等於此剛體對 O 點之角動量對時間的變化率，此即剛體的角動量原理，形式上與式(15-19)相同。

式(15-20)中的 O 點爲任意點，故顯而易見可用之於質心 G，即

$$\Sigma\vec{M}=\dot{\vec{H}} \tag{15-21}$$

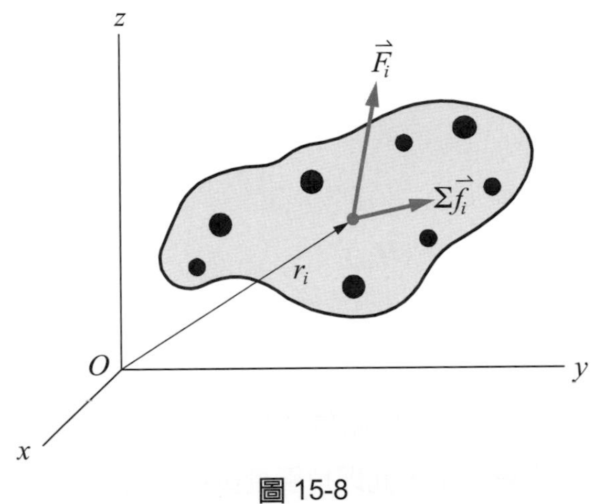

圖 15-8

四、剛體之角衝量與角動量原理

由式(15-20)式剛體的角動量原理知

$$\Sigma M_O = \frac{dH_O}{dt}$$

$$\Sigma M_O dt = dH_O$$

兩邊積分可得

$$\Sigma\int_{t_1}^{t_2} M_O dt = (H_O)_2 - (H_O)_1 \qquad (15\text{-}22)$$

其中 $\Sigma\int_{t_1}^{t_2} M_O dt$ 代表作用於剛體之所有外力對 O 點之角衝量(angular impulse)總和。式(15-22)的意義為：在某段期間，作用於剛體之所有外力對 O 點之角衝量總和，等於該段期間內剛體對 O 點角動量之變化量，此即角衝量與角動量原理。

若 O 點為質心 G 點，則式(15-22)可寫成下式

$$\Sigma\int_{t_1}^{t_2} \bar{M} dt = \bar{I}\omega_2 - \bar{I}\omega_1 \qquad \textbf{(15-23)}$$

若 O 點為固定點或瞬心，則式(15-22)可寫成下式

$$\Sigma\int_{t_1}^{t_2} M_O\, dt = I_O\omega_2 - I_O\omega_1 \qquad \textbf{(15-24)}$$

若作用於剛體上的外力對 O 點的力矩和等於零，則剛體上的外力對 O 點的角衝量亦等於零，故式(15-22)可寫成

$$(H_O)_1 = (H_O)_2 \qquad (15\text{-}25)$$

若 O 點為質心 G 點，則由式(15-17)可得

$$\bar{I} W_1 = \bar{I} W_2 \qquad \textbf{(15-26)}$$

若 O 點為固定點或瞬心，則由式(15-18)可得

$$I_O W_1 = I_O W_2 \qquad \textbf{(15-27)}$$

上面的關係稱為角動量不滅定律。

例題 15-4

如圖所示，質量爲 35 kg 之鼓輪，半徑爲 200 mm，物體 m 質量爲 20 kg，系統由靜止起動，假設繩子無滑動現象，則 2 秒後角速度若干？

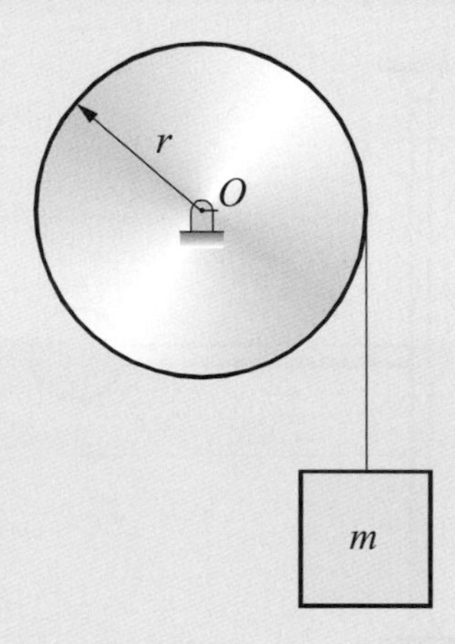

解

繪出鼓輪及物體之外力圖，其中 O_x，O_y 爲鼓輪中心的支承作用力。

取固定點 O 爲參考點由式(15-22)

$$\Sigma\int_{t_1}^{t_2} M_O dt = (H_O)_2 - (H_O)_1$$

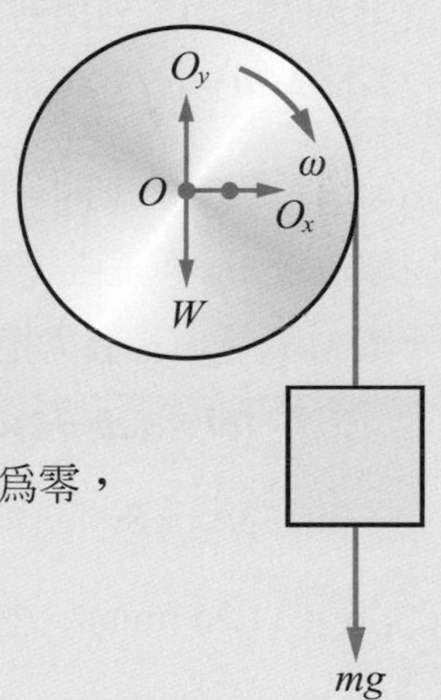

其中系統由靜止起動，所以

$(H_O)_1 = 0 =$ 物體角動量＋鼓輪角動量

$$(H_O)_2 = mv \cdot r + I_O\omega = 20\times(0.2\omega)\times 0.2 + \frac{1}{2}\times 35\times 0.2^2 \times\omega$$

因 O_x、O_y 及鼓輪重量 W 都經過 O 點，對 O 點之力矩皆爲零，

僅物體重量 mg 對 O 點產生力矩，故 $M_O = -mgr$

$$\Sigma\int_{t_1}^{t_2} M_O dt = -20\times 9.81\times 0.2\times 2 = -78.48$$

$$\therefore -78.48 = -20\times(0.2\omega)\times 0.2 + \frac{1}{2}\times 35\times 0.2^2\times\omega$$

$\omega = -52.32$ (rad/s)　順時針轉動

例題 15-5

如圖所示，系統由靜止起動，一力矩 $M = (6t + 3)$ N · m，球質量 m 值大小爲 2 kg，忽略桿子重量，則系統起動 5 秒後球之速度若干？

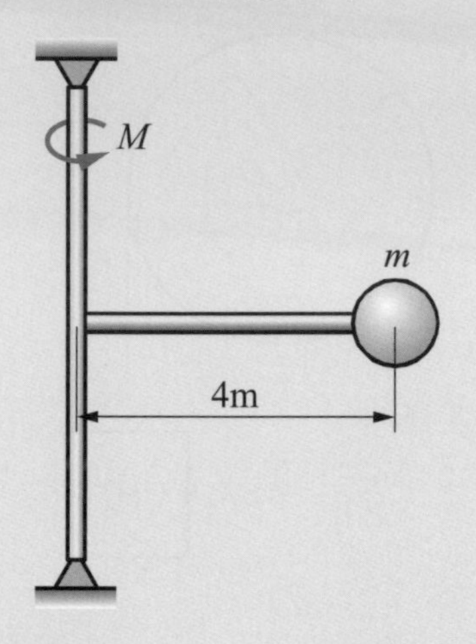

解

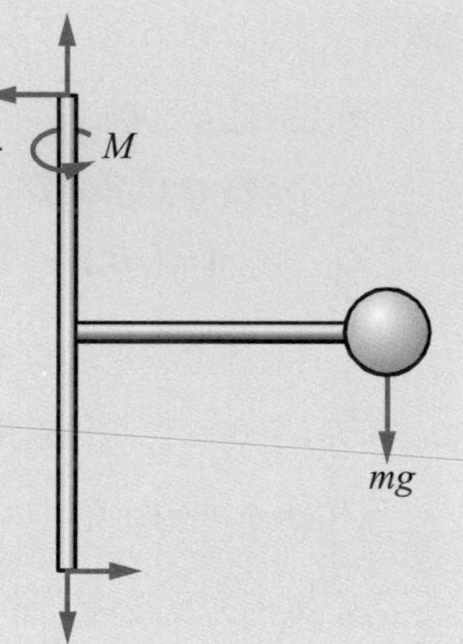

由式(15-22)，列出對垂直桿的角衝量與角動量原理如下

$$\Sigma\int_{t_1}^{t_2} M dt = (H)_2 - (H)_1$$

繪出系統的外力圖，因支承作用力與垂直桿相交，

球重量 mg 與垂直桿平行，皆無力矩，

僅 M 對垂直桿有力矩作用，故

$$\therefore \int_0^5 (6t+3)dt = 2\times v\times 4 - 0$$

$$3t^2 + 3t\Big|_0^5 = 8v$$

$\therefore v = 11.25$ (m/s)

例題 15-6

如圖所示，一均質圓盤質量 30 kg 受一作用力 F 爲 1000 N，向上滾動，假設無滑動現象，則 5 秒後圓盤之速度若干？

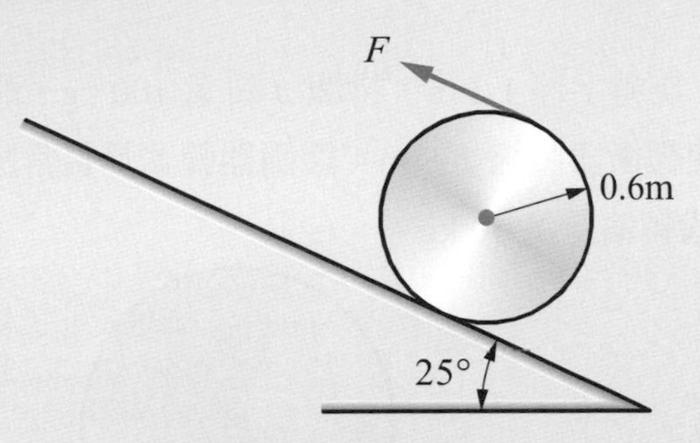

解

假設 f 摩擦力，圓盤質心速度 v，由式(9-15)

$$\int_{t_1}^{t_2} F_x dt = m(\overline{v}_x)_2 - m(\overline{v}_x)_1$$

$$(-1000 - f + 20 \times 9.81 \times \sin 25^\circ) \times 5$$

$$= -30v - 0 \cdots\cdots\cdots\cdots\cdots ①$$

由式(15-24)角衝量與角動量關係

$$\Sigma \int_{t_1}^{t_2} \overline{M} dt = \overline{I}\omega_2 - \overline{I}\omega_1$$

$$(1000 \times 0.6 - f \times 0.6) \times 5 = \frac{1}{2} \times 30 \times 0.6^2 \times \left(\frac{v}{0.6}\right) - 0 \cdots\cdots\cdots\cdots\cdots ②$$

整理①②式得

$$\begin{cases} 875.6 + f = 6v \\ 600 - 0.6f = 1.8v \end{cases}$$

解上列二式

得 $v = 208.4$ (m/s) (↖)

$f = 374.8$ (N) (↖)

1 如圖所示，轉輪 O，旋轉半徑 1.2 m，物塊 A 質量 100 kg，靜止落下撞擊緩衝器，物塊 A 落下 3.2 m 並使緩衝器壓縮 1.1 m，緩衝器彈簧彈簧常數 300 N/m，試求此時轉輪 O 之角速度？假設轉輪質量 50 kg。

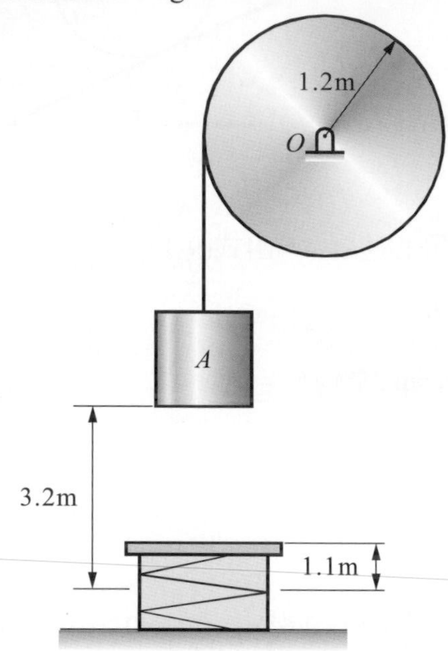

2 一木桿 A，質量 15 kg，長 3 m，若其繞 O 點旋轉，轉速為 12 rpm，假設此木桿均質，試求木桿之動能若干？

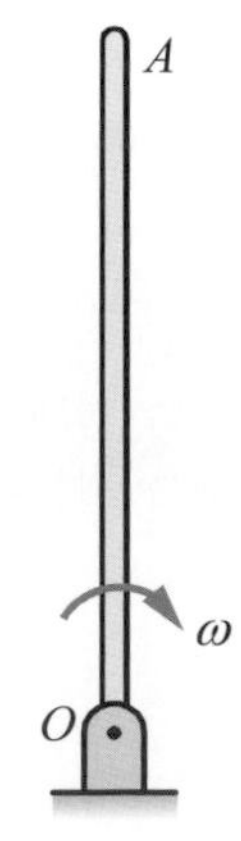

3 圖示一輪子 A，質量 30 kg，旋轉速度爲 40 rpm，若一剎車桿長 12 m，忽略其質量，於端點施一 P 的壓力，使輪子停止，試求 P 值若干？假設輪子與桿子接觸點之摩擦係數 $\mu = 0.25$ ，且輪子轉動 1.5 周後停止。

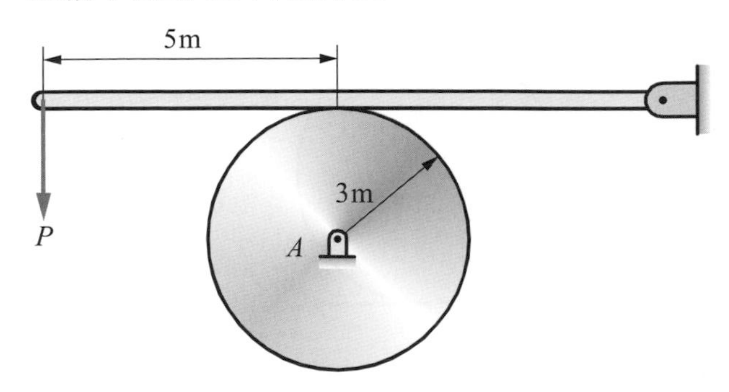

4 一滑車 A，如圖所示，質量 25 kg，靜止釋放，若滑車下滑至連桿與鉛垂線夾 45° 角時，滑車速度爲 2 m/s，則滾輪 B 之中心點 O 速度若干？假設滾輪質量 4 kg，半徑 0.6 m，且忽略桿子重量與滑車之摩擦力，滾輪 B 無滑動爲純滾動。

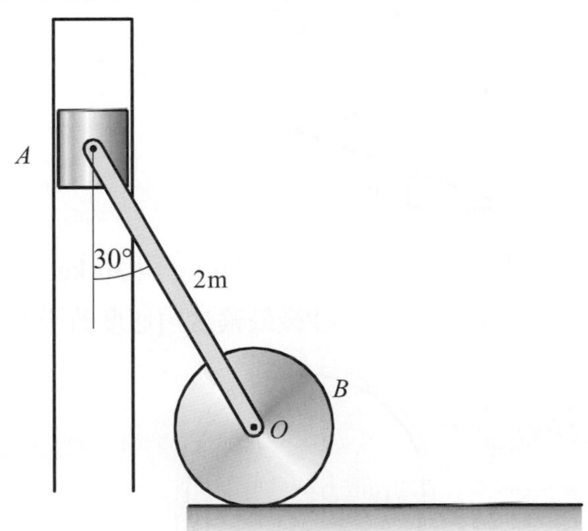

5 施一定力矩 M 其大小爲 50 N-m 於一輪胎上，輪胎繞固定點 O 點旋轉，若忽略摩擦力，則輪胎由靜止開始轉動，3.5 秒後此輪胎之角速度若干？若輪胎質量爲 20 kg。

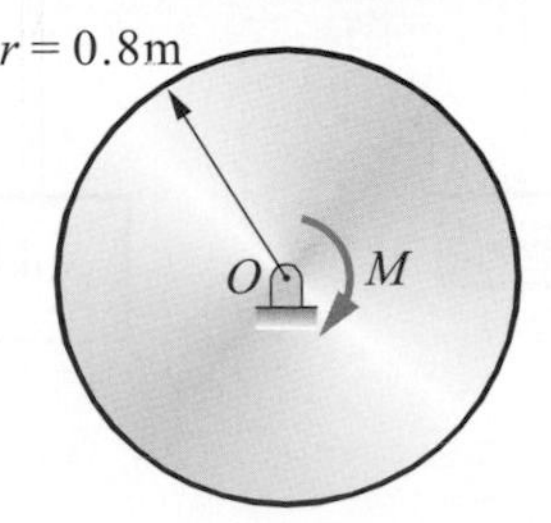

6 一驅動輪，直徑 0.5 m，質量 28 kg，此驅動輪對質心之慣性矩 $I_O = 0.75\ \mathrm{kg \cdot m^2}$，此驅動輪由皮帶驅動，驅動時須克服摩擦扭矩為 56 N-m，假設驅動輪轉速 250 rpm 時，皮帶之拉力為 550N，180N，如圖所示，試求 2 秒後此驅動輪之轉速？

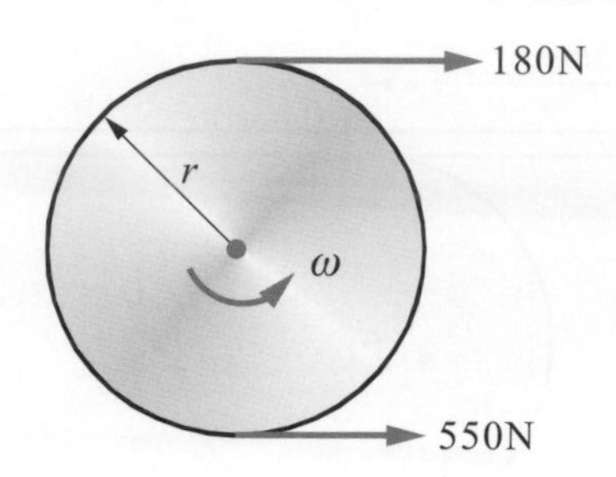

7 一圓盤質量 4 kg，直徑 0.6 m，由斜坡自由滾下，如圖所示，若圓盤之初速為 1.2 m/s，則試求 15 秒後此圓盤之速度若干？

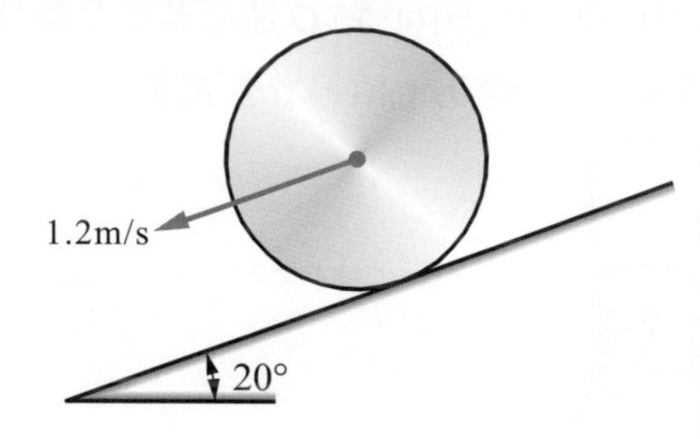

8 質量 50 kg 的鼓輪，其兩邊由繩子分別掛吊 20 kg 與 30 kg 的兩物，若鼓輪之半徑為 300 mm，則系統由靜止開始啓動，4 秒後鼓輪之角速度若干？假設無滑動現象。

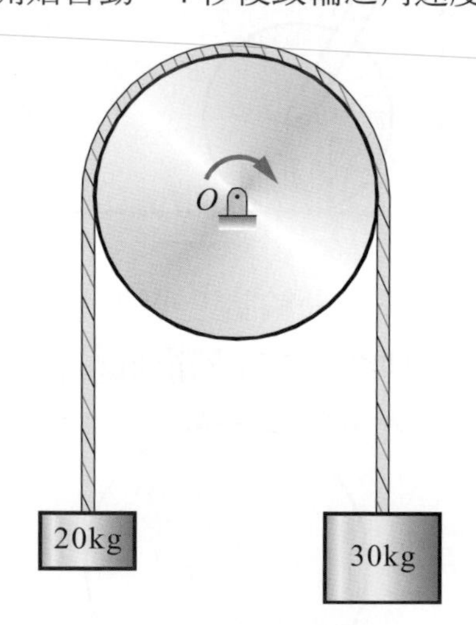

9 圓盤質量 20 kg，直徑 1.2 m。此盤受一力矩 $M = 8\ \text{N}\cdot\text{m}$ 與一力 $F = 15\,\text{N}$ 而繞固定點圓心旋轉，若圓盤由靜止起動，則 5 秒後圓盤之角速度若干？

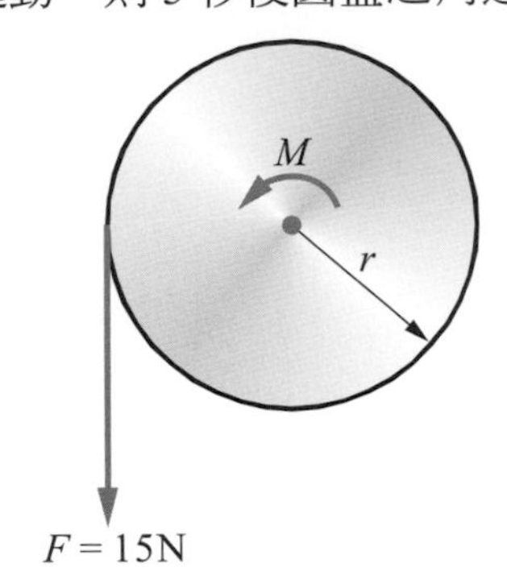

10 一火箭以橢圓形軌道繞地球自由飛行，當其距地表 3.2 Mm 時，其飛行速度爲 10 km/s，若飛行至離地心最遠處時距地心爲 16 Mm，試求此時之速度若干？假設地球半徑 3.2 Mm。

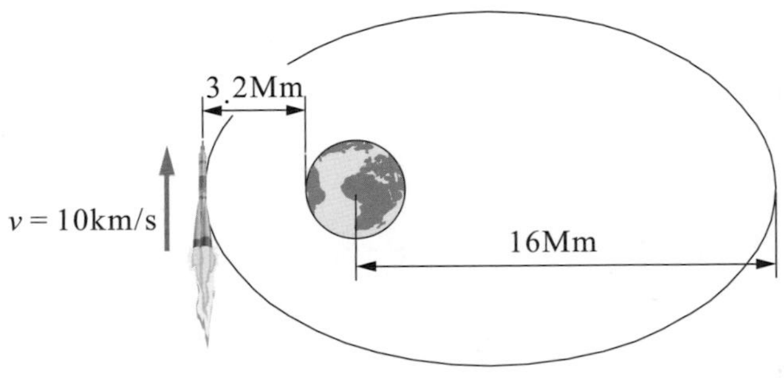

11 質量 10 kg 的木桿，一端以銷定住，當一質量 1.5 kg 的球以 25 m/s 的速度垂直撞及木桿另一桿端，如圖所示，若球與木桿間之恢復係數爲 0.5，則碰撞後木桿之角速度若干？木桿原本靜止。

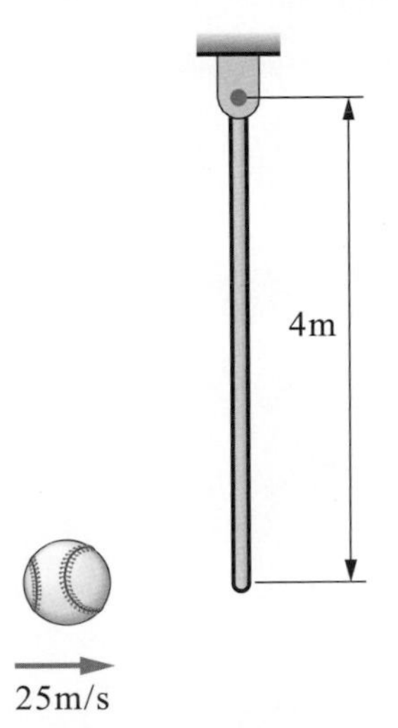

機械振動與系統模態分析

》本章大綱

一、機械振動概說
二、無阻尼單自由度自由振動
三、無阻尼多自由度自由振動
四、振動系統模態分析

》學習重點

振動是普遍存在於各種不同結構物的物理現象，本章將對於振動的相關名詞加以定義，並以最基本的單自由度與多自由度無阻尼自由振動來探討結構物的振動問題，使學習者具有機械系統振動的基本概念，以做為往後研修「振動學」課程的基礎。此外，振動系統各相關質點或相關物件之間的相對位移比例關係，亦即振動系統的模態分析方法，也將在此闡明，使學習者能同時具備振動系統的模態分析基本觀念。

本章提要

一個物體或結構物在不受外力或受到外力作用下，會產生規律的往復運動或不規律的隨機運動，被稱爲振動。比如馬達在轉動時會產生一個和轉速有關的規律運動或振動，而汽車在不平整的地面行駛時，會產生一個上下跳動的不規則振動。振動的產生對物體或結構物來說，大都會引發負面的效益，有可能使機械本身的精密度下降，壽命減低，甚至使結構物產生疲勞與破壞。

機車受到地面上障礙物產生的作用力後會產生振動，彈簧常被用來吸收外力效應以減輕振動幅度。

圖 16-1

任何彈性結構物如斜張橋，在受力後會以其應有的模態產生振動，不同的彈性結構物所表現出來的模態也都相異。

圖 16-2

一、機械振動概說

1. 自由振動與強迫振動

作用在物體或結構物的力有可能來自於馬達、引擎的規則施力，也有可能來自於地震、異物撞擊、陣風等的不規則施力，種類繁多。這些會造成振動現象之物體或結構物，我們稱之爲振動系統。

如圖 16-3(a)中，平面上的一個物體連接一條彈簧，若將彈簧拉伸一個長度 x 後靜止不動，彈簧儲存了彈性位能在系統中，此時若將物體釋放，該物體會開始作往復運動。圖 16-3(b)則是把物體移置於高度 h 處，物體本身儲存了重力位能，此時若將物體鬆手，則該物體會在容器的內側曲面進行往復運動。此二者的振動並非肇因於外力，故均爲自由振動。

反觀圖 16-3(c)～(e)中，物體振動皆因有外力作用於其上，不管是瞬間撞擊、規律性施力，或不規律性受力均爲強迫振動。

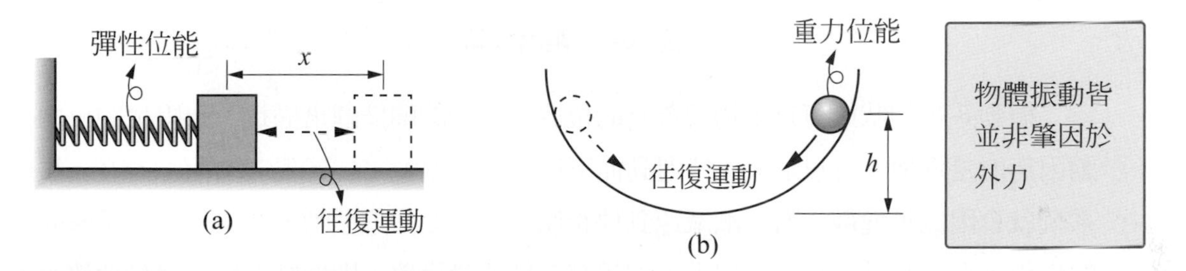

當一個振動系統在未受力的情況下即會產生震動現象者稱之爲自由振動 (free vibration)。

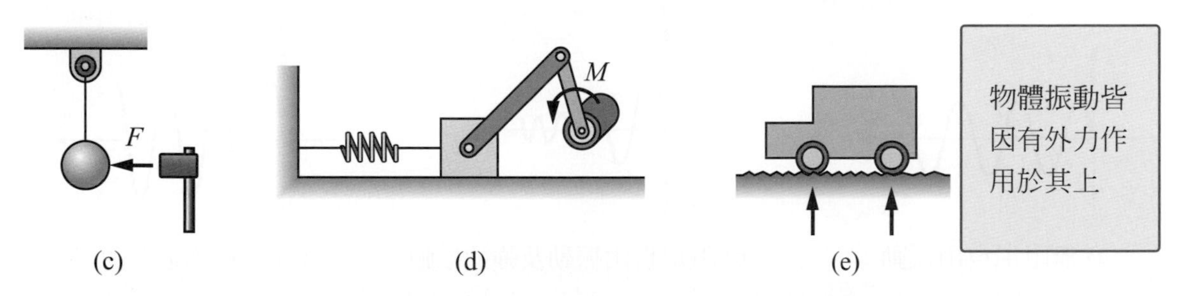

如果該振動系統短暫或持續受到週期性或非週期性的作用力，並因而引起的振動，就稱爲強迫振動 (forced vibration)。

圖 16-3　自由振動與強迫振動

2. 振動系統的阻尼

當系統產生振動時，如果沒有任何可以使系統能量逸散的機制，這個系統就會永不停止的運動下去，此種情形稱爲無阻尼振動(undamped vibration)。但假如系統產生振動時，存在某種能量逸散機制，則稱爲阻尼振動(damped vibration)。較常見的能量逸散機制有接觸面之間的摩擦、空氣阻力，以及材料或結構本身的變形對能量的吸收等，如圖 16-4 所示。

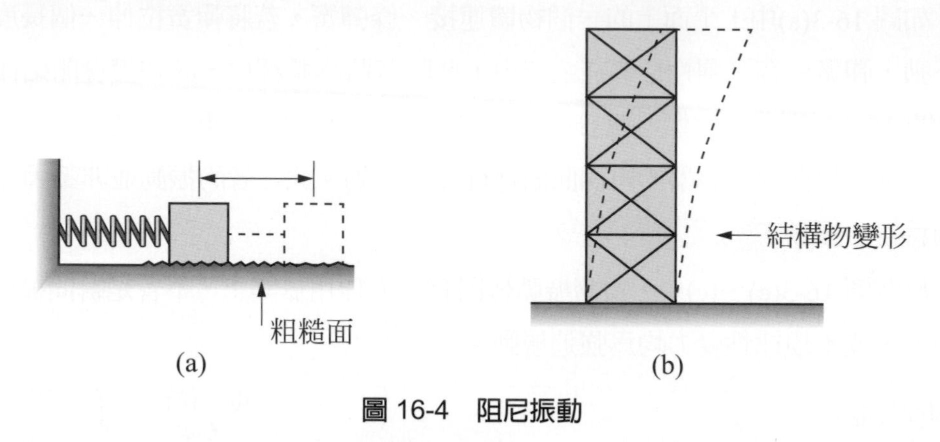

圖 16-4 阻尼振動

振動系統的狀態可以用物體質點的位置和時間的關係圖來描述，無阻尼的自由振動因無能量逸散，可以永久保持運動而不停止，如圖 16-5(a)，但若有阻尼存在，振動系統就會因能量逸散，而逐漸減速到停止狀態，至於強迫振動，如果受到的是瞬間力的作用，在沒有外力持續作用下，如果有系統能量逸散，則振動系統最終仍會停止下來，如圖 16-5(b)。但如果是受到持續的外力作用，系統會保持原有的振動狀態而不終止，如圖 16-5(c)所示。

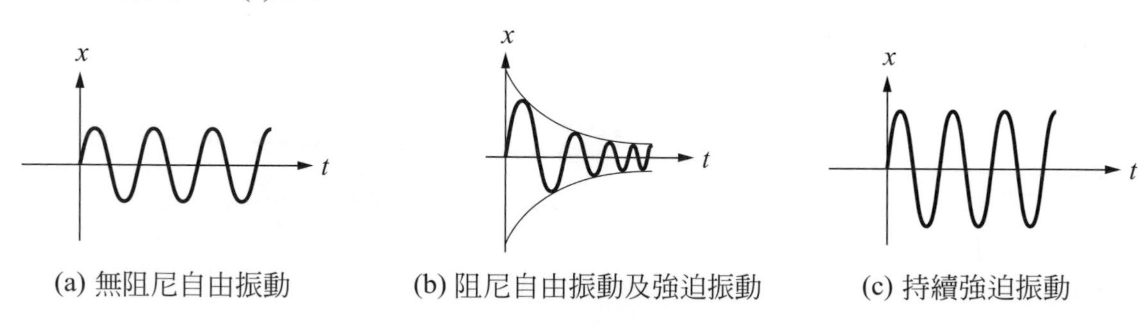

(a) 無阻尼自由振動　(b) 阻尼自由振動及強迫振動　(c) 持續強迫振動

圖 16-5 振動系統的時間與位移關係

3. 振動系統的週期與頻率

一個振動系統必須要有質塊存在，質塊的質量爲 m，可以利用牛頓第二運動定律來建立運動方程式，然後進一步求得質塊運動的軌跡。系統中如果僅有一個獨立的質塊，可以得到一個運動方程式，稱爲單自由度系統(single-degree-of-freedom system, 1-DOF system)，如果有多個獨立質塊，就可以建立多個運動方程式聯立而成爲方程組，此種稱爲多自由度系統(n-DOF system)。又如果是連續的質量分布，例如一根金屬棒，那就稱爲連續系統(continuous system)，如圖 16-6 所示。

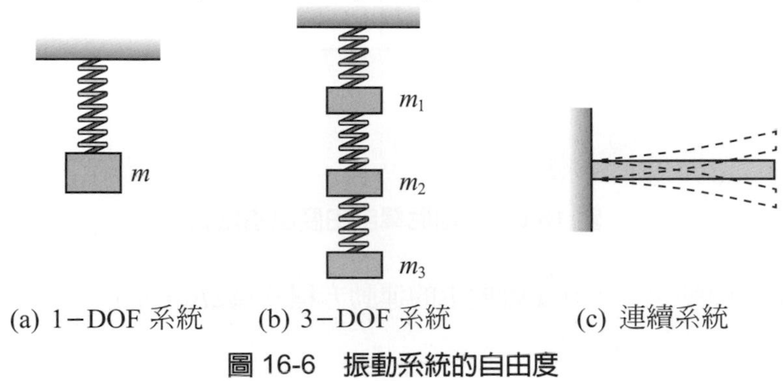

圖 16-6 振動系統的自由度

將前述所得到的運動方程式求解，我們可以得出質塊運動的軌跡，一般稱之爲響應(response)，響應的程度，亦即質塊的位移量稱爲振幅 A(amplitude)。如果響應是週期性的，則每秒鐘來回發生的次數稱爲頻率 f (frequency)，單位爲秒分之一，稱爲赫茲(Hz)，而週期性運動來回一次所需的時間稱爲週期 T(period)，單位爲秒。由上述定義可知，頻率 f 和週期恰好互爲倒數，亦即

$$\boldsymbol{T = \frac{1}{f}}\text{，}\boldsymbol{f = \frac{1}{T}} \tag{16-1}$$

圖 16-7 中，振動系統的振幅爲 A，一秒鐘內有 5 次循環振動，故頻率 $f = 5$ Hz，每發生一次循環的時間，亦即週期 $T = 0.2$ 秒。

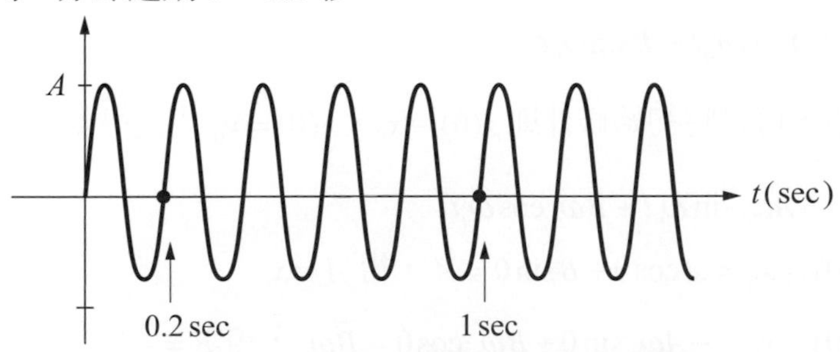

圖 16-7 振動系統的振幅、頻率與週期

二、無阻尼單自由度自由振動

考慮一個質量爲 m 的質塊與彈簧常數爲 k 的彈簧，被安置在水平光滑的平面上，如圖 16-8(a)。若質塊往右平移到 $x = x_0$ 處以後，將其以初始速度 v_0 釋放，則該質塊即開始進行往復運動，此即爲無阻尼單自由度自由振動系統，質塊之自由體圖，如圖 16-8(b)。

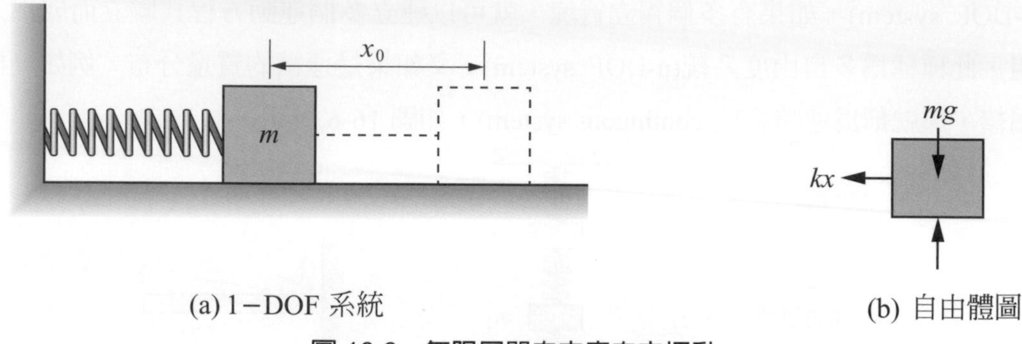

(a) 1−DOF 系統　　(b) 自由體圖

圖 16-8　無阻尼單自由度自由振動

依據牛頓第二運動定律，在 x 軸向上的運動方程式爲 $\Sigma F_x = ma_x$，亦即

$-kx = m\ddot{x}$

則得到系統的運動方程式爲

$$\boldsymbol{m\ddot{x} + kx = 0} \tag{16-2}$$

式(16-2)爲二階線性方程式，可以進一步求解得到系統的響應 x

$$\boldsymbol{\ddot{x} = \frac{k}{m}x = 0} \tag{16-3}$$

令 $\omega_n = \sqrt{\dfrac{k}{m}}$，則式(16-3)變爲

$$\boldsymbol{\ddot{x} + \omega_n^2 x = 0} \tag{16-4}$$

解微分方程式得到通解

$$\boldsymbol{x = A\cos\omega_n t + B\sin\omega_n t} \tag{16-5}$$

其中 A 和 B 爲常數，可以將初始條件即 $x(0) = x_0$，$\dot{x}(0) = v_0$ 代入得到常數 A 和 B 的值，則

$\dot{x} = -A\omega_n \sin\omega_n t + B\omega_n \cos\omega_n t$

$x(0) = x_0 = A\cos 0 + B\sin 0 = A$，得 $A = x_0$

$\dot{x}(0) = v_0 = -A\omega_n \sin 0 + B\omega_n \cos 0 = B\omega_n$，得 $B = \dfrac{v_0}{\omega_n}$

將 A、B 代入通解中得

$$\boldsymbol{x = x_0 \cos\omega_n t + \frac{v_0}{\omega_n}\sin\omega_n t} \tag{16-6}$$

如果假設初始速度 $v_0 = 0$，則式(16-6)成為

$$x = x_0 \cos \omega_n t$$

因餘弦函數的週期為 2π，故

$$\omega_n t = 2\pi \text{，} \omega_n = \frac{2\pi}{t} = 2\pi f$$

與式(16-1)比較可知，ω_n 基本上是一個頻率，只不過單位由 Hz 變為 rad/s，Hz 為每秒所行徑的週數，每週的徑度量為 2π rad，故 ω_n 為每秒行經的徑度，有時被稱為圓週頻率(circular frequency)，單位為 rad/s。

由定義中得知

$$\omega_n = \sqrt{\frac{k}{m}}$$

因為 k 和 m 都是系統中彈簧和質塊的基本特性，因此 ω_n 亦為該系統本身具有的特性，稱為自然頻率(natural frequency)。

對於質塊繞固定軸所做的自由振動，其運動方程式則為

$$\Sigma M_0 = I_0 \alpha$$

亦即

$$-k\theta = I_0 \ddot{\theta}$$

得到系統的運動方程式為

$$I_0 \ddot{\theta} + k\theta = 0$$

其自然頻率為

$$\omega_n = \sqrt{\frac{k}{I_0}}$$

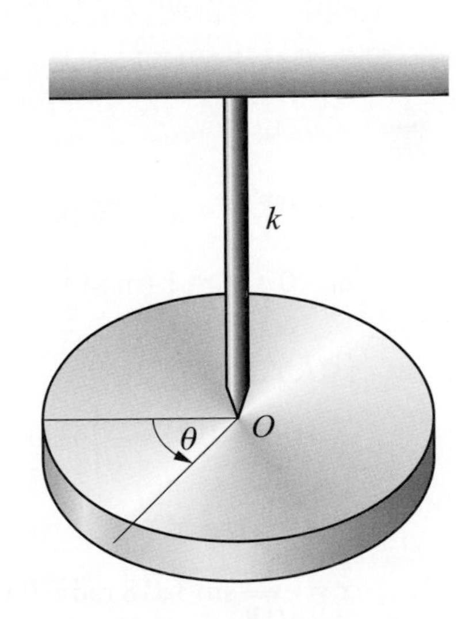

例題 16-1

若圖 16-8 中質塊 $m = 10$ kg，彈簧常數 $k = 360$ N/m，將質塊右移 10 cm 後由靜止狀態釋放，求系統之響應，並求 $t = 3$ sec 時質塊之位置。

解

由題意知，$m = 10$ (kg)，$k = 360$ (N/m)

$x_0 = 0.1$ (m)，$v_0 = 0$，則 $\omega_n = \sqrt{\dfrac{k}{m}} = \sqrt{\dfrac{360}{10}} = 6$ (rad/s)

代入式(16-6)得

$$x = 0.1\cos 6t + \frac{0}{6}\sin 6t$$

$$x = 0.1\cos 6t$$

當 $t = 3$ (sec)時

$$x = 0.1\cos 18\text{ rad} = 0.1 \times 0.66 = 0.066\text{ (m)}$$

例題 16-2

上題中，若質塊質量加倍，在彈簧沒有伸長量時，受到向右的初始速度 $v_0 = 1$ m/s，試求系統之響應，並求 $t = 3$ sec 時質塊之位置。

解

由題意知，$m = 20$ (kg)，$k = 360$ (N/m)

$x_0 = 0$，$v_0 = 1$ (m/s)，則 $\omega_n = \sqrt{\dfrac{k}{m}} = \sqrt{\dfrac{360}{20}} = \sqrt{18}$ (rad/s)

代入式(16-6)得

$$x = 0\cos\sqrt{18}\,t + \frac{1}{\sqrt{18}}\sin\sqrt{18}\,t \text{，} x = \frac{1}{\sqrt{18}}\sin\sqrt{18}\,t$$

當 $t = 3$ (sec)時

$$x = \frac{1}{\sqrt{18}}\sin 3\sqrt{18}\text{ rad} = 0.038\text{ (m)}$$

例題 16-3

求下圖中系統的自然頻率及其響應。

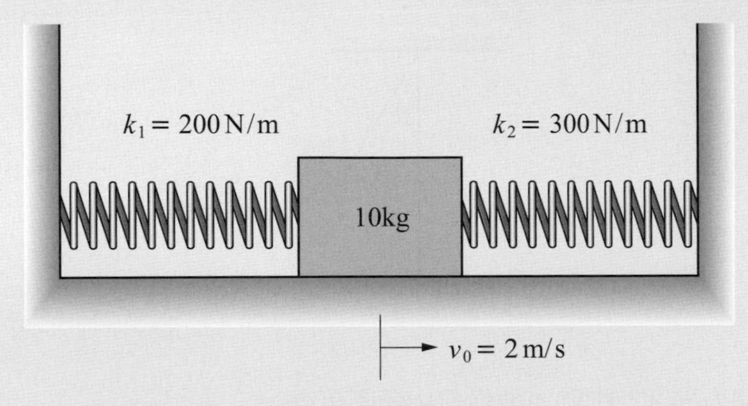

解

由題意知，$m = 10$ (kg)，$k_1 = 200$ (N/m)，$k_2 = 300$ (N/m)，$x_0 = 0$，$v_0 = 2$ (m/s)

因兩個彈簧的作用為並聯，故 $k = k_1 + k_2 = 500$ (N/m)

則 $\omega_n = \sqrt{\dfrac{k}{m}} = \sqrt{\dfrac{500}{10}} = 7.07\,(\text{rad/s})$

代入式(16-6)

$$x = 0\cos 7.07t + \frac{2}{7.07}\sin 7.07t = 0.283\sin 7.07t$$

例題 16-4

上題中，若初始位移 $x_0 = 10$ cm，求其響應，並求 $t = 0.1$ sec 時之位置。

解

$\omega_n = 7.07$ (rad/s)，$x_0 = 0.1$ (m)，$v_0 = 2$ (m/s)，代入式(16-6)得

$x = 0.1\cos 7.07t + 0.283\sin 7.07t$

當 $t = 0.1$ (sec)時

$x = 0.1\cos(0.707\text{ rad}) + 0.283\sin(0.707\text{ rad}) = 0.076 + 0.184 = 0.26$ (m)

例題 16-5

求圖中擺長 ℓ，質量爲 m 之單擺的自然頻率？

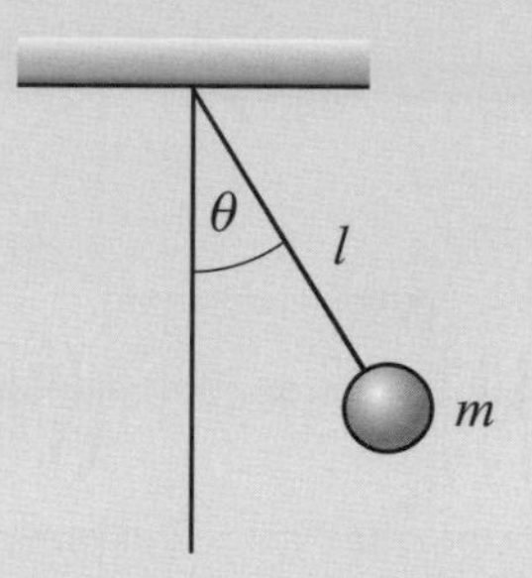

解

因只有切線方向才有運動，故從自由體圖可得

$\Sigma F_t = ma_t$，亦即

$-mg\sin\theta = ma_t$………①

設在切線方向的位移爲 s，則 $s=\ell\theta$，得

$a_t = \ddot{s} = \ell\ddot{\theta}$　代入①中得

$-mg\sin\theta = m\ell\ddot{\theta}$………②

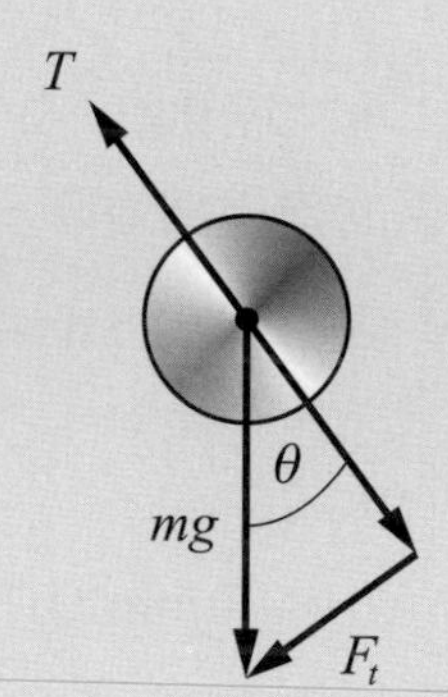

當 $\theta \approx 0$ 時，$\sin\theta \approx \theta$，則②式變爲

$-mg\theta = m\ell\ddot{\theta}$，即 $\ell\ddot{\theta} + g\theta = 0$ 或

$\ddot{\theta} + \dfrac{g}{\ell}\theta = 0$………③

式③與式(16-4)相比，可得

$W_n^2 = \dfrac{g}{\ell}$，則得自然頻率

$W_n = \sqrt{\dfrac{g}{\ell}}$

三、無阻尼多自由度自由振動

在多自由度系統的分析過程中，運用的是單自由度系統的分析基礎，也就是依據自由體圖和牛頓第二運動定律分別導出多組運動方程式，再將其結合爲方程組，解之即得系統之響應。

圖 16-9(a)爲雙自由度 2-DOF 的振動系統，其自由體圖則如圖 16-9(b)所示。

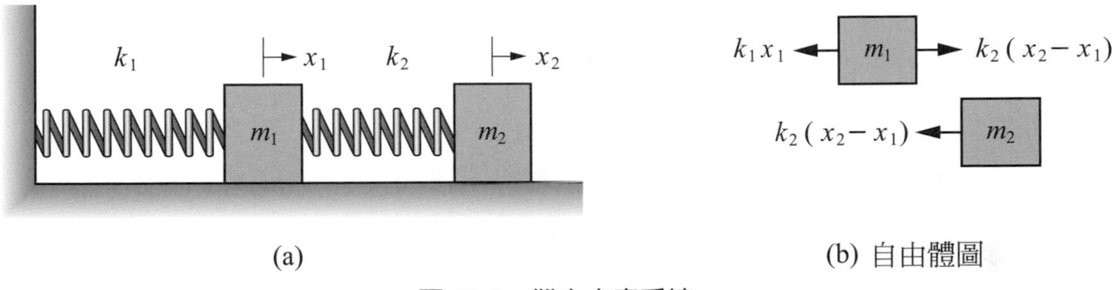

(a) (b) 自由體圖

圖 16-9 雙自由度系統

依圖 16-9(b)自由體圖中，對 m_1 和 m_2 兩個質塊來說，可以分別得到運動方程式

$$\begin{cases} k_2(x_2 - x_1) - k_1 x_1 = m_1 \ddot{x}_1 \\ -k_2(x_2 - x_1) = m_2 \ddot{x}_2 \end{cases} \tag{16-7}$$

整理以後得

$$\begin{cases} k_2 x_2 - (k_1 + k_2) x_1 = m_1 \ddot{x}_1 \\ -k_2 x_2 + k_2 x_1 = m_2 \ddot{x}_2 \end{cases} \tag{16-8}$$

或

$$\begin{cases} m_1 \ddot{x}_1 + (k_1 + k_2) x_1 - k_2 x_2 = 0 \\ m_2 \ddot{x}_2 - k_2 x_1 + k_2 x_2 = 0 \end{cases} \tag{16-9}$$

上列運動方程組以矩陣方式表之爲

$$\begin{bmatrix} m_1 & 0 \\ 0 & m_2 \end{bmatrix} \begin{Bmatrix} \ddot{x}_1 \\ \ddot{x}_2 \end{Bmatrix} + \begin{bmatrix} k_1 + k_2 & -k_2 \\ -k_2 & k_2 \end{bmatrix} \begin{Bmatrix} x_1 \\ x_2 \end{Bmatrix} = \begin{Bmatrix} 0 \\ 0 \end{Bmatrix} \tag{16-10}$$

對於任一雙自由度振動系統，矩陣方程式可以記爲

$$\begin{bmatrix} m_1 & 0 \\ 0 & m_2 \end{bmatrix} \begin{Bmatrix} \ddot{x}_1 \\ \ddot{x}_2 \end{Bmatrix} + \begin{bmatrix} k_{11} & k_{12} \\ k_{21} & k_{22} \end{bmatrix} \begin{Bmatrix} x_1 \\ x_2 \end{Bmatrix} = \begin{Bmatrix} 0 \\ 0 \end{Bmatrix} \tag{16-11}$$

或記為

$$[M]\{\ddot{x}\}+[k]\{x\}=\{0\}$$

其中

$$[M]=\begin{bmatrix} m_1 & 0 \\ 0 & m_2 \end{bmatrix}，[k]=\begin{bmatrix} k_{11} & k_{12} \\ k_{21} & k_{22} \end{bmatrix}$$

令 $x_1 = u_1 g$，$x_2 = u_2 g$，其中 u_1 和 u_2 為任意常數，此即是將 x_1 和 x_2 兩個變數修改成為一個變數和兩者間的比值關係來取代。代入式(16-11)得

$$\begin{bmatrix} \boldsymbol{m_1} & \boldsymbol{0} \\ \boldsymbol{0} & \boldsymbol{m_2} \end{bmatrix}\begin{Bmatrix} \boldsymbol{u_1\ddot{g}} \\ \boldsymbol{u_2\ddot{g}} \end{Bmatrix}+\begin{bmatrix} \boldsymbol{k_{11}} & \boldsymbol{k_{12}} \\ \boldsymbol{k_{21}} & \boldsymbol{k_{22}} \end{bmatrix}\begin{Bmatrix} \boldsymbol{u_1 g} \\ \boldsymbol{u_2 g} \end{Bmatrix}=\begin{Bmatrix} \boldsymbol{0} \\ \boldsymbol{0} \end{Bmatrix} \tag{16-12}$$

或

$$\begin{cases} m_1u_1\ddot{g}+(u_1k_{11}+u_2k_{12})g=0 \\ m_2u_2\ddot{g}+(u_1k_{21}+u_2k_{22})g=0 \end{cases}$$

上二式為聯立二階微分方程組，整理得

$$\begin{cases} \ddot{g}+\dfrac{u_1k_{11}+u_2k_{12}}{m_1u_1}g=0 \\ \ddot{g}+\dfrac{u_1k_{21}+u_2k_{22}}{m_2u_2}g=0 \end{cases}$$

令方程式為

$$\ddot{g}+\omega^2 g=0$$

則響應為

$$g=A\cos\omega t+B\sin\omega t$$

其中

$$\omega^2=\frac{u_1k_{11}+u_2k_{12}}{m_1u_1}=\frac{u_1k_{21}+u_2k_{22}}{m_2u_2}=\lambda$$

又 $\dot{g}=-A\omega\sin\omega t+B\omega\cos\omega t$

$$\ddot{g}=-A\omega^2\cos\omega t-B\omega^2\sin\omega t=-\omega^2(A\cos\omega t+B\sin\omega t)=-\omega^2 g=-\lambda g$$

代入式(16-12)得

$$\begin{bmatrix} -\lambda m_1 & 0 \\ 0 & -\lambda m_2 \end{bmatrix}\begin{Bmatrix} u_1 g \\ u_2 g \end{Bmatrix}+\begin{bmatrix} k_{11} & k_{12} \\ k_{21} & k_{22} \end{bmatrix}\begin{Bmatrix} u_1 g \\ u_2 g \end{Bmatrix}=\begin{Bmatrix} 0 \\ 0 \end{Bmatrix}$$

$$\begin{bmatrix} \boldsymbol{k_{11}-\lambda m_1} & \boldsymbol{k_{12}} \\ \boldsymbol{k_{21}} & \boldsymbol{k_{22}-\lambda m_2} \end{bmatrix}\begin{Bmatrix} \boldsymbol{u_1 g} \\ \boldsymbol{u_2 g} \end{Bmatrix}=\begin{Bmatrix} \boldsymbol{0} \\ \boldsymbol{0} \end{Bmatrix} \tag{16-13}$$

滿足式(6-13)的條件爲

$$\begin{vmatrix} \boldsymbol{k_{11}-\lambda m_1} & \boldsymbol{k_{12}} \\ \boldsymbol{k_{21}} & \boldsymbol{k_{22}-\lambda m_2} \end{vmatrix}=\boldsymbol{0} \tag{16-14}$$

或寫爲

$$\mathbf{det}([\boldsymbol{k}]-\lambda[\boldsymbol{M}])=\mathbf{0} \tag{16-15}$$

稱爲系統的特徵方程式。

將式(16-14)乘開可得

$$(m_1 m_2)\lambda^2-(m_1 k_{22}+m_2 k_{11})\lambda-(k_{11}k_{22}-k_{12}k_{21})=0$$

解之得二根爲λ_1、λ_2，其物理上的意義爲系統的兩個特徵值，亦即$\lambda_1=\omega_1{}^2$和$\lambda_2=\omega_2{}^2$，則得 ω_1 和 ω_2 爲雙自由度系統的二個自然頻率，一般以 ω_{n1} 與 ω_{n2} 來表示。

例題 16-6

圖 16-9 的雙自由度系統，若 $m_1=1$ kg，$m_2=2$ kg，$k_1=200$ N/m，$k_2=100$ N/m，求其自然頻率。

解

系統之聯立運動方程組向矩陣式爲式(16-10)，而

$$\begin{bmatrix} m_1 & 0 \\ 0 & m_2 \end{bmatrix}\begin{Bmatrix} \ddot{x}_1 \\ \ddot{x}_2 \end{Bmatrix}+\begin{bmatrix} k_1+k_2 & -k_2 \\ -k_2 & k_2 \end{bmatrix}\begin{Bmatrix} x_1 \\ x_2 \end{Bmatrix}=\begin{Bmatrix} 0 \\ 0 \end{Bmatrix}$$

將上述已知代入得

$$\begin{bmatrix} 1 & 0 \\ 0 & 2 \end{bmatrix}\begin{Bmatrix} \ddot{x}_1 \\ \ddot{x}_2 \end{Bmatrix}+\begin{bmatrix} 300 & -100 \\ -100 & 100 \end{bmatrix}\begin{Bmatrix} x_1 \\ x_2 \end{Bmatrix}=\begin{Bmatrix} 0 \\ 0 \end{Bmatrix}$$

特徵方程式為

$$\det([k]-\lambda[M])=0\text{，}\begin{vmatrix}300-\lambda & -100\\ -100 & 100-2\lambda\end{vmatrix}=0$$

$$(300-\lambda)(100-2\lambda)-(-100)(-100)=0$$

展開得

$$2\lambda^2-700\lambda+30000-10000=0$$

$$\lambda^2-350\lambda+10000=0$$

解之得

$$\lambda_{1.2}=\frac{-(-350)\pm\sqrt{(-350)^2-4(1)(10000)}}{2}=\frac{350\pm 287.228}{2}$$

$$\lambda_1=63.772=\omega_{n1}^2 \quad 則 \quad \omega_{n1}=7.923\ \text{(rad/s)}$$

$$\lambda_2=637.228=\omega_{n2}^2 \quad 則 \quad \omega_{n2}=25.243\ \text{(rad/s)}$$

例題 16-7

求下列雙自由度系統的自然頻率，若 $m_1=m_2=2$ kg，$k_1=100$ N/m，$k_2=200$ N/m，$k_3=100$ N/m。

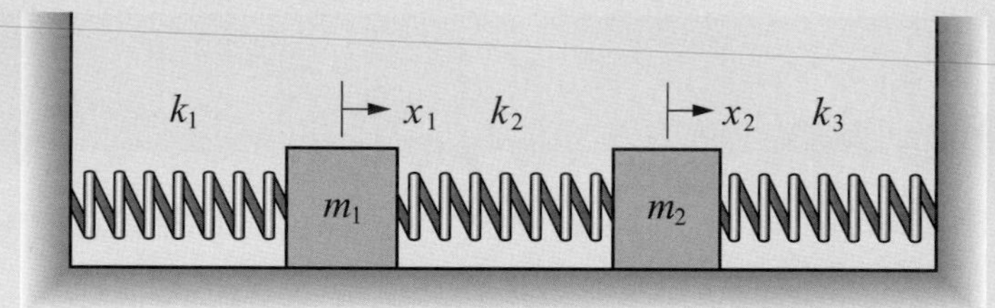

解

先畫出系統的自由體圖，再據以導出聯立運動方程組

$k_1x_1 \leftarrow$ [m_1] $\rightarrow k_2(x_2-x_1)$　　$k_2(x_2-x_1) \leftarrow$ [m_2] $\leftarrow k_3x_2$

$$\begin{cases}k_2(x_2-x_1)-k_1x_1=m_1\ddot{x}_1\\ -k_2(x_2-x_1)-k_3x_2=m_2\ddot{x}_2\end{cases}$$

整理後得到

$$\begin{cases} k_2x_2-(k_1+k_2)x_1=m_1\ddot{x}_1 \\ -(k_2+k_3)x_2+k_2x_1=m_2\ddot{x}_2 \end{cases}$$

$$\begin{cases} m_1\ddot{x}_1+(k_1+k_2)x_1-k_2x_2=0 \\ m_2\ddot{x}_2-k_2x_1+(k_2+k_3)x_2=0 \end{cases}$$

寫成矩陣型式爲

$$\begin{bmatrix} m_1 & 0 \\ 0 & m_2 \end{bmatrix}\begin{Bmatrix} \ddot{x}_1 \\ \ddot{x}_2 \end{Bmatrix}+\begin{bmatrix} k_1+k_2 & -k_2 \\ -k_2 & k_2+k_3 \end{bmatrix}\begin{Bmatrix} x_1 \\ x_2 \end{Bmatrix}=\begin{Bmatrix} 0 \\ 0 \end{Bmatrix}$$

將各數值代入得

$$\begin{bmatrix} 2 & 0 \\ 0 & 2 \end{bmatrix}\begin{Bmatrix} \ddot{x}_1 \\ \ddot{x}_2 \end{Bmatrix}+\begin{bmatrix} 300 & -200 \\ -200 & 300 \end{bmatrix}\begin{Bmatrix} x_1 \\ x_2 \end{Bmatrix}=\begin{Bmatrix} 0 \\ 0 \end{Bmatrix}$$

特徵方程式爲

$$\det([k]-\lambda[M])=0\text{，}\begin{vmatrix} 300-2\lambda & -200 \\ -200 & 300-2\lambda \end{vmatrix}=0$$

展開得

$$4\lambda^2-1200\lambda+90000-(-200)(-200)=0$$

$$4\lambda^2-1200\lambda+50000=0$$

$$\lambda^2-300\lambda+12500=0$$

解之得

$$\lambda_{1,2}=\frac{-(-300)\pm\sqrt{(-300)^2-4(1)(12500)}}{2}=\frac{300\pm200}{2}$$

$$\lambda_1=50=\omega_{n1}^2 \quad \text{則} \quad \omega_{n1}=7.07\ \text{(rad/s)}$$

$$\lambda_2=250=\omega_{n2}^2 \quad \text{則} \quad \omega_{n2}=15.81\ \text{(rad/s)}$$

例題 16-8

試求下列無阻尼三自由度振動系統之自然頻率。

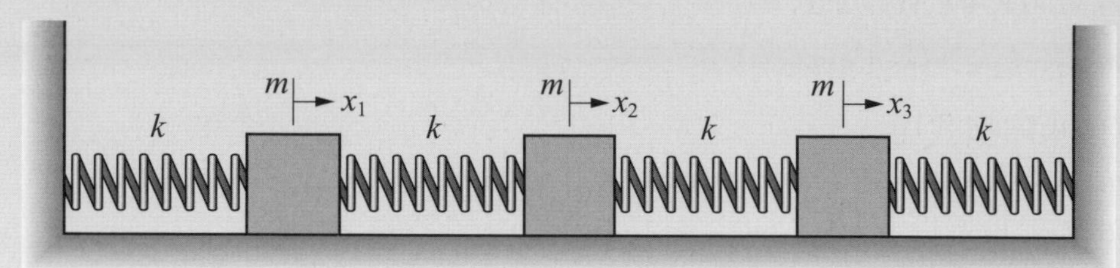

解

依自由體圖列出運動方程組

$kx_1 \leftarrow$ m $\rightarrow k(x_2-x_1)$　　$k(x_2-x_1) \leftarrow$ m $\rightarrow k(x_3-x_2)$　　$k(x_3-x_2) \leftarrow$ m $\leftarrow kx_3$

$$\begin{cases} k(x_2-x_1)-kx_1=m\ddot{x}_1 \\ k(x_3-x_2)-k(x_2-x_1)=m\ddot{x}_2 \\ -(kx_3)-k(x_3-x_2)=m\ddot{x}_3 \end{cases}$$

$$kx_2-2kx_1=m\ddot{x}_1$$

$$kx_3-2kx_2+kx_1=m\ddot{x}_2$$

$$kx_2-2kx_3=m\ddot{x}_3$$

$$\begin{bmatrix} m & 0 & 0 \\ 0 & m & 0 \\ 0 & 0 & m \end{bmatrix}\begin{Bmatrix} \ddot{x}_1 \\ \ddot{x}_2 \\ \ddot{x}_3 \end{Bmatrix}+\begin{bmatrix} 2k & -k & 0 \\ -k & 2k & -k \\ 0 & -k & 2k \end{bmatrix}\begin{Bmatrix} x_1 \\ x_2 \\ x_3 \end{Bmatrix}=\begin{Bmatrix} 0 \\ 0 \\ 0 \end{Bmatrix}$$

得

$$[M]=\begin{bmatrix} m & 0 & 0 \\ 0 & m & 0 \\ 0 & 0 & m \end{bmatrix}，[k]=\begin{bmatrix} 2k & -k & 0 \\ -k & 2k & -k \\ 0 & -k & 2k \end{bmatrix}$$

特徵方程式爲

$$\det([k]-\lambda[M])=0$$

即

$$\begin{vmatrix} 2k-\lambda m & -k & 0 \\ -k & 2k-\lambda m & -k \\ 0 & -k & 2k-\lambda m \end{vmatrix} = (2k-\lambda m)^3 - k^2(2k-\lambda m) - k^2(2k-\lambda m) = 0$$

$$(2k-\lambda m)\left[(2k-\lambda m)^2 - k^2 - k^2\right] = 0$$

$$(2k-\lambda m)\left[m^2\lambda^2 - 4km\lambda + 2k^2\right] = 0$$

則$(2k-\lambda m)=0$，$\lambda_1 = 2\dfrac{k}{m}$

$$m^2\lambda^2 - 4km\lambda + 2k^2 = 0$$

解之得

$$\lambda_{2,3} = \frac{-(-4km) \pm \sqrt{(-4km)^2 - 4m^2(2k^2)}}{2m^2} = \frac{4km \pm \sqrt{8}km}{2m^2} = (2 \pm \sqrt{2})\frac{k}{m}$$

$$\lambda_2 = 0.588\frac{k}{m} \quad \lambda_3 = 3.414\frac{k}{m}$$

若將λ由小而大重新排列，則

$\lambda_1 = 0.588\dfrac{k}{m}$，$\lambda_2 = 2\dfrac{k}{m}$，$\lambda_3 = 3.414\dfrac{k}{m}$，則得

$$\omega_{n1} = \sqrt{0.588\frac{k}{m}} = 0.767\sqrt{\frac{k}{m}}$$

$$\omega_{n2} = \sqrt{2\frac{k}{m}} = 1.414\sqrt{\frac{k}{m}}$$

$$\omega_{n3} = \sqrt{3.414\frac{k}{m}} = 1.848\sqrt{\frac{k}{m}}$$

四、振動系統模態分析

一個 n 維的振動系統，在振動時會具有 n 個自然頻率 ω_{n1}、$\omega_{n2} \dots \omega_{nn}$，當系統以 ω_{n1} 頻率振動時，這 n 個物體的響應也就是之間的相對位移比例關係稱爲其模態(mode)，記爲 $\{u\}_1$，以此類推，一個 n 維振動系統可以得到 n 個自然頻率振動下的 n 個模態 $\{u\}_1$ $\{u\}_2 \dots \{u\}_n$，可利用上節中圖 16-9(a)的雙自由度 2-DOF 振動系統爲例加以說明。

在式(16-12)中，u_1 和 u_2 均爲常數，故可以得到式(16-13)和式(16-14)之關係式，如果要知道 u_1 和 u_2 之間的比例關係，則可以將式(16-13)改寫爲

$$\begin{bmatrix} k_{11}-\lambda m_1 & k_{12} \\ k_{21} & k_{22}-\lambda m_2 \end{bmatrix} \begin{Bmatrix} u_1 \\ u_2 \end{Bmatrix} = \begin{Bmatrix} 0 \\ 0 \end{Bmatrix} \tag{16-16}$$

或簡寫為

$$\{[\boldsymbol{k}]-\lambda[\boldsymbol{M}]\}\{\boldsymbol{u}\}=\{\boldsymbol{0}\} \tag{16-17}$$

將$\lambda=\lambda_1$和$\lambda=\lambda_2$等分別代入上式可以得到

$$\{[k]-\lambda_1[M]\}\{u\}_1=\{0\}$$

$$\{[\boldsymbol{k}]-\boldsymbol{\lambda}_2[\boldsymbol{M}]\}\{\boldsymbol{u}\}_2=\{\boldsymbol{0}\} \tag{16-18}$$

其中$\{u\}_1$為在自然頻率ω_{n1}時，u_1和 u_2之間的比例關係，而$\{u\}_2$則為在自然頻率ω_{n2}時u_1和u_2之間的比例關係，知道了u_1和u_2之間的比例關係，我們就可以清楚在某一自然頻率下 m_1 和 m_2 之間的運動關係，此稱為振動系統的模態(mode)或模態向量(modal vector)，若將$\lambda=\lambda_1$和$\lambda=\lambda_2$分別代入式(16-16)中，可以得到$\lambda=\lambda_1$時

$$\begin{bmatrix} k_{11}-\lambda_1 m_1 & k_{12} \\ k_{21} & k_{22}-\lambda_1 m_2 \end{bmatrix}\begin{Bmatrix} u_{1,1} \\ u_{1,2} \end{Bmatrix}=\begin{Bmatrix} 0 \\ 0 \end{Bmatrix}$$

其中$u_{1,1}$和$u_{1,2}$分別代表$\lambda=\lambda_1$時的u_1和u_2，展開得

$$(k_{11}-\lambda_1 m_1)\,u_{1,1}+k_{12}u_{1,2}=0$$

$$k_{21}u_{1,1}+(k_{22}-\lambda_1 m_2)\,u_{1,2}=0$$

則在$\lambda=\lambda_1$時u_1和u_2之比例關係為

$$\boldsymbol{r_1=\frac{u_{1,2}}{u_{1,1}}=-\frac{k_{11}-\lambda_1 m_1}{k_{12}}=-\frac{k_{21}}{k_{22}-\lambda_1 m_2}} \tag{16-19}$$

同理可得，在$\lambda=\lambda_2$時u_1和u_2之比例關係為

$$\boldsymbol{r_2=\frac{u_{2,2}}{u_{2,1}}=-\frac{k_{11}-\lambda_2 m_1}{k_{12}}=-\frac{k_{21}}{k_{22}-\lambda_2 m_2}} \tag{16-20}$$

由式(16-19)和式(16-20)中得到

$$\lambda=\lambda_1\text{時}\ r_1=\frac{u_{1,2}}{u_{1,1}}\ \text{，則}\{u\}_1=\begin{Bmatrix} u_1 \\ u_2 \end{Bmatrix}_1=\begin{Bmatrix} u_{1,1} \\ u_{1,2} \end{Bmatrix}=\begin{Bmatrix} u_{1,1} \\ r_1u_{1,1} \end{Bmatrix}=u_{1,1}\begin{Bmatrix} 1 \\ r_1 \end{Bmatrix}$$

$$\lambda=\lambda_2\text{時}\ r_2=\frac{u_{2,2}}{u_{2,1}}\ \text{，則}\{u\}_2=\begin{Bmatrix} u_1 \\ u_2 \end{Bmatrix}_2=\begin{Bmatrix} u_{2,1} \\ u_{2,2} \end{Bmatrix}=\begin{Bmatrix} u_{2,1} \\ r_2u_{2,1} \end{Bmatrix}=u_{2,1}\begin{Bmatrix} 1 \\ r_2 \end{Bmatrix}$$

參考式(16-12)，我們定義

$$x_1 = u_1 g \text{，} x_2 = u_2 g$$

亦即在ω_{n1}時，$\{x\}_1 = \begin{Bmatrix} x_1 \\ x_2 \end{Bmatrix}_1 = \begin{Bmatrix} u_1 \\ u_2 \end{Bmatrix}_1 g_1$

則 $\{x\}_1 = \{u\}_1 g_1$，$\{x\}_2 = \{u\}_2 g_2$

又 $g = A\cos\omega t + B\sin\omega t$，故得最終響應為

$$\{x\} = \{x\}_1 + \{x\}_2 = \{u\}_1 g_1 + \{u\}_2 g_2 = [u]\{g\}$$

其中$[u] = \left[[u]_1 [u]_2\right] = \begin{bmatrix} u_{1,1} & u_{2,1} \\ u_{1,2} & u_{2,2} \end{bmatrix}$，稱為模態矩陣(modal matrix)

例題 16-9

試求下列無阻尼雙自由度振動系統之振動自然模態。

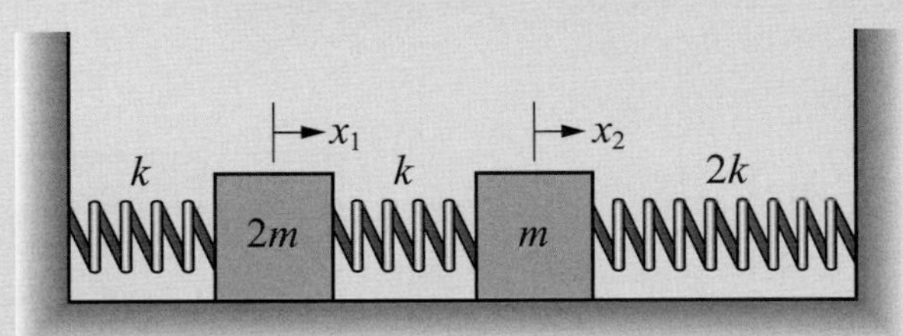

解

由例題 16-8 得

$$[M] = \begin{bmatrix} 2m & 0 \\ 0 & m \end{bmatrix}，[k] = \begin{bmatrix} k_1 + k_2 & -k_2 \\ -k_2 & k_2 + k_3 \end{bmatrix}$$

代入得

$$[M] = \begin{bmatrix} 2 & 0 \\ 0 & 1 \end{bmatrix} m，[k] = \begin{bmatrix} 2 & -1 \\ -1 & 3 \end{bmatrix} k$$

特徵方程式為

$$\det\left([k] - \lambda[M]\right) = 0$$

即

$$\begin{bmatrix} 2k-2\lambda m & -k \\ -k & 3k-\lambda m \end{bmatrix} = 2m^2\lambda^2 - 8km\lambda + 5k^2 = 0$$

解之得

$$\lambda_{1,2} = \frac{-(-8km) \pm \sqrt{(-8km)^2 - 4(2m^2)(5k^2)}}{4m^2} = \frac{8km \pm \sqrt{24}km}{4m^2} = (2 \pm 1.22)\frac{k}{m}$$

$\lambda_1 = 0.78\dfrac{k}{m}$，$\lambda_2 = 3.22\dfrac{k}{m}$

則自然頻率

$\omega_{n1} = \sqrt{\lambda_1} = 0.883\sqrt{\dfrac{k}{m}}$，$\omega_{n2} = \sqrt{\lambda_2} = 1.794\sqrt{\dfrac{k}{m}}$

又從式(16-19)，式(16-20)得

$$r_1 = -\frac{k_{11} - \lambda_1 m_1}{k_{12}} = \frac{2k - 0.78\frac{k}{m}(2m)}{k} = 2 - 1.56 = 0.44$$

$$r_2 = -\frac{k_{11} - \lambda_2 m_1}{k_{12}} = \frac{2k - 1.794\frac{k}{m}(2m)}{k} = 2 - 3.588 = -1.588$$

則模態爲

$$[u]_1 = u_{1,1}\begin{bmatrix} 1 \\ r_1 \end{bmatrix} = u_{1,1}\begin{bmatrix} 1 \\ 0.44 \end{bmatrix}$$

$$[u]_2 = u_{2,1}\begin{bmatrix} 1 \\ r_2 \end{bmatrix} = u_{2,1}\begin{bmatrix} 1 \\ -1.588 \end{bmatrix}$$

令 $u_{1,1} = u_{2,1} = 1$，則

$[u]_1 = \begin{bmatrix} 1 \\ 0.44 \end{bmatrix}$，$[u]_2 = \begin{bmatrix} 1 \\ -1.588 \end{bmatrix}$

得模態矩陣爲

$$[u] = \begin{bmatrix} 1 & 1 \\ 0.44 & -1.588 \end{bmatrix}$$

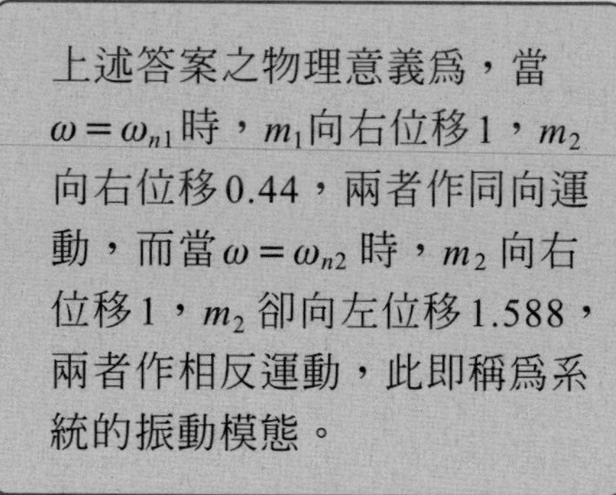

例題 16-10

試求下列無阻尼雙自由度振動系統之振動模態。

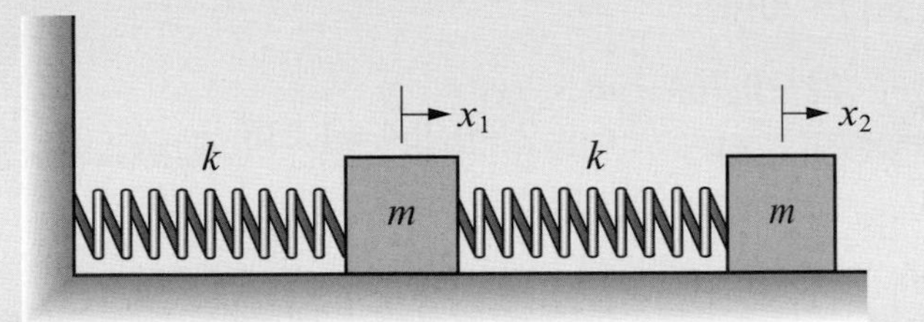

解

由自由體圖，求運動方程組如下

$$k(x_2 - x_1) - kx_1 = m\ddot{x}_1$$

$$-k(x_2 - x_1) = m\ddot{x}_2$$

$$\begin{bmatrix} m & 0 \\ 0 & m \end{bmatrix}\begin{bmatrix} \ddot{x}_1 \\ \ddot{x}_2 \end{bmatrix} + \begin{bmatrix} 2k & -k \\ -k & k \end{bmatrix}\begin{Bmatrix} x_1 \\ x_2 \end{Bmatrix} = \begin{Bmatrix} 0 \\ 0 \end{Bmatrix}$$

$$[M] = \begin{bmatrix} m & 0 \\ 0 & m \end{bmatrix}，[k] = \begin{bmatrix} 2k & -k \\ -k & k \end{bmatrix}$$

特徵方程式爲

$$\det\left([K] - \lambda[M]\right) = 0$$

即$\begin{bmatrix} 2k - \lambda m & -k \\ -k & k - \lambda m \end{bmatrix} = 0$

展開時

$$(2k - \lambda m)\,(k - \lambda m) - k^2 = 0$$

$$m^2\lambda^2 - 3km\lambda + k^2 = 0$$

解之得

$$\lambda_{1,2} = \frac{-(-3km) \pm \sqrt{(-3km)^2 - 4m^2k^2}}{2m^2} = \frac{3km \pm \sqrt{5}km}{2m^2}$$

$$\lambda_1 = \frac{3-\sqrt{5}}{2}\frac{k}{m} = 0.764\frac{k}{m} = \omega_{n1}^2 \text{，} \omega_{n1} = 0.894\sqrt{\frac{k}{m}}$$

$$\lambda_2 = \frac{3+\sqrt{5}}{2}\frac{k}{m} = 5.236\frac{k}{m} = \omega_{n2}^2 \text{，} \omega_{n2} = 2.308\sqrt{\frac{k}{m}}$$

由式(16-19)、式(16-20)得

$$r_1 = -\frac{k_{11} - \lambda_1 m_1}{k_{12}} = \frac{2k - 0.764\frac{k}{m}m}{k} = 2 - 0.764 = 1.236$$

$$r_2 = -\frac{k_{11} - \lambda_2 m_1}{k_{12}} = \frac{2k - 5.326\frac{k}{m}m}{k} = 2 - 5.326 = -3.326$$

得模態爲

$$[u]_1 = \begin{bmatrix} 1 \\ 1.236 \end{bmatrix} \text{，} [u]_2 = \begin{bmatrix} 1 \\ -3.326 \end{bmatrix}$$

模態矩陣爲

$$[u] = \begin{bmatrix} 1 & 1 \\ 1.236 & -3.326 \end{bmatrix}$$

練習題

1 若質塊右拉伸 x_0 後由靜止釋放，求其振動頻率及其響應？(設接觸面無摩擦，$k_1 = k_2 = k_3 = k_4 = k$)

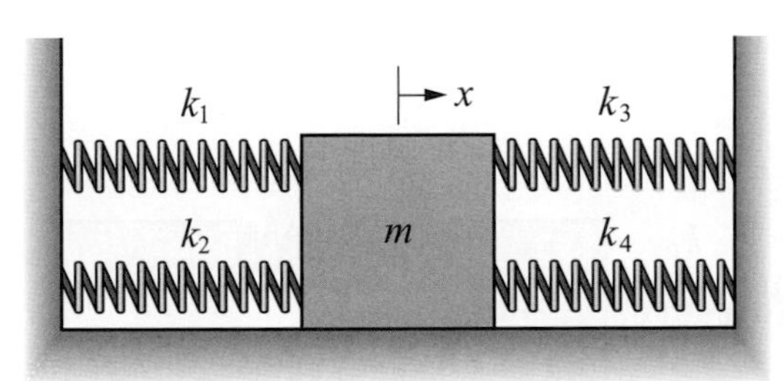

2 上題中，若 $k_1 = k$，$k_2 = 2k$，$k_3 = k_4 = 3k$，釋放時速度為 v_e，試求質塊之振動頻率及其響應？

3 如圖所示，質量 3 kg 的平板由一桿件懸吊於中心點，若桿件之扭轉勁度 $k = 0.8$ N m/rad，求平板振動的自然頻率？

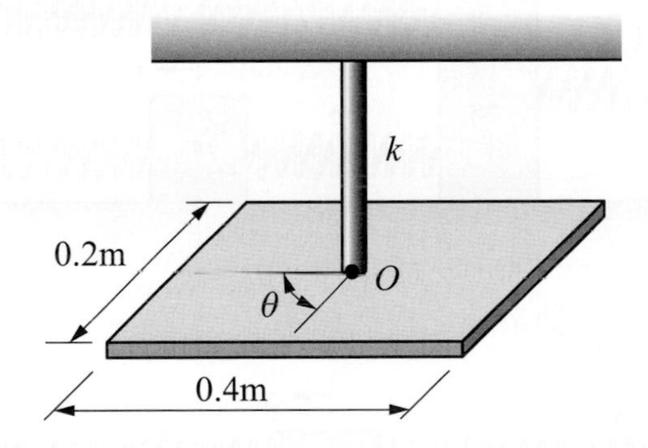

4 上圖中，若平板改為半徑 0.2 m 之同質量圓球，試求其自然頻率？

5 圖中之系統，若要得到與例題 16-3 同樣的自然頻率，試求 k_3 應該為多少？(m = 15 kg)

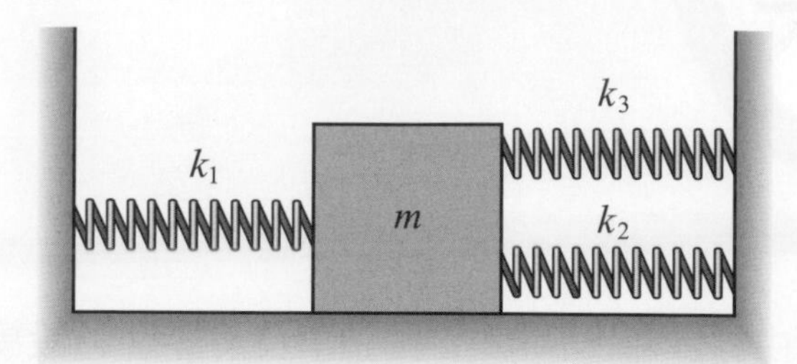

6 試求雙自由度系統之自然頻率，若 m_1 = 1 kg，m_2 = 2 kg，$k_1 = k_2$ = 200 N/m，k_3 = 100 N/m。

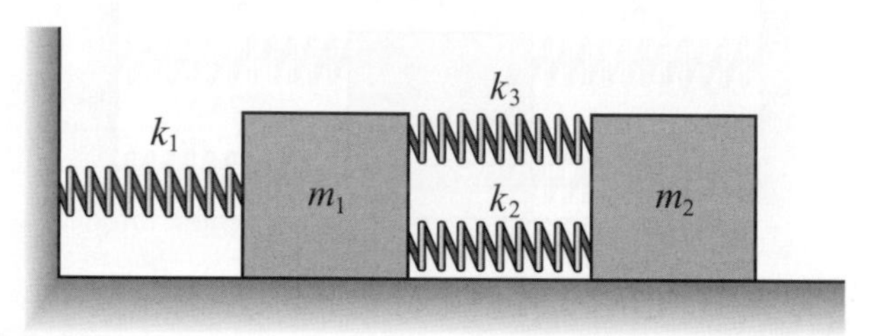

7 求圖示無阻尼雙自由度系統之自然頻率，若 m_1 = 4 kg，m_2 = 2 kg，$k_1 = k_3$ = 100 N/m，k_2 = 200 N/m，k_4 = 100 N/m。

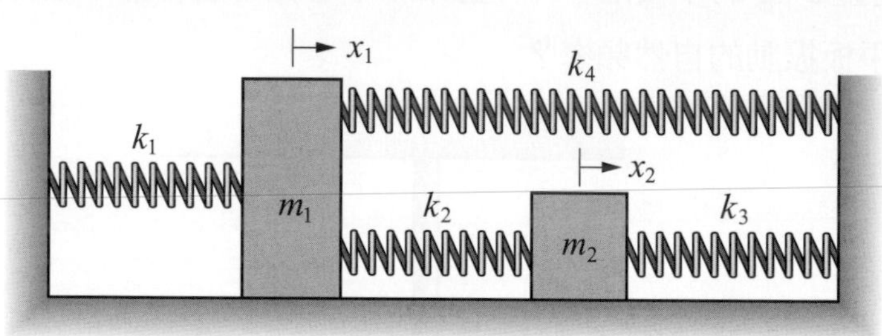

8 求圖示無阻尼三自由度振動系統之自然頻率？

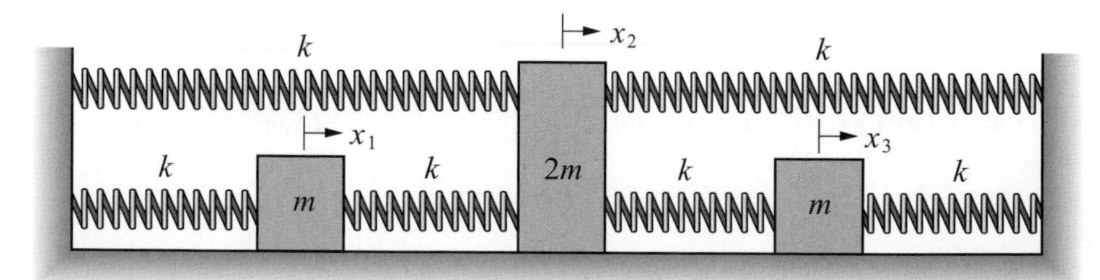

9 試求練習題 16-6 無阻尼三自由度系統之振動自然模態？

10 試求練習題 16-7 無阻尼雙自由度系統之振動自然模態？

單位之換算

本章大綱

A-1　美國慣用單位與 SI 單位的換算
A-2　美國慣用單位與 SI 單位的換算
A-3　SI 單位字首

學習重點

A-1 美國慣用單位與 SI 單位的換算

由英制單位	轉換至 SI 單位	乘以因數
1. 加速度		
呎／秒 ^{2}(ft/sec^2)	米／秒 ^{2}(m/s^2)	$3.048\times10^{-1*}$
吋／秒 ^{2}	米／秒 ^{2}(m/s^2)	$2.54\times10^{-2*}$
2. 面積		
呎 ^{2}(ft^2)	米 ^{2}(m^2)	9.2903×10^{-2}
吋 ^{2}(in^2)	米 ^{2}(m^2)	$6.4516\times10^{-4*}$
3. 密度		
磅質量／吋 ^{3}(lbm/in^3)	公斤／米 ^{3}(kg/m^3)	2.7680×10^{4}
磅質量／呎 ^{3}(lbm/ft^3)	公斤／米 ^{3}(kg/m^3)	1.6018×10
4. 力		
千磅(1000 lb)	牛頓(N)	4.4482×10^{3}
磅力(lb)	牛頓(N)	4.4482
5. 長度		
呎(ft)	米(m)	$3.048\times10^{-1*}$
吋(in)	米(m)	$2.54\times10^{-2*}$
哩(mi)(美國制)	米(m)	$1.6093\times10^{3*}$
浬(mi)(國際航海)	米(m)	$1.852\times10^{3*}$
6. 質量		
磅質量(lbm)	公斤(kg)	4.5359×10^{-1}
史拉格(lb-sec^2/ft)	公斤(kg)	1.4594×10
噸(2000 lbm)	公斤(kg)	9.0718×10^{2}
7. 力矩		
磅－呎(lb-ft)	牛頓－米(N·m)	1.3558
磅－吋(lb-in)	牛頓－米(N·m)	0.11298
8. 面積慣性矩		
吋 ^{4}(in^4)	米 ^{4}(m^4)	41.623×10^{-8}
9. 質量慣性矩		
磅－呎－秒 ^{2}(lb-ft-sec^2)	公斤－米 ^{2}(kg·m^2)	1.3558
10. 線動量		
磅－秒(lb-sec)	公斤－米／秒(kg·m/s)	4.4482
11. 角動量		

由英制單位	轉換至 SI 單位	乘以因數
磅－呎－秒(lb-ft-sec)	公斤－米－秒(kg·m^2/s)	1.3558
12. 功率		
呎－磅／分(ft-lb/min)	瓦(W)	2.2597×10^{-2}
馬力(500ft-lb/sec)	瓦(W)	7.4570×10^{2}
13. 壓力・應力		
大氣壓(標準)(14.7 lb/in^2)	牛頓／米 ^{2}(N/m^2 或 Pa)	1.0133×10^{5}
磅／呎 ^{2}(lb/ft^2)	牛頓／米 ^{2}(N/m^2 或 Pa)	4.7880×10
磅／吋 ^{2}(lb/in^2 或 psi)	牛頓／米 ^{2}(N/m^2 或 Pa)	6.8948×10^{5}
14. 彈簧常數		
磅／吋(lb/in)	牛頓／米(N/m)	1.7513×10^{2}
15. 速度		
呎／秒(ft/sec)	米／秒(m/s)	3.048×10^{-1}*
節(nautical mi/hr)	米／秒(m/s)	5.1444×10^{-1}
哩／小時(mi/hr)	米／秒(m/s)	4.4704×10^{-1}*
哩／小時(mi/hr)	公里／小時(km/h)	1.6093
16. 體積		
呎 ^{3}(ft^3)	米 ^{3}(m^3)	2.8317×10^{-2}
吋 ^{3}(in^3)	米 ^{3}(m^3)	1.6387×10^{-5}
17. 功，能		
英國熱量單位(BTU)	焦耳(J)	1.0551×10^{3}
呎－磅力(ft-lb)	焦耳(J)	1.3558
千瓦－小時(kw-h)	焦耳(J)	3.60×10^{6}

* 正確值

A-2 美國慣用單位與 SI 單位的換算

量	單　　位	SI 符號
基本單位		
長度	米	m
質量	公斤	kg
時間	秒	s
導出單位		
線加速度	米／秒 ^{2}	m/s^2
角加速度	弳度／秒 ^{2}	rad/s^2
面積	米 ^{2}	m^2
密度	公斤／米 ^{3}	kg/m^3
力	牛頓	$N(=kg\cdot m/s^2)$
頻率	赫	Hz(=1/s)
線衝量	牛頓－秒	N·s
角衝量	牛頓－米－秒	N·m·s
力矩	牛頓－米	N·m
面積慣性矩	米 ^{4}	m^4
質量慣性矩	公斤－米 ^{2}	$kg\cdot m^2$
線動量	公斤－米／秒	kg·m/s(=N·s)
角動量	公斤－米 ^{2}／秒	$kg\cdot m^2/s(=N\cdot m\cdot s)$
功率	瓦	W(=J/s=N·m/s)
壓力，應力	巴(巴斯噶)	$Pa(=N/m^2)$
面積慣性積	米 ^{4}	m^4
質量慣性積	公斤－米 ^{2}	$kg\cdot m^2$
彈簧常數	牛頓／米	N/m
線速度	米／秒	m/s
角速度	弳度／秒	rad/s
體積	米 ^{3}	m^3
功，能	焦耳	J(=N·m)
補充及其他可接受單位		
距離(航海)	浬(海浬)	(=1.858 km)
質量	公噸	t (=1000 kg)
相位角	度	°
相位角	弳度	rad
速率	節(浬／小時)	(1.852 km/h)
時間	日	d
時間	小時	h
時間	分	min

A-3　SI 單位字首

乘　　因　　數	字　首	符　號
1 000 000 000 000 000 000 = 10^{18}	exa	E
1 000 000 000 000 000 = 10^{15}	peta	P
1 000 000 000 000 = 10^{12}	terra	T
1 000 000 000 = 10^{9}	giga	G
1 000 000 = 10^{6}	mega	M
1 000 = 10^{3}	kilo	k
100 = 10^{2}	hecto	h
10 = 10	deka	da
0.1 = 10^{-1}	deci	d
0.01 = 10^{-2}	centi	c
0.001 = 10^{-3}	milli	m
0.000 001 = 10^{-6}	micro	μ
0.000 000 001 = 10^{-9}	nano	n
0.000 000 000 001 = 10^{-12}	pico	p

平面圖形及均質體的特性

本章大綱

B-1　平面圖形之特性
B-2　均質體之特性

學習重點

B-1 平面圖形之特性

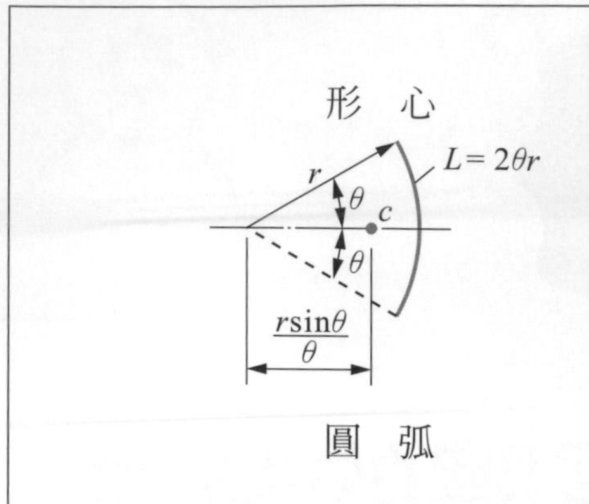

圓　弧

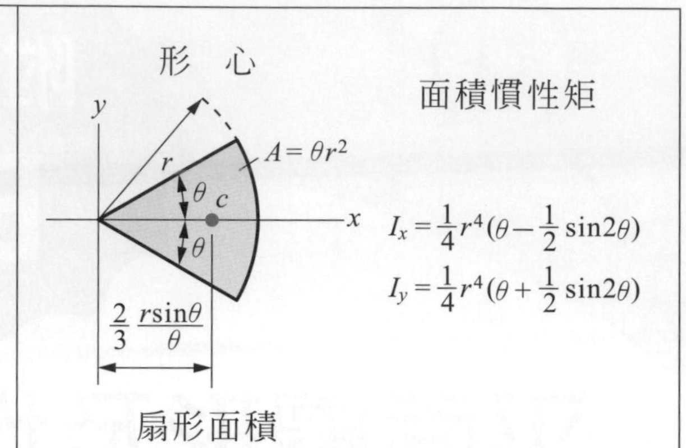

扇形面積

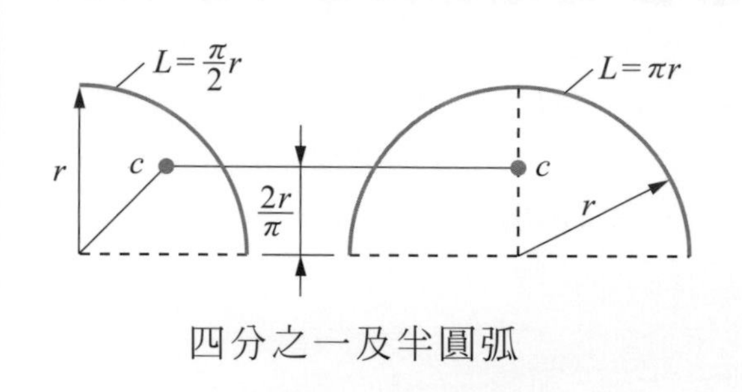

四分之一及半圓弧

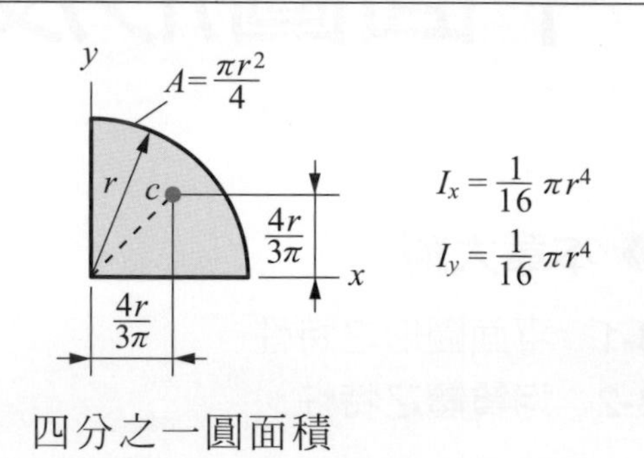

四分之一圓面積

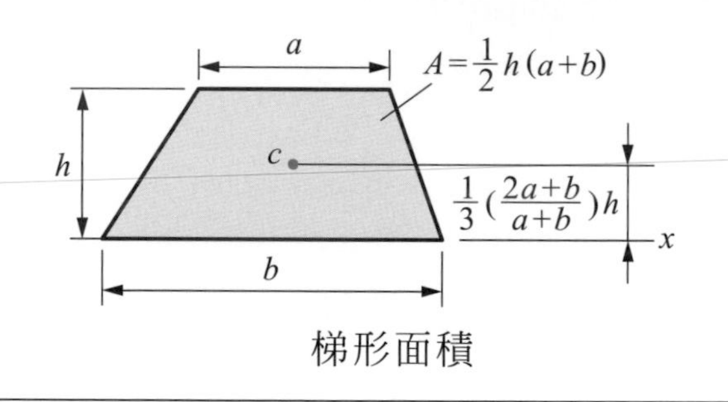

梯形面積

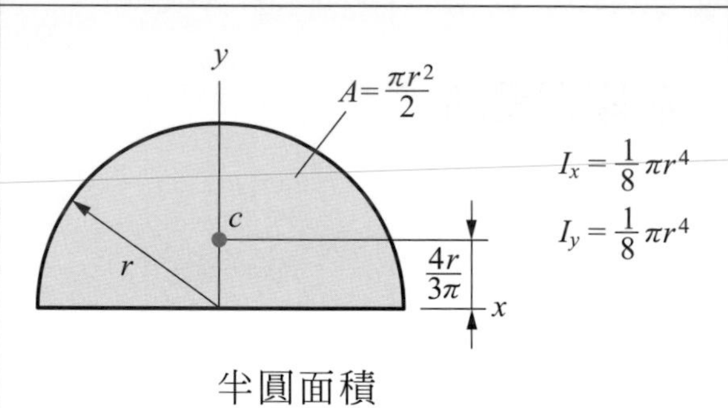

半圓面積

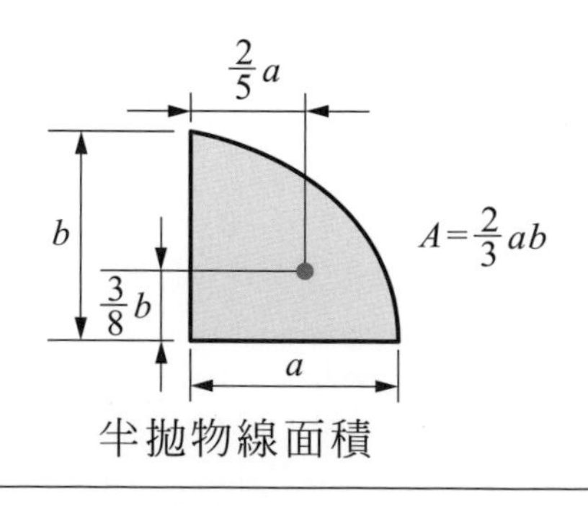

半拋物線面積

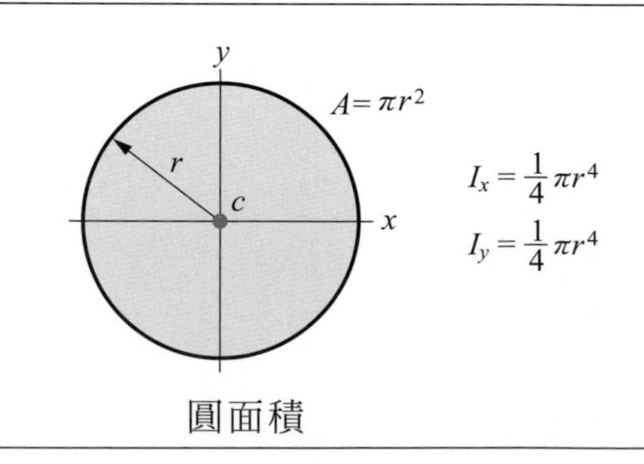

圓面積

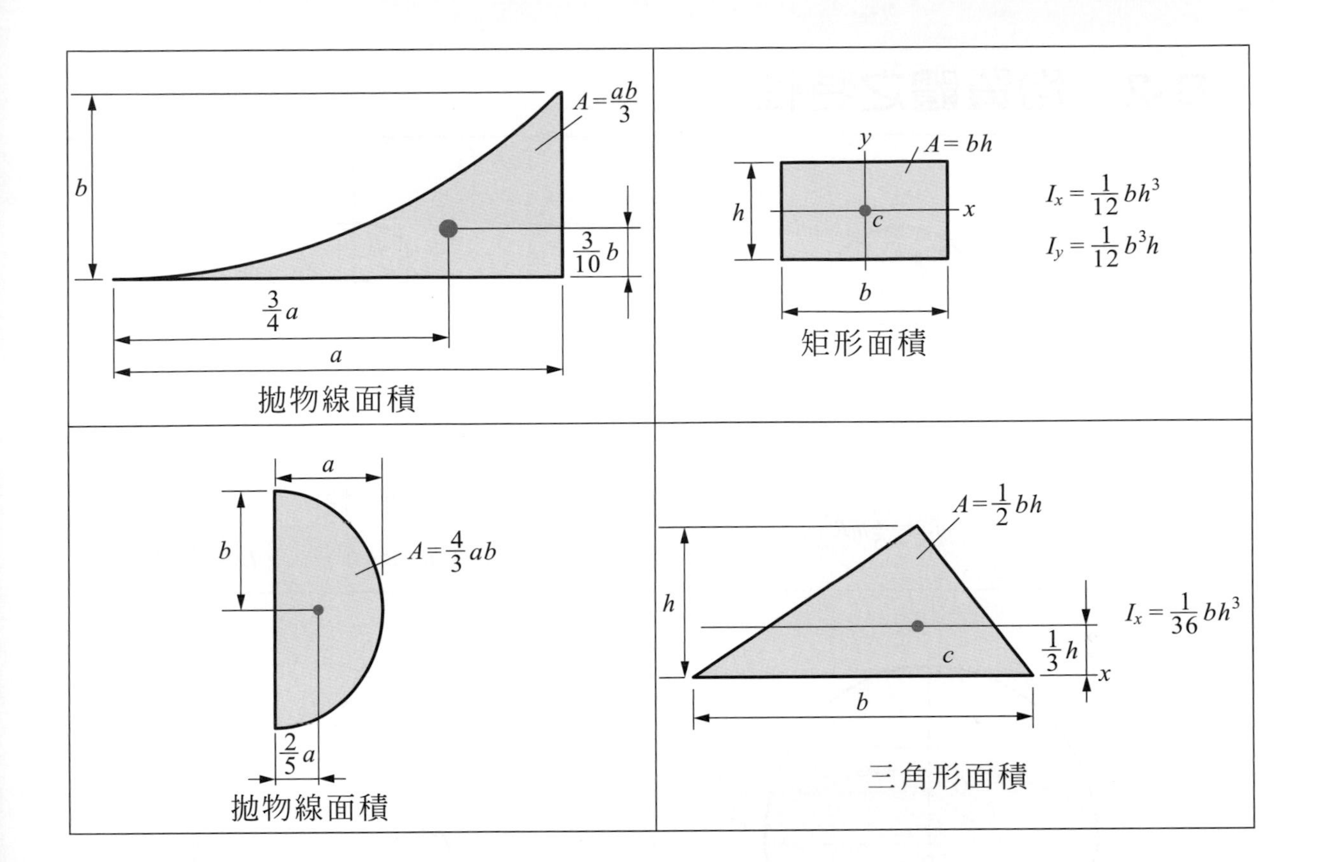

$A=\frac{ab}{3}$
b
$\frac{3}{10}b$
$\frac{3}{4}a$
a
拋物線面積
y
$A=bh$
h
x
c
b
$I_x=\frac{1}{12}bh^3$
$I_y=\frac{1}{12}b^3h$
矩形面積
a
b
$A=\frac{4}{3}ab$
$\frac{2}{5}a$
拋物線面積
$A=\frac{1}{2}bh$
h
$I_x=\frac{1}{36}bh^3$
c
$\frac{1}{3}h$
x
b
三角形面積

B-2 均質體之特性

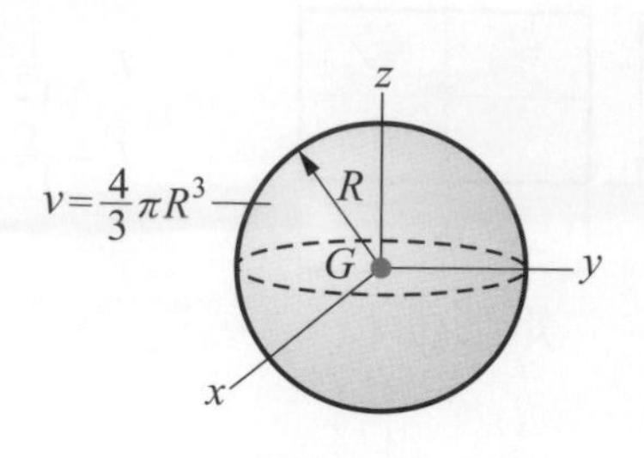

球

$$I_{xx}=I_{yy}=I_{zz}=\frac{2}{5}mR^2$$

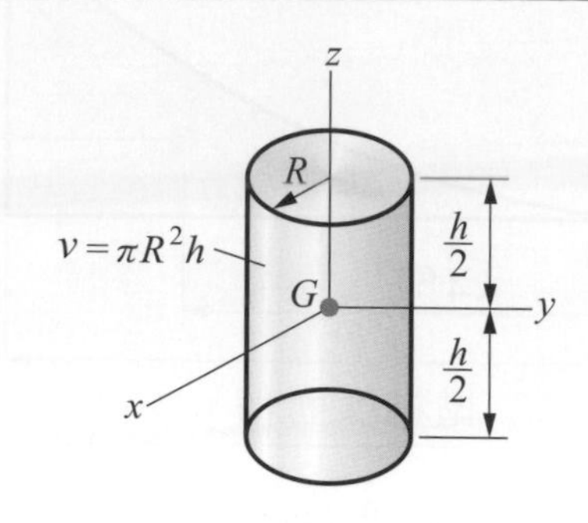

圓　柱

$$I_{xx}=I_{yy}=\frac{1}{12}m(3R^2+h^2) \qquad I_{zz}=\frac{1}{2}mR^2$$

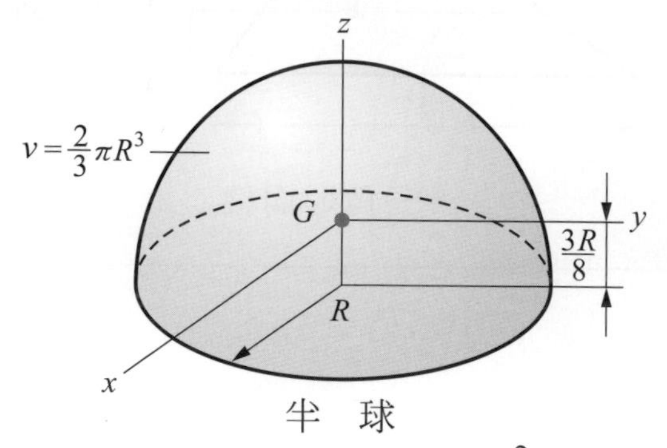

半　球

$$I_{xx}=I_{yy}=0.259mR^2 \qquad I_{zz}=\frac{2}{3}mR^2$$

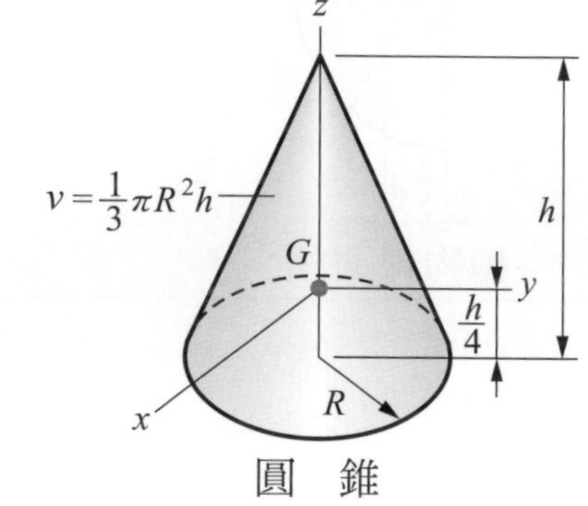

圓　錐

$$I_{xx}=I_{yy}=\frac{3}{80}m(4R^2+h^2) \qquad I_{zz}=\frac{3}{10}mR^2$$

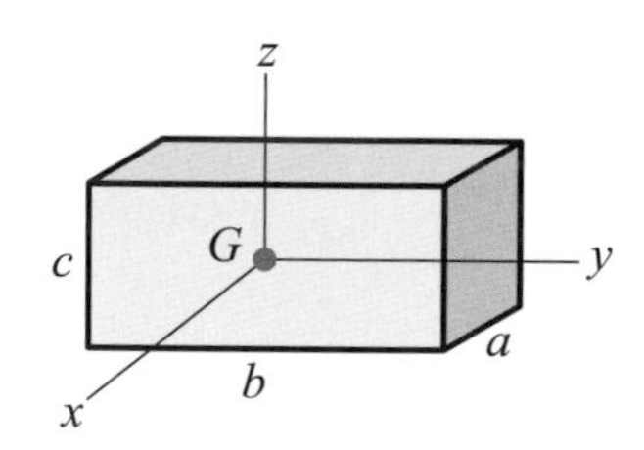

長方柱

$$I_{xx}=\frac{1}{12}m(b^2+c^2) \qquad I_{yy}=\frac{1}{12}m(a^2+c^2)$$

$$I_{zz}=\frac{1}{12}m(a^2+b^2)$$

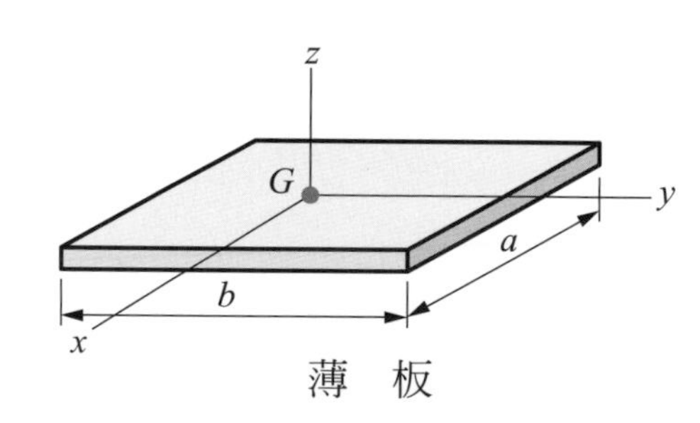

薄　板

$$I_{xx}=\frac{1}{12}mb^2 \qquad I_{yy}=\frac{1}{12}ma^2 \qquad I_{zz}=\frac{1}{12}m(a^2+b^2)$$

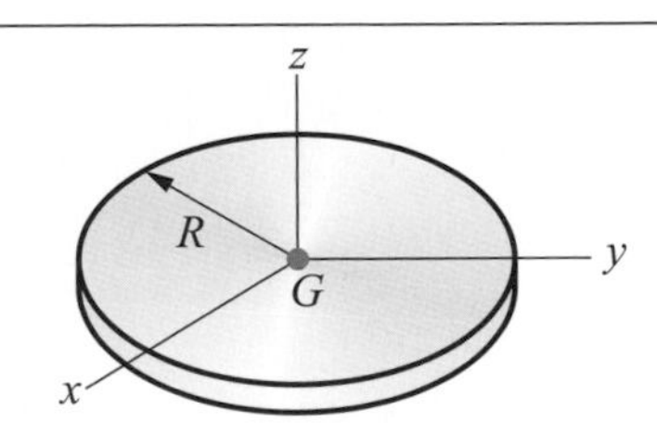

圓　盤

$I_{xx} = I_{yy} = \frac{1}{4}mR^2$　　$I_{zz} = \frac{1}{2}mR^2$

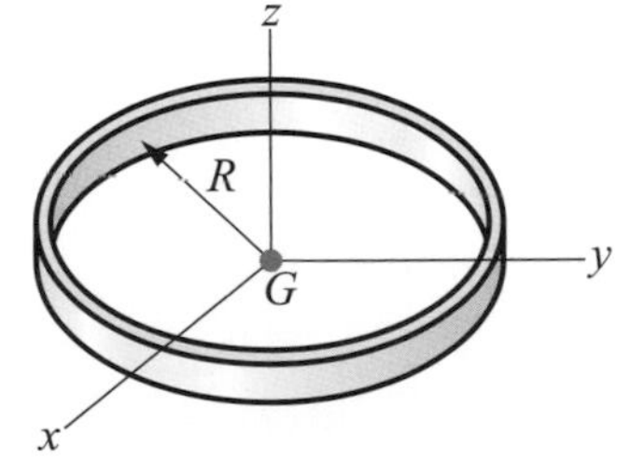

圓　環

$I_{xx} = I_{yy} = \frac{1}{2}mR^2$　　$I_{zz} = mR^2$

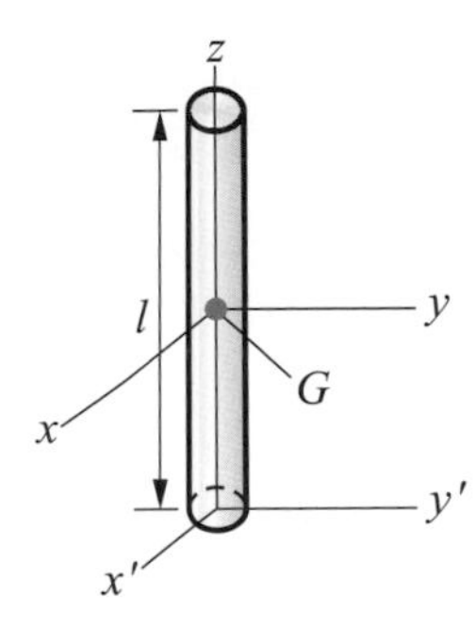

細長桿

$I_{xx} = I_{yy} = \frac{1}{12}ml^2$　　$I_{x'x'} = I_{y'y'} = \frac{1}{3}ml^2$　　$I_{zz} = 0$

國家圖書館出版品預行編目資料

動力學 / 陳育堂, 陳維亞, 曾彥魁編著. - -
四版. - - 新北市：全華圖書, 2022.09
面　；　公分
ISBN 978-626-328-306-0(平裝)

1. 應用動力學
440.133　　111013705

動力學

作者／陳育堂、陳維亞、曾彥魁
發行人／陳本源
執行編輯／林昱先
封面設計／楊昭琅
出版者／全華圖書股份有限公司
郵政帳號／0100836-1 號
印刷者／宏懋打字印刷股份有限公司
圖書編號／0555903
四版一刷／2022 年 09 月
定價／新台幣 490 元
ISBN／978-626-328-306-0 (平裝)
全華圖書／www.chwa.com.tw
全華網路書店 Open Tech／www.opentech.com.tw
若您對本書有任何問題，歡迎來信指導 book@chwa.com.tw

臺北總公司(北區營業處)
地址：23671 新北市土城區忠義路 21 號
電話：(02) 2262-5666
傳真：(02) 6637-3695、6637-3696

南區營業處
地址：80769 高雄市三民區應安街 12 號
電話：(07) 381-1377
傳真：(07) 862-5562

中區營業處
地址：40256 臺中市南區樹義一巷 26 號
電話：(04) 2261-8485
傳真：(04) 3600-9806(高中職)
(04) 3601-8600(大專)

讀者回函卡

填寫日期：　/　/

姓名：＿＿＿＿　生日：西元＿＿年＿＿月＿＿日　性別：□男 □女

電話：（　）＿＿＿＿　傳真：（　）＿＿＿＿　手機：＿＿＿＿

e-mail：（必填）

註：數字零，請用 Φ 表示，數字 1 與英文 L 請另註明並書寫端正，謝謝。

通訊處：□□□□□

學歷：□博士　□碩士　□大學　□專科　□高中・職

職業：□工程師　□教師　□學生　□軍・公　□其他

學校／公司：＿＿＿＿　科系／部門：＿＿＿＿

・需求書類：

□ A. 電子 □ B. 電機 □ C. 計算機工程 □ D. 資訊 □ E. 機械 □ F. 汽車 □ I. 工管 □ J. 土木

□ K. 化工 □ L. 設計 □ M. 商管 □ N. 日文 □ O. 美容 □ P. 休閒 □ Q. 餐飲 □ B. 其他

・本次購買圖書為：＿＿＿＿　書號：＿＿＿＿

・您對本書的評價：

封面設計：□非常滿意　□滿意　□尚可　□需改善，請說明＿＿＿＿

內容表達：□非常滿意　□滿意　□尚可　□需改善，請說明＿＿＿＿

版面編排：□非常滿意　□滿意　□尚可　□需改善，請說明＿＿＿＿

印刷品質：□非常滿意　□滿意　□尚可　□需改善，請說明＿＿＿＿

書籍定價：□非常滿意　□滿意　□尚可　□需改善，請說明＿＿＿＿

整體評價：請說明＿＿＿＿

・您在何處購買本書？

□書局　□網路書店　□書展　□團購　□其他＿＿＿＿

・您購買本書的原因？（可複選）

□個人需要　□幫公司採購　□親友推薦　□老師指定之課本　□其他＿＿＿＿

・您希望全華以何種方式提供出版訊息及特惠活動？

□電子報　□ DM　□廣告（媒體名稱＿＿＿＿）

・您是否上過全華網路書店？（www.opentech.com.tw）

□是　□否　您的建議＿＿＿＿

・您希望全華出版那方面書籍？＿＿＿＿

・您希望全華加強那些服務？＿＿＿＿

～感謝您提供寶貴意見，全華將秉持服務的熱忱，出版更多好書，以饗讀者。

全華網路書店 http://www.opentech.com.tw　　客服信箱 service@chwa.com.tw

2011.03 修訂

親愛的讀者：

感謝您對全華圖書的支持與愛護，雖然我們很慎重的處理每一本書，但恐仍有疏漏之處，若您發現本書有任何錯誤，請填寫於勘誤表內寄回，我們將於再版時修正，您的批評與指教是我們進步的原動力，謝謝！

全華圖書　敬上

勘　誤　表

書　號		書　名		作　者	
頁　數	行　數	錯誤或不當之詞句		建議修改之詞句	

我有話要說：（其它之批評與建議，如封面、編排、內容、印刷品質等・・・）